Infrared Optical Materials
and Applications

红外光学
材料与应用

朱之贞 吕重谦 李皓瑜 编著

化学工业出版社
·北京·

内容简介

红外光学材料是红外技术的核心基础，其性能决定探测、成像及激光系统的效能。本书结合国内外的最新研究成果，全面介绍了锗基材料、硅基材料、硒化锌、硫化锌、氟化钙、硫系玻璃、红外光学陶瓷和红外光学塑料等不同材料的物理化学特性、制备工艺及其在各行各业中的实际应用。本书信息量大、数据可靠，突出了实用性、先进性和可操作性，适合红外材料研发、生产与应用的技术人员参考使用。

图书在版编目（CIP）数据

红外光学材料与应用／朱之贞，吕重谦，李皓瑜编著． -- 北京：化学工业出版社，2024.11. -- ISBN 978-7-122-46845-1

Ⅰ.O434.3

中国国家版本馆 CIP 数据核字第 2024BF3207 号

责任编辑：杨松淼　　　　　　　　　文字编辑：李　欣　师明远
责任校对：王鹏飞　　　　　　　　　装帧设计：史利平

出版发行：化学工业出版社
　　　　　（北京市东城区青年湖南街 13 号　邮政编码 100011）
印　　装：北京云浩印刷有限责任公司
710mm×1000mm　1/16　印张 20½　字数 419 千字
2025 年 10 月北京第 1 版第 1 次印刷

购书咨询：010-64518888　　　　　售后服务：010-64518899
网　　址：http://www.cip.com.cn
凡购买本书，如有缺损质量问题，本社销售中心负责调换。

定　　价：**168.00** 元　　　　　　　版权所有　违者必究

红外光学材料作为现代光电子技术的核心基础材料，在军事、工业、医疗、环境监测等领域具有不可替代的作用。随着红外探测、成像、通信及激光技术的飞速发展，红外光学系统的性能需求不断提升，对材料的红外透过率、热稳定性、机械强度及抗环境侵蚀能力提出了更高要求。因此，开发高性能红外光学材料并优化其制备工艺，成为推动红外技术革新的关键课题。

与此同时，红外光学材料的应用边界不断拓展。在军事领域，高透过率材料支撑了新一代红外制导、夜视及隐身技术的发展；在民用领域，红外热成像用于电力设备故障诊断、医学无创检测及自动驾驶环境感知；而红外激光材料则推动了高能激光武器和精密加工技术的进步。当前，随着超材料、二维材料（如黑磷、石墨烯）等新兴体系的涌现，红外光学材料正朝着多功能集成、智能响应和轻量化方向发展，为下一代红外器件的微型化与高性能化奠定了基础。

本书围绕红外光学材料的制备技术、性能优化及应用场景展开全面阐述，重点介绍了锗基材料、硅基材料、硒化锌、硫化锌、氟化钙、硫系玻璃、红外光学陶瓷和红外光学塑料等不同材料的物理化学特性、制备工艺及其应用，侧重于实用技术、数据与实例。并探讨了材料-器件一体化设计中面临的挑战与解决策略。通过总结国内外研究进展与典型案例，旨在为红外光学材料的创新设计与产业化应用提供理论参考与实践指导。

本书信息量大、数据可靠，突出了实用性、先进性和可操作性，对从事红外光学技术的研究人员、产品设计人员、生产制造人员及在校师生具有较强的参考价值。

由于作者水平有限，书中不当之处在所难免，敬请读者朋友批评指正。

编著者

目录

159 第五章 硫化锌与氟化钙

第一章

概　述

一、简介

红外光学材料是指那些在红外成像与制导技术中用于制造透镜、棱镜、窗口、滤光片、整流罩等部件的材料。常用的有锗、硅、硒化锌、氟化钙、硫化锌、硫化玻璃、光学塑料与光学陶瓷等。

这些材料具备满足需要的物理及化学性质，主要指标为：良好的红外透明性与较宽的透射波段。一般来说，红外光学材料的透过波段和透过率与材料内部结构，特别是能级结构及化学键有密切关系。例如，对于晶体材料，其吸收短波限主要取决于禁带宽度，而吸收长波限取决于声子吸收即晶格振动吸收。而晶格振动的频率 ν 与吸收长波限相关，即振动频率 ν 越低，长波限值越长。对于金刚石结构的晶体材料，在红外波段内没有较强的一次晶格振动谐波，而高次谐波吸收较弱，因而金刚石结构晶体有较好的透过率及较宽的频段特性。

对于晶体材料，若不考虑杂质与缺陷（气孔等），从理论上讲，大多数单晶材料与多晶材料红外透明性能几乎一致。因而多晶制备技术，特别是多晶热压、PVD（物理气相沉积）、CVD（化学气相沉积）制备技术得到了长足发展。由于多晶性能与单晶一致，不存在解理面，其机械强度、抗热冲击、经济性等优于单晶，可以做到很大尺寸等，在一些领域已取代了单晶材料。

而对于光学玻璃、光学塑料和光学陶瓷而言，其透射波段及透过率与原子及分子结构有关。但由于其结构的长程无序，它的短波及长波吸收限与禁带宽度及声子吸收的对应关系较为模糊。故而，光学玻璃、光学陶瓷与光学塑料成为近年来研究的重点。

此外，红外材料技术与微电子技术的结合，极大地推动了红外成像与红外制导技术的发展。红外技术应用与发展，又促进了红外材料技术的发展及进步。这对红外材料的耐高温、高强度、大尺寸、化学及物理稳定性等提出了一系列更高要求。目前红外材料已发展成为一个庞大的材料家族，其技术的复杂性和多样性令人目不暇接。

红外技术的研究及其应用，已成为现代光学技术发展的一个重要方向，而其发展的水平主要取决于红外光学材料和红外探测器的水平。红外光学材料具备满足需要的光学性能和理化性质，即具有良好的红外透明性与较宽的透明波段，并具有良好的加工性能，可方便制作成形状各异、精度较高的光学元件。

二、红外光学材料

红外光学材料不可能在整个红外波段 $0.76\sim750\mu m$ 均具有良好的透过率，它只能在某一红外波段内，具有一定的透过能力。另外，由于红外光线在大气中传播时，在 $1\sim3\mu m$、$3\sim5\mu m$ 和 $8\sim14\mu m$ 波段的衰减最小，所以，这三个波段也被称为红外光线的"大气窗口"。目前国内外红外光学材料发展的重点也主要是适用于这三个"窗口"的光学材料。

针对不同红外光学材料的物理、化学性质，以及所要加工的光学元件的形状要求等，选择适合的加工方法，具有非常重要的意义。目前红外光学材料的加工方法主要有古典法、单点金刚石切削法、数控研抛法等，这些加工方法各有其特点和适用范围。

常用的红外光学材料大致有晶体、玻璃、塑料和陶瓷四类。

(一) 晶体材料

晶体材料是最早使用的一类红外光学材料，也是目前主要使用的光学材料。晶体材料的特点是物理和化学性质及使用特性具有多样性；折射率及色散变化范围比其他类型的红外材料丰富得多，可以满足不同应用的需要；具有优良的红外光学特性。晶体材料分为离子晶体与半导体晶体，根据晶相结构又可分为单晶材料和多晶材料。

作为红外光学材料使用的单晶材料有几十种，较为常用的大约有十几种。单晶材料的主要优点是制备技术相对成熟，光学均匀性较好，材料结构完整，可避免内部结构缺陷等对红外光学性能的影响。多晶材料则具有价格相对较低、制备材料尺寸几乎不受限制、可制备大尺寸及复杂形状等特点。由于单晶材料的红外光学性能相对较好，其使用量最大，多晶材料则主要用于制备大尺寸零件所需毛坯。

由于光学玻璃和塑料作为红外光学材料使用仍存在一些致命的缺陷，而晶体材料则具有较为优良的红外光学特性，因此现阶段各类红外光学仪器上所使用的光学元件，特别是透射光学元件，大部分采用的材料均为晶体材料，其中又以锗、硅、硒化锌、硫化锌等晶体材料的使用最为常见，其在热像仪等红外光学仪器中的使用量达到了总使用量的 80% 以上。下文主要介绍这几种红外光学晶体材料的基本情况。

表 1-1 显示了这些材料的基本理化性能。

表 1-1　几种常用红外光学晶体材料

名称	化学组成	透射波长限 /μm	折射率 (4.3μm 波长)	硬度(克氏)	密度 /(g/cm³)	溶解度(水中) /(g/L)
锗	Ge	25	4.02	800	5.33	不溶
硅	Si	15	3.42	1150	2.33	不溶
硒化锌	ZnSe	22	2.4	150	5.27	不溶
硫化锌	ZnS	15	2.25	354	4.09	不溶

1. 锗（Ge）单晶材料

锗是一种半导体晶体材料，在红外光学仪器中使用的锗单晶为 N 型，晶相为 (111)，结构为金刚石结构。其在红外波段有良好的透明性，不溶于水，化学性质稳定，透射波长范围为 $1.8\sim25\mu m$，在透射波长范围内的折射率约为 4，色散较小，是一种优良的红外光学材料，在 $8\sim14\mu m$ 波段工作的红外光学仪器中使用量最大，广泛用于制作红外透镜、窗口、棱镜等光学元件。

锗具有吸收系数和折射率随温度的改变而急剧变化的特性，致使其透射率也会随着温度的变化而变化，如图 1-1 所示。

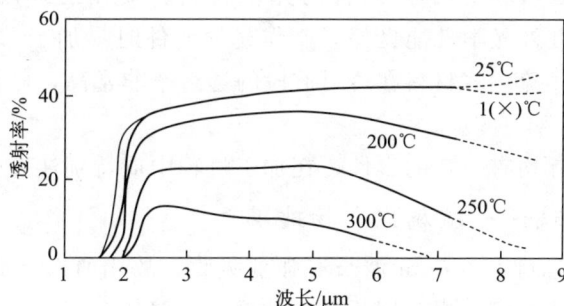

图 1-1　锗材料透射率的温度特性

由图 1-1 可见，随着温度上升，锗材料的透射率下降，在 300℃ 条件下，在 $8\sim12\mu m$ 波段几乎完全失透，在 $3\sim5\mu m$ 波段透射率仅为 25℃ 时的 20% 左右，故锗不宜在高温下使用。

目前，国内制备红外锗单晶材料的主要方法为直拉法（Czochralski 法），相应的生产设备（单晶炉）和生产工艺已臻成熟、完善。为适应红外光学仪器高分辨率和遥感技术的要求，红外锗单晶正向大尺寸化发展，直径 $\phi250mm$ 的锗单晶已有商品化销售，最大制备锗单晶尺寸达到了 $\phi350mm$。

2. 硅（Si）单晶材料

与锗类似，硅也是一种金刚石结构的半导体晶体材料，化学性质稳定，不溶于水，而且不溶于大多数酸类溶液，但溶于氢氟酸、硝酸和醋酸的混合液。其透射波长范围为 $1.1\sim15\mu m$，在 $15\mu m$ 波长处有一吸收峰存在。硅的折射率也比较稳定，约为 3.4，色散系数较小，在 $3\sim5\mu m$ 波段被普遍用于制作透镜、窗口等。

硅的红外光学性能良好，且其机械强度较好，光学性能中受温度影响的性能优于锗，因此除用于透镜材料外，还被普遍用于红外导引头的整流罩。

3. 硒化锌（ZnSe）

硒化锌（ZnSe）是一种多晶材料，一般采用热压法（HP）、物理及化学气相沉积法（PVD、CVD）等技术制备。其透射波长范围为 $0.48\sim22\mu m$，在透射波长范围内的折射率约为 2.44，色散较小，吸收系数较小，是一种性能十分优异的红外光学材料，广泛应用于透镜及窗口光学元件的制作，是 $3\sim5\mu m$ 波段不可替代的光学材料。

随着多晶材料制备技术的发展，已可制造出红外光学性能接近单晶的多晶 ZnSe、ZnS 材料，在力学性能、热性能和加工性能方面还优于单晶。但国内目前的多晶 ZnSe、ZnS 材料制备工艺尚不成熟，产品质量有待提高，特别是大尺寸多晶材料的制备技术与国外先进技术相比，仍有较大差距。

4. 硫化锌（ZnS）

与硒化锌（ZnSe）相似，硫化锌（ZnS）也是一种采用热压法（HP）、物理及化学气相沉积法（PVD、CVD）制备的光学材料。其在红外波段的折射率约为 2.25，色散较小，红外光学性能良好，制作光学元件时易加工，光学系统易装校。特别值得一提的是，硫化锌材料在透射波段的透射率非常高，已接近理论上可能达到的最大值。

硒化锌和硫化锌均有一定的毒性，在加工过程中应特别注意安全防护。

（二）光学玻璃——硫属化合物玻璃

由于元素氧化学键在 $>6\mu m$ 波长有强烈吸收，故用 ⅥA 元素中硫代替氧作为玻璃的基本组分，从而研制出硫属化合物玻璃。硫属化合物玻璃有较长的透射波长限，一般大于 $10\mu m$。最早研制的是三硫化二砷玻璃，其长波限为 $11\mu m$，$10.6\mu m$ 处折射率 2.4，但三硫化二砷玻璃冷流变及最高使用温度 $\leqslant110℃$，限制了其应用。其后，以锗、硒、镓、碲、汞为组分的玻璃相继出现，这些材料具有更长的波限、更高的使用温度。表 1-2 为几种硫属化合物玻璃的性能。

表 1-2　一些硫属化合物玻璃的性能

成分	透射波段/μm	折射率（5μm 波长）	软化点/℃	硬度/克氏
$Si_{25}As_{25}Te_{50}$	$2\sim9$	2.93	317	167
$Te_{45}Si_{30}As_{20}Sb_5$	$1\sim16$	—	475	—
$Ge_{10}As_{20}Te_{70}$	$2\sim20$	3.55	178	111
$Si_{15}Ge_{10}As_{25}Te_{50}$	$2\sim12.5$	3.06	320	179
$Ge_{30}P_{10}S_{60}$	$2\sim8$	2.15	520	185

成分	透射波段/μm	折射率(5μm 波长)	软化点/℃	硬度/克氏
$Ge_{40}S_{60}$	0.9~12	2.30	420	179
$Ge_{28}Sb_{12}Se_{60}$	1~15	2.62	326	150
$Ge_{33}As_{12}Se_{55}$	1~16	2.49	474	171
$Ge_{30}As_{30}Se_{40}$	1~16	—	380	
$As_{50}S_{20}Se_{30}$	1~13	2.53	218	121
$As_{50}S_{20}Se_{20}Te_{10}$	1~13	2.51	195	94
$As_{50}S_{10}Se_{35}Te_{20}$	1~12	2.70	176	106
$As_{38}Se_{62}$	1~15	2.79	202	114
As_8Se_{92}	1~19	2.48	20	—
$As_{40}Se_{60}$	1~11	2.41	210	109
$Ge_{35}Se_{60}Ga_5$	1~15	2.5	372	—

硫属化合物玻璃中锗砷硒是较好的材料,锗砷硒透射波段为 1~16μm,包括了 3~5μm、8~14μm 两个大气窗口,软化点 474℃,使用温度 400℃。

目前硫属化合物玻璃一般采用真空熔铸法和压铸法制备,容易产生偏析及气泡等缺陷,同时在制备过程中因氧化可导致红外性能劣化。硫属化合物组分元素大多带有毒性和易爆性,加之熔融和淬火方面的困难,使得大型高质量硫属化合物玻璃材料的成品率较低。近年来机械合金化(MA)技术的发展,为制备大尺寸高质量硫属化合物材料提供了一条可行途径,利用高真空下的机械合金化技术与热等静压烧结技术结合,可使整个制备过程实现密封,以减少制备过程中毒物散发,避免氧化、燃爆。同时 MA 法可获得超细、均匀的元素组分,为致密热压烧结提供了条件。

制备在 8~14μm 或更长波段以及温度≥500℃下使用的玻璃材料,在理论上遇到了困难。因为如要使玻璃透射向长波延伸,要求用原子量大且原子间相互作用较弱的元素,而由这种元素组分制备的材料必然导致低的玻璃转变温度和软化点,使材料不可能实用化。目前这种试图突破理论上限制的尝试没有取得显著成果。

(三)光学塑料

塑料是一种无定形态高分子聚合物,一些塑料在红外或远红外波段有良好的透过率,因而可以用来制备红外窗口、透镜等。目前塑料已广泛地用于红外报警、红外监控及传感等民用或警用领域。由于塑料分子结构复杂,产生非常多的晶格振动吸收带和旋转吸收带,因此透过率相对不是很高,尤其是中红外波段。

最常见的红外塑料包括:丙烯酸酯和聚甲基丙烯酸甲酯有机玻璃,聚乙烯、聚丙烯塑料,聚四氟乙烯、聚 4-甲基戊烯塑料等。

丙烯酸酯可透 $3\sim4\mu m$ 红外及可见光，在常温下，大量用于红外发光二极管等的封装材料。聚乙烯在可见光波段不透明，但在 $24\sim37\mu m$ 有较高透过率，且使用温度较低。

高密度聚丙烯塑料透射波长 $16\sim21\mu m$，吸收系数 $2\sim3cm^{-1}$，可作为窗口材料使用。聚四氟乙烯是另一种常用塑料，透射波长为 $2\sim7\mu m$、$9\sim15\mu m$，覆盖了两个大气红外窗口，具有很高的化学、物理稳定性，使用温度 $-260\sim260℃$，可作为保护膜材料和小型民用红外激光器窗口材料等。

由聚 4-甲基戊烯组成的一种商业牌号为 TPX 的塑料，透过波长为可见光至 $16\mu m$ 直至在毫米波，具有良好机械强度和抗腐蚀性，可在 $200℃$ 温度下使用。TPX 在可见光至远红外光的折射率几乎一致（1.43），所以可见及远红外成像在光谱上兼容。这是其优良特性之一。

三、红外光学材料的加工技术

光学材料是光学机械的加工对象。材料制备出来后，需采用特定的加工方法，将其制作成所需要的红外光学元件，达到光学设计要求的面形精度、尺寸精度、表面光洁度等。将常用红外光学材料加工成光学元件的技术，与可见光波段普通光学玻璃元件的加工技术并没有本质的差异，仍以研磨抛光加工为主。只不过由于常用红外光学材料多为晶体材料，其加工性能与玻璃材料有所不同，且普遍采用了非球面，使其加工技术具有了一些新的特点。

目前对常用红外光学材料进行加工，获得理想光学表面的技术主要有古典法精磨抛光、单点金刚石切削加工、数控研磨抛光等。

1. 古典法精磨抛光

古典法是一种非常传统的加工玻璃光学元件的方法，虽然其加工效率不高，但由于其采用黏弹性较好的柏油抛光模，抛光转速、压力较小，且抛光液不循环使用（不会造成抛光液的污染），所以可获得较高的面形精度和较好的表面光洁度，比较适合于红外晶体材料光学元件的加工。目前在实际生产中，对球面红外光学元件的加工，基本采用这种方法。

由于常用红外光学晶体材料的表面硬度等理化性能与玻璃相比，有较大差异，所以在采用古典法精磨抛光红外光学元件时，加工工艺与精磨抛光玻璃时有所不同，最主要的区别是抛光粉不使用或较少使用氧化铈（CeO_2）、氧化铁（Fe_2O_3）等常用抛光粉，而改用氧化铝（Al_2O_3）、氧化铬（Cr_2O_3）等材料作为抛光粉，而且抛光液酸碱度的控制也有所不同。另外，由于晶体材料的固有特性，容易由于应力作用而脆裂损坏，所以在加工过程中，一定要注意防止温度骤变，清洗零件和调制抛光液时，最好使用温水，并保持加工工房的恒温条件。

为提高古典法精磨抛光的生产效率，有些工厂采用了"组合式"加工的方法，即先采用单件高效抛光等高效率的加工方法进行粗加工，然后再采用古典法进行精密修正的工艺。这种尝试也是值得肯定的。

2.单点金刚石切削加工

红外光学元件的加工主要包括球面加工和非球面加工，其中球面加工可采用古典法实现，技术成熟、可靠，不存在大的技术难题。而非球面则由于只有一个对称轴，且各点曲率均不相同，给加工和检测带来了极大的困难。随着精密机械加工技术、数控加工技术及刀具技术的不断发展，20世纪80年代初，一种用天然单晶金刚石作刀具，在计算机控制下车削加工光学表面的新技术开始在国外得到发展，并在90年代推出了商品化的设备。主要的设备制造商有英国的Taylor-Hobson公司、美国的Moor公司、Precitech公司等。

这种设备采用了空气轴承、静力液压悬浮导轨、实时反馈伺服等新技术，使设备加工精度得到极大提高。同时，由于采用硬度很高的天然单晶金刚石作刀具，车削过程中的刀具磨损、变形基本可忽略不计，保证了刀刃可在计算机的控制下精确地走出复杂的轮廓曲线（非球面等），从而可加工出高精度的各种复杂表面，并得到近似于抛光后的表面质量。目前，采用这种方法加工出的非球面光学元件，其面形精度（PV）可达 $0.1\mu m$，表面粗糙度（Ra）达 $0.005\mu m$，可满足红外光学系统的成像要求。同时，单点金刚石切削加工具有其他非球面加工方法所不能比拟的高效率和经济性，使它成为锗（Ge）、硒化锌（ZnSe）、硫化锌（ZnS）等材料非球面红外光学元件最重要的加工方法。

3.数控研磨抛光

单点金刚石车削加工非球面虽具有效率高、经济性好等优点，但它也有一些局限，如不能加工含碳的材料，加工后的表面有车刀痕（会影响 $3\sim5\mu m$ 波段的使用），对硅、光学玻璃、石英玻璃等的加工效果不理想等。这种情况下就必须采用精密数控研磨抛光的办法加工非球面。

这种加工方法是用计算机控制的精密磨头先将零件表面磨削成所要求的非球面面形，再用一个尺寸比被加工零件小得多的抛光模，在计算机的控制下，以一定的路径、速度、压力（驻留函数）抛光工件表面，精确地去除多余材料，从而实现高精度非球面的抛光。其技术关键在于需要有高精度的数控机床、与加工匹配的实时检测反馈、可靠的驻留函数和去除函数建模及精密工具（磨轮、抛光模等）制造。

这种方法是目前加工硅单晶材料非球面光学元件最主要的方法，其面形精度可达 $0.2\mu m$ 以上。但和单点金刚石切削加工相比，效率较低，加工成本较高，加工小零件的效果不太理想。

四、红外光学材料应用要求与发展

（一）应用要求

不同元件和不同用途，对材料的性能有不同的要求。能透过全部波段而又有优良的物理和化学特性以满足各方面要求的理想材料是没有的。对红外光学材料提出的基本要求，是在使用波段内有良好的红外透射，可得到大块材料，折射率随温度变化小，材料透光均匀，能耐湿、酸、碱等的侵蚀。作为一般的应用，诸如光谱仪器的棱镜和窗口，透射范围和色散是最重要的特性。

对于超音速飞机、导弹、人造卫星、宇宙飞行器的红外系统用的整流罩来说，其条件要苛刻得多。例如为了减小反射损失，要求有小折射率的材料；为了排除可能出现的假信号，材料加热时的辐射本领应当很小；为了保证材料能够装置到框架中去，以及受气流摩擦影响，在几秒钟内突然由 $-60 \sim -50^{\circ}C$ 升到 $500 \sim 600^{\circ}C$ 的剧烈热冲击，如果要材料不变形或破裂，必须是熔点高、膨胀系数小、热导率高的材料；为了不致被灰尘、冰、砂粒所损伤，材料必须强度高、表面硬度大；为了保证能在雨中、潮湿大气或碱盐的恶劣环境下工作，材料必须不吸潮和对化学试剂有抗腐蚀性。整流罩的直径，经常有几百毫米，偶尔也有大至 1m 左右的，所以必须能够制得较大尺寸的材料。

对宇宙飞行器来说，最重要的是在真空、辐射、低温的宇宙条件下材料应具有的稳定性，和穿过稠密大气层时材料应具有的耐热性。用于冷却型探测器的窗口，材料必须能作真空密封，不结冰，不能有冷流现象，在所用波段内材料自身发射必须很小。作浸没透镜用的材料折射率、热膨胀系数是重要的因素。对滤光片、斩光调制盘等除透射性能之外，能否涂镀是应考虑的重要因素。

对于大功率激光窗，则要求吸收系数低、热导率高。红外纤维光学通信则要求吸收系数低。为了建立某些类型的光学结构，例如干涉偏振滤光镜或补偿镜，要求具有双折射的材料等。总之，没有多种多样的红外光学材料是无法解决光学这门科学多方面需要的。

（二）研制与发展

1. 晶体材料

（1）单晶

晶体具有各自不同的物理性能、化学性能及使用特性。晶体的折射率和色散的变化范围比其他类的材料大得多，只有晶体有双折射性能。同时可以选择能够通过红外光谱任何波段晶体。晶体最适合于制作红外棱镜、双折射元件。但多数单晶由于培养大型均匀的晶体比较困难，价格比较昂贵而使用受到限制。

国外报道的晶体有碱卤化合物、碱土卤化物、氧化物、半导体和半导体化合物、无机盐晶体等大约七八十种，蓝宝石最大尺寸已达到 $\phi150mm$，锗最大尺寸有 $\phi250mm$，硅最大尺寸有 $\phi150mm$ 等。

国内已报道的单晶有 LiF、NaCl、KBr、AgCl、KF、BaF_2、SrF_2、CaF_2、Al_2O_3、CdS、CdTe、Ge、Si、KRS-5 等晶体和掺杂半导体 Si、Te 等。CaF_2 已能拉制直径 230mm 的大尺寸，Al_2O_3 可以达到直径 30mm 左右。

（2）多晶

红外多晶材料由热压、烧结熔铸、化学气相沉积、高温等静压、静水等压、热锻等方法制取。几种主要方法制取的多晶特点如下：

① 热压多晶：热压多晶是在材料的 $1/2 \sim 2/3$ 熔点的温度下，在压强 $1 \sim 3tf/cm^2$（$1tf = 9.807kN$）真空条件下，加压 $5 \sim 60min$ 制取密实又透明的多晶材料。它的光学和机械性能各向同性，没有解理现象。而它的热膨胀系数、折射率、熔点和密度与单晶非常接近。热压还有如下优点：a. 能制取多种形状和较大尺寸的坯件；b. 可以同时制取几个元件；c. 对于难熔融物质在制取单晶时出现熔解物与坩埚材料的相互作用或高温下不稳定的物质也可以通过热压制取。它们大都耐高温、耐机械和热冲击，大多数材料可做导弹、人造卫星、宇宙飞行器的窗口和整流罩及其他光学元件。国外已报道的热压红外光学材料有：MgF_2、ZnS、CaF_2、$ZnSe$、MgO、$CdTe$、LaF_3、Y_2O_3、CdS、SrF_2、BaF_2、CaO、$GaAs$、KRS-5 等。晶体穹形罩直径为 200mm 以上，硒化锌直径为 110mm 左右。

我国热压材料有 MgF_2、ZnS、MgO、CaF_2、Y_2O_3 等。MgF_2 已能制取直径 300mm、厚 10mm 的穹形罩毛坯，ZnS 已制成直径 190mm 平板。

② 熔铸多晶：熔铸多晶是在熔融状态下，按一定的冷却速率制取的多晶。由于熔铸过程中可以同时进行提纯，可以制取较大尺寸。其光学性能和单晶很相似。

国外报道的有 CaF_2、SrF_2、BaF_2 和 Si、Ge 等，目前已能制取直径约 250mm 的毛坯。

③ 化学气相沉积多晶：化学气相沉积的红外光学材料是在低压高温中形成的一种多晶体，它可以在几平方米的面积范围内获得，能够克服热压方法受模具材料尺寸的限制，以及熔铸和从熔融中提拉制造单晶有关尺寸的限制。另一个优点是它的细小晶粒（相对于熔铸）强度较好，材料制造纯度高，可制取坚固的前视窗和大功率激光窗口等光学材料。

国外已报道的有硫属 ZnS、$ZnSe$、$CdTe$ 及 BN 等产品。

④ 热锻多晶：热锻多晶是由原始单晶生成的锭经过加热加压锻造成多晶，可以增加材料的力学强度和制取较大面积材料。热锻可使某些卤化物的单晶强度增加 $2 \sim 10$ 倍，又不降低其光学性能。

国外报道的热锻红外光学材料有碱卤化合物 $NaCl$、LiF、NaF，KCl 与 KBr、KCl 与 $RbCl$ 的混合物，及二价掺杂 $KCl：Eu^{2+}$ 与 $KCl：Sr^{2+}$ 等材料。

2. 红外玻璃

玻璃是一种黏滞性大的无定形结构固体，可在真空或大气中熔融、浇铸、压制或离心铸造成型。玻璃态材料一般地说，有较高的光学均匀性，可制取各种形状和较大尺寸材料。由于没有解理面，其抗力学冲击能力较强，而且成型比较简单，有能大量制取和价格低廉等优点，是制取红外整流罩和其他光学元件最常见的材料。

国外目前用于 $1 \sim 2.5\mu m$ 波段的有石英；用于 $1 \sim 5\mu m$ 波段最主要的有铝酸盐玻璃、锗酸盐玻璃、锑酸盐玻璃、碲酸盐玻璃、亚碲酸盐玻璃和镓酸盐玻璃；用于

$1\sim14\mu m$ 波段的有硫化物、硒化物、碲化物，及以 S、Se、As、Si、P、Te、Sb、Ge 等元素不同组分等二元和多元硫属化合物玻璃。国外目前铝酸盐玻璃可提供直径 300mm、厚 10mm 的红外穿形罩和重 2kg 的各种形状和尺寸的产品零件，最大重量为 11kg。硫属 Ge-As-Se 玻璃可提供重 5kg 零件，Ge-Sb-Se 玻璃可提供 $12in\times24in$（$1in=25.4mm$）平板。

国内适用于 $1\sim5\mu m$ 波段的有 N-344 玻璃，N-344 玻璃已能提供直径 300mm、厚 100mm 的毛坯，适用于 $1\sim12\mu m$ 的硫属化合物 As_2S_3 玻璃也有产品。

3. 光学塑料与红外黏结材料

光学塑料：塑料是由链状分子构成的一种无定形态的高分子聚合物，在许多情况下具有很多振动和转动吸收带。若干种塑料在近红外和远红外波段有很高的透过率。它们可以通过压制、注射、流延、铸造、车削等方法制成各种光学零件，如窗口、透镜。同时，它们常做碱卤化合物的保护层，也是现代光学纤维的重要原料。塑料具有容易制取各种形状、重量轻、耐力学冲击、制造简单、成本低廉等优点，缺点是熔点低，只能在较低温度下使用。

据报道，国外用于近红外窗口的塑料有人造荧光树脂、聚四氟乙烯，用于中红外的有聚丙烯塑料，用于远红外的有 TPX 塑料等。国内有聚乙烯、聚苯乙烯等。

红外黏结材料：为了制成大尺寸的红外光学元件，有时需要把小块毛坯拼接在一起，浸没型红外探测器也需要把透镜和探测器黏结在一起，因而需要在所需波段透明的胶合剂。

据报道，国外用于 $1\sim13\mu m$ 波段的黏结材料有硫、硒和三硫化二砷组成的胶水，并在该波段没有吸收带，胶合缝在 $50\sim70℃$ 能经住长期试验，折射率为 2，熔点温度为 $250\sim300℃$，这种胶水不易老化。6010 环氧树脂在 $2\sim14\mu m$ 波段有较好的透过率，能在室温下固化，具有良好的黏结性和化学稳定性、不溶于水等性能。

国内有透红外黏合胶和 501 胶水。透红外黏合胶有比较好的黏合力，膜厚 0.1mm，在 $8\sim14\mu m$ 波段透过率大于 90%，折射率为 $3\sim4$，在真空 $1.33\times10^{-3}Pa$ 时不放出挥发物。501 胶水在 $1\sim14\mu m$ 波段均匀透明、黏合力强。

4. 红外透明陶瓷

在一定温度压力下将材料预压成型，然后在接近熔点温度下烧结为红外多晶光学材料。它们大都很坚硬，极耐高温，是火箭、导弹、卫星及宇宙飞行器整流罩的主要材料，也用于制作其他极耐高温红外光学零件。

国外报道的有 Al_2O_3、MgO、$MgAl_2O_4$、BeO_2、Y_2O_3、ZrO_2、ThO_2、Sc_2O_3 等。国内 Y_2O_3 已有产品。

（三）方法与措施

由于超音速飞机、导弹、气象卫星、地球资源勘探卫星、军用侦察卫星和洲际弹道导弹、预警卫星等航天遥感技术的发展，高功率激光、红外纤维光学通信系统等的要求，目前对红外光学材料的研制，明显发展趋势是延长波长、降低吸收、增大尺寸、增加数量以及将某些玻璃应用到红外纤维光学之类的新技术上去。下面我们分为材料情况和研制工艺分别进行讨论。

1. 材料情况

目前，还没有既适合于 $8\sim14\mu m$ 波段又能耐 500℃ 以上高温的理想红外光学材料。硫属的硒化物、碲化物玻璃在这一波段有良好的透射性能，且不溶于水，但熔点低，最高使用温度只能到 400℃ 左右，而且力学性能差。碱卤化合物晶体在这一波段有良好的透射性能，但溶于水，材料较软，且有较大热膨胀系数。铊卤化合物虽然不溶于水，但有冷流现象，材料较软。热压硫属化合物如 ZnS、ZnSe、CdTe 具有较大尺寸，但是它们不是太软（CdTe、ZnSe），就是透过性能不佳（ZnS），而且热压 CdTe 由于折射率高、反射损失大，目前尚未找到适合于它的坚固稳定的抗反射涂层。半导体单晶锗和硅虽然能制取大块晶体，不溶于水，化学性能稳定，在这一波段有良好的透射性能，但其折射率和透过率随温度变化太大。单晶硅随温度升高透过率显著下降，超过 350℃ 就不能使用。单晶锗受温度的影响更大，而且是一种比较脆的材料，抗力学冲击能力差，不宜在 260℃ 以上温度下使用。研制可在 $8\sim14\mu m$ 波段内使用，同时又能耐 500℃ 以上高温的红外光学材料是当前主要课题之一。目前，人们比较多地注意硫、硒的复杂三元化合物、稀土化合物以及重元素作为负离子的化合物的研制工作。

研制适用于 $10.6\mu m$ 大功率激光窗的热导率高、吸收系数低、物理和化学性能良好而且均匀、大尺寸的材料也是当前重要课题之一。针对此问题人们比较多地从工艺上改进。

2. 研制工艺

熔铸玻璃由于光学均匀性好，抗力学冲击性能较强，一般容易制取各种形状和较大尺寸材料。而且熔铸玻璃又是现代红外光学纤维最主要的材料，受到人们普遍重视。研制可在 $8\sim14\mu m$ 波段内使用，同时又能耐 500℃ 以上高温的红外光学材料，目前在理论上遇到很大困难，人们还在尝试突破理论上的限制。同时人们也采取一些新的工艺措施，如相分离及微晶化等措施，来改善现有玻璃的力学性能和热性能、光学性能。

拉制晶体，由于其物理和化学性能及使用特性的多样性而被广泛应用，目前较多地注重特殊用途和增大尺寸方面的研究以及为晶体提供合适保护膜和改善现在材料的力学性能和热性能，同时还继续研制性能更优的晶体。

热压多晶和透明陶瓷具有玻璃的光学各向同性和耐力学冲击性能，又具有单晶耐热冲击和良好的透射性能等优点，可制取多种形状和较大尺寸材料，热压多晶法是目前制取红外光学材料比较有前途的方法之一。有些人认为除双折射之外，该方法有可能完全取代单晶制取红外光学材料的趋势。目前人们较多地从事耐高温、高强度、大尺寸模具材料及热压机理和增加品种、数量的研制。

化学气相沉积是制取红外光学材料的一种新型工艺，能够克服热压多晶、透明陶瓷在粉末中去除杂质的困难和制取大面积样品受到模具尺寸的限制。化学气相沉积制取红外光学材料有着广阔的前景。目前比较集中进行的是克服大面积材料的均匀性的研究工作。

熔铸、高温等静压、静水等压、热锻等制取红外光学材料的方法也在发展中。

光学塑料由于来源丰富、抗机械震动能力强，而且是光学纤维的重要原料而引起人们普遍的兴趣。

第二章

锗基材料

第一节 · 锗

一、简介

（一）锗的基本性质

锗是一种相对稀缺的资源，一般存在于含有其他元素的矿物中，不能形成独立的矿物。同时锗的应用范围十分的广泛，我国的锗资源含量相对丰富，如何利用有限的锗资源来促进我国发展是值得思考的问题，因此对锗的应用方向和发展趋向的研究很有必要。

锗是一种化学元素，化学符号是 Ge，是一种灰白色类金属，有光泽，质硬，在自然界中能形成许多不同的有机金属化合物。锗在地球表面的含量比较丰富，但在矿石中含量较少，因此直到很晚才被发现。锗是一种重要的半导体材料，可以制造晶体管。目前，开采锗用的主要是闪锌矿，也可以在银、铅和铜矿中，采取商业方式提取锗。一些锗化合物对人体有害，会对眼睛、皮肤造成一定程度的伤害。

锗的电子迁移率数值约为硅的 3 倍，空穴迁移率更是达到 4 倍左右，因此锗在高频器件中被广泛应用；禁带宽度是指一个带隙宽度，固体中电子的能量分裂形成能带，而且这些能带是不连续的，只有存在自由电子与空穴时器件才能够导电。简单来说，电子从价键中离开后，价键上的空缺显示为正电荷，此正电荷就被命名为空穴，它是由科研人员想象出来的，实际中并不存在。导带中电流的形成被认为是电子自由运动形成的，价带中电流的形成则是由于空穴自由运动形成的。两者都能导电，且电流方向相反。一般认为，导带底与价带顶的能量大小的差值被称作禁带宽度，也是载流子从束缚态到活跃态所需吸收的最小能量。锗的禁带宽度为 0.66eV，硅则为 1.12eV，小的禁带宽度能够让电流偏小，从而降低漏电流。这也使得锗在低电压器件中被广泛使用。

（二）锗的特征

1. 锗资源比较稀缺，价值较高

锗在地球的平均分布较少，呈现分散的状态，世界上锗的资源相对短缺，中国的锗含量居于世界前列，因此，我国是锗资源相对丰富的国家。同时锗应用的范围也比较的广泛，所以锗的价值也较高。

2. 提炼技术复杂，生产稳定

锗的生产过程主要有锗的制备、锗的提取、锗的提纯三个方面。因为锗分散在多种矿物质中，不是独立的矿物质，所以需要从岩石中对其进行提取，而矿石含量不足时不能从矿石中直接对锗进行提取。同时锗的提取需要从多种含锗的原料中进行提取，是一个复杂的过程，因此全球锗的产量增速总体基本稳定。一项调查显示，锗在石油应用方面的占比是 26%，太阳能方面的占比是 16%，红外光学的占比是 24%，光纤领域的占比是 31%，其他领域的占比是 3%，锗在近些年这些方面的应用占比并没有太大改变，说明锗的生产稳定。

3. 具有一定战略价值

由于锗在光纤领域、太阳能领域、红外光学领域都有一定的发展，应用十分广泛，所以锗产业对国家的经济、政治、军事、科技的发展具有重要的意义。目前，军事装备和制造卫星都离不开锗，锗是提高国家军防战备的重要影响因素。同时在未来，锗将应用到更多的领域，促进各个领域的发展，如促进光纤行业快速发展、提升红外光学领域应用潜力、使太阳能电池行业有广阔前景。此外，锗为稀缺资源之一，各国面对此情景，必然加强锗的储备，增加锗的战略价值。

4. 我国锗的出口主导全球供应

我国是世界上锗生产量最大的国家，国内的生产、出口贸易都会对全球的锗市场格局造成影响。国内锗的生产主要包括金属锗和二氧化锗，这两类锗的应用也比较广，因此出口量很大。此外，我国锗的国内供应量比较充足，每年都有产品可供出口，因此对全球的市场供应具有一定影响。

5. 锗自身不足

首先，锗在元素周期表中位于第四周期ⅣA族，性质较为活泼，容易跟空气中的氧发生氧化反应，会导致半导体产生缺陷，使器件功能受到一定程度的影响。

其次，锗的熔点较低，只有937℃，意味着在需要高温加工加热的条件时，锗的应用会受到很大的限制。

虽然较低的禁带宽度能够让锗激发载流子所需的能量降低，但与此同时，也会使得寄生参数增大，给器件带来负面影响。

另外，锗分布范围虽然广，但是矿石中锗的含量大部分在10%以下，远低于硅，提取难度也会比硅更大，成本更高。

（三）锗的制取

目前锗矿物很少，至今还没有发现大的聚合体，大部分锗是从加工有色金属矿石时的副产品中得到的。例如从含锗锌矿物的溶液中以单宁沉锗便是常用的工艺。下面介绍近年来出现的回收锗的新方法。这些方法除对锗资源的利用具有实际意义外，对环境中锗的分布和测定、生物中锗的富集和提取等研究亦具有参考价值。

（1）从含锗的废水中回收锗

该方法就是把锗工厂、用锗制剂医院大量排放的含锗废水作为原料，将这种废水的 pH 调到 11 以上，作为培养液，在其中繁殖螺旋藻。经试验发现，螺旋藻能摄取溶液中大量的锗，然后将摄取了锗的螺旋藻进行浸出或烧灰，便可取得锗。这个方法回收锗效率高、速度快、价格低廉，具有很好的应用前景。其中的关键是螺旋藻的预培养和培养增殖。

（2）选择性萃取锗

该方法就是把含有 Ge，以及 Cd、Zn、Co、Fe、As、Al、Ga 和 Ni 等的一种或几种元素的酸性水溶液作为原料，在接近室温条件下，将含特定萃取剂的有机介质与上述水溶液接触混合，而有机介质也可以是固定相，从该水溶液中萃取 Ge 所得的萃取率大约可达 100%。该方法的优点是有机介质与水溶液接触只需要很短时间，而且成本很低。

（3）从磨蚀的废料中提取锗

A. A. Ермаков 等详细研究了 Ge-H_2O_2-H_2O 体系和碳酸钠溶液中 α-GeO_2 的溶解度以后，确定用含 Na_2CO_3 0.02～0.05mol/L 的 H_2O_2（0.5%～2%）作为从磨蚀的废料中提取锗的浸出液。磨蚀废料是在生产半导体器件过程中产生的，其中含元素锗 1%～4%，由于这种磨蚀废料量大，因而回收其中的锗具有很大的经济价值。例如，用含锗 2.22% 的 КЭM-14 磨蚀废料细粉，液固比为 3～5mL/g，浸出搅拌 30～60min，即可提取 72%～78% 的锗。

（4）从风化岩石中回收锗

将含锗矿粉用硝酸、氢氟酸及硫酸慢慢加热，完全除去硅酸，添加氢氧化钠，调整 pH 到 7.0，使铁、铅等的氢氧化物沉淀、过滤，滤液通过阴离子交换树脂柱，再用氢氧化钠溶液淋洗，即可获得纯锗。

（5）从含锗玻璃组成物中分离回收锗

目前，光纤通信系统正在发展，所用的石英系光纤维是用化学气相沉积法生产的。可惜的是这种工艺成品率非常低，约有 30%～70% 的锗成为氧化物或未反应的气体被废弃于系统之外。过去美国回收这种废气中锗是将废气溶入水中，然后加入锗沉淀剂，流程较长。日本发明的回收方法工艺简单，可分别采用下述两种途径：

① 炭粉还原法：将炭粉与被回收的氧化物混合，放入 500℃ 以上的加热炉内，通入不活泼的气体或使加热炉减压，排出高温下挥发的物质。这种挥发性物质主要是锗的低价氧化物、盐酸和氯气。冷却排出物，用捕收器捕集回收锗的低价氧

化物。

② 氢还原法：将被回收的氧化物放入炉内加热到500℃以上，通入氢气和不活泼气体混合物，使它们充分接触，排出的气体引入冷却器中，捕收这种带有气体的排出物，主要回收的是锗的低价氧化物。虽然被回收的氧化物中部分氧化硅和氧化硼也被还原，但是它们都比锗的低价氧化物更难挥发，所以在排出锗的低价氧化物的温度下，排出气体中并不含硅、硼等的氧化物。

上述两种方法都能高效地回收光纤维制造过程中排出的锗氧化物，经济效益明显。

（6）从煤料炼焦时生成的煤焦油和氨水（含焦油）冷凝的产品中回收锗

这个方法就是在一定条件下用单宁萃取溶液，将锗从气体收集器回路的氨水中沉淀出来。然后再将所得单宁锗络合物沉淀，过滤后煅烧。该工艺由煤焦油转入富集物中的锗为60%～65%，而氨水转入富集物中的锗为93%～95%。这个方法是由苏联发明的，它适合用于焦化厂。该工艺过程的操作简单可靠，在苏联的一些企业中已获得成功应用。

（四）应用与建议

1. 在红外技术方面的应用

红外光学是目前世界耗锗最多的领域，绝大部分应用于军事器件。由于锗在红外领域具有独特的优异性能，因而已被广泛地应用于红外激光器、热成像仪、夜间监视器和热探测器等成像部件，如窗口、透镜和滤光片等。1973年全世界用于红外领域的锗为5t，至1981年已达30t，近几年又增加到5～55t/a，为世界总耗锗量的47%左右。其中美国的年消耗达20t左右，约占其年用量的1/3以上。日本由于军事力量薄弱，因而在红外领域的年耗锗量仅仅150kg左右，只占其年用量的1%以下。

红外器件被广泛应用在军事、工农业生产上。红外技术是军事遥感技术和空间科学的重要手段，普遍用于红外侦察、红外通信、红外夜视、红外雷达和炸弹、导弹的红外制导，以及各种军事目标的搜索、探测、监视、跟踪等。尤其是红外热成像（利用物体本身自然辐射的红外光转变为可见图像）还扩展了人们的视野。采用热成像技术，士兵可以在黑夜瞄准射击，飞机、军舰、坦克等军事装置可以在黑夜或烟雾中寻找目标。热成像仪已成为不可缺少的现代军事装备之一。民用可作导航与灾害报警、火车车轮测温，医疗用于红外探病、治病等。因此可将锗广泛用作各种红外系统的透镜、窗口、棱镜、滤光片、导流罩等。

2. 看法与建议

① 抓紧资源的勘探和回收：世界锗生产原料一直不能满足需求。我国锗资源还是较多的，但资源浪费大，综合回收率低，一般只有20%左右可供使用。加强锗资源的综合回收是当务之急。

② 锗的性质决定锗的前景是乐观的：锗的某些特性决定了锗是一种非常有发

展前景的工业材料。

锗的载流子迁移率比硅约大 2.5 倍，所以在高频和超高频领域，锗管比硅管好。锗管还具有低压性能好的特点，特别是在采用 3V 电源的场合。此外，锗管不需加热灯丝、功率消耗极小、音响效果好、噪声低、可承受大电流、低温效果好。

锗原子序数大，探测灵敏度高，探测效率也高，故锗探测器是极重要的半导体辐射探测器。

③ 要扩大锗的应用领域，活跃锗产品市场，还必须要降低成本：从应用领域可以看出，锗的应用领域是广阔的。随着科学技术的发展和人们生活水平的提高，其应用领域越来越宽广、越来越深入，同时锗也是工农业生产和人们生活中不可缺少的元素。锗应用在军工上，价格问题还不是主要的，但民用就不同了，价格太高就影响推广应用。要降低成本，可以从以下几方面着手：提高金属回收率；降低原辅材料、能源消耗；生产过程连续化；产品品种多样化、系列化；提高设备利用率；提高劳动生产率；提高资金周转率；加强综合回收利用；尽量实现闭路循环等。通过这几方面的措施，降低成本是大有潜力可挖的。

二、锗单晶

（一）简介

锗因其资源稀缺、优异的光学和物理性能，广泛应用于光纤系统、红外光学系统、电子和太阳能应用、探测器等高科技领域，是战略性产业所需的重要功能材料和结构材料。本部分简单介绍目前国内锗单晶生长的两种主要方法：直拉法（Czochralski，CZ）和垂直梯度凝固（vertical gradient freeze，VGF）法；对国内和国外知名锗材料生产企业的锗单晶生长方法、直径、电阻率等相关技术参数，进行了统计和比较；针对不同的单晶材料性能，分析了红外光学用锗单晶、太阳能电池用锗单晶和高纯锗单晶的应用领域和发展现状。

（二）锗单晶的制备方法

1947 年，贝尔实验室使用普渡大学生长且具有良好半导体性能的锗多晶制造了第一个晶体管，普渡大学的研究将锗确立为一种有用且有价值的半导体，并建立了解半导体特性的模型。更可靠的晶体管研发需要高纯度的锗材料，为此，贝尔实验室的蒂尔（Teal）和利特尔（Little）开创了锗单晶生长技术的发展应用，1948 年，第一根锗单晶由蒂尔和利特尔用直拉法（Czochralski，CZ）生长。中国科学院院士王守武于 1957 年，在北京电子管厂拉制出了中国第一根锗单晶。

锗单晶的常用制备方法主要有直拉法和布里奇曼（Bridgman）法。后者又包括水平布里奇曼（Horizontal Bridgman，HB）、垂直布里奇曼（Vertical Bridgman，VB）和垂直梯度凝固（vertical gradient freeze，VGF）法，另外的生长方法还有热交换法、定向结晶法等。目前世界上应用范围较广的主要是直拉法和垂直梯度凝固法。

直拉法和垂直梯度凝固法均使用 6N（纯度为 99.9999％）的区熔锗锭作为原材料，通过掺杂不同的微量金属元素生长出用途各异的锗单晶。目前的锗单晶生长设备均采用硅单晶生长设备的制造技术，根据所需锗单晶的生长热场、材料性能、尺寸等具体要求改装而成。比较成熟的全自动设备生产商主要有美国的凯克斯（Kayex）公司，我国的浙江晶盛、上海汉宏等。另外，大连连城于 2013 年收购美国 500 强企业斯必克（SPX）旗下的凯克斯单晶炉事业部，从而获得凯克斯的商标及制造技术。

直拉法主要包括引晶、缩颈、放肩、转肩、等径、收尾等流程。籽晶位于熔体之上，首先找到适合的温度点，将籽晶浸入区熔锗锭熔体中非均匀成核，非均匀成核有利于降低临界过冷度，大大提高形核率。通过设计好的热场，有效控制纵向和径向温度分布，然后以一定的速度旋转籽晶并向上提拉，新凝固的晶体在籽晶上缓慢生长成为单晶。通过直拉法生长单晶的关键是为单晶炉配备合理的热场系统，较好的热场分布应该让纵向温度梯度尽可能大，保证晶体生长有足够的动力，但又不能过大，避免变晶。径向温度梯度则尽量趋于 0，保证结晶界面的平稳。此外，直拉法生长单晶的设备和工艺相对简单，易于实现自动化控制，生产效率高，容易拉制直径较大的单晶，能够更好地控制单晶内的杂质浓度，满足不同应用对锗单晶材料的要求。

垂直梯度凝固法则恰恰相反，籽晶位于熔体之下。首先将区熔锗锭敲断，表面经过化学处理、清洗及烘干，装入坩埚（与直拉法的石墨坩埚不同，一般选用氮化硼坩埚），然后用石英管对其真空封装，将封装完成的石英管按技术要求置入锗单晶炉内。设计好低位错生长型 VGF 炉热场纵向和径向温度梯度，按照选定的技术参数编制计算机程序群控技术从而实现区熔锗锭的逐渐升温熔化、籽晶的结晶生长。用设定拉速控制石英管向下缓慢移动，固液界面精准降温控制结晶界面的形状和生长速度，最后采用封管晶体退火方法获得高均匀性和低应力的锗单晶。垂直梯度凝固法虽然生长速度慢、效率低，但是晶体位错较少。

（三）红外光学用锗单晶

红外光学用锗单晶是目前世界上应用最广泛的红外光学材料之一，通常采用直拉法制备。其成品元件主要包括红外锗透镜和锗窗。其中，红外锗镜头中锗透镜的数量因用途不同而有所差异。军用红外锗镜头对精度和技术要求较高，通常含锗透镜 6～10 片以上，而民用红外锗镜头技术要求相对较低，一般含锗透镜 2～3 片，锗窗则一般用于军用设备。

目前军用红外产品的国际市场主要被欧美发达国家主导，且在军队中的应用较广，由于红外产品的特殊性，各国往往采取技术封锁、禁止或者限制出口措施。与之相比，红外产品在我国军事领域的应用尚处于发展初期，在强军思想、军民融合的方针指引下，国家正积极推进军队信息化、武器装备智能化，这必将促进国内军用红外市场的快速扩大。现阶段红外用锗单晶受限于生长设备及技术等原因，通常难以生长出直径较大的锗单晶，国外少数企业已具备生长 $\phi400mm$ 以上锗单晶的能力，国内企业的水平基本在 $\phi300\sim400mm$ 之间。为了满足机载、舰载等锗窗大于 $\phi500mm$ 的特殊需求，在锗行业中引入了硅行业的准单晶概念，准单晶主要有无籽晶铸锭和有籽晶铸锭两种工艺，但是准单晶技术如何定义，在行业内尚未达成共识及没有统一的标准，这项技术对于企业的研发、设计、加工能力均是巨大的考验。

此外，随着红外产品相关技术的不断发展和日渐成熟及企业之间在市场中的自由竞争，其成本和价格降低，红外产品在民用领域的应用越来越广泛，增长速度远远高于军用领域。现在较为成熟的应用主要是在电力行业的预防性检测方面，随着热像仪在消防、工程建设、安保、森林防火、车载系统等领域的快速发展和应用普及，红外光学技术市场潜力巨大。

（四）高纯锗单晶

高纯锗单晶材料是世界上最高端的锗产品，纯度达到 13N，是制造高纯锗（HPGe）探测器的核心材料。为了达到探测器的使用要求，就必须保证锗单晶的材料性能，因此锗单晶的生长制备工艺难度极高，但是高纯锗探测器与其他探测器相比，具有能量分辨率好、探测效率高、稳定性强等无可比拟的优点。它对 X 射线、γ 射线的能量分辨率可达千分之几，比 HgI_2、CdTe、GaAs 等常用探测器的能量分辨率高一个数量级（见表 2-1）。

表 2-1　高纯锗探测器能量分辨率的优势

探测器	Rap 能量/keV	半高宽/keV
HPGe	1330	1.75
HgI_2	1330	22
CdTe	1330	25
GaAs	1330	22

20 世纪 60 年代，因为制备的锗单晶纯度不高（$10^{13}\sim10^{14}\,cm^{-3}$），锂漂移被引入，它可以补偿锗晶体中的 P 型受体杂质，但是制备探测器的工艺复杂，且要在液氮温度下储存。直到 70 年代初，通过对直拉法改进生长出高纯锗晶体，才将电活性杂质的浓度降低到 $10^{10}\,cm^{-3}$，从而满足高纯锗探测器的制造要求。除此之外，位错密度和分布的均匀性也会影响探测器的性能。由于高纯锗探测器的特殊性能，其不仅成为核物理、粒子物理、天体物理实验研究的首选，而且被逐渐应用到核工业、军事、医学、海关检查等多个领域。

美国于 1965 年和 1972 年分别研发出锗（锂）探测器和 HPGe 探测器，目前这两种探测器均已批产，但高纯锗单晶的生长工艺和关键技术参数从未公布。高纯锗单晶的制备首先对锗原料进行区熔提纯，然后采用范德堡（van der Pauw）测量方法对其电性能进行测量，如果区熔锗锭的杂质水平达到 $10^{10} \sim 10^{11}\,\mathrm{cm}^{-3}$，相对于原区熔锗锭的 $10^{13} \sim 10^{14}\,\mathrm{cm}^{-3}$ 减少 3 个数量级，这种提纯后的区熔锗就可以用来生长高纯锗单晶。晶体生长后，使用 X 射线衍射分析、范德堡测量、光热电离谱（photothermal ionization spectroscopy，PTIS）和位错测量来表征生长的晶体。若晶体的杂质水平达到 $10^{9} \sim 10^{10}\,\mathrm{cm}^{-3}$，位错密度范围在 $10^{2} \sim 10^{4}\,\mathrm{cm}^{-2}$ 之间，就可以用来制作探测器。因此，在高纯锗单晶制备过程中，对生长后的晶体进行表征必不可少。国外经过 7 年的项目研发，现已生长出最大直径达 5in（$\phi127\mathrm{mm}$）的高纯锗单晶。尽管我国在高纯锗单晶和探测器制备上已经取得了一些进展，但目前国内尚未完全掌握成熟的制备技术，离真正的产业化应用还有差距。据相关研究资料表明，每年我国需要从阿美特克（ORTEC）、堪培拉（Canberra）等美国公司进口数百个高纯锗探测器，金额巨大。自 20 世纪 70 年代以来，欧美一直主导着高纯锗单晶和探测器的国际市场。他们以 $8000 \sim 10000$ 元/kg 的价格从我国购买区熔锗，经深加工成高纯锗单晶后以 $30 \sim 40$ 倍的价格向我们出售，最高可达 25 万 ~ 30 万元/kg。含 1kg 锗的高纯锗探测器的价格则是原材料的 $60 \sim 100$ 倍。要改变这一现状，打破欧美的技术垄断，唯一途径就是通过国内相关领域研究人员的共同努力以及相关政策支持，真正研发出自主可控的高纯锗单晶材料。

第二节 · 锗薄膜与制品

一、防反射膜和干涉滤光膜

光学用的锗（Ge）有单晶和多晶两种。光吸收和纯度有关，纯度又与电阻率有关，故而采用的是 N 型 Ge，电阻率为 $10\Omega/\mathrm{cm}$ 以上。实际的单晶体为 $40\Omega/\mathrm{cm}$ 以上，多晶体为 $10\Omega/\mathrm{cm}$ 以上。Ge 晶体的尺寸为单晶体可达 $\phi150\mathrm{mm}$，多晶体可达 $\phi300\mathrm{mm}$。Si 晶体可达 $\phi125\mathrm{mm}$；但是最好用什么样的 Si 晶体作为光学材料却尚待明确。在使用多晶锗时，特别是大型浇铸材料时，会碰到坯料的均匀性问题。表 2-2 列出与加工有关的 Ge 与光学玻璃 BK 7 的物理性能。因为锗的物理性质和光学玻璃相近，所以一般的光学冷加工工艺也都大体适用。但是 Ge 晶体易划伤、性脆，所以处理时要适当注意。在外观上，因为透镜表面是镜面，故划伤是很显眼的。

表 2-2　Ge 和 BK 7 的物理性能

项目	Ge	BK 7
透过范围/μm	$1.8 \sim 14$	$0.3 \sim 2.5$
折射率	4.0	1.52
熔点/℃	936	715

项目	Ge	BK 7
线膨胀系数/($\times 10^{-6}$℃$^{-1}$)	5.5	7.4
硬度 Kmoop/℃（K）	600	7.8
扬氏模量/(10^{10} N/m^2)	10.273	7.8
密度/（g/cm^3）	5.3	2.53

红外透镜的装配，目前没有像可见光仪器那样有一定的调整程序，只能取决于零件的加工精度。装配时，为了防止镜筒内表面的反射，要进行天鹅绒覆层即防反射处理。

Ge 的折射率与温度的关系是：在 $10\mu m$ 时，$dn/dt = 2.7 \times 10^{-4}$；当 $f = 100mm$，温度变化±20℃时，轴上色差为 $\Delta p = 0.18mm$。由此可知，在温度变化大的使用场合，必须考虑加进某些调焦机构。

因为 Ge 的折射率高，用 Ge 作透镜时的反射率大，单块透镜只能得到 47％的透过率；随着片数增加，透过率急剧降低。图 2-1 为防反射膜的例子。从图上可以看到，单透镜的平均透过率达 93％，可以得到与以往红外系统中采用铝反射镜相近似的性能。这些防反射膜根据用途来决定波长范围。实践中，主要用单层膜和两层膜（消色差）；为了进一步扩大防反射区域，已发表了各种关于超消色差多层膜的论文。

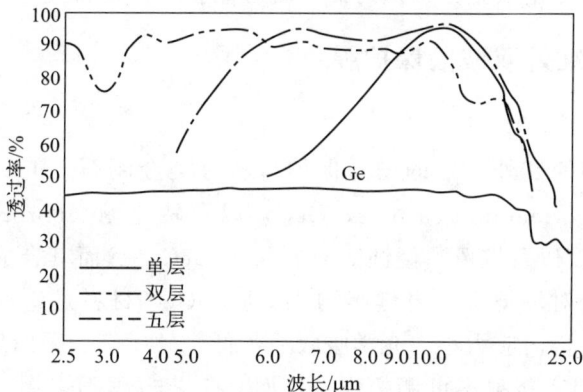

图 2-1　防反射膜

能够透过红外的物质数量很少，物理、化学性能稳定的物质更少。由于这个原因，设计时要通过基底处理最大限度地改善膜的状态；另外为提高膜层的牢度，在设计时还要综合考虑膜层内部的应力。

在红外光学系统中，除防反射膜外，还采用各种干涉滤光膜。干涉滤光膜的特征是膜层厚、层数多，因此蒸发时间长。由于这个原因，蒸发源的稳定性、膜厚控制系统的安全性、高精度化以及基底温度的控制显得更为重要。图 2-2 表示各种类型的干涉滤光膜。关于滤光膜的设计已有各种报道，其中等价折射率方法看来较好。这种方法基本上是考虑窄带防反射，即只对特定波长高透过，利用等价膜作成折射率符合要求的膜。因为现在制造的滤光膜，有层数已达到100层，所以初期设计很重要。

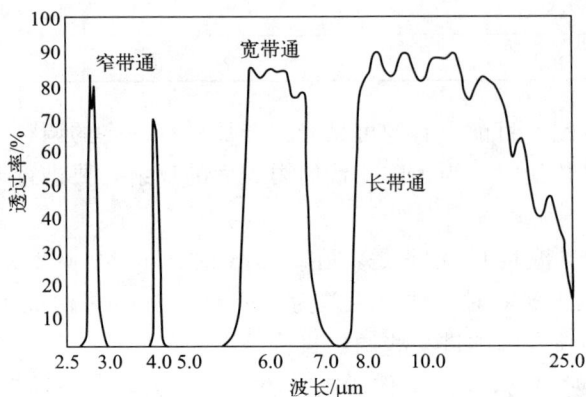

图 2-2　干涉滤光膜

设计防反射膜和干涉滤光膜时，必须考虑周围温度和入射角度等使用条件。温度变化会引起膜层的折射率变化和膜层厚度变化，从而使光学特性变化。入射角度偏离垂直入射时，一般来说特性向短波方向移动。把薄膜零件用到光学系统中时，如果对这样的特性变化不充分认识的话，就可能会错误评价光学系统的性能。

二、锗基底红外双波段保护膜

（一）设计与制备

目前应用较多的红外窗口的增透保护材料有类金刚石（diamond-like carbon，DLC）、碳化锗（germanium carbide，GeC）以及磷化硼（boron phosphide，BP）等。BP材料的硬度以及抗风沙侵蚀能力要高于GeC，然而其合成工艺须采用剧毒气体，处理不当会对环境和人身健康构成威胁。GeC材料是一种性能优良的红外增透保护薄膜材料，内应力小、光学吸收系数低、硬度高。采用反应溅射技术制备的GeC薄膜不仅具有折射率可调的优点，而且工艺过程不采用有毒气体，对环境友好。DLC膜一般采用PECVD（等离子体化学气相沉积）工艺，成膜应力较大，吸收系数较高，膜厚一般不超过 $2\mu m$，保护能力有限。采用溅射工艺制备DLC膜，不仅内应力低、吸收小，而且还具有膜厚和零件面型不受限制等优点。

实验根据GeC薄膜折射率可变的特点，设计了Ge基底上的DLC/GeC增透保护膜系；采用磁控溅射工艺，在不同规格的Ge基底上制备了DLC/GeC多层红外双波段增透保护膜系；测试了样品的红外透过率、显微硬度以及抗恶劣环境能力。

图2-3所示为Ge基底红外双波段膜系设计透过率曲线，未计入GeC以及DLC

膜层的吸收。基本膜系结构为 Ge（Sub.）| GeC1 | GeC2 | GeC3 | GeC4 | DLC | Air（Sub. 为基底，Air 为空气），其中 GeC1、GeC2、GeC3、GeC4 的折射率分别为4.1、3.5、2.9、2.4。

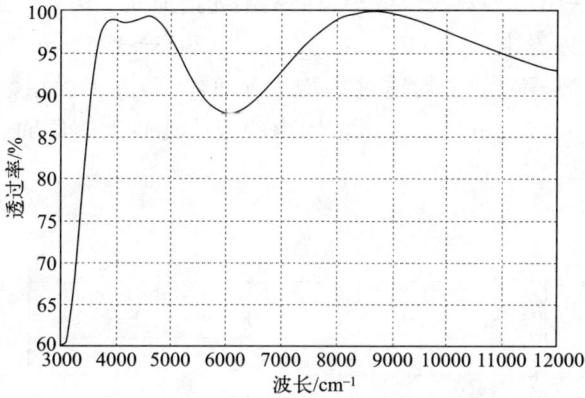

图 2-3　Ge 基底红外双波段膜系设计透过率

GeC 薄膜和 DLC 薄膜制备都在一台磁控溅射镀膜机上进行，基底均为双面抛光的 Ge 片。基本工艺流程为：基底清洁→抽真空→烘烤→离子束清洗→镀膜。

采用 Perkin Elmer FTIR 红外光谱仪测试样品在 $800\sim5000\mathrm{cm}^{-1}$ 波段的透过率，采用 ORTHOPLAN 偏光显微镜以及显微硬度计测量样品的显微硬度。根据 GJB 2485—95 标准对样品进行高低温、湿热和盐雾试验。

（二）性能

1. 光学性能

图 2-4 所示为不同折射率 GeC 薄膜的透过率曲线。根据 a、b、c 三条曲线的峰值可以大致计算出它们的折射率分别为 3.5、2.9、2.4。从图 2-4 可以看出，除了 C—H 键吸收峰外，低折射率的 GeC 薄膜在 $800\sim5000\mathrm{cm}^{-1}$ 范围内的吸收较小。

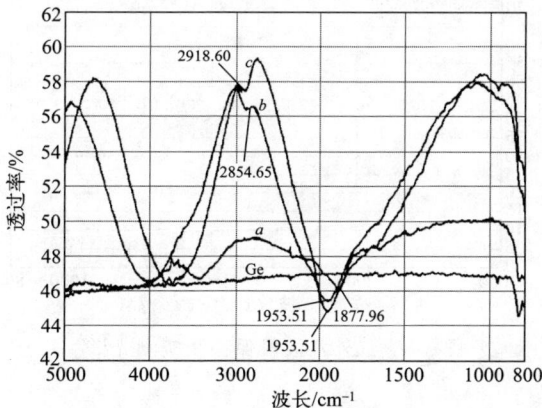

图 2-4　不同折射率 GeC 薄膜的透过率

图 2-5 为溅射 DLC 膜的红外透射光谱，基底为单晶锗。从图 2-5 可以看出，除 C—H 键吸收外，膜层的光学吸收很小。用软件拟合后，得到 DLC 膜层的折射率和消光系数分别为：$n=2.0$，$k=0.01$（$\lambda_0=10\mu m$）。

图 2-6 为锗基底上红外双波段保护膜的实测光谱曲线（另外一面镀红外双波段增透膜）。从图 2-6 可以看出，样品在 $3.7\sim4.8\mu m$（$2083\sim2703cm^{-1}$）和 $7.5\sim10.5\mu m$（$950\sim1333cm^{-1}$）波段内的平均透过率均大于 94%。由于膜层总厚度较大，样品在 $8\sim12\mu m$（$833\sim1250cm^{-1}$）波段范围内的吸收比较大，因而透过率测试结果低于设计值。

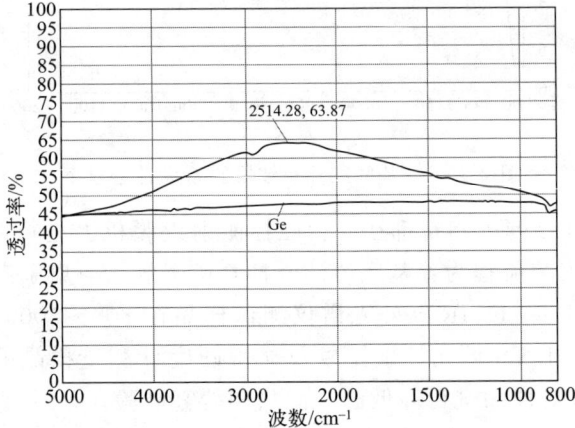

图 2-5　DLC 膜的红外透射光谱

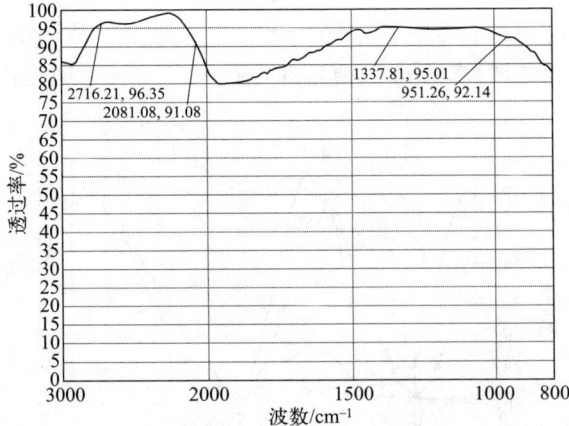

图 2-6　红外双波段保护膜实测光谱

2. 显微硬度

表 2-3 为 GeC、DLC 以及红外双波段保护膜的显微硬度测试数据，基底均为

单晶锗。从表 2-3 可以看出：①GeC、DLC 以及保护膜样品的硬度值都明显高于锗基底，说明这三种薄膜都能显著增强样品的硬度；②红外双波段保护膜样品硬度值高于 GeC 和 DLC 薄膜样品，表明红外双波段保护膜的力学性能比单层 GeC 膜和 DLC 膜更好，能给基底提供更好的保护作用。

表 2-3　样品的显微硬度测量值

序号	样品	折射率	薄膜厚度/μm	显微硬度/GPa
1	Ge 基底	4.0	—	7.1
2	GeC 膜	3.5	2.1	10.0
3	GeC 膜	2.9	2.2	10.9
4	GeC 膜	2.4	1.9	11.2
5	DLC 膜	2.0	2.5	12.1
6	双波段保护膜	—	2.7	15.5

3．环境试验内容及结果

表 2-4 为红外双波段保护膜环境试验内容及检测结果，试验依据为 GJB 2485—95。样品在环境试验前后的光谱曲线基本上没有变化，说明该红外双波段保护膜具有较强的抗恶劣环境能力。

表 2-4　红外双波段保护膜环境试验内容及检测结果

序号	试验项目	试验内容	检测结果 表面情况	检测结果 光学性能
1	附着力	用 2cm 宽剥离强度不小于 2.74N/cm 胶带纸牢牢粘在膜层表面上，垂直迅速拉起	膜层无脱落	符合要求
2	低温	在－(62±2)℃的低温条件下保持 2h	无龟裂脱落	符合要求
3	高温	在(70±2)℃的高温条件下保持 2h	无龟裂脱落	符合要求
4	湿热	在温度为(50±2)℃，相对湿度为 95%～100%的条件下保持 24h	无龟裂脱落	符合要求
5	盐雾	在温度为(35±2)℃的盐雾箱内，经浓度为(5±0.1)%、pH 值为 6.5～7.2 的氯化钠溶液连续喷雾 24h	无龟裂脱落	符合要求
6	盐溶性	在室温(16～32℃)下，经 4.5%的氯化钠溶液连续浸泡 24h	膜层无脱落	符合要求
7	重摩擦	膜层经受压力为 9.8N 的橡皮头摩擦 40 次	无损伤	符合要求
8	温度冲击	在无包装的情况下，升温至 55℃后，恒温 1h，然后按 5℃/min 的速率降到－20℃，恒温 1h。交替变化 5 次	无龟裂脱落	符合要求

（三）效果

磁控溅射工艺制备的 GeC 薄膜和 DLC 薄膜具有吸收小、应力低的特点。改变溅射工艺参数，可以使 GeC 薄膜的折射率在 2.4～4.1 之间变化。

采用磁控溅射工艺可以在各种面型的大口径锗基底上制备具有高透过率、高硬度、抗恶劣环境的红外双波段保护膜。

三、长波红外碳化锗增透膜

(一) 简介

碳化锗膜一般都是通过分子束外延（MBE）、直流磁控溅射（DCMS）、射频磁控溅射（RFMS）、微波等离子化学气相沉积（MPCVD）等方法制备。分子束外延工艺复杂、难于控制、价格昂贵。应用溅射方法时，易造成靶中毒，降低薄膜沉积速率，严重的情况下会导致薄膜无法继续生长。微波等离子化学气相沉积方法需要用到有毒的气体锗烷作为反应气体。电子枪蒸发加离子源辅助是制备光学薄膜的一种简单而有效的方法。其原理是用电子枪产生高能电子流蒸发镀膜材料，同时在真空室中充入反应气体，通过离子源电离惰性气体，高能离子流碰撞反应气体分子并使之电离，所获得的反应物的活性离子轰击基片，可以提高膜层的质量。

现将甲烷气体直接通入霍尔离子源中，电离的甲烷可以获得较高的离化率，提供碳化锗薄膜中的碳成分，同时又可通过等离子的轰击作用来提高成膜质量，因此甲烷既是工作气体也是反应气体。这种电子枪蒸发加离子源辅助的制备方法具有配置简单、可控参数多、维护方便等优点。

(二) 碳化锗增透膜的光学设计与参数优化

根据光学薄膜设计原理，对于锗基底，如果镀制单层薄膜，要使剩余反射为0，则单层薄膜的折射率为 $n_0 - \sqrt{n_{Ge}} = 2$。在获得碳化锗薄膜光学常数的前提下，虽然并没有折射率刚好等于 2 的碳化锗薄膜，但是从制备的碳化锗薄膜中可以选择适当的折射率，能够有效降低锗基底的剩余反射率，提高其透过率。综合碳化锗薄膜的光学常数和制备效率，选择沉积速率为 0.06nm/s，此时碳化锗薄膜的折射率为 2.4，在锗基底上双面镀制物理厚度为 948nm 的单层增透膜。

(三) 性能

图 2-7 是理论设计结果、测试结果与锗基底透过率的比较。

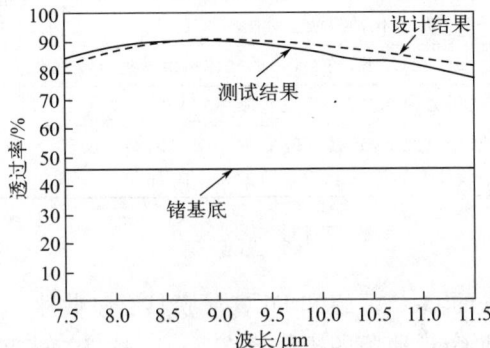

图 2-7　理论设计结果、测试结果与锗基底透过率的比较

从图 2-7 可以看出，双面镀制碳化锗增透膜后，测试结果和理论设计吻合得较好，并且在长波红外 $7.5\sim11.5\mu m$ 波段的平均透过率 $T_{ave}>85\%$，相对于未镀膜前的 47% 有了明显提高，达到了增透的目的。

（四）效果

应用电子束蒸发锗、霍尔离子源电离甲烷的方法在锗基底上沉积了碳化锗增透膜。通过控制沉积速率，实现了可变光学常数的碳化锗增透膜的制备。最终在锗窗口上双面镀制了碳化锗增透膜，在长波红外 $7.5\sim11.5\mu m$ 波段的平均透过率大于 85%，增透效果良好。环境实验测试结果表明，所镀制的碳化锗增透膜具有良好的环境适应性。

四、锗基长波红外圆锥形微结构

（一）简介

本部分通过在 $8\sim12\mu m$ 长波红外波段设计了一种圆锥形周期阵列微结构，基于时域有限差分法分析了微结构的结构参数及入射角对反射率的影响，得到了该微结构较优的结构参数组合，并将其与无微结构的平板锗进行了对比，进一步说明了圆锥形微结构在整个波段范围内优异的减反射性能。

（二）圆锥形微结构模型的建立

图 2-8(a) 为圆锥形微结构模型的三维示意图，其中虚线框部分表示仿真计算时所选取的圆锥形微结构模拟单元，单元的具体设置如图 2-8(c) 和图 2-8(d) 所示。由于结构和光源关于 X 和 Y 轴对称，为提高计算效率，X 方向的边界条件设置为反对称边界条件（antisymmetric BC），Y 方向的边界条件设置为对称边界条件（symmetric BC），如此，实际计算的部分仅是整个选中单元的 1/4 ［图 2-8(d)

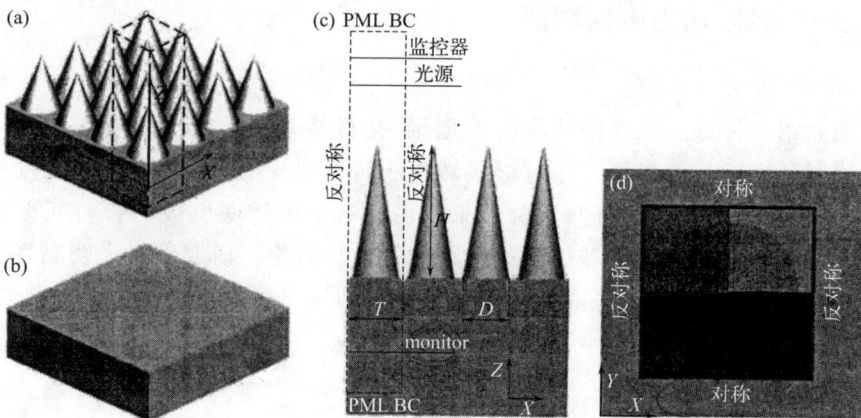

图 2-8 FDTD 仿真模型及结构参数示意图

（a）圆锥形微结构模型的三维示意图；（b）平板型结构模型的三维示意图；

（c）圆锥形微结构模拟设置及结构参数；（d）圆锥形微结构实际模拟单元

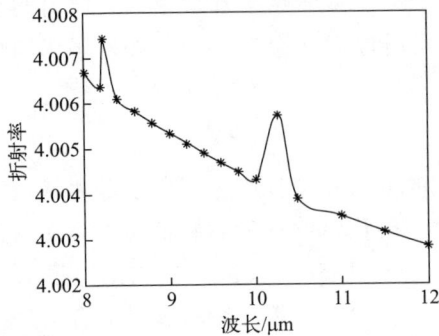

图 2-9 单晶锗的折射率与波长
的关系曲线

中未被阴影覆盖部分]，Z 方向边界条件设置为完美匹配层边界条件（PMLBC）。微结构上方放置了 $8\sim12\mu m$ 波段 X 方向偏振入射的平面波光源，光源上方设置了一个用于检测反射光的监视器，结构下方也设置了一个用于检测透射光的监视器。

圆锥形微结构的主要参数有底部直径 D、高度 H 及周期 T，如图 2-8（c）所示。图 2-8（b）是平板型结构模型的三维示意图，主要是为了与表面带有微结构的模型进行对比，两种结构的材料均为单晶锗，单晶锗的折射率与波长的关系如图 2-9 所示。

（三）效果

锗是重要的红外光学材料，为减小锗表面的菲涅尔反射损耗，提高光利用率，研究了锗基底圆锥形微结构的减反射性能。同时基于时域有限差分法（finite difference time domain），并采用单因素法研究了微结构的占空比、周期、高度等结构参数与入射角在 $8\sim12\mu m$ 长波红外波段对反射率的影响，确定了微结构在低反射情况下较优的结构参数组合。结果显示其在整个波段范围内的平均反射率低于 1%，远低于平板锗结构的 35.47%，在 $9\sim11\mu m$ 的波段范围内反射率低于 0.5%，且光波在 40°范围内入射时，圆锥形微结构的平均反射率仍然较低。将优化的圆锥形微结构与平板结构进行了对比，从等效折射率、反射场分布和能量吸收分布 3 方面进一步证实了圆锥形微结构在整个波段范围内优异的减反射性能。

五、石墨烯/锗光电探测器

（一）简介

下面介绍一种近红外通信波段的石墨烯/锗肖特基结光电探测器。采用化学气相沉积法制备高质量石墨烯，通过湿法转移法转移到 n 型锗表面，获得高性能石墨烯/锗的肖特基结器件。仿真与实验结果表明，石墨烯透明电极与锗衬底形成良好的肖特基接触，大大提升了器件的光生载流子收集效率。研究结果表明高性能石墨烯/锗光电探测器在近红外光电系统中具有潜在的应用前景。

（二）制备

1. 石墨烯的合成与转移

工艺中采用化学气相沉积法（chemical vapor deposition，CVD），以 $25\mu m$ 厚的铜箔为催化剂，气体为 CH_4（$40cm^3/min$）和 H_2（$20cm^3/min$），在 1000℃ 下制备单层石墨烯薄膜。生长后，将表面有单层石墨烯膜的铜箔上表面在 3000r/min

转速下旋转涂覆实验室自制的浓度为 5% 的聚甲基丙烯酸甲酯 [poly(methy methacrylate)，PMMA]，70℃ 退火 7min，然后将铜箔置于 $CuSO_4$ 溶液中。试剂溶液比例为 $CuSO_4$：HCl：H_2O＝10g：50mL：50mL，通过 HCl 刻蚀铜箔，稳定剂为 $CuSO_4$ 溶液。刻蚀结束后，将石墨烯膜附于载玻片上，转移至去离子水中反复清洗，直至去除残余的刻蚀液。

2. 器件的制备

器件制备采用化学气相沉积法、湿法刻蚀法等，用到的仪器有紫外光刻机、等离子体清洗机、电子束蒸发系统。具体流程步骤如下：

① 对 Ge 衬底进行清洗，将覆盖 300nm 厚 SiO_2 绝缘层的 Ge 衬底分别用丙酮、无水乙醇和去离子水超声清洗 15min。

② 在 Ge 衬底表面旋涂正光刻胶，在 600r/min 转速下匀胶 10s，然后提速至 3000r/min 匀胶 30s，前烘 5min 使光刻胶凝固，接着用紫外光刻机在覆盖绝缘层的 Ge 衬底上制备窗口（0.2cm×0.2cm），曝光显影后，进行后烘 7min 稳定光刻胶，然后利用缓冲氧化物刻蚀液（buffered oxide etch，BOE）刻蚀，刻蚀速率与刻蚀液浓度有关，刻蚀结束后用丙酮、无水乙醇、去离子水清洗干净。

③ 转移刻蚀好的石墨烯薄膜至 Ge 衬底上形成异质结，室温下空置一夜，最后将器件放入丙酮中反复浸泡去除表面 PMMA。

④ 进行二次光刻，刻蚀器件的上电极，使用尺寸为 0.25～0.3cm 的环形掩膜版，之后将器件贴在电子束蒸镀样品托盘上，预沉积 50nm 的 Au 薄膜。

⑤ 将在器件底部涂抹均匀的 In-Ga 合金作为底部电极。

通过光刻、刻蚀、转移石墨烯、电子束蒸镀最终得到器件，从上到下依次是金电极、石墨烯、二氧化硅、锗、In-Ga 合金。

（三）性能

石墨烯/锗光电探测器的电学性能通过半导体表征系统（Keithley 2400 SP 2150，普林斯顿公司）进行测试。使用的测试光源为 1550nm 近红外激光二极管（M15500LP1，索雷博公司）。光谱响应在单色仪（LE-SP-M300）上进行。采用不同波长（265nm、365nm、450nm、530nm、660nm、730nm、810nm、970nm 和 1050nm、1200nm、1300nm、1400nm、1500nm、1550nm、1600nm）的激光二极管作为光源，研究光响应。所有光源的功率强度都经过功率计（Thorlabs GmbH，PM100D）仔细校准。所有测试均在室温、相对湿度 40%～60% 环境下进行。

简单介绍一下该光电探测器的工作机理。对 Ge 的吸收进行仿真。不同波长的入射光以 90° 的入射角被引入锗表面的正面，采用 Synopsys Sentaurus TCAD 仿真 n-Ge 衬底（Sb 掺杂，载流子浓度为 $10^{15}\,cm^{-3}$），尺寸为 $20\mu m×200\mu m$。可以看出光子吸收速率的独特分布，当入射光的波长较短（如 265～365nm）时，入射光的穿透深度（光子吸收速率值较高）很浅（小于 10nm），表明光子几乎被吸收在异质结的表面，由于表面缺陷和/或悬空键的存在，该区域存在严重的载流子重组，从而降低了光响应。但随着入射光波长的增加，穿透深度将逐渐增加，在1600nm处达到最强吸收。通过文献中锗的折射率（n）、消光系数（k）计算出的锗的吸收率与波长之间的关系，可以看出随着波长的增加，吸收先增加后减小，在1550nm处达到峰值。在短、中、长波长（如265nm、660nm、1550nm）照射下存在电子-空穴对。在光照条件下，探测器的结可分为耗尽区和扩散区，这两个区域都有助于光生载流子的扩散。根据计算，器件的耗尽区宽度在$3\mu m$左右，而与n型Ge［迁移率为$1800cm^2/(V \cdot s)$］相对应的扩散长度（L_h）估计为$700\mu m$。当电子空穴对在该区域产生时，这两个区域都有助于光电流的形成。然而，随着入射波长从265nm增加到1550nm，电子空穴对的产生将逐渐从单层石墨烯/n-Ge结的耗尽区扩展至扩散区，由于锗的厚度与扩散长度相比较小，大多数光诱导电子空穴对将被内置电场隔开，因此造成该光电探测器在不同波段光响应不同。当器件被短波长光照明时，相对较高的吸收系数会在异质结表面附近产生较强的吸收。相反，随着波长的增加，相应的相对较低的吸收系数将导致更深的穿透深度。

探测器的工作机理可以利用结的能带图和载流子输运过程来分析解释。石墨烯的费米能级（E_F）为4.7eV，具有$1 \sim 10\Omega \cdot cm$电阻率的n-Ge的功函数大致为4.37eV，在这两种材料形成肖特基结后，由于功函数的差异，电子从锗扩散到石墨烯，与此同时，空穴在锗的耗尽区形成。这种电荷转移打破了原来各自的能带平衡，锗表面附近能级向上弯曲，并出现内置电场。当受到能量超过锗（0.67eV）禁带宽度的光照射时，锗的耗尽区会产生电子-空穴对。耗尽区附近产生的载流子会扩散到耗尽区。随后，电子和空穴在内置电场的作用下迅速分离，电子在底部的In-Ga电极被收集，而空穴则通过石墨烯转移并最终被上表面的金电极收集。上述过程在零偏置下产生了光电流。而在正向偏压下，结区宽度减小，且随着正向偏压逐步增加，正向电流将迅速增大；在反向偏压下，锗能带的弯曲更加显著，结区宽度增加，内建电场增强，反向电流变大。

（四）效果

制备了高性能近红外通讯波段的石墨烯/锗肖特基结光电探测器。仿真与实验结果表明，石墨烯透明电极与锗衬底形成良好的肖特基接触，大大提升了器件的光生载流子收集效率。在无光照条件下，器件的整流比在5.3×10^2，在光强为$0.3mW/cm^2$的1550nm近红外光的照射下，开关比达10^2，光电流响应和探测率分别可达635.7mA/W、$9.8 \times 10^{10} cm \cdot Hz^{\frac{1}{2}}/W$。器件响应速度较快，在3dB带宽处上升和下降时间分别为$40\mu s$和$35\mu s$。此外，器件的制备工艺简单，在空气环境中5个月后，光电流几乎没有衰减，具有良好的再现性，表明了高性能石墨烯/锗光电探测器在近红外光电系统中具有潜在的应用前景。

第三节 · 硅基锗材料与制品

一、硅基锗材料

（一）简介

硅基光电集成将微电子技术和光子学技术进行融合，是微电子技术的继承和发展，是信息技术发展的重要前沿研究领域。其研究内容包括硅基高效光源、硅基高速光电探测器、硅基高速光调制器、低损耗光波导器件等。硅衬底上外延生长的锗（Ge）材料是硅基高速长波长光电探测器的首选材料，解决了硅基光电集成的探测器研制难题。

Ge 的电子和空穴迁移率都很高，Ge 是所有半导体材料中空穴迁移率最高的材料，所以 Ge 是研制高速集成电路的可选材料。人们曾经用 Ge 研制出了第一只半导体晶体管，但是由于 Ge 的氧化物不稳定，界面态控制困难，限制了其在集成电路方面的应用，使载流子迁移率并不高的 Si 材料成为集成电路和信息产业的支柱。硅集成电路遵循摩尔定律飞速发展着，但是随着特征线宽的进一步缩小，集成电路的集成度和性能的提高遇到了前所未有的挑战。人们在不断提出创新性的方案以使硅集成电路继续沿着摩尔定律发展，包括应变硅技术、高 K 介质技术，等等。利用新的高迁移率半导体材料来替换（部分替换）Si 材料，研制新型高速电路也是一个很好的途径。近年有很多的研究组开展了 Ge 高速集成电路方面的研究，取得了很多重要的进展。但是 Ge 材料的机械加工性能比硅差、Ge 衬底材料的尺寸比较小、Ge 材料价格昂贵、地球上 Ge 的丰度小，这些将是限制 Ge 集成电路发展的重要障碍。在硅衬底上外延出 Ge 材料，并用它研制高速电路，则可以解决上述障碍，并且可以充分发挥 Si 和 Ge 各自的优势，实现 Si CMOS（互补金属氧化物半导体）和 Ge CMOS 集成的高速集成电路，所以硅基 Ge 外延材料在新型高速集成电路方面将有可能发挥重要作用。

另外，由于 Ge 的晶格常数与 GaAs 的晶格常数匹配较好，硅基 Ge 外延材料可以作为 GaAs 系材料外延的衬底材料，制备化合物半导体材料与硅材料集成的新型材料，在多节高效太阳能电池、硅基高速电路、硅基光电单片集成等方面具有潜在的重要应用前景。

（二）硅基 Ge 材料的生长

材料的平衡生长模式有三种：层状生长模式（Frank-van der Merwe mode，FVDM 模式）、岛状生长模式（Volmer-Weber mode，VM 模式）和混合生长模式（Stranski-Krastanow mode，SK 模式，先是层状生长，然后是岛状生长）。图 2-10 显示出了三种生长模式的生长过程。晶体薄膜的平衡生长按哪一种模式生长取决于衬底表面能、薄膜表面能和界面能。如果薄膜表面能和界面能之和总是小于衬底的表面能，即满足浸润条件，则是层状生长；反之，如果薄膜表面能与界面能之和总是大于衬底的表面能，则生长会是岛状生长模式。如果在开始生长时，满足浸润条件，是层状生长，但由于存在应变，随生长层数的增加，应变能增加，使界面能增加，从而使浸润条件不再满足，外延层会形成位错以释放应变或者在表面原子有足够的迁移率时，形成三维的岛，从而生长转化为岛状生长。虽然大多数的低温生长过程是远离平衡态或接近平衡态的生长，但平衡生长模式是材料生长的热力学极限情况，对真实材料的生长模式有重要的决定作用。

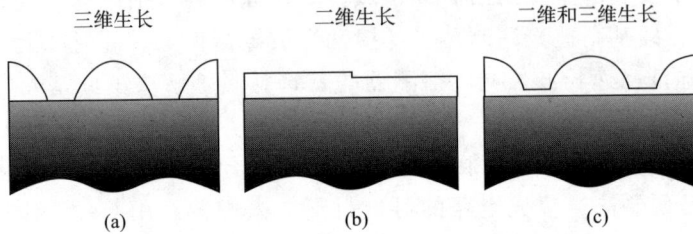

图 2-10　半导体外延生长的三种主要生长模式

（a）Volmer-Weber 模式三维生长；（b）Frank-van der Merwe 模式二维生长；

（c）Stranski-Krastanow 模式

硅和锗具有相同的金刚石结构，但它们的晶格常数不同，Si 的晶格常数为 0.5431nm，Ge 的晶格常数为 0.5657nm，Si 衬底上外延生长 Ge 时，其晶格失配达 4.2%。Ge—Ge 键比 Si　Si 键弱，所以 Ge 具有比 Si 小的表面能。在 Si 上生长 Ge 时，开始时满足浸润条件，生长是层状生长，随生长厚度的增加，由于晶格失配，应变能增加，浸润条件不再满足，生长将转化为岛状生长。所以 Si 衬底上生长 Ge 是典型的 SK 生长模式。而且由于晶格失配，将会形成高密度的失配位错，难以在 Si 上生长出高质量的 Ge 材料，需要在工艺技术上进行创新研究，将失配位错限制在界面附近，从而保持表面器件层材料有好的晶体质量。

目前在 Si 衬底上生长 Ge 材料的主要工艺有三种：

① 组分渐变的 SiGe Buffer（过渡）层工艺。该工艺首先生长 Ge 组分从 0 到 100% 逐渐增加的 SiGe Buffer 层，使应变逐渐释放，以获得位错密度低的 Buffer 层，然后在其上生长 Ge 外延层。该方法可以生长晶格质量很好的 Ge 材料，位错密度可以达到 $10^6 cm^{-2}$ 量级，但是由于表面会有很大的起伏，必须在生长后或生长中间插入化学机械抛光工艺流程，制作的工艺复杂耗时，而且为了获得好的晶体质量，SiGe Buffer 层中 Ge 组分的增加速度必须控制在 $\leqslant 0.1\mu m/S^2$，所以 SiGe 组分渐变层的厚度将达到 $10\mu m$ 以上，这样的材料不利于制作集成器件。

② Si 图形衬底上生长 Ge。该工艺就是在刻蚀有图形的 Si 衬底上进行 Ge 的生长，主要有两种方式，一种是在 Si 衬底上刻蚀出一维或二维结构的台面，然后进行 Ge 的外延生长，该方法使失配位错只要迁移到图形台面的边沿就可以消失，而

不像平面衬底材料，必须迁移到衬底的边沿，所以图形衬底可以减小失配位错迁移的距离，从而减少位错的相互作用和衍生的概率，进而降低位错密度。另一种是在 Si 衬底上制备 SiO_2 薄膜，然后光刻并刻蚀 SiO_2 露出生长 Ge 的窗口，Ge 将选择性地在露出 Si 的位置生长，并可以横向过生长而在 SiO_2 表面合并，形成完整的 Ge 外延层。该方法的原理可以理解为与前述方法一样，但是如果窗口很小，与 SiO_2 层厚度相当时，可以有另外一种减少位错密度的机制，那就是位错瓶颈机制。Si 与 Ge 之间由于晶格失配形成的穿透位错一般存在于 〈110〉 方向的 {111} 面，所以如果在 （110） 横截面观察，会发现位错与 （100） 衬底呈 54.7°角向表面延伸。当 SiO_2 厚度与窗口尺寸相当，则窗口内生长形成的位错向上延伸过程中将全部或大部分被氧化硅的侧壁所阻挡，从而生长出高质量的 Ge 材料。该工艺过程类似于切克劳斯基（Czochralski）Si 单晶拉制过程，在切克劳斯基 Si 单晶拉制工艺中，在拉制前籽晶被限制成很小的尺寸以消除缺陷。结合低温 Ge Buffer 工艺和图形衬底，Ge 层的晶体质量可以得到进一步的提高，位错密度可以降低到 $10^6 cm^{-2}$ 量级。图形衬底上生长异质结材料（如 Ge/Si，GaAs/Si 等）的研究表明，外延层材料的位错密度与图形的尺寸密切相关，图形尺寸越小，位错密度越低，所以，制作具有小尺寸图形的衬底是生长低位错密度材料的基础。人们开始时利用的是普通的光刻腐蚀方法制备图形衬底，由于受光刻尺寸的限制，图形尺寸比较大，为微米量级。电子束光刻可以实现小尺寸，但不适合于制作大面积图形衬底，用它难以实现产业化生产。激光干涉法光刻可以制作几百纳米级的小尺寸图形，而且可以进行大面积图形衬底的制作，是一种很好的方法，被人们所应用。但是为了进一步提高外延材料的质量，减少外延材料的位错密度，需要制作更小的纳米尺寸图形的衬底，这时，激光干涉光刻法也无能为力了，需要寻求新的方法。利用高密度的反应离子刻蚀，可以在 Si 表面刻蚀出纳米微结构的表面。在 SF_6 气氛下，用脉冲激光照射 Si 表面，也可以制作出纳米微结构的表面。这些制作纳米微结构表面的方法被人们用于研制高响应度的光电探测器。如果在这些方法制备的具有纳米微结构的 Si 衬底上生长 Ge 材料，由于其图形尺寸小，可望获得低位错密度的 Ge 外延材料。另外，采用阳极氧化 Al 膜的方法也可以制备出纳米尺寸的图形衬底。

③ 低温 Ge Buffer 层工艺。该工艺首先在 400℃ 以下的温度下生长出应力弛豫的 Ge Buffer 层，厚度约 50nm，然后将衬底温度提高到 600℃ 左右，生长合适厚度的 Ge 层。生长后，为了提高材料质量，可以进行循环退火处理。最终获得的材料的位错密度一般在 $10^7 cm^{-2}$ 量级的水平，表面的平整度也比较好。该方法的优点是工艺简单、生长时间短、Buffer 层薄，适合制作集成器件。该生长工艺的机理已经为人们所熟悉。人们用 MBE（分子束外延）在低温生长 Ge 层时发现了 H 可以当作表面活性剂，使之保持二维生长而不是向三维生长转化。根据这一原理，人们提出了 CVD 两步生长 Ge 的方法，即低温 Ge Buffer 层方法。由于 CVD 方法生长 Ge 时，在低温时表面会有 H 的覆盖，第一步的低温过程中 Ge 的生长将保持二维

生长，并且以位错而不是以起伏的形式释放应力，从而获得平整弛豫的 Ge Buffer 层。接着在 Buffer 层上在约 600℃ 下生长厚的 Ge 材料。

目前人们基本上倾向于用 Ge 低温过渡层技术来外延生长硅基 Ge 材料，取得了很好的结果。

（三）硅基 Ge 材料的应用

硅基 Ge 材料可能的应用范围很广。首先，它是硅基长波长光电探测器的首选材料，它的应用对推动硅基光电子学的发展，特别是硅基单片光电集成具有重要意义。其次，硅基 Ge 外延材料可以作为硅基高速电路研究的新材料。由于 Ge 的电子和空穴使 Ge 的力学性能比 Si 差、价格贵、地球上的丰度低，将硅基 Ge 外延材料代替 Ge 单晶材料，在价格、与现有微电子工艺兼容性等方面显然具有明显的优势。再其次，Ge 与 GaAs 材料晶格匹配，硅基 Ge 外延材料可以作为硅基 GaAs 等材料的衬底，在硅基光电集成、硅基高效太阳能电池研制等方面有重要应用前景。

目前，硅基 Ge 外延材料的主要应用是硅基高速长波长光电探测器。如意大利的 Silvia Fama 等研制出的 Si 上 Ge 长波长光电探测器，用 CVD 方法生长 $4\mu m$ 的 Ge 作为光吸收层，垂直入射的探测方式，在 $1.3\mu m$ 和 $1.55\mu m$ 处的响应度分别为 $0.89A/W$ 和 $0.75A/W$，直径为 $135\mu m$ 的器件的响应时间 $<200ps$，暗电流为 $1.2\mu A$，对应的暗电流密度约为 $10mA/cm^2$。后来，为了减少 Ge 光电探测器制作中的热过程，该课题组在生长完 $1\mu m$ 的 Ge 外延层后没有进行热退火，而直接进行器件制作，垂直结构探测器的两个电极分别制作在 p^+ 衬底（$0.008\Omega \cdot cm$）和表面经 P 离子注入形成的 n 型层上，研制出的器件的暗电流密度典型值为 $200mA/cm^2$，比经过热退火的器件的暗电流密度（典型值为 $20mA/cm^2$）大约高一个量级。他们的器件在 $1.3\mu m$ 和 $1.55\mu m$ 下工作时的响应度分别为 $0.4A/W$ 和 $0.2A/W$，工作眼图测试表明在 10Gbit/s 下眼图可以很好地张开，可以实现 10Gbit/s 的光接收。德国斯图加特大学用 MBE 方法生长 Si 上 Ge 材料，研制出垂直结构的 Ge PIN 光电探测器，其中非掺杂 Ge 层厚度为 300nm，采用双台面结构以减小寄生电容，提高器件响应速度。直径为 $10\mu m$ 的器件，在 2V 偏压和 1552nm 下工作的 3dB 带宽达到 38.9GHz，但由于吸收层比较薄，量子效率只有 2.8%。该器件同时可以在较短波长下工作，在 850nm 和 1298nm 工作时的量子效率分别为 23% 和 16%。美国麻省理工学院的 Jifeng Liu 等在 Si 上的 SiO_2 层上开出 $10\mu m \times 10\mu m$ 的生长窗口，采用选择外延的方式生长 Ge 材料，厚度为 $2.35\mu m$，电极分别制作在 p^+-Si 衬底和表面的 n^+ 多晶硅上。器件的暗电流密度为 $22mA/cm^2$，带宽达到 8.5GHz，在 850nm、980nm、1310nm、1550nm 和 1605nm 波长下工作时的响应度分别为 $0.55A/W$、$0.68A/W$、$0.87A/W$、$0.56A/W$ 和 $0.11A/W$。如果将 Ge 生长在 SOI（绝缘体上硅）衬底上，则对提高器件的工作速度很有好处，也容易实现共振腔结构，获得高的量子效率。Infineon 公司的 G. Dehlinger 与 IBM 合作，在 SOI 衬底上用低温 Ge Buffer 层方法生长 Ge。为了减少生长后退火过程中 Si 向 Ge

层的扩散，他们采用超薄的 SOI 衬底材料，Si 层和氧化硅埋层的厚度分别为 15nm 和 140nm。生长的 Ge 层厚度为 400nm。制作的 Ge 光电探测器为横向叉指型 p-i-n 结构，用 As 离子和 B 离子注入，并在 700℃ 下退火 3s 形成欧姆接触区，注入区宽度为 0.3μm，电极间距为 0.3～1.3μm。面积为（10×10）μm^2、叉指间距为 0.4μm 和 0.6μm 的器件在 850nm 波长处、1V 偏压下的 3dB 带宽分别为 29GHz 和 27GHz。叉指距离为 0.6μm 的器件在 850nm 和 900nm 下的量子效率分别为 34％ 和 46％，暗电流为 0.02μA，对应的暗电流密度为 20mA/cm^2。波士顿大学与 MIT 合作研制出 SOI 衬底上的 Ge 共振腔光电探测器。SOI 衬底的表面 Si 层厚度为 340nm，SiO$_2$ 埋层厚度为 200nm，用低温 Buffer 层方法生长 1450nm 厚的 Ge 层。生长 Ge 层前用离子注入方法在 SOI 表面形成 p$^+$-Si 层作为探测器的阳极接触层，探测器为台面型结构，器件 Ge 表面的 Au 膜与 Ge 形成肖特基结，所以他们研制的是一个肖特基结的光电二极管。表面 Au 膜同时作为探测器的底部反射镜，而 SiO$_2$ 埋层作为上反射镜，从而构成背部入射的共振腔结构。他们研制的直径为 10μm 的器件的 3dB 带宽达到 12GHz，在 1540nm 共振波长处的量子效率为 59％。中国科学院半导体研究所采用超低温 Ge 过渡层技术，在 Si 和 SOI 衬底上研制出了硅基 Ge 高速光电探测器以及 1×4、1×128、8×8 阵列器件。制作在 SOI 上的 Ge 光电探测器采用双台面工艺。单元器件在 1.55μm 下的响应度为 0.32A/W，在 1.31μm 下的响应度为 0.65AW，在 -1V 下的暗电流密度为 14mA/cm^2，-3V 下的 3dB 带宽为 12.6GHz。

Ge/Si 吸收区与倍增区分离的雪崩光电探测器（SACM-APD）是另一重要的硅基长波长光电探测器。Si 是最好的倍增材料，Si APD 已经很成熟，但是其带隙决定了它不能实现 1310nm 和 1550nm 的光响应。在 Si 上外延生长 Ge 材料，用 Ge 作为长波光响应吸收材料，而将 Si 作为倍增材料，可以实现硅基长波长微弱信号的低噪声探测。目前 Intel 公司和中国科学院半导体研究所都已研制出这种光电探测器。

在 n 型高掺杂的 Si 衬底上首先生长 700nm 左右的不掺杂的 Si 倍增区，然后制备 100nm 掺杂浓度为 1.6×10^{17}cm^{-3} 的电荷层，在电荷层上外延 1.0μm 的不掺杂的 Ge 吸收层和 0.2μm 的 p 型高掺杂 Ge 接触层。制作台面结构器件，器件的穿通电压为 29V，击穿电压为 39.5V，在 39V 下工作，在 1310nm 波长光下的光响应为 20A/W，对应的倍增因子为 40。Intel 公司对他们研制的 Ge/Si SACM-APD 进行了深入的特性分析，发现其具有很好的直流和高频特性，增益带宽积达到 340GHz，是目前报道的所有半导体 APD 器件的最好结果。

二、单晶硅、锗薄膜与柔性器件

（一）简介

在众多半导体材料当中，硅、锗材料一直是半导体领域的基石。单晶硅、锗纳米薄膜因其在大面积可控厚度的高质量薄膜制备方面的成熟工艺及其与当前半导体工艺流程天然兼容的特性尤其受到科研界和产业界的密切关注。同时，单晶硅、锗纳米薄膜在其厚度方向上的尺寸特征恰好与诸多重要物理过程相匹配，为基础理论研究和新颖的应用化研究都带来了极大便利。

（二）单晶硅、锗纳米薄膜

1. 单晶硅、锗纳米薄膜的性质

厚度方向上纳米量级的尺寸特征，使得硅、锗纳米薄膜具有区别于体材料的一系列独特的光、电等物理特性。这些独特性质为基于单晶硅、锗纳米薄膜的新颖器件设计和制备奠定了基础。随着纳米结构某一方向尺寸不断缩小至接近或小于电子德布罗意波长的水平，晶体中电子在该方向上的运动会受到限制，即表现出所谓的量子限制效应，使得载流子的输运及光电性质表现出与体材料完全不同的特性。量子限制效应可以导致能带结构发生变化，引起能级的简并和分裂。对半导体纳米结构而言，能带结构的变化会显著影响载流子占有概率、带间跃迁、参与导电的电子密度及其迁移率。

以单晶硅纳米薄膜为例，当其厚度足够薄时会导致量子限制效应，对电子的输运产生显著影响。厚度不断减小，单晶硅纳米薄膜原本连续的能带开始分裂，并且导带底能级分裂随厚度缩小愈发明显。能级分裂的直观现象之一就是当单晶硅纳米薄膜厚度小于 10nm 时，其带隙开始变宽。带隙展宽伴随的费米能级位置的改变也会影响金属与半导体接触势垒高度的显著变化。在器件层面，能级分裂会导致由超薄纳米薄膜构成的场效应晶体管载流子迁移率随厚度减小而降低。应变同样会造成硅、锗纳米薄膜的能级移动和分裂。对于超薄单晶硅纳米薄膜，硅与表面天然氧化层之间界面的作用会使超薄单晶硅纳米薄膜本身自带一定的应变，这部分应变对能级分裂也会造成一定的影响，但远弱于量子限制效应的影响。对于超薄单晶锗纳米薄膜，外加应力可以引起锗纳米薄膜载流子有效质量的改变，并使其由间接带隙变为直接带隙。以异质外延和外力机械应变为代表的单晶锗纳米结构"应力工程"，使其在光电器件特别是激光领域具有重要应用前景。

伴随着厚度的不断减小，薄膜材料的比表面积不断增大。当厚度非常薄时，薄膜的宏观物理性质已不能再看作是无穷多个原子的加和；薄膜材料的物理性质越发容易受其表界面的影响，带来一系列全新的电学和热学特性。基于扫描隧穿电子显微镜（STM）对电荷输运机制的研究显示，超薄单晶硅纳米薄膜的导电特性将不再受其体内掺杂水平所主导，其表界面与体内能级的相互作用对导电机制起决定作用。当厚度足够薄时，硅纳米薄膜与其表面二氧化硅天然氧化层界面处的电荷陷阱会俘获硅薄膜中的自由载流子，引起电阻率显著升高，造成"表面耗尽"现象。而对于清除了表面天然氧化层的硅纳米薄膜，高真空状态下导电特性会高于"表面耗尽"模型下的预测。该现象主要得益于"表面掺杂"作用，清洁硅材料的表面发生成键轨道（2×1）重构，出现 π-π^* 能带。硅薄膜中的电子通过热电子发射进入表面 π^* 能带，硅薄膜价带中留下大量空穴，使得载流子浓度升高、导电特性增强。

除了表界面特性，单晶硅、锗纳米薄膜表面粗糙情况会对态密度产生显著影响，引起能带结构的变化。同时，表面粗糙度还使单晶纳米薄膜具有独特的光电特性。

粗糙化处理后的硅纳米薄膜表面会形成大量空穴陷阱，光照作用下可以激活这些陷阱中的空穴，引起电导率的提高；当光照停止后，空穴陷阱的存在会抑制光生载流子的迅速复合，表现为电导率的缓慢降低。持续光电导效应的研究为双稳态开关和辐照探测器件的发展提供了契机。研究显示，肖特基接触的单晶硅纳米薄膜光电器件还会表现出诸如负跨导效应和仅在空穴主导输运时表现出的光电响应现象。

2. 单晶硅、锗纳米薄膜的应用

单晶硅、锗纳米薄膜光波长、亚波长量级的厚度特征可用来制备光波导耦合器和分布式布拉格反射共振腔体，进而用于搭建复杂的光子器件系统。同时，平面结构的单晶纳米薄膜可以用来制备二维光子晶体，其带来的光子限制效应可以实现低阈值激光器件。通过在单晶硅纳米薄膜上刻蚀形成具有特定尺寸和周期的空气柱阵列结构，可以制备光子晶体。两层硅纳米薄膜光子晶体反射镜将 InGaAsP 量子阱功能层夹在中间形成三明治结构。相较于分布式布拉格反射镜，纳米薄膜光子晶体反射镜的使用降低了器件厚度。激光器的阈值泵浦功率被降低到约 8mW，相应的发射带宽从 30nm 减小到 0.6～0.8nm 以下。相关实验也已经证实，基于纳米薄膜法诺共振腔体的激光器可以获得更窄的带宽分布、更小的器件尺寸。

在光电器件领域，单晶硅、锗纳米薄膜超薄的厚度可以带来诸多优势。虽然纳米薄膜对入射光的吸收总量小于体材料，但对光电探测器来讲，一方面由于入射光强度随入射深度增加呈指数衰减，单位体积薄膜材料可以比单位体积体材料有更多的光吸收；另一方面，更薄的厚度利于沟道中电荷的有效调控，进而利于暗电流的降低，使光电探测器获取更高的光电流-暗电流比值，灵敏度大幅提高。同时，利用硅材料对不同波长光吸收系数的差异，可堆叠多层硅纳米薄膜光电二极管实现不同波长入射光的探测。将厚度优化后的薄膜光电二极管按顺序沿垂直方向堆叠，短波长的光被表层光电二极管吸收，长波长的入射光被下层光电二极管吸收。汇总每个像素单元不同深度光电二极管收集的信息后，便可得到带有颜色信息的彩色图像。纳米薄膜在光电领域的另一典型应用是太阳能转换领域，通过一定的光电增强机制，基于单晶硅纳米薄膜制备的太阳能电池可大幅减少电子级高纯单晶硅材料的消耗。

在热电器件领域，单晶硅、锗纳米薄膜中热导率的显著降低有利于获取更高性能的热电器件。声子的传导对材料的导热性能起决定作用：在硅、锗一类材料的纳米薄膜结构中，因其厚度远小于声子的平均自由程，强烈的声子的表面散射效应会显著抑制薄膜结构的热传导特性。以纳米薄膜为基础制备的测温元件具有更高的灵敏度。厚度为 40nm 的硅纳米薄膜在四条重度磷掺杂或硼掺杂的硅悬梁结构的支撑下处于悬空状态，器件的左半部分为加热结构，右半部分构成热电偶结构。实验数据显示，得益于硅薄膜结构较低的热导率［约 40W/(m·K)］对灵敏度的增强作用，该器件噪声等效功率可以达到 $13pW/Hz^{1/2}$。同时，有研究显示，当硅纳米薄膜厚度降低到 10nm 以下时，其热导率可以进一步降低到硅体材料的 10% 以下［约 9W/(m·K)］，这意味着超薄硅纳米薄膜纳米结构的使用可以使热电器件性能进一步提高。

单晶硅、锗纳米薄膜在继承其相应体材料半导体特性的同时，又具有独特的光电热物理特性，特别是具备了体材料无法比拟的柔性特征，为研究单晶硅、锗纳米薄膜本身及其构成器件的独特性质及应用带来极大便利。研究人员可根据需求，通过不同的手段来获取单晶硅、锗纳米薄膜。传统的纳米薄膜可通过外延生长的方式（如分子束外延、金属有机化学气相沉积），直接生长在具有特定晶格参数的衬底上面。然而外延生长因复杂的仪器设备、苛刻的生长条件以及缓慢的生长速率导致纳米薄膜的制备成本较高。近年来，绝缘层上单晶半导体（SCOI）技术在电学器件领域被广泛推广。单晶半导体（SCOI）与鳍式场效应晶体管（FinFET）是微电子工业在 28nm 以下工艺节点仅有的两种解决方案。SCOI 技术有效解决了集成电路尺寸缩小带来的阈值电压降低、闩锁效应、寄生电容增大等一系列问题。全耗尽的纳米薄膜制备的场效应器件源漏重掺区仅有侧面与沟道相连，垂直方向不存在 p-n 结结构，从而极大减小器件温度升高 p-n 结衰退带来的关态漏电流升高，使得纳米薄膜器件比体材料器件能够适应更高的工作温度。该技术另一大优势是使获取相应纳米薄膜变得更为简易和可控，通过 SCOI 释放、转移、获取相应纳米薄膜并应用于结构和器件的研究，已经成为当前单晶硅、锗纳米薄膜研究的主流。

（三）先转移单晶硅、锗纳米薄膜，后搭建器件

获取具有特定厚度和横向维度的高质量单晶硅、锗纳米薄膜对制备高性能、高可靠性器件的意义至关重要。已经商业化的 SCOI 片掺杂精确可控，具有极高纯度、超平表面、高载流子迁移率的特点，使得通过 SCOI 剥离转移纳米薄膜的方式极具吸引力。根据工艺顺序的特点，柔性转移单晶纳米薄膜可以分为先转移薄膜、后搭建器件和先制备器件、后转移薄膜两种方式。其中，通过化学溶液腐蚀去除 SCOI 结构中氧化物埋层释放顶层纳米薄膜的先转移策略提出较早，相关研究也较为深入。根据转移过程是否需要在溶液中进行，先转移的策略又可分为湿法转移和干法转移两种工艺。

1. 湿法转移

待转移硅、锗纳米薄膜的 SCOI 晶片，被氢氟酸腐蚀去除二氧化硅埋层，以释放表层纳米薄膜。为提高转移速率，面积较大的待转移薄膜在氢氟酸腐蚀步骤之前，往往首先通过光刻及反应离子刻蚀工艺在薄膜表面形成小孔阵列以便于氢氟酸与二氧化硅埋层的相互作用。

对于横向尺寸在数十微米以下的纳米薄膜，则不需要打孔。在释放之前，SCOI晶片表面的光刻胶首先被丙酮等溶液清洗干净。随后整片样品被浸入49%（质量分数）的氢氟酸溶液当中，氢氟酸通过侧面及薄膜表面的小孔浸入与二氧化硅埋层相互作用。腐蚀时间根据顶层薄膜上小孔的疏密而确定，约 $10\sim90$ min 后二氧化硅埋层被彻底溶解。

当纳米薄膜下方的氧化物埋层全部被溶解之后，顶层的纳米薄膜"虚接触"在底层起支撑作用的硅衬底表面。小心将样品从氢氟酸溶液中取出并转移到装有去离子水的烧杯中，通过轻微晃动样品或溶液界面的方法，"虚接触"的硅纳米薄膜会从施主衬底上彻底释放并漂浮在去离子水表面。漂浮着的纳米薄膜可以非常容易地捞取到待转移的新衬底（受主衬底）上面，干燥后，这层转移的纳米薄膜会通过范德瓦耳斯力黏附在新衬底表面。由于这层薄膜黏附力不是很强，可以通过热处理工艺表面轻微熔融来增强薄膜与新衬底的键合力度。热处理后的薄膜仍能保持平坦并可耐受诸如水虎鱼溶液、层析液、氢氟酸等溶液的侵蚀。此外，通过热处理键合在新衬底表面的纳米薄膜，还可用来生长新的材料。实验证实，这种湿法转移的技术适用于 $(0.5\text{cm}\times0.5\text{cm})\sim(5\mu m\times5\mu m)$ 不同尺寸的纳米薄膜，并且有可能应用更大或更小尺寸的纳米薄膜。

湿法转移技术的一个突出优势是衬底选择的多样性。通过湿法转移工艺，硅、锗纳米薄膜可以被转移到几乎任意不会在水中迅速溶解的新衬底上，甚至是具有曲率的衬底材料。金属网格、玻璃和特氟龙都是单晶纳米薄膜常用的受主衬底材料。借助湿法转移技术转移到金属网格上的单晶硅纳米薄膜，有轻微的褶皱起伏说明转移后的硅纳米薄膜具有优良的柔性特征。由于释放的薄膜会先漂浮于去离子水表面，湿法转移会带来薄膜自身应力状态的改变，这与转印剥离工艺或键合工艺实现的纳米薄膜转移有很大不同。

湿法转移单晶硅纳米薄膜到曲率衬底上的一个典型应用是借助湿法转移技术，厚度约为20nm的超薄单晶硅纳米薄膜通过范德瓦耳斯力紧密缠绕包覆在外径125μm 的单模光纤表面。借助硅纳米薄膜光电响应特性，可以准确探测被包覆光纤在不同弯曲过程中的漏光情况。实验显示，借助硅纳米薄膜测得的光纤弯曲部位的光泄漏情况可以与功率计在光纤两端检测得到的衰减情况良好吻合。该方法制备的光探测器可以对弯曲曲率小到 1cm^{-1} 的光纤弯曲部位漏光情况进行有效表征，对光纤通信领域减小光纤弯曲损耗的相关研究具有重要意义。

2. 干法转移

单晶纳米薄膜的干法转移技术又叫作柔性图章转印技术，干法转移工艺可将单晶硅、锗薄膜微米、纳米量级的微结构或图案高效转移到不同的柔性衬底上面。干法转移工艺的主要流程中，首先是施主衬底即SCOI的准备。根据不同的使用需求，绝缘层衬底上的单晶硅、锗纳米薄膜被通过光刻图形化并刻蚀非图形区域的纳米薄膜形成特定的图案结构阵列。由于非图案区域的硅、锗纳米薄膜被刻蚀，下层二氧化硅氧化物埋层得以暴露。类似于湿法转移工艺，将样品浸泡在 49%（质量分数）氢氟酸溶液数十分钟后（腐蚀时间视图案大小而定），硅、锗纳米薄膜下方的二氧化硅被全部腐蚀并"虚接触"在起支撑作用的施主衬底上面。取出并小心漂洗样品晶片后，将具有清洁表面的聚二甲基硅氧烷（PDMS）柔性图章完全贴合在样品晶片表面并沿图案短边方向迅速撕下，"虚接触"在施主衬底上的纳米薄膜图案阵列会被悉数黏附到 PDMS 柔性图章上面。将带有纳米薄膜阵列"墨水"的 PDMS 图章贴合到目标受主衬底表面之后慢慢揭下 PDMS，硅、锗纳米薄膜便会被黏附在目标衬底表面。

在干法转移过程中，PDMS 柔性图章能否实现从施主衬底上"抓取"纳米薄膜以及向受主衬底"释放"纳米薄膜的过程对转移的成功与否起决定作用。柔性图章与待转移薄膜之间在范德瓦耳斯力的作用下形成保形接触，受 PDMS 柔性图章自身黏弹性特征的影响，其接触黏附力的大小对速率非常敏感。在转印过程中，接触黏附力随着 PDMS 柔性图章与施主或受主分离速率的变化呈现出系统的变化规律：接触黏附力随着分离速率的增大成比例增强。因此，会存在这样的一个临界分离速率——当超过该临界分离速率时，纳米薄膜与衬底发生分离，即成功"抓取"纳米薄膜；当小于该临界分离速率时，纳米薄膜与 PDMS 柔性图章发生分离，即成功"释放"纳米薄膜。一个普适的静态能量释放速率 G 可定义为 $G=F/W$。式中，W 表示接触面的宽度，即纳米薄膜上垂直于分离速度方向的尺寸；F 表示沿法线方向 PDMS 柔性图章上力的大小。更大的能量释放速率意味着更强的黏附力。由于硅、锗纳米薄膜与受主衬底没有明显的黏弹性相互作用，纳米薄膜（nanomembrane，NM）与受主衬底界面的临界静态能量释放速率 $G_c^{NM/receiver}$ 基本不受分离速率的影响；相比之下，在柔性图章和纳米薄膜界面，黏弹性充分发挥作用，纳米薄膜与柔性图章之间的静态能量速率 $G_c^{Stamp/NM}$ 受到 PDMS 分离速率的显著影响。柔性图章与纳米薄膜界面、纳米薄膜与受主衬底界面的分开与否，直接由 $G_c^{NM/receiver}$ 与 $G_c^{Stamp/NM}$ 之间相互大小关系决定。在临界分离速率点 v_c，能量在两个界面的释放速率相等，是纳米薄膜抓取与释放的转变点。实验研究显示，干法转移过程中，实现施主衬底上纳米薄膜有效抓取所需要的图章与衬底的分离速率约为 10cm/s 或更快；实现纳米薄膜向受主衬底上的有效释放所需要的图章与衬底的分离速率应在 mm/s 量级或更小。

通过一系列的额外的措施，可以进一步提高干法转移纳米薄膜的效率，例如利用剪切载荷的方法在相同的剥离力下实现不同的能量释放，通过修饰柔性图章表面结构调控图章与待转移薄膜的接触面积，借助脉冲激光引起柔性图章与纳米薄膜界面的分层，以及通过微流体系统调节界面的几何形貌。此外，为增强受主衬底对纳米薄膜的黏附性，还可在其表面旋涂聚酰亚胺、SU-8 光刻胶、苯并环丁烯黏附层等助黏膜层以促进柔性图章上纳米薄膜的释放。在以上方法中，剪切载荷调控的方法可以有效弱化图章与薄膜之间的黏附力，有利于向具有粗糙表面的受主衬底上转移纳米薄膜；另外修饰柔性图章表面结构的方法，可通过压力调控接触面积，使柔性图章与纳米薄膜之间实现强弱黏附力两种状态之间的切换。

相较于湿法转移工艺，干法转移的显著优势在于转移的薄膜表面平整、易于控制转移薄膜在受主衬底上的位置并保持原先的阵列结构。借助干法转移单晶硅纳米薄膜器件，通过精确控制柔性图章与受主衬底上电极的相对位置，转移后的单晶硅纳米薄膜与预置电极精确对准，实现了转移后单晶硅纳米薄膜场效应晶体管的搭建。此外，干法转移技术还可使硅纳米薄膜形成平面光刻工艺无法定义的立体结构，其中一个典型的例子就是制备纳米薄膜的波浪形周期褶皱结构及锗纳米薄膜褶皱阵列。制备这种褶皱结构的一般思路是，将无内应力的纳米薄膜转印到具有预置预应力的柔性受主基体上；释放受主基体上的预应力后，薄膜受到弹性受主基体应力释放时所产生的外部机械应力作用最终形成波浪结构。波浪褶皱结构带来的显著优势是除了使纳米薄膜保持原先可弯曲柔性特征外，还可适应拉伸压缩应变而不至于像平面薄膜结构一样发生碎裂；同时，褶皱结构的纳米薄膜与衬底之间形成的空气间隙还有助于汇聚入射光的能量并增强器件光电响应。

干法转移工艺对纳米薄膜位置的良好控制使搭建器件系统变得更加容易。纳米薄膜本身的柔性特征则非常有利于可植入电子器件的制备，例如在可生物降解的硅纳米薄膜上，重掺杂的硅纳米薄膜电极阵列被转印到可生物降解的聚乳酸衬底上，厚度约 100nm 的二氧化硅层附着在硅纳米薄膜表面起隔离作用，将纳米薄膜与生物体液隔离；纳米薄膜电极阵列的末端暴露并与脑神经接触用于二维脑电图的监测。实验显示，该系统监测脑电图的准确性可以与标准临床监测设备相媲美，同时生物排斥作用更小。

从 SCOI 上转移单晶硅、锗纳米薄膜发展而来的干法转移工艺，因成本低、灵活广泛的优点得到长足发展。一方面，这种干法转移工艺适用的材料体系被不断拓宽，不再局限于单晶硅、锗纳米薄膜，各类Ⅲ～ⅤA族半导体诸如氮化镓、砷化镓、磷化铟的薄膜及纳米线、金属结构、纳米颗粒、量子点、石墨烯、碳纳米管、有机半导体等新材料和结构均可使用干法转移技术进行器件搭建。另一方面，基于干法转移工艺制备的结构开始从平面向立体拓展，其中纳米薄膜翘曲形成的三维立体结构就是典型的代表。翘曲结构的引入，使得基于单晶硅、锗纳米薄膜的电路系统在具有集成电路优异特性的同时，还可在不造成电路结构破坏的前提下适应拉伸、折叠、压缩、扭曲等形态变化，进一步拓宽了单晶硅、锗纳米薄膜电路系统在电子皮肤、生物器官二维电位实时监测、仿生光电器件等系统的应用。先转移单晶硅、锗纳米薄膜，后搭建器件的策略因其价廉、灵活、高效的特点，在应用研究领域得到广泛应用。然而，该策略也存在一定的局限。一般来讲，无论湿法转移还是干法转移，为有效去除 SCOI 结构下方的氧化物埋层释放纳米薄膜，硅、锗纳米薄膜的尺寸都比较小，一般为长数百微米、宽数十微米的条带结构；对于较大的结构，需要在薄膜表面刻蚀微孔阵列结构，这些都会对顶层硅、锗纳米薄膜的有效面积造成较大浪费。同时，为去除二氧化硅埋层，硅、锗薄膜样品必须长时间浸入氢氟酸溶液当中，特别是对于性质不是很稳定的锗纳米薄膜，过长时间的溶液浸泡会造成一定比例的薄膜溶解。此外，柔性器件所需的衬底材料多为有机薄膜，薄膜一旦转移到柔性衬底后，在搭建器件的过程中将不再适应现行半导体工艺中的各种高温流程，不利于高性能电子器件的制备。

（四）先制备单晶硅、锗纳米薄膜器件，后转移整体

先制备单晶硅、锗纳米薄膜，后转移整体是与先转移薄膜后搭建器件相对应的工艺策略。虽然这类工艺还只是处于起步阶段，但由于其前半段的器件制备完全与现行的半导体工艺相兼容，适应任何高温处理流程而极具吸引力。根据释放转移整个硅、锗纳米薄膜层的形式，这类工艺又可分为自顶向下和自底向上两种途径。前者代指完成器件制备后将顶部薄膜器件层直接从衬底晶圆释放的工艺，后者代指从晶圆底部向上减薄至功能层从而实现转移的流程。这里的自顶向下的途径，与前文所述的薄膜释放转移工艺有一定的相似之处。不同点在于这种方法是将加工完成的整个顶层直接从衬底上剥离下来以获取柔性薄膜器件。在自顶向下工艺流程中，顶部器件层可以通过微裂痕触发的可控机械剥离或氟化氙（XeF_2）气相开沟槽刻蚀的形式释放。前者的局限主要在于制备的薄膜厚度均超过数十微米量级，不适合超薄纳米薄膜器件层的转移；后者的局限与干湿法转移薄膜类似，器件层表面刻蚀孔的存在减小了制备器件中硅、锗纳米薄膜层的有效面积。

与自顶向下工艺相对应的是自底向上的工艺，即在硅、锗衬底上完成器件制备后，通过直接减薄衬底获取所需厚度的器件层结构。在自底向上的工艺过程中，顶层完成器件制备的硅、锗纳米薄膜一般通过旋涂的光刻胶、沉积的薄膜或层压的薄膜进行保护，其背面的衬底通过物理或化学手段刻蚀去除。自底而上的减薄思路起源于硅片的背面研磨减薄工艺，减薄过程中研磨砂轮与需要减薄的单晶片同时旋转摩擦并通过喷洒去离子水进行降温。研磨减薄的优势是减薄速率可以超过 $300\mu m/min$，适合大批量生产；劣势是单纯的研磨减薄无法对薄膜厚度进行精确控制，同时研磨过程中会引入应力，当薄膜厚度小于 $200\mu m$ 时容易发生破碎。除此之外，借助化学机械抛光以及纯化学腐蚀的方法也可去除背面衬底，化学腐蚀减薄衬底的方法可以避免应力的引入，缺点是速率较低。因此，一个理想的方法是首先通过机械研磨的手段将加工好器件的衬底减薄到 $200\mu m$ 左右，随后借助化学手段将衬底刻蚀到所需厚度。相比单独的机械减薄，这种方法可以实现对薄膜厚度更为精确的控制，抑制研磨过程中可能带来的结构缺陷和应力，同时也比单纯的化学手段更为高效。

通过"软刻蚀"，即深反应离子刻蚀的手段自底向上获取硅薄膜柔性器件，随后利用类似的减薄工艺，可实现纳米厚度量级的硅、锗柔性器件及系统的制备。首先，通过研磨减薄工艺，将厚度超过 $500\mu m$ 的 SCOI 晶圆背面衬底削减至约 $200\mu m$。在减薄后的样品上，可以通过注入热氧化、扩散掺杂、刻蚀隔离、金属化、高温退火等一系列标准的半导体工艺流程完成硅、锗纳米薄膜器件及系统的加

工制备。随后，在样品正面旋涂耐高温的聚酰亚胺树脂，固化后该层树脂可以保护正面的纳米薄膜器件免受后续减薄过程中腐蚀性气体对薄膜的刻蚀，并充当应力缓冲层。随后通过有机物黏附层将样品通过层压键合的方式与聚酰亚胺薄膜（Kapton film）柔性衬底结合成一体。之后通过范德瓦耳斯力贴附到表面带有已固化 PDMS 的临时玻璃衬底上面。借助六氟化硫（SF_6）的感应耦合等离子体刻蚀（ICP-RIE）系统，可以将背面的硅衬底以大约 $4\mu m/min$ 速率去除。由于 SF_6 等离子体对硅和二氧化硅有很高的选择比，SCOI 结构中的二氧化硅埋层可以充当刻蚀阻挡层。完成等离子体刻蚀后，SCOI 片将仅剩下纳米硅、锗纳米薄膜功能层和一定厚度的二氧化硅埋层并呈现为透明状态。二氧化硅一侧光刻定义器件电极的接触通孔后，通过四氟化碳（CF_4）的反应离子刻蚀（RIE）以及氢氟酸缓冲刻蚀液（BOE）的腐蚀后，器件层的金属电极接触区域通过二氧化硅一侧接触通孔暴露。RIE 与 BOE 结合的刻蚀方式可以在保持刻蚀形成通孔良好的台阶特性的同时确保彻底除尽二氧化硅。对较薄的二氧化硅埋层，可以只使用 BOE 刻蚀。在上述工艺流程中，玻璃衬底主要起支撑作用，使硅、锗纳米薄膜在整个减薄过程中保持平整。减薄结束后，聚酰亚胺薄膜及其上面的硅、锗纳米薄膜器件/系统可以从临时玻璃衬底上揭下，最终得到柔性器件。使用上述工艺可制备的硅纳米薄膜柔性场效应晶体管。这一工艺也可制备由 396 个电容耦合硅纳米薄膜场效应晶体管测量单元组成的可植入心肌电图监测系统。可见，得益于先器件后转移薄膜工艺本身的技术特点，大面积硅、锗纳米薄膜器件及系统的制备变得非常容易。实际上，除了单晶硅、锗纳米薄膜电路系统，任何通过标准工艺制备在刻蚀阻挡层上的纳米薄膜器件，都可通过类似工艺整体转移到柔性衬底上面。除了可兼容现行集成电路工艺流程以及易于制备和获取无孔洞的大面积连续薄膜外，先加工器件的工艺特点便于在硅纳米薄膜表面形成诸如热氧化二氧化硅、氮化硅、氧化铪等密封隔离层，抑制硅、锗纳米薄膜在生物体液中的溶解速率，使相应的可植入器件在生物体液，特别是离子环境中可以更长时间地稳定工作。由于是先加工器件，该工艺还可用来实现诸如鳍式场效应晶体管等具有立体结构的硅、锗纳米薄膜柔性器件的制备。这类工艺存在的主要不足在于使用等离子体刻蚀减薄的速率相对较慢，给大批量生产带来了较高的成本。

（五）薄膜转移技术与材料和器件的三维堆叠

针对先制备器件后减薄转移成本较高的不足，近年来人们开始尝试将先加工器件的工艺与前文所述的干法转移技术进行结合。这种工艺可以分为 3 步，即刻蚀、转移和互联。在已经加工完成好器件阵列的 SCOI 片上面，通过等离子体刻蚀在每组器件四周开启刻蚀沟槽，使二氧化硅埋层下的硅衬底得以暴露并借助碱溶液（氢氧化钾或四甲基氢氧化铵）各向异性腐蚀的特点，迅速去除硅衬底（110）和（100）晶面在衬底上形成金字塔结构；在刻蚀过程中二氧化硅埋层充当刻蚀阻挡层，器件正面预先沉积氮化硅以保护器件免受刻蚀剂影响。随后通过图形化的聚二甲基硅氧烷转印图章将单个器件或多个器件的组合转移到新衬底上面。最后在新衬底上溅射金属互连图案，将转移的不同器件组合成特定的电路系统。这种先加工器件的工艺使器件的制备可以适应现行 CMOS 工艺，同时各向异性腐蚀释放纳米薄膜器件层配合转移技术大大降低成本，给此类工艺的推广应用带来更大的可能性。

单晶硅、锗纳米薄膜转移技术的发展，为研究半导体薄膜在材料与器件系统层面组装形成堆叠结构的性质提供了可能。通过边转移技术对超窄硅、锗纳米薄膜条带进行确定性组装得到异质结结构。所谓的边转移技术，就是对硅、锗纳米薄膜的 SCOI 晶片图案化后，使用氢氟酸溶液沿图案侧壁腐蚀掉部分二氧化硅埋层使得宽度可控的薄膜边缘处于悬空状态；随后借助聚二甲基硅氧烷转印图章将悬空的薄膜从施主衬底剥离转移到目标受主衬底。由于悬空的边缘宽度受腐蚀时间控制，边转移技术理论上可以获取宽度突破常规紫外光刻精度极限的图案结构。通过多次转移，硅、锗的纳米薄膜结构可以通过范德瓦耳斯力紧密接触，形成范德瓦耳斯异质结结构。电学测试显示，转印技术搭建的硅、锗纳米薄膜范德瓦耳斯异质结结构表现出良好的整流接触特性。硅、锗纳米薄膜先进的转印及可控组装技术，不仅可用于硅、锗材料及其复合结构性质的研究，还适用于石墨烯、二硫化钼、氮化硼、五氧化二钒等二维材料的转移、复合及柔性器件光电特性研究。

将单晶硅、锗纳米薄膜转移技术应用于器件系统的三维集成，可为传统二维平面的集成电路系统拓展出新的发展空间。通过先器件的整体转移技术，在聚乳酸可降解柔性衬底上实现的五层堆叠的单晶硅纳米薄膜 CMOS 瞬态电路系统。通过受控纳米薄膜器件层转移和不同器件的层间互联，三维堆叠的瞬态电路系统具有传统二维平面电路所不具备的功能。对于传统的二维平面瞬态电路系统，封装层及功能层的布线和降解特性决定了整个器件的寿命。而对于三维堆叠的瞬态电路系统，电路系统的逐层降解瞬态过程一方面为实时监控整个系统降解过程提供了可能；另一方面，逐层降解的不同时期还可对应不同逻辑功能状态。借助薄膜转移技术实现系统层级三维堆叠，更重要的意义在于可以实现比传统二维布线更高的封装密度、更小的元件封装尺寸，其纵向维度的存在使集成电路系统的集成密度不再仅仅局限于光刻精度的限制，为当前处理器及存储器集成电路由平面向立体方向的发展提供了新的可能。

三、近红外锗硅光电探测器

近年来，以半导体激光器为代表的光源技术及以光纤为代表的光传输技术日趋成熟和商品化，在光通信、光互联、自动控制和精密检测技术等领域对高性价比光电探测器呈现出殷切需求，许多结构新颖、性能优异的器件不断被成功制作出来，研究工作不断深入。本部分就近红外锗硅光电探测器的最新研究作介绍。

从光的入射方向讲，探测器可以分为边入射结构和面入射结构 2 种类型。波导型结构是典型的边入射结构，PIN 结构是典型的面入射结构。

（一）波导型光电探测器

复旦大学采用应变 $Si_{0.5}Ge_{0.5}$ 多量子阱材料制作成 $1.55\mu m$ 波导型光电探测器。该探测器在 $1.55\mu m$ 处量子效率高达 18.2%，在 $-5V$ 偏压下，暗电流较小，为纳安量级。

这种结构的光电探测器的优点是可以在一定程度上提高探测器的量子效率。但是对于吸收系数较小的 SiGe 材料，要得到高的量子效率，波导长度就要作得很长，这使得探测器的面积增大，响应速度减慢，不能从根本上解决速度与效率的矛盾。而且由于波导层较薄，耦合效率低也会制约量子效率的提高。

（二）PIN 型光电探测器

PIN 结构与硅微电子工艺兼容性较好，它是单片集成硅基光接收器中硅光电探测器的主流结构形式。

1. 叉指结构横向 PIN 光电探测器

天津大学采用超高真空化学气相沉积（UHV/CVD）锗硅生长工艺，在 $550℃$ 下，在 SOI（顶层硅膜厚 $0.19\mu m$、p 型、电阻率 $14\sim22\Omega\cdot cm$、埋层氧化层 $0.4\mu m$）衬底上依次生长 $50nm$ $Si_{1-x}Ge_x$ 缓冲层、$20nm$ 应变 $Si_{0.7}Ge_{0.3}$ 层、$20nm Si$ 盖帽层，再通过 $1\mu m$ CMOS 工艺流水，得到与 CMOS 电路工艺兼容的横向 $Si_{0.7}Ge_{0.3}/Si$ PIN 光电探测器，如图 2-11 所示。

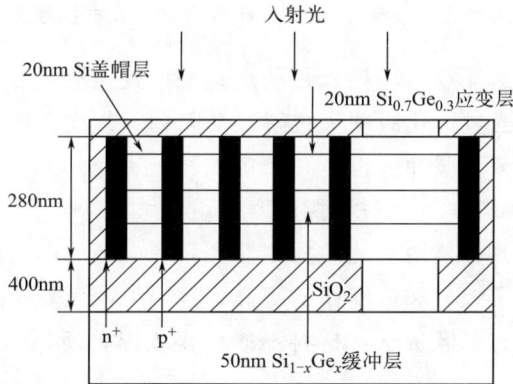

图 2-11　横向 $Si_{0.7}Ge_{0.3}/Si$ PIN 光电探测器结构示意图

测量结果：该光电探测器峰值响应波长为 $0.93\mu m$，波长响应范围扩展到 $1.3\mu m$，对应峰值响应波长的响应度为 $0.38A/W$，可见这种结构的响应波长的扩展效果较好，光响应度也较高。在 $3V$ 偏压下，其暗电流小于 $1nA$，表明外延生长的 SiGe/Si 异质结构中位错密度极低、穿透位错极少，器件的 p-i-n 结构形成良好，对弱的入射光信号也可以产生响应。寄生电容小于 $1.0pF$，如果适当减小 n^+、p^+ 叉指区宽度的同时，加大 i 区宽度，则可以使器件的寄生电容进一步下降。在 $0.82\mu m$ 波长、$300MHz$ 调制光照射下，上升时间为 $2.5ns$。由此可见，其良好的光电特性以及与工艺的兼容性，为研制单片集成硅基光接收器提供了新的尝试。

2. 渐变 SiGe 缓冲层上的 PIN 光电探测器

德国的 M. Jutzi 等采用 LEPECVD（低能等离子体增强化学气相沉积）在 Si 衬底上生长 $10\mu m$ 厚的渐变 SiGe 缓冲层（Ge 组分 $1\mu m$ 增加 10%），采用 MBE 在该缓冲层上制作 p-i-n 结构，等离子体刻蚀形成台面型光电探测器，为了提高光电探测器的响应度，本征区由 $1\mu m$ 厚的纯 Ge 材料组成，如图 2-12 所示，该光电探测器在偏置电压为 $-1V$，$\lambda = 1.3\mu m$ 时的响应度为 $0.16A/W$，比上述波导型光电探测器的响应度要高，带宽为 $1.25GHz$，数据传输率为 $1.25Gbit/s$。

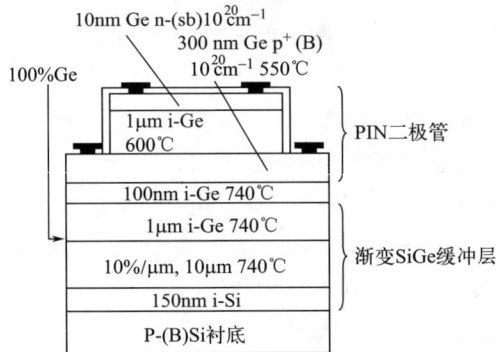

图 2-12　带渐变 SiGe 缓冲层的 PIN 光电探测器

这种光电探测器的优点是功耗低，缺点是响应速度受到 RC（电阻×电容）时间常数的限制，可望通过优化版图来缓解这个问题。其次，该光电探测器的暗电流较大。此外，较厚的渐变缓冲层也不利于集成。

3. 共振腔增强（RCE） PIN 光电探测器

这种结构适用于波分复用系统的探测器，具有广阔的应用前景。该结构可以将较薄有源区的器件量子效率和速度作的很高，这对 Ge 量子点材料尤其重要。由于受临界厚度的限制，有源区量子点材料不能作得太厚，所以 RCE PIN 结构是最理想的结构。

中国科学院半导体研究所首次采用该结构研制出 $1.3\mu m$ 的 SiGe/Si 多量子阱光电探测器。他们以注入氧隔离（SIMOX）为衬底，其上用 MBE 外延生长 SiGe/Si MQW（多量子阱）吸收区，如图 2-13。

由于 SIMOX 衬底中隐埋的 SiO_2 底镜和最上层淀积 SiO_2/Si 顶镜所构成的谐振腔的共振增强作用，器件在 $1.3\mu m$ 处量子效率达到 3.5%，最大击穿电压达到 $40V$ 以上，比当时国际上已报道的 Ge 组分为 0.5 的正入射 PIN 探测器效率提高了 $3\sim4$ 倍，在 $5V$ 偏压下，暗电流为 $120nA$，获得国际领先水平。在偏置电压为 $5V$，$\lambda = 1.285\mu m$ 时的响应度为 $0.0102A/W$。在此基础上，中国科学院半导体研究所

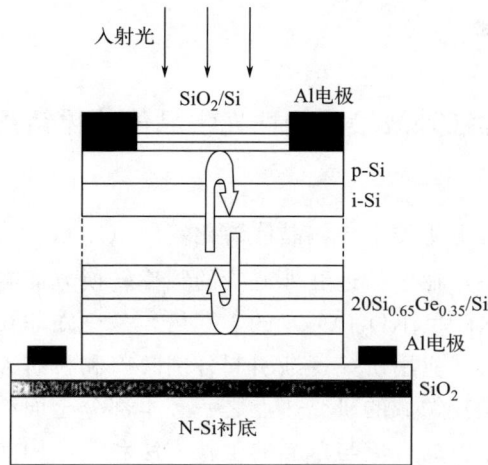

图 2-13　$Si_{0.65}Ge_{0.35}/Si$ RCE 光电探测器

又采用背入射结构解决了正入射结构中底镜发射率难以提高的问题，取得了很好的效果。

由于受临界厚度和量子限制效应的制约，SiGe/Si 多量子阱材料难以实现 $1.55\mu m$ 的光响应，可以通过生长高质量的 Ge 量子点超晶格解决这个问题。中国科学院半导体研究所采用超高真空化学气相沉积（UHV/CVD）生长了高质量的 Ge 量子点材料，从理论和实验上分析了不同生长条件下自组织 Ge 岛形貌的演化过程，首次提出 Ge 岛垂直耦合现象的无损伤检测方法，发现了 Ge 岛生长的反常演化途径及合金效应引起的自覆盖效应，为更有效地控制量子点生长提供了理论和实验依据。

（三）效果

近红外锗硅光电探测器经过十多年的发展，在结构上不断优化，性能进一步提高，到目前为止，这个领域研究的深度与广度仍有扩展的空间。借助 RCE 结构和量子点材料的优点，采用 RCE 结构以 Ge 量子点超晶格为材料制作 $1.55\mu m$ 的光电探测器有望取得很好的效果。其一，量子点材料比量子阱材料具有更强的抗辐射能力。用于光电探测器时对载流子有侧向搜集作用，可以明显减小暗电流。由于量子点对入射光具有散射作用，可以增加对光的吸收长度，从而可以提高探测器的量子效率。此外，SiGe 材料为间接带隙材料，通过生长高质量量子点，可以对其能带结构进行人工改性，实现 SiGe 材料的准直接跃迁。其二，结合 RCE 效应，可以使共振波长处的光电转换效率大幅度提高，有效减小吸收波长处的半高宽，同时由于吸收区较薄，可以使器件具有很好的高频特性，从而解决量子效率和响应速度的制约关系。在不久的将来，Ge 量子点长波长光电探测器的发展将会促进 Si 基光电子学和光纤通信的发展。

第四节 · 磷锗锌

一、新型中、远红外波段非线性光学晶体磷化锗锌

（一）简介

中、远红外波段黄铜矿类半导体晶体磷化锗锌（$ZnGeP_2$，ZGP）非线性系数、热导率、光损伤阈值高，在中、远红外波段的频率转换方面有广阔的应用前景，特别是其非线性系数是 KDP（KD_2PO_4）的 160 倍，是已知非线性光学晶体中最高者之一。该晶体的生长及其应用研究逐渐引起各国政府和科研人员的高度重视，并成为材料与光电子（激光）领域的研究热点之一。本部分全面综述了该晶体的物性与电光性能，以及多晶原料的合成与单晶的生长方法和其应用前景。

（二）$ZnGeP_2$ 结构与物性

$ZnGeP_2$ 晶体为四方结构（如图 2-14 所示）。$ZnGeP_2$ 晶体是黄铜矿类半导体晶体中综合性能最好的，它的优点如下：该晶体是所有已知的非线性光学晶体中非线性系数最高者之一，它的非线性系数 d_{36} 达到 75pm/V，是 KDP（KD_2PO_4）晶体的 160 倍；生长技术的改进与提高，使得晶体在近、中红外区吸收明显降低，如在 $1\mu m$ 和 $2.05\mu m$ 的吸收系数分别为 $1cm^{-1}$ 和 $0.05cm^{-1}$，$3\sim8\mu m$ 的吸收系数低于 $0.01cm^{-1}$，这样在很宽的波长范围内都能够实现相位匹配，CO_2 激光器、Nd：YAG（Nd：$Y_3Al_5O_{12}$）激光器、Ti 宝石（Ti：Al_2O_3）激光器、Ho：Tm：LYF（Ho：Tm：$YLiF_4$）激光器等可以作为泵浦源；热导率高 [为 0.35W/（cm·K），高于 Nd：YAG 晶体]，热透镜效应低，不易造成晶体和光学元件的损伤；光损伤阈值高，对于 $2.79\mu m$ 泵浦光、泵浦脉宽 150ps，光损伤阈值达到 $30GW/cm^2$；硬度大，显微硬度 $980kg/mm^2$，晶体具有很高的机械加工性能。

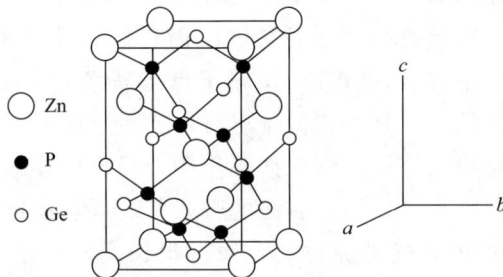

图 2-14　$ZnGeP_2$ 晶体的结构

（三）$ZnGeP_2$ 合成与生长

$ZnGeP_2$ 合成原料为单质高纯 Zn、Ge、P。为避免杂质生成，目前常采用高、低双温区合成 $ZnGeP_2$ 多晶原料，Zn 和 Ge 混合物置于高温区（约 1050℃），P 置

于低温区（约 500℃）。在这一阶段要持续数小时，直至单质 P 全部反应。在合成初始阶段，P 的气相传递和中间产物（Zn_3P_2 和液相的 Ge、Zn）的生成占主导，之后低温区也被加热到 1050℃，Zn_3P_2 分解为气相，进入熔体，最终生成 $ZnGeP_2$。籽晶与多晶原料置于 PBN（热解氮化硼）船体内，温度梯度 0.5～2K/cm，生长气氛为高纯氩气，生长速度 1mm/h。

（四）效果

由于 $ZnGeP_2$ 晶体优异的性能，利用它作为光参量振荡、光参量放大、二次谐波、四次谐波等的非线性介质材料，可以在中、远红波段的频率转换方面获得广阔的应用前景，如大气中有害物质的监测、远距离传输等。特别是，在所有可通过光参量振荡产生 3～5μm 激光输出的晶体中，如黄铜矿类 $AgGaSe_2$、周期性极化 $LiNbO_3$、KTP（$KTiOPO_4$）等，$ZnGeP_2$ 晶体是唯一能在这一波段达到 10W 以上输出的，这更加扩大了该晶体的使用范围。

二、高功率中红外磷锗锌

（一）简介

3～5μm 波段中红外激光在大气中传输时具有较高的透过率，对雾、烟尘等穿透力较强，是常用的大气窗口，适合自由空间光通信。并且该波段包含一些气体分子的吸收峰，在传输过程中会产生强烈的衰减，可根据衰减程度确定相关气体（如甲烷、乙烷、水蒸气、氯化氢、氟化氢等）的浓度，可被用于大气污染监测、全球臭氧变化研究等众多领域。在医疗诊断方面，高能中红外激光可穿透生物组织，使病变组织强烈吸收后凝固、气化，通过非接触式医疗手段切除病变组织从而达到治疗的目的。由于中红外激光广泛的应用前景，近年来其成为人们研究的热点。

目前获得 3～5μm 波段激光的方式主要有化学激光器、量子阱激光器、气体激光器、光纤激光器、固体激光器和光学参量振荡激光器等。其中，光学参量振荡器（optical parametric oscillator，OPO）具有输出波长调谐范围宽、结构简单、可实现全固态化、稳定性强等优点，是目前获得高功率中红外激光的主要途径。中红外光参量振荡常用的非线性晶体有 KTP、PPLN（周期性极化铌酸锂）、$AgGaSe_2$、$ZnGeP_2$（ZGP）等。其中，ZGP 是一种正单轴晶体，具有良好的物理化学特性：非线性系数大（$d_{14}=74$pm/V）、透光范围广（2～8.2μm）、热导率高 [36W/(m·K)] 及损伤阈值高（约 2J/cm^2）等，并且该晶体输出的信号光和闲频光都在 3～5μm 波段内，有利于获得高功率中红外输出。因此 ZGP-OPO 被认为是一种非常有应用潜力的中红外激光技术。

（二）ZGP 晶体制备技术

在 20 世纪 60 年代，日本国家金属材料研究所的 K. Masumoto 等首先报道了使用垂直布里奇曼（VB）法制备磷锗锌单晶。20 世纪 90 年代，K. L. Vodop'yanov

等报道了用磷锗锌实现参量超辐射的实验，并获得了中红外波段激光输出。受限于当时的晶体生长工艺，这些晶体并不适合作为光参量振荡的增益介质。随着材料技术的发展，出现了水平梯度冷凝的晶体制备方法，1991 年，Lockheed-Sanders 的 P. A. Budni 等使用在 $2.8\mu m$ 和 $5.6\mu m$ 处吸收系数仅为 $0.06cm^{-1}$ 和 $0.02cm^{-1}$ 的 ZGP 晶体，采用 $2.8\mu m$ 激光泵浦 ZGP-OPO 输出 $4.7\sim6.9\mu m$ 中长波红外激光，首次实现红外波段光学参量振荡激光输出。1992 年，该研究组进一步优化了 ZGP 晶体的生长工艺，在 $3\sim8\mu m$ 处吸收系数小于 $0.01cm^{-1}$，$2.05\mu m$ 处吸收系数为 $0.47\sim0.26cm^{-1}$，并使用波长 $2.05\mu m$ 的脉冲激光泵浦该晶体，获得了波长 $3.45\sim5.05\mu m$、重复频率 10kHz、功率 1.6W 的中红外激光输出。1997 年，Lockheed-Martin 的 P. G. Schunemann 等通过优化熔体成分和晶体生长参数，制备出在 $2.05\mu m$ 吸收系数分别为 $0.195cm^{-1}$ 和 $0.092cm^{-1}$ 的 ZGP 晶体。2008 年，四川大学的 X. Zhao 等采用 VB 法生长 ZGP 单晶，在 $2\sim8\mu m$ 波段透过率超过 55%，吸收系数 $0.015\sim0.022cm^{-1}$，在 $2.05\mu m$ 处吸收系数 $0.017cm^{-1}$，生长的晶体具有较高的光学性能。2014 年，哈尔滨工业大学雷作涛等报道了采用 VB 法生长出 ϕ（$40\sim50$）$mm\times140mm$ 的 ZGP 单晶，在 $2.05\mu m$ 吸收系数为 $0.01\sim0.03cm^{-1}$，$3\sim8\mu m$ 吸收系数为 $0.01cm^{-1}$，$9.5\mu m$ 吸收系数为 $0.25cm^{-1}$。

ZGP 晶体的吸收系数不仅影响 ZGP-OPO 输出效率的提升，同时对晶体损伤阈值有较大的影响。科学家们一直在努力改进制备技术，以减少 ZGP 晶体在泵浦光波段与输出激光波段的吸收系数，研制高质量的 ZGP 晶体，提升晶体的损伤阈值，提高 ZGP-OPO 的效率。目前国内外制备的 ZGP 晶体的损伤阈值大约在 $1\sim3J/cm^2$，吸收系数约 $0.01cm^{-1}$。

（三）基于不同高功率泵浦源的 ZGP-OPO 的研究

由于 ZGP 晶体在小于 $1.9\mu m$ 波段有着较强烈的吸收，因此通常使用波长大于 $1.9\mu m$ 的激光作泵浦源。ZGP-OPO 在泵浦光波长 $2.8\mu m$ 附近时，输出激光波长调谐范围为 $6.9\sim9.9\mu m$，当泵浦光波长在 $2\mu m$ 附近时，输出激光波长调谐范围为 $2.7\sim8\mu m$。而这两波段激光器的功率水平尚不能很好地满足应用需求。因此，要实现高功率中红外 ZGP-OPO 输出，主要的挑战之一是获得高功率 $2\mu m$ 泵浦源。通过调研，目前常用的 $2\mu m$ 泵浦源主要分为两大类：掺铥固体激光器和掺铥光纤激光器（thulium-doped fiber laser，TDFL）。下面介绍基于这两类泵浦源的 ZGP-OPO 研究进展。

1. 基于掺铥固体激光器的 ZGP-OPO 的研究

掺铥固体激光器是目前主要的 ZGP-OPO 泵浦源，其输出光波长在 $2.1\mu m$ 左右，ZGP 晶体对其吸收系数较小，OPO 阈值较低，热效应较弱，有利于实现高功率激光输出。

在 20 世纪，受限于当时的实验技术条件，掺铥固体激光器多使用液氮制冷。1998 年，Lockheed-Martin 公司的 P. G. Schunemann 等报道了在液氮环境下使用

Ho：YLF搭建振荡器并使用Tm，Ho：YLF进行两级放大的MOPA（主控振荡器的功率放大器）结构，输出重复频率10kHz、功率23W的2.05μm激光，然后利用该激光泵浦ZGP-OPO，获得输出功率10.1W、脉宽9ns的中红外激光，OPO光-光转化效率为50%。

2003年，Q-Peak公司的Alex Dergachev等在Ho：YLF激光器连续输出功率及调Q脉冲输出能量提升上实现了突破。使用输出光波长1940nm、功率28W的激光器对Ho：YLF晶体进行双端泵浦，获得了中心波长2.05μm、连续光功率21W、重复频率50～400Hz的脉冲激光输出；当重复频率为400Hz时，单脉冲能量27.5mJ、脉冲宽度15ns。利用所获得的2.05μm激光泵浦ZGP-OPO，输出信号光波长3.2μm，闲频光波长5.7μm，OPO输出功率＞4W、单脉冲能量＞10mJ、斜率效率达63%，实验示意图如图2-15所示。

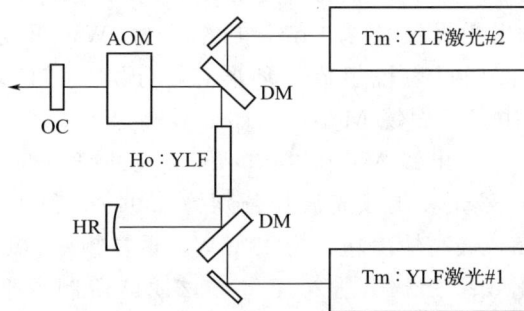

图2-15　Q-Peak公司双端泵浦的掺钬固体激光器示意图

2006年，挪威国防研究所搭建了高效、紧凑的中红外激光系统。使用TDFL泵浦Ho：YAG输出激光功率9.8W，重复频率20kHz，脉宽24ns，光束质量$M^2<1.1$。用其泵浦ZGP-OPO系统，得到输出信号光波长3.83μm，闲频光波长4.36μm，功率5.1W，光束质量$M^2\approx1.8$，光-光转化效率为59%，斜率效率达70%。

2010年，挪威国防研究所使用掺铥光纤产生功率70W，波长1907nm激光泵浦Ho：YAG晶体，产生2.09μm脉宽32ns、重复频率45kHz、功率37.7W的激光。使用该激光作为泵浦光实现ZGP-OPO。OPO腔采用V型腔设计，由三面平面镜组成，右侧两面平面镜用来控制泵浦光入射和出射谐振腔，两面镜子的距离L_3很短，这是为了让泵浦光入射和反射都能经过ZGP晶体。该实验输出3～5μm激光22W，光束质量$M^2\approx1.4$。V型腔可以在实现OPO双程泵浦的同时有效避免泵浦光反射回泵浦源，并且双程泵浦所需的晶体更短，也就意味着该结构的建立时间更短、热效应更小。晶体内的两束泵浦光没有重叠区域，ZGP晶体可以接受更高的泵浦功率而不损伤，并且能有效减小热透镜效应的影响。V型腔的设计，为高功率、高光束质量的ZGP-OPO提供了较好的解决方案。

2013 年，澳大利亚使用 TDFL 泵浦电光调 Q 的 Ho：YAG 晶体，获得了波长 2.09μm、最大输出功率 60W、脉宽（50±5）ns、重复频率 35kHz、光束质量 $M^2=1.2$ 的激光输出。用该输出光泵浦 ZGP-OPO 系统，由于实验中受隔离器损伤阈值限制，入射到 ZGP 的最大功率为 44W，双程泵浦 OPO 输出中红外功率 27.1W，转化效率 62%。

2015 年，哈尔滨工业大学首次使用可饱和吸 ZnS 作为 Ho：YAG 激光器的 Q 开关，ZGP-OPO 输出光功率 4.4W。2016 年，该课题组又报道了使用被动调 Q 的 Ho：YAG 陶瓷激光器作为 OPO 泵浦源，输出激光波长 2.1μm，最大输出功率 29.2W，脉宽 28ns，重复频率 38.4kHz；OPO 输出信号光波长 3.8μm，闲频光波长 4.6μm，最大输出功率 10W，脉宽 21ns，光束质量 $M^2=3.22$，斜率效率 41.3%。

2014 年，哈尔滨工业大学姚宝权等使用 Tm：YLF 双侧泵浦两块 Ho：YAG 晶体作为泵浦源，输出激光波长 2.1μm，功率 118.0W，重复频率 20kHz，脉宽 23ns。泵浦光进入由四面反射镜组成的环形腔，分别泵浦两块 ZGP 晶体，如图 2-16 所示。在环形腔中，平面镜 M6 在 2.1μm 处高透（$T>95.0\%$），在 3~5μm 处高反（$R>99.8\%$），输出镜 M7 在 3~5μm 处透过率为 50%，在 2μm 处高透（$T>95.0\%$）。输出信号光和闲频光波长分别为 3.94μm 和 4.50μm，对应线宽分别为 240nm 和 380nm，最高输出功率为 41.2W，重复频率 20kHz，脉宽 16ns，斜率效率 44.6%，转化效率 38.5%。2018 年，该团队研制了平均功率 225W 的调 QHo：YAG 激光器，采用一级振荡两级放大的 MOPA 结构，中心波长为 2.1μm，重复频率为 10kHz，脉冲宽度为 30ns，光-光提取效率为 61%，光束质量 $M^2\leqslant1.3$。以其作为 ZGP-OPO 泵浦源，中红外平均输出功率突破了 100W，信号光波长为 3.83μm，闲频光波长为 4.59μm，光-光转化效率为 52.1%，光束质量 $M^2=6.95$。

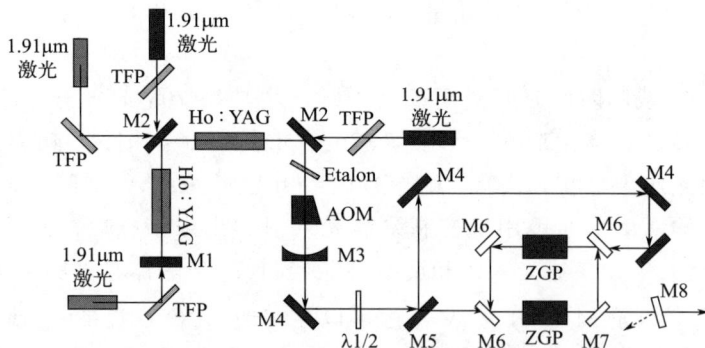

图 2-16　哈尔滨工业大学 ZGP-OPO 系统示意图

2. 基于 TDFL 的 ZGP-OPO 的研究

光纤激光器相较于固体激光器泵浦源，有着结构简单、紧凑、光束质量好、免维护等优点。Tm 离子可以直接产生 $2\mu m$ 以上的激光输出，因此可以使用 TDFL 直接作为 ZGP-OPO 泵浦源。

2008 年，有研究人员报道了采用增益开关实现脉冲输出的 TDFL 泵浦 ZGP-OPO 的实验。TDFL 采用 MOPA 结构，振荡级为输出波长 $1.995\mu m$ 的增益开关 TDFL，经过两级放大后输出光平均功率 21W，重复频率 100kHz，脉冲宽度 30ns，光束质量 $M^2=1.1$。由于输出光为非偏振光，经保偏隔离器后剩余 12.7W 功率。ZGP-OPO 输出平均功率约为 2W 的中红外激光（信号光和闲频光波长分别为 $4.0\sim4.7\mu m$ 和 $3.4\sim3.9\mu m$），光-光转化效率为 15.7%，光束质量 $M^2=1.2$。

2012 年，有实验实现了全光纤结构的脉冲 TDFL 泵浦 ZGP-OPO 产生中红外激光。泵浦源采用 MOPA 结构，振荡级为增益开关 TDFL，放大级输出激光波长 $2.044\mu m$，平均功率 12W，重复频率 75kHz，单脉冲能量 $200\mu J$，脉冲宽度 $20\sim40ns$，斜率效率 31%。OPO 部分使用两块 ZGP 晶体按走离补偿排列，输出光波长为 $3.2\mu m$ 和 $5.6\mu m$，输出最大平均功率 3W，转化效率 25%。

2013 年，TDFL 泵浦 ZGP-OPO 实验采用光子晶体光纤作为增益介质，泵浦源采用 MOPA 结构，振荡级为声光调 Q 的 TDFL，保偏掺铥光纤纤芯直径为 $10\mu m$，输出光波长 1980nm，重复频率 20kHz，脉冲宽度约为 100ns，线宽小于 1nm。在进入放大级前，使用普克尔盒将种子光调制为峰值功率 35kW，重复频率 4kHz，脉冲宽度 8ns，光束质量 $M^2<1.3$。放大级的增益介质使用纤芯/包层直径为 $50/250\mu m$ 的掺铥光子晶体光纤。激光经过两级放大通过隔离器后峰值功率达到 120kW，线宽小于 1.8nm，经缩束系统后泵浦 OPO 输出中红外激光，最终斜率效率 42%，其中 $3.7\mu m$ 激光峰值功率 14.8kW，$4.1\mu m$ 激光峰值功率 13.1kW。

2015 年，TDFL 直接泵浦 ZGP-OPO 的中红外激光系统，泵浦源为 792nm 半导体激光器双向泵浦的声光调 Q 的 TDFL，输出激光波长 2023.8nm，平均功率 23W，重复频率 40kHz，线宽 0.2nm，脉宽 65ns。ZGP-OPO 输出平均功率为 6.5W 的 $3\sim5\mu m$ 激光，脉宽 45ns，重复频率 40kHz，斜率效率 40%，光-光转化效率 32%。

光纤激光器直接泵浦 ZGP-OPO 结构系统较为简单，可靠性高，更有利于工程应用需求。随着中红外光纤材料及相关激光器的发展，该方案将成为中红外 OPO 技术的重要研究方向。

（四）效果

$3\sim5\mu m$ 波段中红外激光在遥感、通信、医疗等方面都有十分广泛的应用，由于 ZGP 晶体具有非线性系数大、透光范围广、损伤阈值高等优点，ZGP-OPO 被认为是非常有前景的高功率中红外激光技术。本部分从 ZGP 晶体制备技术与基于不同高功率泵浦源的 ZGP-OPO 两方面介绍了高功率 ZGP-OPO 的研究进展。目前高重复频率 ZGP-OPO 输出功率水平在 100W 量级，高能量 ZGP-OPO 输出在 200mJ 量级，主要受限于泵浦光功率提升、ZGP 晶体吸收系数减小、增透膜损伤阈值提升及高功率隔离器承受功率受限等诸多因素。其中承受高功率的短波红外及中波红外波段隔离器件也是一个急需攻克的关键元器件。值得注意的是，基于 TD-FL 泵浦的 ZGP-OPO 为实现更简单紧凑、高电光效率的中红外激光系统提供了新的思路。随着技术的不断发展，将会实现更高功率、更高效率、结构更紧凑、系统更稳定可靠的中红外激光系统。

第五节 • 中红外锗基材料在集成光电子中的应用

一、简介

"Ⅳ族"材料不但与 CMOS 技术兼容，而且具备出色的光学和光电特性，特别适于开发中红外集成光电子器件。首先，硅基和锗基材料具有超大折射率和超宽中红外光学透明窗口。硅基材料的折射率可达到 3.4，透明窗口覆盖 $1.1\sim8.0\mu m$ 波段。与锗锡材料结合后，合金材料的光学透明窗口可以进一步向长波段拓展。单晶锗基材料的折射率可达 4.0，其透明窗口可覆盖至 $2.0\sim14.0\mu m$，几乎完全覆盖中红外"官能团区"和"分子指纹区"，是一种开发中红外集成光路的理想材料。

二、锗基晶圆及波导类型

在通信波段集成光电子的研究和应用中，绝缘体上硅（silicon on insulator，SOI）晶圆是最常用的晶圆。但由于其氧化埋层（buried oxide，BOX）对中红外光的强烈吸收，工作在通信波段的光电子器件很难直接应用在中红外波段。此外，由于多声子辅助的带内跃迁吸收，硅基材料的透明窗口不能达到 $7.5\mu m$ 以上，这限制了硅基光电子器件在长波中红外的应用。因此，在中红外集成光电子的研究中，晶圆与波导的研发是最首要的问题。早在 2006 年，美国空军研究实验室的 Soref 等就分析了采用硅基、锗基、硅锗合金等"Ⅳ族"材料开发各类形状的中红外波导器件的可行性。随后，在 2006—2008 年，英国萨里大学的研究者开发了多种中红外硅基波导器件，然而早期研究所采用的波导器件制作工艺与 CMOS 技术的兼容性较差，对中红外光的吸收损耗较高。之后，2010—2012 年，美国华盛顿大学研究者、澳大利亚悉尼大学研究者和中国香港中文大学研究者分别基于 CMOS 技术开发了硅蓝宝石技术（silicon on sapphire，SOS）波导和悬空薄膜波导器件，解决了氧化埋层对中红外光的吸收问题，中红外波导器件的质量已经接近通信波段器件，吸引了科研工作者对中红外集成光电子的广泛关注。与硅基材料相比，锗基材料具有更高的折射率、更宽的透明窗口以及更高的非线性折射率等优点，被认为更适合用于开发长波中红外集成光电子器件。然而，相比中红外硅基光子学，中红外锗基光子学的研究起步较晚，直到 2012 年才报道了第一篇中红外锗基波导的实验论文，随后科研工作者开发了四种类型的锗基晶圆，制作了锗基波导器件。在这一部分中，我们将讨论所开发的锗基晶圆的特点和锗基波导器件的研究现状。

1. 锗基晶圆

为了开发锗基晶圆、制作高性能的锗基波导器件，选择合适的基底材料是非常重要的，需要综合考虑其折射率、低光学损耗光谱范围、器件制备工艺复杂性等因素。目前为止，已经报道了四种锗基晶圆：锗-硅（germanium-on-silicon，GOS）晶圆，锗-硅-绝缘体（germanium-on-silicon-on-insulator，GOSOI）晶圆，锗-氮化硅（germanium on silicon nitride，GOSiN）晶圆以及锗-绝缘体（germanium-on-insulator，GOI）晶圆。

GOS 晶圆是最早被开发的，其制作方式是利用化学气相沉积法（CVD）将锗沉积在硅上，由于锗的折射率比硅的折射率大，可以将光限制在顶层的锗基波导中。GOS 晶圆制作简单，因而被广泛应用于各种中红外锗基波导器件的开发中。随后，GOSOI 晶圆被开发用于研究红外锗基波导器件。相比于 GOS 晶圆，氧化埋层的存在使得基于 GOSOI 晶圆开发的光电子器件具有更好的绝热性与绝缘性，更适合用于开发热光调制器件与电光调制器件。然而，无论是 GOS 晶圆还是 GOSOI 晶圆，都面临着由锗基与硅基材料间的折射率对比度低所引起的器件尺寸较大、集成度低等问题。因此，为了提升锗基与衬底材料的折射率对比度，研究者们使用折射率较小的二氧化硅和氮化硅作为衬底开发出了 GOI 晶圆和 GOSiN 晶圆。相比氮化硅，二氧化硅材料具有更大的折射率对比度，并且材料应力较小，制作开发更为容易。值得指出的是，二氧化硅和氮化硅的光谱透明窗口较窄，从而限制了 GOI 晶圆和 GOSiN 晶圆在长波中红外波段的应用，可以采用氢氟酸刻蚀底部氧化层的方法，将锗基波导器件的光谱范围拓宽到长波中红外。

2. 锗基波导

与通信波段的波导相比，中红外锗基波导具有更低的瑞利散射光学损耗，但是随着波长的增加，具有高穿透深度的倏逝场会增加波导的辐射损耗以及由衬底材料引起的吸收损耗。此外，锗基晶圆的质量也限制了波导的质量。因此，高性能中红外锗基波导器件的开发面临一定的挑战。世界上首个中红外锗基波导由瑞士洛桑联邦理工学院的研究者于 2012 年在 GOS 晶圆上实现。实验结果证明，波导在 $5.8\mu m$ 波长处具有 $2.5dB/cm$ 的传播光学损耗和在 $115\mu m$ 半径下具有 $0.12dB$ 每 $90°$ 的弯曲光学损耗。2015 年，英国南安普顿大学的研究者使用 GOS 晶圆制作了在 $3.8\mu m$ 波长处具有 $0.6dB/cm$ 传播光学损耗的波导。2016 年，新加坡国立大学的研究者在 GOSOI 晶圆上开发了传播光学损耗为 $8dB/cm$ 和 $3.5dB/cm$ 的波导。为了提高器件集成度，2016 年，新加坡南洋理工大学研究者基于 GOSiN 晶圆制作了波导。由于折射率对比度的提高，该波导在 $5\mu m$ 波长处的弯曲光学损耗仅为 $0.14dB$ 每 $90°$。同年，日本东京大学的研究者基于 GOI 晶圆制作了波导器件，同样具有较低的弯曲光学损耗。然而，上述波导器件只能工作在 $8\mu m$ 波长以下。

2015 年，研究者尝试将 GOS 波导扩展到"分子指纹区"，在 $7.6\mu m$ 波长处获得了 $2.5dB/cm$ 的传播光学损耗，但其在长波中红外的应用将会面临着由衬底材料带来的较大吸收光学损耗的问题。此外，英国格拉斯哥大学的研究者通过优化模式分布来减少基底中光场的能量以减少波导光学损耗，但要从根本上消除衬底材料对中红外光的吸收是非常困难的。因此，2017 年，日本东京大学的研究者开发了基于 GOI 晶圆的悬空薄膜波导器件。利用氢氟酸通过波导两侧的孔来清洗掉波导下面的氧化层，可以使波导悬浮在空气中，且其透射窗口只取决于锗基材料本身的透射窗口，极大地拓展了波导的工作波长范围。随后，研究者也将悬空结构引入 GOS-OI 晶圆中，制作了用于长波中红外的低损耗波导，其传播损耗达到 $2.6dB/cm$。但悬浮结构可能会降低器件的机械稳定性，并降低器件的集成度。因此仍需要新的设计和更先进的制作工艺来设计与开发中红外的锗基波导器件。表 2-5 对比了目前所开发的锗基波导的性能。

表 2-5　锗基波导的性能对比

编号	波导	波长/μm	损耗/(dB/cm)	结构类型	年份
1	GOS	5.8	2.5	Strip	2012
2	GOS	5.3	3	Strip	2013
3	GOSOI	5.3	7	Strip	2014
4	GOS	3.8	0.6	Rib	2015
5	GOSOI	3.8	8	Strip	2016
6	GOSOI	3.8	3.5	Strip	2016
7	GOSiN	3.8	3.35	Strip	2016
8	GOI	2	14	Rib	2016
9	GOS	7.6	2.5	Rib	2017
10	GOSOI	7.6	2.6	Rib	2018
11	GOS	11.25	10	Rib	2018
12	GOS	10	1	Rib	2018

三、锗基波导无源器件

基于上述锗基晶圆和波导器件，科研工作者开发了多种中红外锗基无源器件，主要包括：光栅耦合器、微环谐振腔、光子晶体谐振腔、波分复用与解复用器件、偏振旋转器件以及多模干涉器件等。在中红外锗基波导无源器件的研发过程中，一个重要的障碍是基底材料，例如二氧化硅对中红外光有着强烈的吸收。为了克服这一局限性，传统 CMOS 工艺中的二氧化硅材料需要被去除或者被其他材料替代。本部分将详细阐述锗基波导无源器件的发展过程并讨论其工作性能。

1. 光栅耦合器

中红外光子芯片的光学封装是一个极富挑战性的工作。目前有两种常用的光场耦合方法：端面耦合和光栅耦合。其中，端面耦合方法利用中红外透镜光纤或者透镜将中红外激光器的光聚焦到波导的端面以实现光场耦合，通常需要借助中红外相机实时捕捉光斑位置，并根据位置来调整耦合系统。但是，目前缺乏商用的透镜光纤，并且中红外透镜和相机设备的成本较高，这为光学封装带来了很大的困难。相比端面耦合方法，光栅耦合更适用于中红外光子芯片的光学封装。此外，中红外波段的光栅具有更长的光栅周期，更利于开发亚波长结构，对于降低光栅反射率以及提升光栅效率具有重要意义。2015 年，研究者首次实现了中红外锗基波导的光栅耦合器，基于 GOS 晶圆制作了一维浅刻蚀光栅。实验结果显示，所开发的光栅耦合器的最大效率为－16.5dB。随后，该课题组又基于 GOS 晶圆制作了具有低反射率的光栅耦合器。通过具有低反射率的倒置锥与聚焦光栅耦合器结合的设计，光栅耦合器的后向反射率降低到－15dB，同时最大耦合效率提升到－11dB。值得指出的是，由于锗基与硅基材料间的折射率对比度低，基于 GOS 晶圆的光栅耦合器的方向性较差且耦合强度较低，其耦合效率被限制。2017 年，比利时根特大学的研究者开发了基于 GOSOI 晶圆的光栅耦合器。通过氢氟酸去除光栅耦合器下部的氧化埋层，可以利用硅基材料与空气间的菲涅耳反射来提高光栅耦合器的方向性，进一步通过精细控制硅的厚度，将光栅耦合器的最大效率提升到了－4dB。2017 年，研究者开发了基于 GOI 悬空薄膜的聚焦亚波长光栅耦合器。相比 GOS 和 GOSOI 光栅耦合，基于 GOI 悬空薄膜开发的聚焦亚波长光栅耦合器的方向性和耦合强度具有一定程度的提高。2018 年，研究者通过优化氧化层厚度，将基于 GOI 的光栅耦合器的效率提升到－6.2dB。与近红外硅基光栅耦合器相比，中红外锗基光栅耦合器的效率还不尽人意。一方面，由于器件制作困难，一些用于提升近红外硅基光栅耦合器效率的方法，例如底层镀金属膜或布拉格光栅工艺，很难用于开发中红外锗基光栅耦合器。另一方面，中红外光栅的周期数比较小，增加了设计非均匀光栅的难度。

2. 微环谐振腔

微环谐振腔是集成光电子中非常重要的无源器件之一，在光通信、光传感以及非线性光学等领域具有广泛的应用。目前已经有许多关于中红外硅基微环谐振腔及其应用的报道，包括电光调制器、光学传感器以及光学频率梳产生等，然而，由于中红外锗基波导的研究起步较晚，目前锗基微环谐振器的报道也还比较少。相比硅基器件，锗基波导的光学损耗较高，因此，高品质因子（Q 值）的中红外锗基微环谐振器的开发面临着非常大的挑战。2016 年，英国南安普顿大学的研究者在 GOS 晶圆上实现了游标微环谐振腔。该游标微环谐振腔由两个具有不同自由光谱范围的微环级联而成，级联后整体的自由光谱范围为两个微环谐振腔自由光谱范围的最小公倍数。相比于单个微环谐振腔，游标微环谐振腔的谱线对外界环境折射率的变化更敏感，更适合传感应用。实验测量得到，该微环谐振腔具有 23dB 的消光比和 5000 的 Q 值。2018 年，比利时根特大学的研究者在 GOSOI 晶圆上制作了一种可热光调谐的游标微环谐振腔。实验测量得到，该微环谐振腔具有 20000 的 Q 值、20dB 的消光比以及 5dB 的光学插入损耗。同年，日本东京大学的研究者基于 GOI 晶圆制作了一个微环谐振腔，所开发的微环谐振腔直径为 $14\mu m$。由于波导的光学损耗较高（20dB/cm），该微环谐振腔的 Q 值仅为 170。2018 年，日本东京大学的研究者基于 GOI 晶圆制作了一个高 Q 悬空薄膜微环谐振腔。波导两侧设计了空气孔，允许氢氟酸进入并蚀刻波导下方的氧化埋层，从而实现悬空薄膜结构。该微环谐振器具有 $35\mu m$ 的直径，通过聚焦亚波长光栅耦合器实现光场耦合。可以看出所报道的微环谐振器具有 22dB 的消光比、4.3nm 的自由光谱范围和 57000 的 Q 值，是目前为止所报道的 Q 值最高的锗基微环谐振腔。

3．光子晶体谐振腔

近年来，光子晶体谐振腔也得到了越来越多的关注，并且取得了很多卓越的成果，包括单光子发射器、低阈值纳米激光器以及非线性光频率产生等。相比于微环谐振腔，光子晶体谐振腔具有更高的品质因子与模体积比（Q/V），这使得其在增强光与物质相互作用的方面具有很强的优势。锗基光子晶体谐振腔最先在近红外波段开发设计。2008 年，巴黎第十一大学的研究者制作了一个 L3 型光子晶体谐振腔，在 $1.6\mu m$ 波长处，该腔具有 540 的 Q 值。随后，日本东京大学的研究者也报道了一个工作在 $1.7\mu m$ 波长处的 L3 型光子晶体谐振腔。实验测量与理论仿真的结果显示，该腔具有 1350 的 Q 值和 $0.0537\mu m^3$ 的模体积，与之前的结果相比，具有更高的模体积比。2017 年，研究者报道了首个中红外锗基光子晶体谐振腔。所设计的腔是在 GOI 晶圆上采用悬空薄膜波导制作的。理论仿真结果显示：该腔具有两个不同 Q 值的谐振峰，调整周期孔之间的间距，可以使两个共振峰以不同速度红移并在波长 $2.34\mu m$ 处发生干涉，形成法诺（Fano）共振。透射谱显示了 Fano 共振的存在并具有 200 的 Q 值。随后，2018 年，他们进一步报道了一个具有超高 Q 值的纳米臂光子晶体谐振腔。该腔同样是基于 GOI 晶圆开发的，其中，光子晶体中孔直径的缓慢变化逐渐改变了有效折射率，束缚了光场能量。将该腔的实验测试结果，通过洛伦兹线型的拟合，得到该腔具有 18000 的 Q 值。

4．其他无源器件

除了上述无源器件外，科研工作者还研制出其他锗基无源器件，为实现片上光路集成奠定了基础。2013 年，研究者在 GOS 晶圆上演示了一种中红外锗基的波分复用器。该波分复用器采取阵列波导光栅（arrayed waveguide grating，AWG）结构，具有 36 根波导、5 个输出信道和 200GHz 的工作带宽。实验测试表明：该复用器对横电（TE_0）模具有 2.5dB 的插入光学损耗和 -20dB 的串扰，对横磁（TM_0）模具有 3.1dB 的插入光学损耗和 -16dB 的串扰。另一种波分复用器的结构是凹型平板光栅（planar concave grating，PCG）。2013 年，研究者基于 PCG 结构开发了一个具有更大信道间隔的中红外锗基波分复用器。实验结果表明：该复用器在 TE_0 和 TM_0 模式下分别具有 7.6dB 和 6.4dB 的插入光学损耗以及 −27dB 和 −21dB 的串扰。相比于 AWG 型复用器，该复用器具有较大的插入光学损耗，这是光栅较低的反射导致的。该课题组又进一步在光栅背面设计了分布布拉格反射镜（distributed Bragg reflector，DBR）以提高光栅的反射。改进后，复用器在 TE_0 和 TM_0 模式下的插入光学损耗分别降低到 4.9dB 和 4.2dB。除了波分复用器以外，2015 年，研究者还报道了基于 GOS 晶圆的 1（1 个输入端）×2（2 个输出端）和 2×2 的多模干涉（multimode interference，MMI）耦合器。实验结果显示：两个 MMI 耦合器分别具有 0.21dB 和 0.37dB 的光学损耗。2018 年，日本东京大学的研究者报道了基于 GOS 晶圆的 1×2 多模干涉耦合器，其光学损耗仅有 0.5dB。2020 年，研究者报道了一个基于 GOS 的偏振旋转器。使用绝热中心对称和反演对称的波导锥结构，可以实现波导模式从 TM_0 变为 TE_0 的转换，在 9～11μm 波长范围内具有大于 15dB 的消光比，并且光学损耗小于 1dB。

四、锗基波导有源器件

有源器件（如激光器、调制器和探测器）是集成光电子的关键组成部分。为了实现锗基材料的中红外发光，一方面需要将锗基材料的带隙结构改为直接带隙，另一方面还需要减小带隙宽度，这是具有挑战性的材料工程问题。此外，锗基材料在中红外波段是透明材料，只能通过多光子吸收实现光电探测，探测效率较低，目前报道比较少。在本部分中，我们主要针对中红外锗基激光器和调制器的研究进展进行讨论。

1. 激光器

锗基波导激光器的开发是具有挑战性的。由于锗基材料是间接带隙半导体，发光效率非常低，无法直接将锗基波导作为激光增益介质。目前，科研工作者采用了三种方法来改进锗基材料的发光效率和增益特性。第一种方法是通过 n 型重掺杂具有轻微双轴应变的锗基材料，实现粒子数反转。第二种方法是将锡掺入锗中制成锡锗合金。由于锡的掺杂，材料的能带结构从间接带隙变为直接带隙，提升了发光效率。但是，这两种方法都面临着激光阈值较高的问题。因此，研究者们又开发了第三种方法：利用拉伸应变改变锗基材料能带结构。施加一个强的应力不仅可以将锗基材料的能带结构改为直接带隙，还可以通过调整应力的大小来控制带隙的大小。此外，具有高应变的微盘、微桥谐振腔结构也被实验证明，为激光器的实现奠定了基础。2016 年，美国斯坦福大学的研究者基于 GOI 晶圆制作了锗基光源，基于拉伸应变为 2.3% 和 Q 值为 2000 的锗基纳米谐振腔，实现了 2μm 波长的中红外发光。2017 年，新加坡南洋理工大学的研究者报道了一个低阈值锗基激光器。该激光器基于 GOI 晶圆，以单轴拉伸应变为 1.6% 的锗基材料作为增益介质，利用两个分布反馈布拉格（distributed feedback Bragg，DFB）光栅构成谐振腔，通过光泵浦实现激光发射。实验证明，该激光器具有 $3.0\mathrm{kW/cm}^2$ 的激光阈值。但是，该激光器工作波长仍旧在近红外波段。实现中红外波段的辐射则需要提供更高的拉伸应变。2016年，研究者利用拉伸应变大于 2% 的锗基微盘，实现了发射波长大于 $2.3\mu\mathrm{m}$ 的光致荧光发射。2019年，瑞士保罗谢尔研究所的研究者开发了中红外的锗基激光器。所设计的激光器采用拉伸应变为 5.4%～5.9% 的锗作为增益介质，实现了 3.20～3.66$\mu\mathrm{m}$ 波长的激光发射。

2.调制器

中红外锗基波导调制器的研究近年来也取得了一定的进展。由于锗基材料是中心反演对称晶体，几乎不具有电光效应，因此，利用电光效应实现锗基电光调制器的开发是比较困难的，只能选择其他效应来实现光场调制。首先，科研工作者实现了利用热光效应的电光调制。因为锗具有高折射率以及热光系数，所以调制效率较高，但受限于较长的热弛豫时间，基于热光效应的调制器的工作带宽受限。目前，科研工作者已经报道了高性能热光相移器、锗基热光相移器以及可调谐滤波器。其次，由于锗具有非常强的载流子吸收效应，利用载流子对光的吸收也可以实现强度调制。另外，载流子寿命相比热弛豫时间小三个数量级，因此，所开发的调制器具有更高的调制速度。2016年，研究者制作了具有 PIN 结的 GOI 波导器件。当给 PIN 结施加正向电压时，注入的载流子对光产生吸收，从而在 $2\mu\mathrm{m}$ 波长处实现了对光场强度的调制。2019年，研究者用同样的方法在 $8\mu\mathrm{m}$ 波长处实现了光场强度的调制。

对锗基材料进行掺杂以构成 PIN 结，通过施加偏置电压，可实现光场强度的调制。2015年，英国南安普顿大学的研究者报道了基于多光子吸收产生的自由载流子改变波导光学损耗效应的 GOS 全光调制器。2015年，该课题组还进一步开发了一种基于双光子吸收的全光调制器。该调制器利用 $1.9\mu\mathrm{m}$ 波长的脉冲光作为泵浦光，通过双光子吸收作用调制信号光，因此，调制器的速率依赖于脉冲宽度与双光子响应速率，而非载流子寿命，响应时间可达到皮秒量级。

参考文献

[1] 郑能瑞.锗的应用与市场分析[J].广东微量元素科学，1998，5（2）：12-18.

[2] 茹丘旭，马滋蔓.锗的应用趋向及预测分析[J].科技创新导报，2018，15（22）：68-69.

[3] 刘世友.锗的回收、应用与开发[J].上海金属（有色分册），1992（6）：46-49.

[4] 董汝昆，吴绍华，王柯，等.锗单晶材料的发展现状[J].红外技术，2021，43（5）：510.

[5] 向兴宇.锗在太阳能电池中的应用[J].红外技术，2021，43（5）：510-515.

[6] 张锦，杜春雷，冯伯儒.红外材料 Ge 的刻蚀研究[J].精细加工技术，1977（1）：60-64.

[7] 汤克彬，李珊，李初晨，等.锗基长波红外圆锥形微结构减反射性能[J].红外技术，2024，46（1）：36-41.

[8] 何光宗，熊长新，李钱陶，等.一种锗基底红外波段保护膜[J].光学学报，31（6），100-105.

[9] 郭荣翔，高浩然，程振洲，等．中红外锗集成光电子研究进展[J]．中国激光，2021，48（19）：23-41.

[10] 宋恭谨，宋恩名，郭庆磊，等．单晶硅/锗薄膜材料的转移技术及柔性器件的应用[J]．中国科学（信息科学），2018，48（6）：670-687.

[11] 王翠翠，雷霆，项金钟．有机锗的研究现状和发展趋势[J]．云南冶金，2008，37（3）：51-53.

[12] 王彤彤．霍尔离子源辅助制备长波红外碳化锗增透膜[J]．发光学报，2013，34（3）：319-322.

[13] 蓝镇立，宋轶佶，杨晓生，等．近红外通讯波段的石墨烯/锗肖特基结光电探测器[J]．光子学报，2022，51（12）：240-248.

[14] 杨春晖，张建．新型中、远红外波段非线性光学晶体磷化锗锌[J]．人工晶体学报，2004，33（2）：141-143.

[15] 孟佳，余婷，吴闻迪，等．高功率中红外磷锗锌光学参量振荡研究进展[C]//上海市红外与遥感学会，广西光学学会，桂林电子科技大学．2018年光学技术与应用研讨会暨交叉学科论坛论文集．2018：9.

第三章

硅基材料

第一节 · 硅晶体与薄膜

一、简介

硅是自然界极为常见的一种元素，广泛存在于岩石、砂砾、尘土之中，长石、云母、黏土等都是硅酸盐类物质，水晶、玛瑙、石英、砂子等都是二氧化硅类石头。硅是一种非常不活泼的元素，然而它极少以单质的形式在自然界出现，而是以复杂的硅酸盐类或二氧化硅存在。

硅的原子结构呈四面体结构，原子相互之间以共价键结合，最外层的 4 个价电子让其处于亚稳定结构，在掺入其他价态的原子时，容易形成空位和多余的电子，使得硅在半导体材料领域有极广泛的应用。硅是一种性质很不活泼的元素，在大自然中以化合态的形式存在，主要以硅酸盐类和石英为主，经过特殊工艺改造，由硅元素参与构成的物质在不同的生产领域发挥着不同的作用。

硅的化学符号是 Si，是地壳中含量第二多的元素，约占总质量的 26.4%，仅次于氧元素的 49.4%，它是一种非金属元素，位于周期表第三周期ⅣA族，原子序数为 14，相对原子质量约为 28。硅的单质有无定形硅和晶体硅两种，其中晶体硅为灰黑色，无定形硅为黑色，密度 $2.32 \sim 2.34 \mathrm{g/cm^3}$，熔点 1410℃，沸点 2355℃，不溶于水，外表坚硬而有金属光泽。

在常温下硅不活泼，很少与其他化学物质发生反应，却大都以化合物的形式存在，多是硅酸盐类、二氧化硅等，这主要由于地球在板壳运动时，会产生高温高压的环境，硅元素表现出较活泼的性质，生成大量的硅化合物，因此地壳中的硅也是以化合物的形式存在，很少以单质的形式出现。

硅原子最外层电子为 4 个，全充满状态为 8 个，由洪特规则知，当电子层处于半充满状态时，原子处于亚稳定状态，这些电子与其他原子的电子容易形成稳定的共价键。由于共价键断裂时需要的能量较高，表现出较稳定的化学性质，因此硅单质具有较高的熔点。硅在常温下只能与周期表第七主族的氟气（F_2）发生反应，在加热或者高温的情况下与氯气、碘等发生反应。硅会在含氧酸中被钝化，只与氢氟酸及其混合酸反应，生成 SiF_4 和氢气。

Si 在 $1.1\sim8\mu m$ 范围内具有较好的光谱透过性能，在近红外区域折射率也能达到 3.4 左右。由于硅具有熔点高、热传导性能好、硬度高、化学稳定性强等特性，因而是一种非常重要的半导体材料，其优越的理化特性和光学特性使其在光学薄膜的红外波段的应用前景非常广阔。

二、硅晶体

（一）简介

与锗类似，硅也是一种金刚石结构的半导体晶体材料，化学性质稳定，不溶于水，而且不溶于大多数酸类溶液，但溶于氢氟酸、硝酸和醋酸的混合液。其透射波长范围为 $1.1\sim15\mu m$，在 $15\mu m$ 波长处有一吸收峰存在。硅的折射率也比较稳定，约为 3.4，色散系数较小，在 $3\sim5\mu m$ 波段被普遍用于制作透镜、窗口等。

硅的红外光学性能良好，且其机械强度较好，光学性能受温度影响的性能优于锗，因此除用于透镜材料外，还被普遍用于红外导引头的整流罩。

（二）制备方法

1. 简介

国内外普遍使用化学气相沉积法制作电子级多晶硅。该工艺在电子级多晶硅行业内使用的优点是：①产量高，每批次可以生产出至少 $300\sim500kg$ 的产品；②产品品质优良，每批次产品均可满足国家标准；③杂质原子的含量低于 $25\mu g/kg$；④安全系数高，在生产过程中人员若遇到危险情况可以一键停车等。但是，该工艺仍存在部分缺点需改善，如：能耗较高，每次生产最少需要 $80kW \cdot h/kg$；生产工艺要求高，在生产过程中对于反应所需的温度和压力有非常高的要求，若存在小范围波动也会导致产品出现品质问题。在半导体行业中，电子级多晶硅作为行业上游产业端，其产品的品质对下游的影响是非常重要的。因此，如何通过不同工艺来实现电子级多晶硅的高质量且稳定产出，一直是行业内重点探讨的问题。

2. 改良西门子法

电子级多晶硅是硅单质的一种晶型，因其具有半导体性质，且硅元素的含量在地壳内丰富程度位居第二，因此被广泛应用于半导体芯片和器件的制造中，例如：集成电路手机芯片和电脑芯片、功率器件、金属-氧化物半导体场效应晶体管（MOSFIT）等等。当前行业内主流的生产方法为改良西门子法，而传统多晶硅的生产工艺为西门子法。西门子法是采用高纯三氯硅烷和高纯氢气在高温环境下进行还原反应，还原产生的硅单质，通过一系列方式使其沉积聚集，最终成为产品硅棒。相比西门子法，改良西门子法则是在该基础上进行了一系列的技术更新，如：使用干法分离产出三氯硅烷，该方法可以提高物质的利用率，分离完成后通过液氮进行多级精馏，提纯完的物料极限纯度可达到 15 个 N（N 表示纯度等级），随后在还原装置进行化学气相沉积反应。改良西门子法实现了完全闭路生产，因此是当前行业内生产制造公司的普遍选择。主要特征如下：

① 改良西门子法第一步是制作三氯氢硅（$SiHCl_3$，英文名称 trichlorosilane，缩写为 TCS，以下统称 TCS）。其初期工艺采用的均为高温低压热氢化工艺，主要反应方程式如下：

$$SiCl_4 + H_2 \Longrightarrow SiHCl_3 + HCl$$

该反应的反应温度一般在 1200～1280℃ 之间，压力约为 0.55～0.65MPa。该反应的优点为：可以连续运用、设备简单易操作、反应过程不需要催化剂、反应过程中不添加硅粉防止杂质掺杂等。但随着行业的持续发展，该工艺的弊端也逐渐暴露出来：反应过程所需的能耗偏高（单耗指标约为 2.2～3kW·h/kg），加热方式一般均采用电阻式加热，加热片消耗量偏大，且频繁更换加热装置会对系统产生不可逆碳污染，而对于电子级多晶硅而言，碳污染无疑是最令人手足无措的，因此该工艺逐渐被行业淘汰。

鉴此，取而代之的是低温高压冷氢化工艺，主要反应方程式如下：

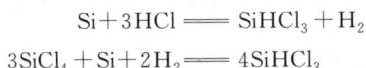

$$Si + 3HCl \Longrightarrow SiHCl_3 + H_2$$
$$3SiCl_4 + Si + 2H_2 \Longrightarrow 4SiHCl_3$$

该反应的反应温度一般控制在 500～530℃ 之间，压力约为 1.55～3.5MPa。该反应的优点是：反应温度低、能耗低（单耗指标约为 1kW·h/kg）、四氯化硅（$SiCl_4$，英文名称 silicon tetrachloride，缩写为 STC，以下统称 STC）的转化率高（冷氢化的转化率≥25%，热氢化的转化率一般为 18%～25%）等。尽管该反应仍存在部分缺点，例如反应需加入催化剂，设备复杂难操作，反应需要加入硅粉，可能会污染系统等，但低温高压冷氢化仍为当前多晶硅行业内的宠儿，原因就在于该工艺将能耗降低了 100% 以上。早期的生产实践表明，三氯氢硅的稳定性较好，方便运输或储存。

② 改良西门子法实现了 H_2、TCS、STC、SiH_2Cl_2（二氯二氢硅，英文名称 dichlorodihydrosilane，缩写为 DCS，以下统称 DCS）和 HCl 的循环利用，完善的回收系统又可以保证物料的充分利用，通过工艺优化设计可以有效地降低能耗，从而达到降低生产成本、提高利润的目的。改良西门子法生产流程图工艺简图如图 3-1 所示。

如图 3-1 所示，改良西门子法实现了物料的整体内循环，该工艺设计流程主要概述如下：

还原装置中的主反应方程式为：

$$SiHCl_3 + H_2 \Longrightarrow Si + 3HCl$$

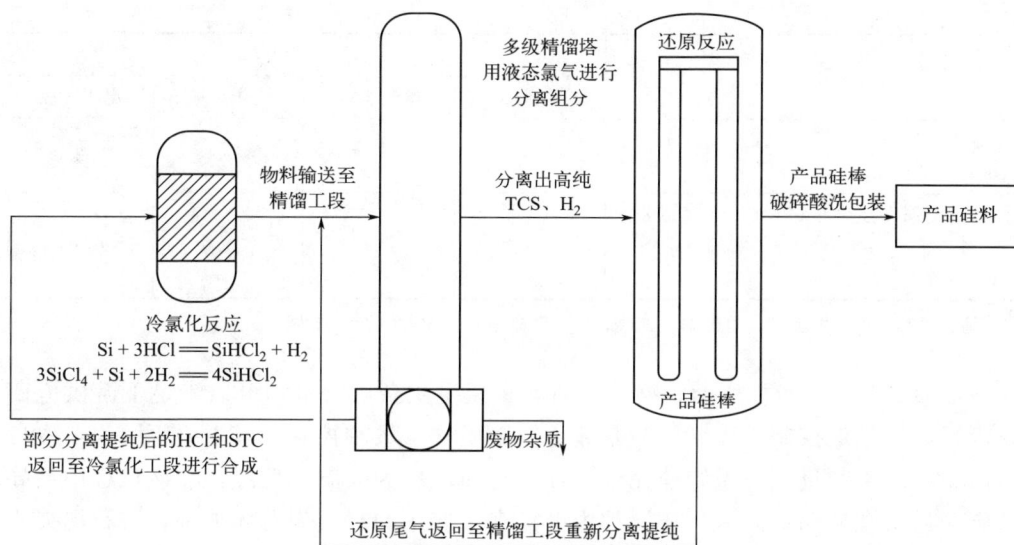

图 3-1　改良西门子法生产流程工艺简图

还原装置中的主要副反应方程式为：

$$2SiHCl_3 \rightleftharpoons SiH_2Cl_2 + SiCl_4$$

$$2SiH_2Cl_2 \rightleftharpoons SiH_4 + SiCl_4$$

从中看出该生产流程工艺的两大特点：①还原装置通过气相沉积法生成的尾气中，包含有大量的 HCl、H_2、TCS、STC 以及少量的 DCS，所有尾气输送至精馏工段后进行重新分离提纯，其中的 H_2 和 TCS 以及 DCS 重新循环输送至还原工段，DCS 作为可逆反应的产物抑制物料返回至还原工段增加 TCS 的还原反应效率，TCS 和 H_2 作为物料进入还原炉内进行 CVD 反应。精馏装置则使用多级分离的原理提纯处理物料，可将来自冷氢化和还原装置中的 TCS 和 H_2 最大程度提纯至 15 个 N，这样便可保证产品硅棒的品质。②根据物料性质理化特性的差异，将还原炉中产生的副产物 STC 提纯后回收至冷氢化装置，其余杂质产物则排出系统。使用该工艺设计可以使得最终产品——电子级多晶硅的多项指标满足国家标准（最新国标 GB/T 12963—2022），如表 3-1 所示。

表 3-1　多晶硅等级及技术指标

项目	技术指标要求			
	特级品	电子 1 级	电子 2 级	电子 3 级
施主杂质含量（P、As、Sb 总含量，以原子数计）/cm^{-3}	$\leqslant 0.15 \times 10^{13}$	$\leqslant 0.25 \times 10^{13}$	$\leqslant 0.5 \times 10^{13}$	$\leqslant 1.5 \times 10^{13}$
受主杂质含量（B、Al 总含量，以原子数计）/cm^{-3}	$\leqslant 0.5 \times 10^{12}$	$\leqslant 1.5 \times 10^{12}$	$\leqslant 2.5 \times 10^{12}$	$\leqslant 5.0 \times 10^{12}$
碳含量（以原子数计）/cm^{-3}	$\leqslant 1.0 \times 10^{15}$	$\leqslant 2.5 \times 10^{15}$	$\leqslant 2.5 \times 10^{15}$	$\leqslant 5.0 \times 10^{15}$

项目	技术指标要求			
	特级品	电子1级	电子2级	电子3级
基体金属杂质含量（Fe、Cr、Ni、Cu、Zn、Na 总含量)/[ng/g(ppbw)]	≤0.1	≤0.3	≤0.5	≤2.0
表面金属杂质含量（Fe、Cr、Ni、Cu、Zn、Al、K、Na、Ti、Mo、W、Co 总含量)/[ng/g（ppbw)]	≤0.1	≤0.5	≤1.0	≤5.0

注：多晶硅的导电类型、电阻率、少数载流子寿命和氧含量由供需双方协商确定。

如表 3-1 技术指标所示，施主杂质含量及受主杂质含量均可以满足下游供应商要求，可以稳定控制。碳含量与基体金属杂质含量较难控制，其主要原因为：改良西门子法在生产过程中系统非完全闭环，还原反应为间歇式反应，在该过程中会导致碳含量出现波动；同时，还原炉内电极夹头使用的材质为石墨夹头，若石墨夹头品质的稳定性存在浮动，则产品的碳含量会出现较大波动。基体金属杂质主要来自设备本身，长期生产后系统稳定便会达标。

3. 硅烷法

硅烷法是前期在研发多晶硅生产时所开创出的一种新工艺。该工艺是以硅烷为中间产物，经过多次提纯后进行热分解制备多晶硅。该方法的主要工艺难点为如何制备中间产物。迄今为止研究的主要制备方法分为以下几种：

① 歧化法。该方法是制备硅烷的主要方法，以工业硅粉为原料，通过混合反应生成三氯硅烷，反应方程式与改良西门子法的低温高压冷氢化反应方程式一致。其中，三氯硅烷进行歧化反应生成二氯二氢硅和四氯化硅，二氯二氢硅在催化剂的作用下进一步歧化，生成硅烷，而产品硅烷则需要多步精馏提纯，得到的高纯硅烷在高温下通过热分解得到高纯硅，主反应方程式为：

$$SiH_4 \Longrightarrow Si + 2H_2$$

② 置换法。该方法迄今为止有两种主流反应，其一为硅化镁 （Mg_2Si) 与氯化铵 （NH_4Cl) 在液氨中进行置换反应生成硅单质，该反应因转化率较低，反应物无法重复循环利用而逐渐被淘汰；其二为四氟化硅 （SiF_4) 和铝氢化钠（$NaAlH_4$) 制备单质硅，该反应因反应产物中掺杂氟化物，对环境影响较大而未在世界范围内被广泛接受，当前仅有美国 MEMC 公司使用该方法制备硅单质。置换法总体而言，原料消耗量偏大，无高效催化剂时转化率低，使用催化剂时成本偏高，且危险性大，最终导致该方法不被行业所普及使用。

以 1000t/a 多晶硅产能为例，若使用上述工艺技术，则硅料的成本约为 30 美元/kg （注：目前未有项目实际应用，仅为理论值)。该方法与改良西门子法对比而言有以下优点：产品含硅量高、分解速率快、分解率高、耗能低等；但是，其仍有明显缺点：硅烷易燃易爆、难运输、易产生粉尘等，这使得该工艺更难被多晶硅行业所认可。在今后的研究中，该工艺会在此基础上有进一步研究并得到广泛应用。

4.氯硅烷还原法

氯硅烷还原法的本质为：通过金属或者可分解产生较强还原性的阳离子化合物与氯硅烷在一定的条件下进行反应生成硅单质。迄今为止，多晶硅领域内大范围研究方向主要为活泼金属还原法，即钠（Na）、锌（Zn）还原法。

（1）Na还原法

该方法的反应过程为：将氯硅烷和纯度满足 99.999% 的金属钠颗粒按顺序放置在反应器内，反应器普遍选用感应石墨坩埚，反应方程式如下：

$$SiCl_4 + Na = Si + 4NaCl$$

该反应的反应温度一般设定在 1530℃ 左右，反应完成后因存在较大的熔沸点差异，Si 单质在该条件下为液态形式存在，NaCl 在该条件下为气态形式存在，因此可以直接依据该特征进行收集提纯，即反应完成后通过使用高纯石英坩埚收集液态高纯硅。在 1530℃ 的设定条件下，液态硅的收集率可达到 80% 以上，而使用该方法得到的硅产物纯度略差，根据此前研究表明，该方法所生产的硅中主要杂质为 Na 和 B，相应的杂质含量分别为 $3 \times 10^{-4} \sim 6 \times 10^{-4}$ 和 3×10^{-5} 左右。显而易见，该制备工艺的产品质量等级很难满足电子级多晶硅的需求，未来该工艺是否会有进一步发展和改良，有待行业进一步研究。

（2）Zn还原法

Zn 还原法在 20 世纪中便有人做过相关试验，探索其制备电子级多晶硅的可行性。其机理为：Zn 的化学活泼性较强，且 Zn—Cl 键的结合力也比较强。近年来，随着光伏级多晶硅的大量发展，美国一研究所对该工艺进行了一些改良，改良后的工艺主要如下：

a. 通入熔盐电解的产品 Cl_2 或高纯 Cl_2 均可，同时加入反应原料二氧化硅、碳化硅或工艺级冶金硅，合成得到 $SiCl_4$；

b. 在流化床内进行 $SiCl_4$ 和锌的还原反应，反应方程式如下：

$$2Zn + SiCl_4 = Si + 2ZnCl_2$$

c. 还原反应产出的 $ZnCl_2$ 通过电解得到 Zn 和 Cl_2，电解产物在系统内可以满足重复利用的要求。该反应过程中需要进行加热，一般采用感应电阻式电偶加热，流化床内放置有固定的 Zn 棒或颗粒作为反应物，通过加热后生成气态 Zn；另一原料 $SiCl_4$ 在另一单独容器内进行加热使物料瞬间气化，随后从流化床底部进入流化床内开始反应。流化床内需要放置有多晶硅籽晶，籽晶的颗粒度大小尽可能小于 $300 \mu m$，反应温度约为 1050℃，反应压力一般控制在 2.0MPa 左右，反应的副产物通过一带有吸气机和未反应 $SiCl_4$ 的冷凝装置进行回收再利用。该法制备的多晶硅与 Na 还原法制的多晶硅纯度近似一致，基本可以达到 6N 的标准，同样地，主杂质是 Zn 和 B，另外还掺杂有部分 Fe（5×10^{-6}）、Ni（25×10^{-6}）等。该方法具有流程短、设备少、沉积速度快、电耗低和生产周期短等优点，缺点是产品多晶硅纯度不足，杂质较多，因此该工艺方法目前有部分公司用来制备太阳能级多晶硅。目前，日本智索、新日矿控股和东邦钛三家公司自 2007 年开始共同对锌还原法（JSS）制备多晶硅进行研究，目前已经可以制备出 9N 纯度的多晶硅，未来是否可以通过该工艺制备电子级多晶硅有待进一步研究。

（三）效果

① 目前国内外生产电子级多晶硅主要采用改良西门子法。该方法在生产过程中成本较高，且核心技术专利被德、日、美三国的公司所垄断。但是，现在国内几家公司已陆续攻克相关技术难点，可以稳定产出高质量的电子级多晶硅，如青海黄河水电、徐州鑫华半导体、青海丽豪半导体、洛阳中硅高科等，但产能都偏低，且能耗较高，成本过高导致无法大规模进行发展。

② 硅烷法是目前研究最多的方法之一，也是降低生产成本最有吸引力的方法之一，但因其特殊性，距离大规模生产还有很多技术难点需要攻克。

③ 氯硅烷还原法作为当前部分公司制作太阳能级多晶硅的主流工艺，可以制备出大量太阳能级多晶硅，但目前的产品纯度极限为 9N，未来是否可以替代当前改良西门子法作为电子级多晶硅的主流制备工艺技术有待进一步研究。目前国内外也有诸多学者与公司研究该方法产业化的可行性。

氯硅烷还原法未来有望制备电子级多晶硅的可能性不是很大，但是如果可以将氯硅烷还原法与改良西门子法互相结合，则是一种很好的方法。改良西门子法的主要副产物是 $SiCl_4$，而氯硅烷还原法的原料为 $SiCl_4$，这样互相结合起来，既可以制备太阳能级多晶硅也可以制备电子级多晶硅，同时也降低了改良西门子法的生产成本，并且整个系统实现了闭环，对环境的污染降到了最低。

三、硅薄膜

（一）简介

通过对光学薄膜的设计，可以根据使用要求有目的地改变光谱的传输特性。光学薄膜的膜系设计主要包括膜层折射率和膜层厚度两个方面，其中膜层折射率的设计实际上就是对薄膜材料的选取，是膜系设计的前提。薄膜材料要求有比较稳定的折射率，还要满足光谱透明度、机械牢固度和化学稳定性以及抗高能辐射等对薄膜材料的基本要求。这就使得光学薄膜材料种类，尤其是能够适用于红外波段的薄膜材料种类非常有限。

用作红外光学薄膜的材料除了具有上述一般薄膜材料的基本要求之外，还有着一些特殊的要求：①环境耐受要求更严格：红外薄膜大多用于红外军用光电系统，使用的环境往往比较恶劣，因此，在制备后还要进行严格的可靠性测试，测试的项目涉及温度冲击、风沙侵蚀、酸碱腐蚀、机械强度、抗激光辐射能力等方面。②红外薄膜的功能要求没有减少；随着光电技术的发展，对多功能集成光学元器件的性能要求越来越高。例如不同波段具有减反作用、高反作用、滤光作用、分光作用、保护作用等功能，根据具体的使用要求有选择地集中在一个红外膜系中，具有简化光电系统结构、降低成本等优势。③制备难度大：由于红外薄膜工作光谱波段波长是可见波段的 $2\sim20$ 倍，因此膜层一般都非常厚。膜系的设计难度大、薄膜应力大、制备周期长、累积误差大、制造成本高等问题就会凸显出来，这就需要在膜系设计和制备工艺上做更深入的研究。

（二）硅在膜系设计中的应用

膜系设计中非常重要的一个原则就是要限制膜系的层数和厚度，否则会导致制备周期长、累积误差大、应力过大甚至脱膜等现象，不利于优质薄膜的制备。例如对于 1064nm 反射膜的设计（为便于讨论，此处不考虑薄膜材料的吸收），根据薄膜设计理论，在周期膜系中，如果周期数确定，两种材料的折射率比值越大，则反射带就越宽，反射率也就越高。红外波段常用组合 ZnS 和 YbF_3 的折射率比值约为 1.5，而 Si 和 YbF_3 作为材料组合时的折射率比值约为 2.2。利用光学薄膜设计软件进行设计的结果如图 3-2、表 3-2 和表 3-3 所示，其中细实线为组合 ZnS 和 YbF_3 的设计曲线，粗实线为 Si 和 YbF_3 的设计曲线。

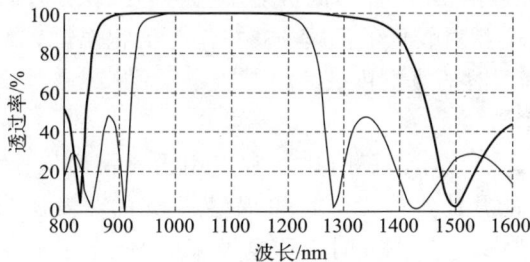

图 3-2　分别利用组合 ZnS 和 YbF_3、组合 Si 和 YbF_3 时 1064nm 反射膜的理论设计曲线

表 3-2　ZnS 和 YbF_3 膜系中的层数和厚度

膜料	层数/层	厚度/nm
ZnS	9	1057.68
YbF_3	8	1441.76
总计	17	2499.44

表 3-3　Si 和 YbF_3 膜系中的层数和厚度

膜料	层数/层	厚度/nm
Si	5	401.45
YbF_3	4	720.88
总计	9	1122.33

对比图 3-2 中的两条曲线以及表 3-2、表 3-3，与组合 ZnS 和 YbF$_3$ 相比，为了实现对 1064nm 相同的反射效果，选用 Si 和 YbF$_3$ 进行膜系设计，反射带更宽，可以大大降低中心波长的制备误差，同时膜层的层数和厚度也大大减少。Si 在很多红外复杂膜系中的设计也有类似的优势，可以作为膜系设计中的高折射率材料，但是由于在可见光甚至紫外波段吸收严重，不适合制备低吸收薄膜。

（三）硅在红外光学薄膜制备中的工艺

在红外光学薄膜的制备中，Si 作为一种极为重要的红外半导体材料，其有关电子枪沉积工艺方面的资料比较少。因此，在沉积 Si 薄膜之前，需要研究适合 Si 的电子蒸发工艺，主要包括沉积温度、真空度、沉积速率等工艺参数的确定。这些参数会不同程度地影响到材料的折射率和消光（吸收）系数。通常，在使用过程中希望折射率尽可能高一些，消光系数尽可能低一些。另外，要确保蒸发工艺的兼容性，即能与其组合的低折射率膜料的工艺参数相一致。

1. 温度和真空度的确定

沉积时的温度和真空度过高都会提高 Si 膜的折射率，但是同时也会导致吸收系数的提高，这种现象在可见光波段比较明显，而在红外波段非常微弱。目前光学薄膜制备中膜料的沉积温度大多在 100～400℃ 之间，真空度多在 $3 \times 10^{-3} \sim 1 \times 10^{-2} Pa$ 之间。为了兼顾与 Si 配合的低折射率材料的沉积条件，防止残余气体对 Si 的氧化作用，选择一个相对较低的温度 185℃ 作为沉积温度，选择相对较高的真空度 $3 \times 10^{-3} Pa$ 作为沉积时的真空度。

2. 沉积速率的确定

电子束沉积技术制备光学薄膜时，通常采用无氧铜坩埚作为盛放膜料的工具，因此首先选用导热性能好的水冷无氧铜坩埚盛放 Si 的蒸发源为来进行试验。在温度为 185℃、真空度为 $3 \times 10^{-3} Pa$ 时，用电子束对 Si 进行预熔，将颗粒状的 Si 熔化至红热的液态，然后逐渐增加电子枪的功率以观察 Si 的沉积速率，发现其沉积速率非常低，并且极不稳定，非常不利于 Si 膜的沉积。经过分析，主要有两个原因导致这种现象：一是因为 Si 的折射率比较高，膜料熔化为液态后对电子枪的光斑（电子束能量）反射非常严重，使得只有很少的能量对 Si 进行加热；二是由于无氧铜坩埚的导热性非常好，散热快，坩埚的水冷系统进一步带走了部分热量，难以维持 Si 蒸发时所需的温度。实验表明，无氧铜坩埚不适合用于 Si 的蒸发。

在制作坩埚的诸多材料中，石墨的导热性比铁、铅等金属材料还要好，且具有很小的热膨胀系数，耐高低温冲击性能好。最重要的一点是石墨的热导率随温度升高而降低，甚至在极高的温度下，石墨会变成绝热体。利用石墨的这一特性，可以很好地解决无氧铜散热过快的特点。

采用石墨坩埚后，经过试验，调整电子枪的参数，可以获得 Si 较为稳定的沉积速率。沉积速率越高，所得薄膜折射率越高，消光系数越大，而沉积速率过低会导致薄膜致密性差。经过光谱测试和薄膜强度测试，发现将 Si 的沉积速率设定为

0.2nm/s 时 Si 膜的消光系数较低、薄膜致密性较好。

在薄膜沉积过程中，发现在 Si 沉积后关掉电子枪待其自动降温时经常会发生石墨坩埚被撑破的现象。这主要是由于石墨坩埚和 Si 的冷却速率不同，石墨坩埚受温度影响小，而 Si 在降温过程中体积会膨胀。为了解决这个问题，在镀完每层 Si 膜后，用电子枪对 Si 和石墨坩埚进行同步降温处理，这样就可以减小石墨坩埚被撑破的概率，延长使用寿命。

3. 折射率分布曲线的测定

光学薄膜的折射率是与工艺条件密切相关的，因此要针对特定的工艺条件来测定折射率分布状况。在温度为 185℃、真空度为 $3 \times 10^{-3} Pa$、沉积速率为 0.2nm/s 的条件下，通过单层膜试验，利用分光光度法测定 Si 在 $0.5 \sim 5 \mu m$ 波段范围内的折射率分布曲线如图 3-3 所示。

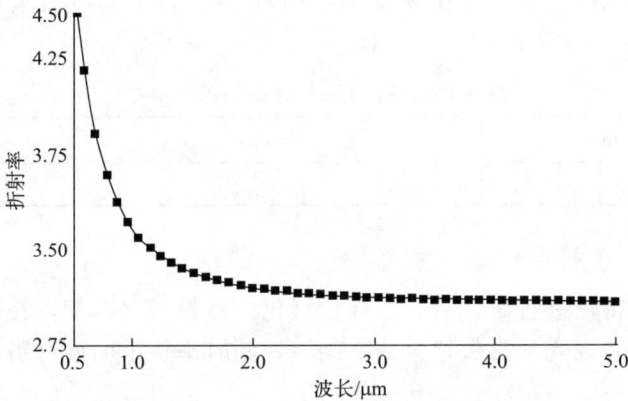

图 3-3　Si 在 $0.5 \sim 5 \mu m$ 波段范围内的折射率分布曲线

（四）效果

硅膜在红外光学薄膜中具有很高的应用价值，尤其是能够简化反射膜以及光谱特性要求复杂的膜系，减少膜层数目和膜层厚度，拓展反射带。电子束沉积是目前光学薄膜制备过程中的主流方式，在力求与其他膜料的工艺匹配的原则上，实验确定了电子束沉积 Si 膜时的温度、真空度，利用石墨坩埚获得了稳定的沉积速率，在此基础上利用分光光度法测定了 Si 在 $0.5 \sim 5 \mu m$ 波段范围内的折射率分布曲线，对 Si 在红外薄膜中的应用具有一定的借鉴意义。

四、硅薄膜与带通滤光片

（一）硅薄膜

短波红外区域，特别是波长小于 $1.8 \mu m$ 的红外波段，是可见光波段和红外波段的过渡区域。中长波红外区域常用的高折射率材料如锗（Ge）、碲化铅（PbTe）等在该区域并不透明。可见光常用的高折射率材料如氧化钛（TiO_2）、氧化钽（Ta_2O_5）、氧化铌（Nb_2O_5）等虽然在该波段可以使用，但由于折射率偏低而导致膜层数量居高不下，且可见光波段的带外抑制很难处理。硅薄膜材料克服了以上两类材料在短波红外波段的缺点，作为可见光波段与红外波段过渡区域的高折射率材料，其光学特性的研究具有明确的工程应用价值。

电子束蒸发制备的非晶硅薄膜在短波红外区域有一定的色散和吸收，且对基片温度、蒸发速率、真空度等工艺参数有较高的敏感性。研究材料的特性，优化制备工艺并拟合出材料的光学常数，是材料工程应用的关键。在不同的工艺条件下制备出薄膜样品，通过光谱测试和光学常数拟合，确定工艺条件。在该工艺条件下，选用硅和二氧化硅两种材料，以蓝宝石为基底，设计并制备出中心波长约 $1.3\mu m$、相对带宽 2.46% 的带通滤光片。

在 Si 薄膜短波吸收限附近，离子束辅助沉积虽然能够增加膜层的牢固度，提高材料的堆积密度，但同时会增大 Si 材料的吸收，因此在制备 Si 薄膜的过程中不采用离子束辅助沉积工艺。在基板温度为 250℃ 的条件下，以蓝宝石为基底制备单层 Si 膜样品，工艺参数如表 3-4 所示。

表 3-4　单层 Si 薄膜样品的沉积参数

蒸发速率/(nm/s)	压力/(10^{-3}Pa)	转速/(rad/min)
0.4	2~3	240

（二）带通滤光片的设计制备

对硅材料的特性进行研究后，选择二氧化硅材料与之匹配，在短波红外区域制备带通滤光片，验证光学常数拟合的准确性，同时举例说明硅材料在短波红外区域的应用。

1. 带通滤光片的设计

以硅和二氧化硅分别作为高折射率（n_H）材料和低折射率（n_L）材料，采用双谐振腔结构来设计带通滤光片。利用台伦的对称膜系等效层概念，将多半波滤光片划分为一个对称的主膜系和两侧的匹配膜系，只要计算主膜系的等效折射率和匹配情况，便可预知滤光片的特性。设计的膜系如下所示（中心波长 $\lambda_0 = 1.30\mu m$）：

$$Sub|HLH2LHLHLHLH2LHLH|Air$$

该滤光片的中心波长为 $1.30\mu m$，相对带宽为 2.46%，峰值透射率达到了 88.4%（考虑基片背面的剩余反射、多层膜与介质的导纳匹配以及膜层少量的吸收，该设计结果已较理想）。

2. 带通滤光片的制备

当真空度达到 6.0×10^{-3}Pa 时开始烘烤，温度设定为 250℃。材料都采用电子束蒸发，膜层的光学厚度采用透射式光学直接监控法，监控片即基片。

该带通滤光片的中心波长为 $1.301\mu m$，相对带宽为 2.46%，峰值透射率为 85.8%。

（三）效果

本部分设计和制备了具有 2 个谐振腔的带通滤光片，其带外光谱截止区域可以

覆盖 $1.75\mu m$ 的光谱区域，经过水泡 8h 后滤光片的光谱漂移仅为 2nm，能够满足常规工程应用的要求。

在短波红外区域，硅薄膜因其折射率高和透明性好而显示出独特的优势，还可以利用它在波长小于 $1\mu m$ 区域的光吸收，制作带外截止范围很宽的滤光片。相对于全氧化物膜层，利用硅薄膜设计滤光片，膜层数可以大量减少，制造时间能够相应缩短，表现出一定的应用优势。

五、红外光学氮氧化硅（SiO_xN_y）薄膜

（一）简介

氮氧化硅（SiO_xN_y）薄膜因兼具氧化硅及氮化硅薄膜的优良特性，受到了广泛关注。近年来，SiO_xN_y 薄膜已在微电子学领域中得到重要应用，被认为将替代热氧化 SiO_2 作为栅极材料，从而可以提高介电常数、改善阻止杂质扩散的能力和抗辐射能力。同时，SiO_xN_y 薄膜在集成光学领域也得到深入研究。通过改变薄膜中各元素比例来调节薄膜的折射率与消光系数，可以用作光波导材料、梯度折射率薄膜以及减反射膜。SiO_xN_y 薄膜折射率调节范围大的特点为集成光学设计提供了极大的自由度。另外，SiO_xN_y 薄膜还可以作为硅基发光材料。

（二）制备方法

SiO_xN_y 薄膜是利用日本 SAMCO 公司 PD-220N 型 PECVD 设备沉积而成的。该设备是一典型的平行板式等离子沉积台，等离子体放电射频电源的频率为 13.56MHz。基底为单、双面抛光的硅片（100），电阻率 $5\sim9\Omega\cdot cm$，沉积前基底用标准清洗工艺清洗后烘干，反应气体为 SiH_4（90%Ar 稀释）、NH_3 和 N_2O。固定 SiH_4 与 NH_3 的流量分别为 $60cm^3/min$ 与 $40cm^3/min$，N_2O 流量在 $10\sim50cm^3/min$ 范围内变化，以获得不同组分的 SiO_xN_y 薄膜。沉积温度为 350℃，反应压强为 120Pa，功率密度为 $0.5W/cm^2$。沉积的薄膜厚度约 250nm。此外，为了进行比较，还沉积了 SiO_x、SiN_x 薄膜。SiO_x 薄膜是采用 SiH_4 与 N_2O 反应生成，SiN_x 薄膜采用 SiH_4 与 NH_3 反应生成，其他工艺参数与沉积 SiO_xN_y 薄膜相同，沉积条件如表 3-5 所示（其中 R 为 N_2O 与 NH_3 流量比）。

表 3-5 SiO_xN_y、SiN_x、SiO_x 薄膜沉积工艺参数

薄膜类型	气体流量/(cm^3/min)			R
	10%SiH_4 与 90%Ar	NH_3	N_2O	
SiO_xN_y	60	40	$10\sim50$	$0.25\sim1.25$
SiN_x	60	100	0	∞
SiO_x	60	0	60	0

（三）性能

作为光波导材料的 SiO_xN_y 薄膜在波长 $1.55\mu m$ 左右处吸收，该吸收处于第 3 代光纤通信窗口内，研究目的是降低此处的吸收，从而可以减少通信能的损耗。研究主要围绕如何降低薄膜中 N—H、O—H 键的含量而开展工作，而对 SiO_xN_y 薄膜在长波红外窗口波长 $8\sim12\mu m$ 内的吸收特性研究较少。测试表明，SiO_xN_y 薄膜在波长 $8\sim12\mu m$ 内具有较强的吸收。利用此特性可以将其作为热探测器（热释电、非晶硅等非制冷红外探测器）的选择性吸收层材料。相对于以薄金属层为代表的宽带吸收，选择吸收可以降低环境背景辐射的影响。此外，可以通过调节 SiO_xN_y 薄膜的组分来改变它的吸收峰峰值波长，使其吸收特性与人体的长波红外辐射特性能较好匹配。具有该选择吸收层的热探测器可用于智能驾驶，入侵报警等系统。

（四）效果

本部分利用 PECVD 方法沉积 SiO_xN_y 薄膜，研究了不同 N_2O 与 NH_3 流量比 R 下薄膜的组分、光学常数及红外吸收特性。随着流量比 R 的增加，SiO_xN_y 薄膜中 O 含量提高，N 含量降低，而 Si 含量基本不变。同时，薄膜由于 Si—O、S—N 键形成的吸收峰峰值波长向短波移动，且吸收峰的宽度先增大后减小。此外，薄膜中的 H 含量与折射率也随流量比 R 的增加而降低。研究结果表明，SiO_xN_y 薄膜是一种良好的热探测器选择吸收层材料。

六、红外材料硅透镜

（一）简介

随着先进红外空空导弹的发展，各种晶体材料得到了广泛的应用，目前应用最多的红外光学材料当数硅（Si）和锗（Ge），它们具有金属光泽、质硬易脆、折射率高、色散小，在可见光波段不透光，但在红外波段（$3\sim5\mu m$）具有良好的透过率，广泛用于红外导弹光学系统。

在导弹光学系统中，对硅透镜表面质量及面形精度要求很高，建立良好的、可操作性强的加工工艺，有利于提高硅透镜加工效率。

对光学玻璃目前已经形成了一套比较完整的加工方法。光学晶体与光学玻璃在性质上有共同之处，但也有其特殊性。因此，在工艺上也有其共性与特性。相同之处是光学晶体的加工过程也包括对晶体材料的检验、切割、粗磨、精磨及抛光等工序；不同之处是由于晶体具有各向异性、较脆以及易受水、湿气、酸、碱和其他化合物的影响，故其加工方法只能针对晶体所具有的特性进行选择。

目前，在半导体行业，可以生产出接近完美的无划痕和破坏层的硅平片，然而却很难加工出高精度光学面形的硅透镜。采用机械-化学抛光方法加工的硅平片表面晶格完美，可以达到表面无划痕、无微破裂、无污点、无错位和无嵌入磨料。用显微镜观察表面无缺陷，表明在抛光过程中没有引入化学腐蚀导致破坏层或晶格错位。用机械-化学抛光可以获得光滑光学表面，但是对于大口径硅透镜的加工与控制却需要进一步研究。

（二）晶体的性能

1. 晶格结构的一些几何特征

晶体的基本特点是原子高度规则排列，这称为晶格。单晶是指结构最完整的晶体材料，原子在整块材料中都按照统一的晶格排列。但实际上绝对的完整是不存在的，完整总是相对的，最好的单晶也总会有少量的原子位置错乱，不按晶格排列，构成晶格缺陷。

① 单晶材料是按照一定方向生长的，目前最常用的两种硅单晶是按照 [111] 和 [100] 方向生长的。

② 位错腐蚀坑的形状和方向。单晶片上的位错腐蚀坑具有明显的几何特征，例如 [111] 单晶片上的腐蚀坑是等边三角形，而对 [100] 单晶片适当腐蚀可以看到正方形的腐蚀坑。腐蚀坑不仅有确定的几何形状，而且在片子上的方向也是完全确定的。

2. 晶格散射

半导体晶体中原子虽然规则地排列成晶格，但是它们并不是静止不动的，而是像自由运动的粒子一样，不停地进行着热运动，只是热运动的具体形式有所不同。原子的热运动采取在一点附近来回振动的形式，并不破坏晶格整体的规则排列，称为晶格振动。它引起的载流子散射叫作晶格散射。晶格振动随着温度的升高而增强，所以当温度升高时，对载流子的晶格散射也将增强。

3. 硅单晶的物理性能

纯净的单晶硅呈浅灰色，是一种略具金属性质的材料。其熔点为 1417℃，相当硬且脆。它在许多方面表现为金属，但在有些方面则介于金属（导体）与非金属（绝缘体）之间。

（三）硅透镜加工工艺

硅透镜的超光滑加工，既要保证表面的超光滑又要控制高精度的面形，因而难度非常大。加工大尺寸平片，对其面形精度要求较高时，最好的加工方法是在环抛机上进行，但其面形精度很难保证。在四轴研磨机上加工，其最大加工范围为 $\phi120mm$，零件材料是单晶硅，晶向是 [111] 方向，零件技术要求如图3-4所示。

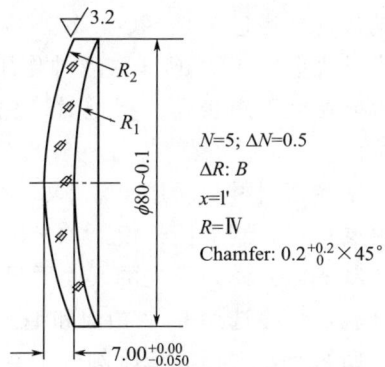

图3-4　硅透镜技术要求指标

（四）硅透镜加工中的难点

1. 精磨工序

精磨是抛光前的一项重要工序，其目的是使零件达到抛光所需的尺寸精度和表面质量。直接影响精磨工序质量的因素有加工设备、模具以及精磨磨料。

（1）光圈的控制

模具与零件胶盘的相对尺寸要恰当，模具的矢高偏差要在 $1\sim2\mu m$ 之内。机床速度与压力要匹配，保证精磨出的零件光圈是低 $7\sim8$ 道。304#砂面要均匀一致，特别注意靠近边缘处容易塌边。

（2）精磨表面的质量控制

精磨过程易产生麻点和划痕。麻点产生的主要原因是精磨时间不够或磨削量不足；划痕产生的主要原因是模具表面钝化、硬度或粒度不合适、冷却液不干净等。

2. 抛光工序

抛光的目的有两个：一是消除精磨后凹凸不平的毛面及残余破坏层，保证达到规定的表面疵病等级；二是精修面形，以实现所要求的光圈和光圈误差。抛光过程是将抛光剂加在抛光模与零件表面之间，借助二者的相对运动，使零件逐渐抛光成具有一定面形精度和表面质量的光学表面。

晶体抛光时，要求工房温度在 $24℃$ 以上，相对湿度小于 60%，工房内严格防尘，以免划伤零件表面。

（1）抛光模及抛光液

光学加工中各工序必须严格分开，以避免磨料相互污染，尤其在初抛光和精抛光之间更应注意避免空气中传播的悬浮微粒污染。在初抛光后将胶盘和零件上散落的磨料清除干净，避免抛光过程中零件表面受损，可在流水下轻刷胶盘去除散落的磨料。

选用一种主要成分为二氧化硅的化工材料作为抛光剂。这种材料质轻，呈粉状，表面聚合和分散能力较大，广泛用于半导体行业的硅片抛光。二氧化硅机械-化学抛光的原理是利用 NaOH 对硅进行化学腐蚀，使硅透镜表面的硅原子生成硅酸钠盐，并通过单晶 SiO_2 微粒对硅透镜表面进行摩擦，使之脱离反应表面。整个抛光过程取决于 NaOH 液腐蚀作用和 SiO_2 磨粒的磨削作用，这两种作用完全平衡时就能产生理想表面。粗抛时，化学腐蚀作用大于机械磨削作用，零件表面出现凹坑。

抛光模层材料对加工效率、表面质量、面形精度等有很大的影响。选用柏油作为模层材料，制成抛光模，抛光出的零件表面发乌，实验结果不理想。选用一种抛光布制成抛光模，抛光的表面质量很好，但模具不能修改，无法控制光圈。通过大量试验，最终选用 64#柏油和毛毡混合制作的抛光模。

抛光时，在抛光液刚刚变干时，立即平稳地将零件从抛光模表面拉下来，这个步骤叫"拉盘"。"拉盘"过早，抛光模未干，零件表面发毛（潮解）；"拉盘"过晚，抛光模变干，出现结晶颗粒，使零件表面拉毛，甚至塌边。

（2）抛光剂和抛光模的作用

在抛光过程中，抛光剂对零件表面起着磨削作用，借助抛光剂与零件表面的摩擦，将零件表面的砂眼磨掉，逐渐形成光滑平整的光学表面。选用的抛光粉颗粒要均匀，抛光效率要高，抛光模质量的优劣，对零件表面质量有直接影响，因此要求抛光模硬度合适，表面平整，抛光过程不损伤零件表面。从微观上讲，硅透镜的抛光实际上是一种更精细的研磨。在抛光过程中有两种作用存在于零件表面，即机械和化学作用，当这两种作用保持平衡时，抛光出的零件表面质量最好。

抛光剂的浓度及用量一定要适当，以免零件抛光面与抛光模打滑及抛光表面干燥，使零件表面产生不同程度的纹路。

在抛光过程中，抛光模的软硬、抛光剂的种类及浓度等非常重要，试验中发现：选用 64♯ 柏油制作的抛光模，零件表面总是抛光不好，很难磨合；抛光剂的浓度及抛光时间对零件表面质量影响很大，麻点快抛掉时，零件表面就会出现"发毛"现象，整个表面发乌，或者出现"白色散射点"，或者满面划痕。所以要特别注意抛光模及抛光剂的选用、抛光时间的控制等。另外，擦拭零件表面时应特别注意，不要留下擦拭的印迹、口水印，否则很难清洗掉。

（五）效果

通过实验可以确定：在（26±2）℃的室温下，用 64♯ 柏油做成的抛光模，先用氧化铝进行粗抛光，去除砂面，零件表面出现加工的纹路，再重新做抛光模用 SiO_2 胶体进行抛光，零件表面质量可以达到Ⅲ级的设计要求，并且可以通过修改抛光模来控制零件光圈及光圈误差。

第二节 · 中红外硅基材料器件

一、中红外硅基材料器件的优势

（1）硅基器件中红外波段传输透明

硅材料在中红外波段存在低损耗透射窗口，因此低损耗中红外波段硅基波导实现的可能性成为近年来学术界热议的话题。随着大量实验工作的成功开展，这种可能性正逐渐走向现实。2010 年实验成功实现了蓝宝石上硅波导 $4.5\mu m$ 的 TE 单模传输。在 2009 年对 $3.4\mu m$ SOI 波导的传输性能进行了大量的仿真。目前美国华盛顿大学和英国萨里大学的研究人员正在致力于 Ge-strip-on-SOI 异质结构的波导研究，其在中红外波段也展现出良好的低损耗传输特性。

（2）硅和其他族光电子材料在中红外波段具有很强的非线性效应

中红外波段的非线性效应是硅基光电子亟待研究的应用领域。首先，相比于普通光纤，硅基微纳波导的克尔系数要高出 200 倍，而拉曼增益系数更是高达 3000

倍。其次，泵浦激光源的研究已经十分成熟，可以利用近红外激光二极管泵浦二阶和三阶非线性光学器件。当选择波长在合适范围（硅材料大于 $2.1\mu m$，锗材料大于 $3.0\mu m$）时，三阶非线性光学器件可以避免双光子吸收效应带来的负面影响；并且当Ⅳ族材料波导芯层的带隙变窄时，三阶电极化系数 $X_{1111}^{(3)}$ 会有显著提升，其克尔效应也随之提升。最后，二阶非线性响应已经在许多有机聚合物和Ⅲ-Ⅴ/Ⅳ族复合材料中有良好应用。早在 2007 年 UCLA（美国加利福尼亚大学洛杉矶分校）的 Raghunathan 小组利用三阶拉曼非线性增益在硅中实现了 $3.39\mu m$ 波段的拉曼放大，泵浦光源为 $2.88\mu m$，其最大增益为 $12dB$，首次证明了中红外波段适合制作硅基光电子器件。2010 年美国哥伦比亚大学和 IBM 研究所的研究人员应用硅材料在 $2\mu m$ 附近较大的 $X_{1111}^{(3)}$ 系数实现了由 $2.17\mu m$ 泵浦的 SOI 单模波导的四波混频技术，从而设计出中红外波段的光学参量放大器和光学参量振荡器。同年 Zlatanovic 小组利用四波混频技术得到的 $2\mu m$ 纳米脉冲作为泵浦光，在硅基波导中实现了带宽为 $630nm$ 的中红外波长转换。目前锗材料的非线性应用还在研究中，它拥有硅材料 4 倍的三阶电极化系数 $X^{(3)}$。此外，一旦利用量子级联激光器实现大于 $3\mu m$ 的高功率泵浦光源，将在 $3.5\sim5\mu m$ 波段设计出更高效的光参量放大器和光参量振荡器。

（3）易于在中红外应用器件片上集成

硅基光电子在中红外波段范围有许多潜在的应用，如工业/军事成像、光谱探测和传感、红外对抗、气体嗅探等。对于化学和生物传感应用，硅基光电子学充分发挥硅基微电子先进成熟的工艺技术，利用其高密度集成、价格低廉以及光子极高带宽、超快传输速率和高抗干扰性的优势，使得片上集成传感系统可以成为现实。可以预见，CMOS 兼容的中红外非线性硅基器件将在不远的未来实现单芯片集成。利用硅平台制造非线性光电子器件可以实现一整套由片上激光泵浦、编码、调制、非线性信号处理、片上探测和分析等组成的集成系统。

虽然硅基光电子学在中红外窗口的应用前景十分乐观，但其发展过程中存在的挑战也不容忽视。目前硅基光电子在中红外窗口首要的限制就是缺乏真正意义上的集成。目前大多数的集成系统都是基于分立元件的"组装"，而不是一系列元件的无缝集成，芯片级的集成将给整个系统带来高性能、低成本、小尺寸等质的提升。其次，集成无源和有源器件的芯片是否能在室温下有良好的性能表现也是一个不小的挑战。集成系统中不同元件对工作温度的要求可能有所不同，当所有元件在同一室温下工作时，芯片的整体性可能会受到相应的影响。为了使整体系统发挥出最高效率，局部制冷方案是不可或缺的，这也是目前光电子集成系统的一大难题。再者，单片集成的激光源和放大器在Ⅳ族材料为基础的光电子系统中依然是业界研究的难题。由于硅是间接带隙半导体材料，载流子直接跃迁复合的效率很低，因此很难实现高效率的发光器件。目前的设想是采用发光效率较高的Ⅲ-Ⅴ族半导体材料（主要是 GaAs、InP、GaN）与硅基微纳波导（主要是 GeSn/SiGeSn 多量子阱二极管和 SiGeSn/GeSn/SiGeSn 双异质结构）通过倏逝波耦合的方式实现混合单片集成。此外，量子级联激光器也为 $4\sim5\mu m$ 波段激光的产生提供了解决办法。

以上对硅基光电子器件在中红外波段的应用优势和前景进行了分析，对其挑战和不足之处进行了总结。下面将结合具体的基本结构和器件对硅基光电子学的中红外应用进行介绍。

二、中红外波导

（一）中红外光波导材料

由于硅具有较高的折射率、较强的光学限制、较大的非线性以及与 CMOS 制造工艺兼容等优点，被广泛应用于光子学集成电路。SOI 是目前研究较多的中红外应用平台，微电子中常用的硅基材料，包括硅本身，不适用于波长超过 $8\mu m$ 的应用。虽然 MIR（中红外）集成光子学具有广泛的应用前景，但缺乏合适的 MIR 透明或低损耗光学芯和包层材料。近年来，研究者提出了 GOSI、SOS、GOS、SGOS、SON、GON 等 MIR 材料平台用来获得更长的波长。图 3-5 是几种材料浅色区损耗小于 2dB/cm 的波段。从图 3-5 中可以看出，在 SiO_2 高损耗区域，蓝宝石、锗、氮化硅等材料都有取代的可能（浅色区为低损耗，深色区为高损耗）。

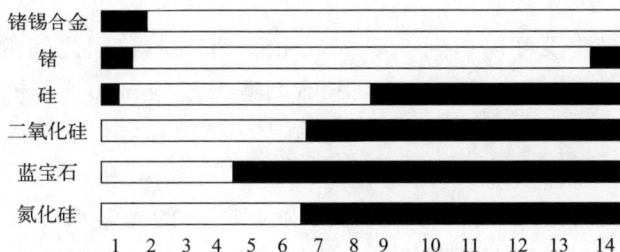

图 3-5 中红外波段材料吸收特性

1. SOI 波导

SOI 材料已被广泛应用于光电子集成电路（PIC）和光电集成电路（OEIC）。由于 BOX 在 $3\mu m$ 及 $4\mu m$ 以上表现出强吸收性，因此在 MIR 集成光子学中 SOI 不是较佳平台。有文献报道了一种具有较厚 Si 层的 SOI 波导。SOI 的 BOX 厚度为 $2\mu m$，Si 层的厚度为 400nm，在 $3.8\mu m$ 波长下，波导的损耗为 3dB/cm，在该波导的基础上设计了高性能平面凹光栅（PCG）和阵列波导光栅（AWG）。同时还设计了一种高度为 400nm 且宽度为 1600nm 的 SOI 条型波导，该结构以 $3.5\mu m$ 厚的 BOX 作为缓冲层，使泄漏损耗小于 0.01dB/cm，SiO_2 的吸收损耗仅为 3.4dB/cm。该结构可用于设计和制备光学器件，例如气体传感器。该实验证明了更厚的波导可以拓展器件的工作波长范围，防止 BOX 对光波的强吸收，但该设计降低了器件的灵敏度和效率。

与标准波导结构相比，SOI 槽波导可以提高间隙区域的电场振幅（可达 50

倍），从而在 MIR 硅光子学传感器中实现更高的灵敏度。设计一种 SOI 槽波导，在 500nm 厚的 Si 层中刻蚀约 80nm 的缝隙。在 $3.8\mu m$ 波长下，波导的损耗为 (2.6 ± 0.24)dB/cm，传输损耗为 (1.4 ± 0.2)dB/cm。通过热氧化使侧壁平滑，可以进一步降低界面损耗。槽波导是 MIR 传感的一种可行性选择可支持在较长波长工作的材料平台上开发。在全悬浮槽波导（fully suspended slot waveguide，FSS-WG）平台基础上改进方案，在 $2.2\mu m$ 波长下，将槽波导的传输损耗从 7.9dB/cm 降低到 2.8dB/cm，弯曲损耗从 0.76dB/cm 降低到 0.15dB/cm，槽波导环形谐振器的负载 Q 因子从 1650 提高到 8550。

2. GOSI 波导

硅的热光系数较大，导致器件性能对温度波动较为敏感。因此，若采用 GOSI 作为 MIR 波导平台，SOI 基板中的氧化层可以作为一个隔离层来优化该问题。有实验设计了一种工作在 $3.682\mu m$ 波长下的 GOSI 波导，损耗约为 8dB/cm，实验证明了该结构可以实现具有低损耗 MIR 光子学结构。在后续工作中该实验通过采用快速热退火，提高了 Ge 的质量，从而进一步降低波导的传输损耗。当波长为 $3.682\mu m$ 时，波导的传输损耗为 4dB/cm。由于 GOSI 结构具有优异的热稳定性而且跟衬底具有电学隔离，因此 GOSI 波导利用厚底 Si 层来避免 SiO_2 缓冲层的吸收。

3. SOS 波导

蓝宝石的透明波段可以达到 $5.5\mu m$，由于 SOS 芯包层之间的折射率差较大，SOS 有望成为 MIR 波导的理想材料。SOS 制造工艺与 SOI 基本相似，通过化学气相沉积在蓝宝石基底上外延生长，然后使用干法刻蚀在硅包层形成波导。到目前为止，实验证实了工作波长为 $2.75\mu m$、$4.50\mu m$、$5.18\mu m$ 和 $5.5\mu m$ 的 SOS 条波导。此外，在 SOS 上还实现了波长为 $2.75\mu m$ 和 $4.5\mu m$ 的光栅耦合器以及光子波长为 $4.50\mu m$ 和 $5.5\mu m$ 的环形谐振器等光学器件。在 $5.18\mu m$ 波长上测量出低波导传输损耗小于 2dB/cm。实验使用抗蚀性回流，包括蚀刻、裂解和 HF 刻蚀循环和退火等后处理过程，实现了环谐振子的高固有 Q 因子（约 278000），且在 $4.5\mu m$ 的波长下 TE 模的传输损耗仅为 0.74dB/cm，改善了 SOS 波导的性能。然而，蓝宝石衬底在波长大于 $6.0\mu m$ 的波段也有较大损耗，完全蚀刻波导可以将波长从 $1.2\mu m$ 拓展到 $7.0\mu m$，并保持 CMOS 的兼容性。针对较长波长，可通过在 MIR 波段使用高透明的材料来进一步减少吸收损耗。

4. GOS 波导

多数 IV 族光学器件都是在 GOS 平台上开发。采用活性离子刻蚀（reactive ion etching，RIE）技术可制备 GOS 波导。在硅衬底上镀 $2\mu m$ 厚锗层，条形波导的传输损耗低至 2.5dB/cm，半径为 $115\mu m$ 的弯曲损耗为 0.12dB。采用反应离子刻蚀（RIE）和深反应离子刻蚀（deep reactive ion etching，DRIE）的波导刻蚀技术、以氯（Cl_2）为刻蚀剂的活性离子刻蚀（RIE）和以六氟化硫（SF_6）为刻蚀剂刻蚀（DRIE）也可制备中红外 GOS 波导。

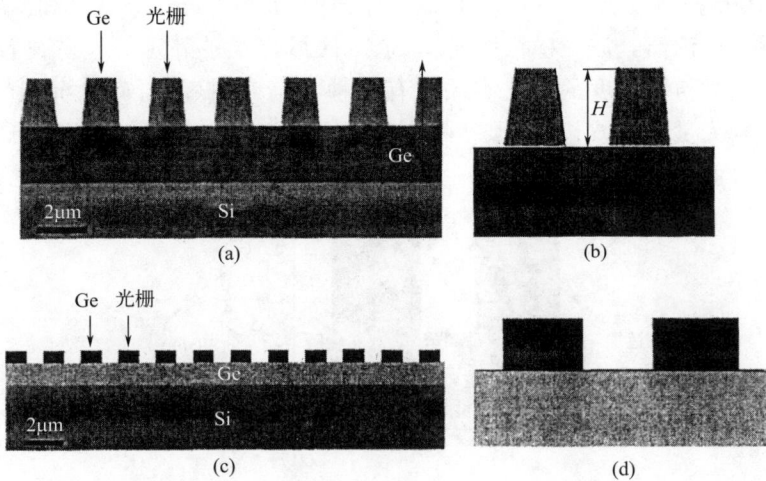

图 3-6 Ge 波导横截面
(a) RIE 刻蚀 Ge 波导光栅结构；(b) RIE 刻蚀剖面；
(c) DRIE 刻蚀 Ge 波导光栅结构；(d) DRIE 刻蚀剖面

图 3-6 是刻蚀深度 H 为 $1.5\mu m$、光栅螺距为 $2\mu m$、占空比为 0.5、工作波长为 $3.8\mu m$ 的单模传播的脊波导。图 3-6(a) 和图 3-6(c) 分别为 RIE 和 DRIE 刻蚀 Ge 波导光栅结构。图 3-6(b) 和图 3-6(d) 分别为 RIE 和 DRIE 刻蚀剖面图（刻蚀深度为 H）。可以看出，DRIE 刻蚀波导的侧壁轮廓基本垂直。在工作波长为 $3.8\mu m$ 时，RIE 蚀刻波导的传播损耗为 $6.85dB/cm$，优化的 DRIE 蚀刻波导的传播损耗低于 $2.7dB/cm$。实验结果表明，利用光刻技术制作的波导，侧壁角度、粗糙度以及污染物等因素都会导致的器件损耗更高。

设计一种 GOS 脊波导，通过减压化学气相沉积方法在 150mm 的硅片上外延生长 $4\mu m$ 厚的锗，经过循环退火工艺，用电子束光刻形成 Ge 波导，并在 SF_6 和 C_4F_8 的混合刻蚀剂中刻蚀 $1\mu m$ 形成脊波导。在波长为 $8\sim11\mu m$ 时，器件的传输损耗低于 $5.5dB/cm$。该实验证明了基于 GOS 的 MIR 波导工作波长可达 $11\mu m$，可适于 $8\sim13\mu m$ 大气窗口的传感应用。设计工作在 $4.7\mu m$ 波长下的 GOS 低损耗波导和 7×8 阵列波导光栅。全刻蚀波导的传输损耗小于 $3dB/cm$，浅刻蚀波导的传输损耗小于 $1dB/cm$。

5. SGOS 波导

目前，渐变 SiGe 波导在中红外集成光子平台具有广泛应用，表现出较高的透明度和较强的三阶非线性。但锗和硅之间固有的晶格失配引入了较多缺陷，从而限制了光子器件的整体性能。

设计具有厚外延硅基渐变 SiGe 波导的波导平台。如图 3-7 所示，Ge 的浓度在 $0\sim40\%$ 之间，通过调整 SiGe 层的尺寸和厚度，该实验证明了该结构可以在较长的波长范围下工作。该波导具有 $8\mu m$ 宽的透明度范围，当波长为 $4.5\mu m$ 时，波导损耗低至 1dB/cm；当波长为 $7.4\mu m$ 时，波导损耗为 2dB/cm。与条型波导相同，波导损耗接近于理论值，波导横截面显示 SiGe 区域完全被外延硅包层覆盖，垂直方向上的强度分级与锗浓度的变化有关。有一种在渐变 SiGe 衬底上沉积的 $Si_{20}Ge_{80}$ 波导。该实验测量了在波长在 $5.5\sim8.5\mu m$ 范围内，仅为 $6\mu m$ 厚的富锗 SiGe 波导的传输损耗可低至 $2\sim3$ dB/cm。

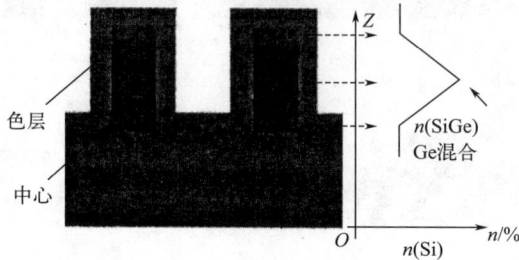

图 3-7   SiGe 波导波芯层蚀刻后截面

6. SON 波导

Si_3N_4 的折射率为 2，该材料具有较高的光学非线性，并且在 MIR 非线性光的产生和芯片级生化传感的光子电路方面具有广泛应用。通过沉积一个厚的 Si_3N_4 层并与另一个 Si 晶片键合，测量制备的厚脊波导在波长为 $3.39\mu m$ 时，TE 模和 TM 模的传输损耗分别为 (5.2 ± 0.6)dB/cm 和 (5.1 ± 0.6)dB/cm。制备方法如图 3-8 所示，Si_3N_4 上的 Si 脊波导具有高达 $7\mu m$ 的低损耗透射窗口，而且具有较低的反射系数，可以有效限制硅波导中的光场。因此在 MIR 波段，Si_3N_4 取代 SiO_2 作为覆盖层具有良好的应用前景，且基于 SON 波导的硅基器件能够在 MIR 范围内实现良好的带宽特性。另一实验在 $2.0\sim5.4\mu m$ 的波长范围下，设计了具有 5 层的 SON 条型波导，并模拟了由此产生的 2D 和 3D SON 带隙等离子体模式。通过模拟在 $2.0\sim5.4\mu m$ 的波长范围内，具有 $Si/Si_3N_4/Si/Si_3N_4/Ag$ 这 5 层波导结构的"带隙等离子体模式"，该实验得到了 TM 模在不同厚度的 Si、Si_3N_4 层的传输损耗，并最终得到具有 5 层 SON 波导结构的 TM 模的传输损耗为 (0.11 ± 0.17)dB/cm，而 5 层的带隙等离子体波导 TM 模的传输损耗为 (0.07 ± 0.16)dB/cm。

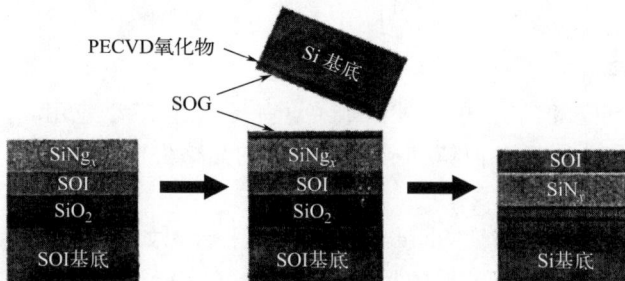

图 3-8   氮化硅上的制造工艺

7. GON 波导

异质 Si/Ⅲ-Ⅴ 光子学是一个具有潜力的光子集成平台，其结合了 Si 和 Ⅲ-Ⅴ 平台的优点，在该平台上可实现多种高性能的无源和有源光学器件。有一种在 Si_3N_4 上长 Ge 的 GON 波导。实验证明了 GON 结构比 Ge/Si 堆叠结构更紧凑、折射率差值更大。工艺流程如图 3-9 所示，第 1 层是生长在 Si 上的 Ge 的外延层，Ge 层上沉积了 Si_3N_4，第 2 层是氧化硅晶片。键合后，第 1 片晶片上的 Si 衬底被去除，通过化学机械抛光（chemico-mechanical polishing，CMP）去除 Ge 表面上的缺陷和 Si/Ge 混合层，提高了 Ge 层质量，另外需要抛光来调整 Ge 层最终的厚度。该实验在半径为 $5\mu m$ 的器件上实现了 0.14dB/cm 的弯曲损耗，并在 $3.8\mu m$ 波长下测量得到波导损耗为 3.35dB/cm，说明通过改进波导制造工艺可以进一步减少波导损耗。

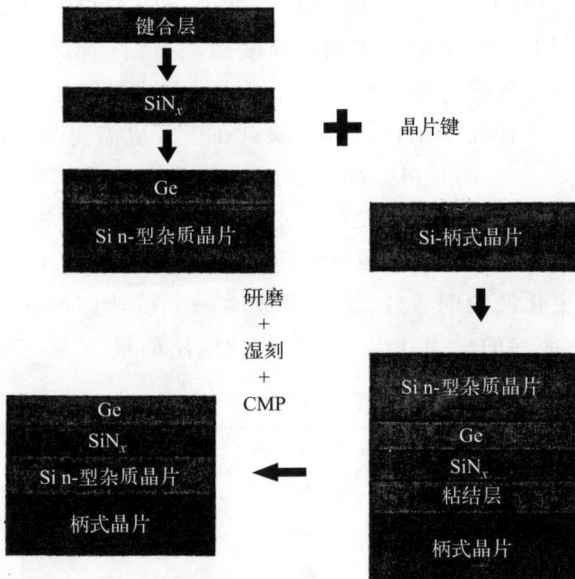

图 3-9　GON 制作工艺流程

在 GON 平台上制造一个螺旋波导传感器。如图 3-10 所示，证明了在相同传输损耗下，GON 比 GOS 平台具有更好的性能，这是因为 GON 在波长为 $3.73\mu m$ 时具有高折射率差（$\Delta n = 2.1$），弯曲波导即使在小半径下也能实现低弯曲损耗。高折射率差使 GON 可以进一步拓展其工作波长。该实验设计了一种具有高倏逝场的 GON 波导，可以提高器件的灵敏度，实验中测量到 IPA（isopropanol）浓度最低的 GON 为 5%，GOS 为 16%，证明了在 MIR 传感应用平台使用 GON 的可行性。

表 3-6 列出了近年来基于不同材料的中红外光波导的性能参数。由于中红外波长更长，因此适用于通信波段的 220nm SOI 平台不再适用于中红外器件。使用

图 3-10　GON 平台波导截面

400nm 和 500nm 的 SOI 平台虽然拓展了 MIR 的传输范围，但随着用于隔离光模与基板的 BOX 越厚，该结构与微电子学不兼容。MIR SOI 平台最低的传输损耗为 3.4dB/cm。SOS 平台的优势在于机械支撑性的基底工艺复杂度低，衬底折射低，消除了衬底泄漏问题，缺点在于制备硬基底更具有挑战性。SON 波导具有宽透明窗口、机械支撑型基板以及兼容性良好的特点，但是其需要晶片黏合和额外的基底制备工艺，缺乏商业用的基底。GOS 具有较宽的透明窗口，且制造工艺简单，但缺点是 Ge 和 Si 之间有晶格失配、表面粗糙度高、螺纹位错的密度高、Ge 和 Si 的折射率数差小以及瞬变传感灵敏度低。Si_3N_4 波导具有宽透明窗、低损耗以及高折射率差等优点，易与其他光子结构结合，缺点在于其也需要晶片键合和衬底制备工艺，而且 Si_3N_4 和 Si 之间的晶格失配、表面粗糙度高以及位错密度高。渐变 SiGe 具有宽透明窗口和低线程的位错密度的优点，适用于光学模式限制和色散的柔性波导工程，缺点在于其要求缓冲层厚度大、制造成本高。对比不同的 MIR 材料平台可以发现，在研究更长波段时，Ge 波导可成为一个较热门的研究方向。从实验结果来看，富锗 SiGe 波导的低损耗也具有广阔的应用前景。

表 3-6　不同材料平台的中红外光波导的性能参数

波导类型	材料平台	工作波长/μm	偏振模式	传输损耗/(dB/cm)
strip	SOI	3.800	TE	3.00
strip	SOI	3.800	TE/TM	3.40
slot	SOI	3.800	TE	1.40±0.20
FSSWG	SOI	2.200	TE	2.80
strip	GOSI	3.682	TE/TM	8.00
Rib	SOS	4.500	TE	4.30±0.60
strip	SOS	4.500	TE	0.74
strip	SOS	5.180	TE	1.92
Rib	SOS	5.500	TE	4.00±0.70
Rib	GOS	8.000~11.000	TE/TM	<5.50
Rib	GOS	4.700	TE/TM	1.00
strip	GOS	5.800	TE	2.50
Rib	GOS	3.800	TE	2.70
strip	SGOS	4.500	TE/TM	1.00

波导类型	材料平台	工作波长/μm	偏振模式	传输损耗/(dB/cm)
strip	SGOS	7.400	TE/TM	2.00
Rib	SGOS	5.500~8.500	TE/TM	2.00~3.00
Rib	SON	3.390	TE	5.20±0.60
Rib	SON	3.390	TM	5.16±0.60
Rib	GOSN	3.800	TE/TM	3.35

（二）中红外光波导结构

SOI 光子学的研究主要集中在通信波段，近年来陆续报道了较多关于 MIR 波段的研究。先前关于 SOI 的研究表明，具有较长工作波长范围的 SOI 波导易受到 BOX 的透明窗口的限制。为了避免该问题，除了使用一些其他替代材料，还可以实施波导工程来改进器件的结构。降低硅基波导传输损耗的另一种方法是去除底部包层的 SiO_2 来创建悬浮波导。利用该方法可以扩展 SOI 平台的工作波长，并将 Si 的全透明窗口用于 MIR 波段。

1. SGOS 波导多孔硅上硅波导

多孔硅上硅波导利用空气或多孔硅取代氧化物包层，工艺步骤如图 3-11 所示。这是一种工作在 $3.39\mu m$ 波长下，传输损耗为 3.9dB/cm 的多孔硅上硅波导。传输

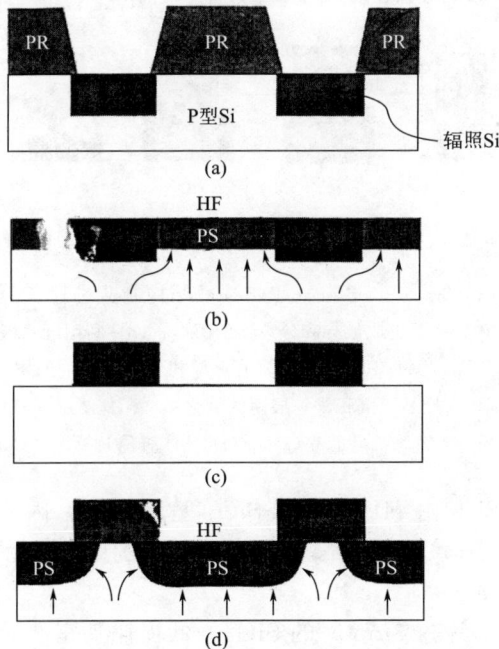

图 3-11　多孔硅上硅波导制作过程

（a）P 型硅上沉积的 UV 图案；（b）进行辐照和掩模后在 HF 水溶液中进行电化学蚀刻；（c）样品浸入稀释的 KOH 溶液中除未辐照区域形成的剩余结构；（d）在 HF 下进行二次电化学蚀刻

损耗较高的原因可能是表面粗糙度高和在其制造中使用了低电阻率的 Si，可以通过对样品氧化从而减小传输损耗，使其值约为 1dB/cm。具体的工艺流程是在 P 型硅上沉积 UV 图案，进行辐照和掩模后在 HF 水溶液中进行电化学蚀刻，然后再进行多次刻蚀。

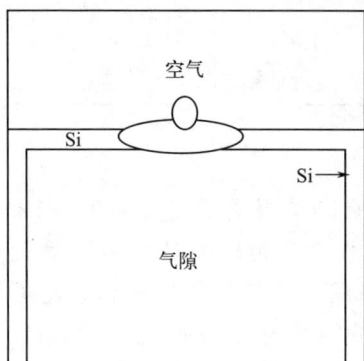

图 3-12 具有 Undercut
结构的 LMIR 波导

2. Undercut 结构

如图 3-12 所示的是具有 Undercut 结构的 LMIR（长波红外）波导。采用从波导背面去除 SiO_2 衬底的方法来降低器件的传输损耗，实验测得该结构在波长为 $10.6\mu m$ 时的传输损耗依然较大，主要是由于硅在该波长已有 6dB/cm 的损耗。在背面掏空时，由于波导背面均匀性不良引入了额外的损耗。该结构虽然能够降低损耗，但是背向刻蚀工艺难度大且器件较薄，易断裂。

3. Pedestal 结构

图 3-13 为硅支架结构（Silicon Pedestal）的制作方法。通过掩模将硅层侧壁向内刻蚀，形成一个具有硅支架支撑的硅波导，即衬底不再是 SiO_2，而是空气。实验测得在波长为 $3.7\mu m$ 时，传输损耗为 2.7dB/cm，在波长大于 $5\mu m$ 时，损耗相较于 SiO_2 衬底可以减小 10dB/cm 以上。

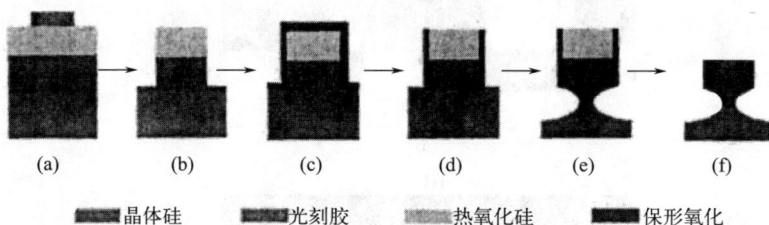

图 3-13 Silicon Pedestal 结构制造过程
（a）采用光刻技术在硅片上生成波导和分束器的图形；（b）利用电感耦合等离子体-反应离子刻蚀（ICP-RIE）将图案依次转移到 SiO_2 和 Si 层；（c）使用等离子体增强化学气相沉积在样品上沉积了一层薄的氧化层；（d）使用 ICP-RIE 刻蚀；（e）使用 SF_6 气体刻蚀硅波导边缘；（f）用缓冲氧化物腐蚀移除氧化物

基座波导由单晶 Si 和由 HF 刻蚀的 SiO_2 基座组成。因为 TE_{10} 模式在波导中间固有的弱光场在较大程度上可以减少 SiO_2 衬底的吸收损耗，故基座波导中使用 TE_{10} 模式来实现。

如图 3-14 所示，基片为 $3\mu m$ 厚的 SiO_2，低损耗基座波导由 Si 和 SiO_2 基座组成。通过改变 W（宽度）、H（高度）和 L（长度）等参数可实现低损耗传输。SiO_2 基座波导在 $4.8\mu m$ 处，TE_{00} 和 TE_{10} 模式的传输损耗分别为 0.170dB/cm 和 0.024dB/cm；在 $7.1\mu m$ 波长处则分别为 4.85dB/cm 和 0.53dB/cm。与 TE_{00} 模式

相比，使用 TE_{10} 模式可以减少波导的传输损耗。TE_{10} 模式可以激发波导中的基模，使耦合效率大于 94％。低传输损耗、高耦合效率和便于制造等优点使基座 SOI 器件在中红外波段的应用中具有广阔的应用前景。

4．Freestanding 结构

Freestanding 结构的波导通过质子束直写（proton beam writing，PBW）方法制作，其工艺步骤为：先通过 0.5MeV 的高能质子束曝光来制备形成支撑区，再用较低能量的质子束曝光制备形成波导区，最后利用腐蚀液将其多余部分去掉形成悬浮波导结构。去掉高吸收损耗的 SiO_2 后，波导周围都是空气，大幅减小了波导的传输损耗。对于长 10nm 的波导，只需要 5 个宽度为 $1\mu m$ 的支撑柱。实验测得波导的传输损耗为 $13\sim14dB/cm$，造成高损耗的原因主要是由于高能量的质子引起的缺陷和波导表面粗糙，可以通过热氧化和退火工艺的方法来解决该问题。

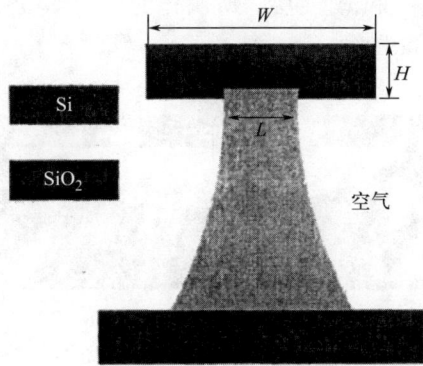

图 3-14　基座波导结构

5．Suspended 结构

① 工作波长为 $7.67\mu m$ 的悬浮波导结构，在 TE 模式下波导的传播损耗为 $(3.1\pm0.3)dB/cm$，这是首次在 $7.67\mu m$ 波长下工作的低损耗硅波导。悬浮波导由亚波长光栅支撑，该光栅提供横向光学约束，同时允许进入 BOX 层，以便使用 HF 酸对其进行湿法刻蚀处理。使用亚波长光栅概念设计的悬浮硅波导可以在硅的 MIR 透明窗口中使用，具有潜在的传感应用前景。实验开发了工作在 MIR 波长下的悬浮硅波导，其可以覆盖硅的全透明窗口（最高可达 $8\mu m$ 波长），该平台在分子指纹区传感领域具有广阔的应用前景。实验测得在 $3.8\mu m$ 波长工作时，该波导的传输损耗仅为 $0.82dB/cm$，而在 $7.7\mu m$ 工作时传输损耗高达 $3.1dB/cm$。基于 SOI 材料的悬浮脊波导通过 HF 酸溶液腐蚀掉波导正下方的 BOX，消除了 BOX 的影响，使 SOI 材料的低损耗工作波长覆盖到 MIR 和远红外波段（$25\sim200\mu m$）。

② 横向悬浮光栅硅波导。由于硅层覆盖了整个波导，并且孔洞更接近波导芯层，所以当光与物质之间相互作用时，该结构更加稳定，更适用于传感。实验测得在 $7.7\mu m$ 波长下横向光栅悬浮 Si 波导的传输损耗低至 $0.8dB/cm$，弯曲损耗为 $20.005dB/cm$。图 3-15（a）为基于 GOS 的悬浮波导，图 3-15（b）为基于 GOSI 的悬浮波导。GOS 悬浮脊波导的一个标准方法是在 GOS 上创建一个脊波导，在其周围刻蚀孔，使用四甲基氢氧化铵（tetramethylammonium hydroxide，TMAH）去除下面的 Si。悬浮 GOSI 波导采用改进的方法，首先通过减压化学气相沉积（reduced pressure chemical vapor deposition，RPCVD）在薄的 SOI 晶片上生长 Ge；然后通过光刻形成 Ge 波导在脊两侧刻蚀出孔；最后使用 HF 和 TMAH 分别去除

SiO_2 和薄 Si 层。所制作的基于 GOSI 衬底的悬浮脊波导在 $7.7\mu m$ 波长下的损耗为 2.65dB/cm。

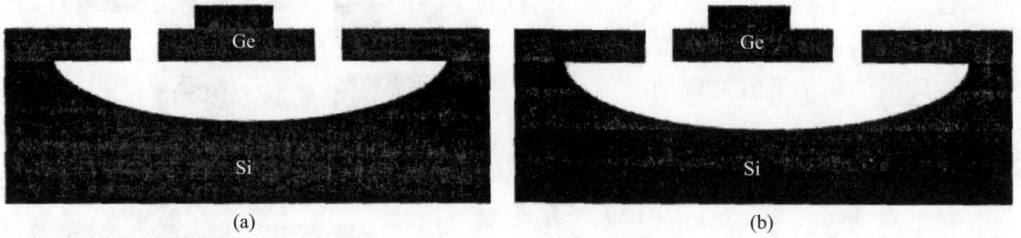

图 3-15　悬浮 Ge 脊波导结构

(a) 悬浮式波导；(b) 悬浮式 Si 波导

6．LOCOS 结构

实验设计制备了 LOCOS（硅的局部氧化）结构的波导，如图 3-16 所示。起始材料为 p 型晶片，用热氧化法对晶片进行薄化，然后在缓冲 HF 中刻蚀，将 1500nm 厚覆盖层厚度降低到 650nm 左右。采用 CVD 沉积 40nm 的 SiO_2 层和 80nm 的 Si_3N_4 掩模层，然后通过光刻和等离子体刻蚀 Si_3N_4 层，采用湿刻蚀后，在未掩模的沟槽区域产生 410nm 厚的 SiO_2 层。最后，去除 Si_3N_4 层，在氧化沟道间留下光波导。工作波长为 $3.39\mu m$ 时，波导的传输损耗为 1.4dB/cm。

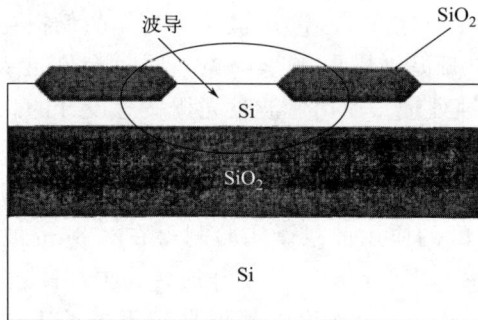

图 3-16　LOCOS 波导结构

7．等离子体结构

通过高掺杂硅可以实现可调谐性等离子体共振。由于等离子体器件在较长波长下具有低损耗的优点，等离子体和Ⅳ族材料的结合具有广阔的应用前景。将等离子体波导器件的截面尺寸降低到亚波长范围可以进一步降低传输损耗，从而为波导放大器、多波长光源等有源器件的片上集成提供了可能性。对掺杂硅在 MIR 范围内制备的各种新型波导进行详细研究发现，波导在 MIR 中具有纳米级约束的等离子体模式。使用如图 3-17(a) 所示的槽结构和如图 3-17(b) 所示的矩形壳结构"挤压"模场实现长距离传播。在这两种结构中，光都被限制在波导之间的间隙中。相比于传统的全内反射波导，槽和矩形结构在 MIR 波段具有良好的应用前景，槽波

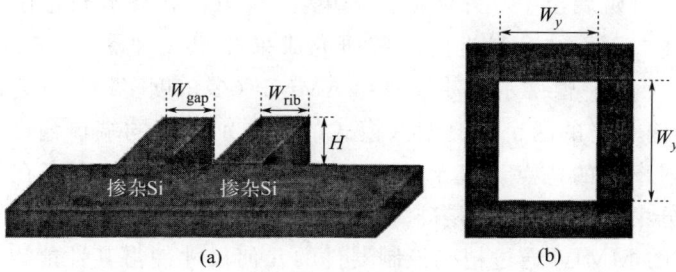

图 3-17　等离子体结构波导

（a）槽结构波导；（b）矩形壳结构波导

导和矩形波导分别提供的一维约束和二维约束使这些结构成为传感应用的理想选择。此外，对缝隙和矩形波导的色散研究显示出负色散区，利用该区域可为超导材料应用、特殊传输以及慢光和快光等应用提供思路。

　　表 3-7 为基于不同结构平台的中红外光波导的性能参数。SOI 悬浮脊波导与传统光子结构具有良好的兼容性，但机械稳定性差，透明窗口受光栅效应和横向泄漏的限制，需要额外的刻蚀工艺。SOI 亚波长光栅波导结构紧凑，需要蚀刻波导结构，但是该结构的几何形状受到稳定性限制，透明度窗口受到光栅效应和横向泄漏限制。基座波导便宜且易获得基底强光学约束，但是几何设计灵活性差，且存在与传统光子结构的不兼容性。通过不同 MIR 结构平台可以发现，当去除部分 SiO_2 时，硅波导结构的改变进一步拓宽 MIR 波长的应用范围，增加了设计难度和制造复杂度，从而限制了 MIR 波长的实际应用范围。

表 3-7　不同结构平台的中红外光波导性能参数

波导类型	材料平台	工作波长/μm	偏振模式	传输损耗/(dB/cm)
SOPS	SOI	3.39	TE	3.90
Undercut	SOI	10.60	TE	6.00
pedestal	SOI	3.70	TE	2.70
pedestal	SOI	7.10	TE_{10}	0.53
freestanding	SOI	5.50	TE	13.00～14.00
Suspended	SOI	7.67	TE	3.10±0.30
Suspended	SOI	3.80	TE	0.82
Suspended Ge	GOS	7.50	TE	2.50
Suspended Ge	GOS	7.70	TE	2.65
LOCOS	SOI	3.39	TE	1.40

三、中红外光分束器/合束器

　　分束器/合束器是高速光调制和光多路复用技术中的重要组成器件。随着硅基光电子的应用窗口延展至中红外波段，分束器/合束器在该波长范围下的工作性能也逐渐受到关注。下面结合最近的一些研究成果介绍 3 种器件：MMI（多模干涉分束器）、MZI（马赫-曾德尔干涉仪）和 AMMI（多角度多模干涉多路复用器）。

MMI 使得输入光的两个正交偏振模式的光分别从不同端口输出。由于硅材料具有大的双折射率差的特点，基于 SOI 平台的集成回路通常会存在偏振敏感的缺点，因此偏振分束器/合束器也是硅基光电子学中研究的一个重点。设计一种工作在 $3.8\mu m$ 波长的 MMI，通过精确控制器件的几何尺寸使得其性能表现良好。实验测得该器件使用 SOI 平台在 $3.8\mu m$ 下插入损耗仅为 $(0.1\pm0.01)dB$，十分接近近红外波段下的 MMI 最小插入损耗。研究人员还采用多孔硅波导平台对相同器件进行了测试，损耗也比较理想 $[(0.37\pm0.08)dB]$。

MZI 是硅基电光调制器和波长滤波器的重要组成部分。Nedeljkovic 等人设计的非等臂 MZI 结构短臂臂长为 $928nm$，臂差为 $350\mu m$。该结构在 $3.7\sim3.9\mu m$ 波段传输损耗为 $1.6\sim2.4dB$，最大消光比可达 $34dB$，FSR（自由光谱范围）大约在 $10nm$，从结果可以看出，MZI 器件在中红外领域的研究也已经趋于成熟。

AMMI 是中红外高速数据传输和传感器应用器件的基础。该器件的输入输出波导与轴向成一定角度 θ。而输入输出波导间的轴向距离计算式为 $L_i = \frac{4n_{\text{eff,AMMI}}}{\lambda_i} \times W_{\text{AMMI}}^2$。Nedeljkovic 等人设计的该器件能在 $3.8\mu m$ 处实现 $30nm$ 相移的多路信号复用，实验测得器件有 $4\sim5dB$ 的插入损耗、$-12dB$ 的通道间串扰损耗。其工作损耗比近红外下稍高。随着信号传输速度要求的不断提高，器件还要向通道数增加、串扰和插入损耗降低的方向优化。

四、中红外二极管

信号单向导通器件是集成光学中一种重要的基本元件。如何实现光信号的非互易导通，即二极管效应，是集成硅基光电子学研究的基本问题之一。在近红外波段，Fan 等人在 2012 年提出了利用硅基环型谐振腔来实现 CMOS 兼容的近红外全光二极管。这种方案采用双光子吸收（TPA）效应导致的热光现象来实现二极管单向导通，而硅材料的 TPA 效应范围十分有限（$1.1\sim2.2\mu m$），在中红外波段无法采用相同的方案实现二极管效应。同年，南开大学的研究小组提出了一种基于自相位调制效应的中红外硅基全光二极管设计方案。此方案采用 SOI 悬浮波导为基本材料，包含了两个硅基微环谐振腔和一根硅基直波导。由于自相位调制效应的作用，环型谐振腔的谐振波长发生改变，进而可以实现光信号的单向导通。经过优化，此种类型的光二极管的最大非互易导通率（NTR）大于 $40dB$。

由于自相位调制效应的作用，光场在环型谐振腔中的谐振波长会发生红移，故而左侧谐振腔被设计在 $P_{\text{in}}=0$ 时谐振波长等于信号光波长，而右侧谐振腔则被设计在 $P_{\text{in}}=P_{\text{signal}}$ 时谐振波长等于工作波长。当信号光从左侧入射时，将损失一部分能量而不会发生谐振，当到达右侧谐振腔时，输入信号小于 P_{signal}，也不会发生谐振；当信号光从右侧入射时，由于 $P_{in} = P_{signal}$，信号光将在右侧环中发生谐振从而损失大部分能量，剩余的信号光到达左侧谐振腔时，由于 $P_{in} \approx 0$，又将发生谐振使剩余能量进一步损耗，这样就实现了信号的单向导通。

当信号光正向传输时，左侧微环的谐振波长移到了 2533.57nm，对应信号光波长处的损耗为 2.75dB；而信号光进入右侧微环时，其谐振波长只移动到了 2533.544nm，对应信号光处的损耗为 1.2dB；当信号光反向传输时，右侧微环的谐振波长即信号光波长，信号光的损耗为 17dB，而在左侧微环中，工作波长仍处于谐振状态，信号光的损耗为 30dB。这样，信号光的正向传输损耗为 3.95dB，而反向传输损耗大于 45dB，很好地实现了单向导通。

五、中红外激光源和放大器

就产生中红外激光方法而言，目前有线性光学产生的如半导体量子级联激光器、固体激光器、自由电子激光器、化学激光器、气体激光器及非线性方法产生光学倍频激光器、差频激光器和光参量激光器。本部分主要介绍非线性激光器的研究进展。

由于光纤在 1550nm 左右拥有最低的传输损耗，目前光纤传输系统一般都工作在这个波长附近。但当系统中需要引入在高功率泵浦光下工作的非线性器件（如光参数放大器、波长转换器）时，双光子吸收效应（TPA）将对整个性能产生极大的限制。TPA 效应是指两个光子"合作"跨越能级带隙的过程。这个过程将产生一定数量的自由载流子，而硅是间接带隙材料，其载流子复合速率只有 $10^3 \sim 10^6 s^{-1}$，故而当泵浦光功率较高时，TPA 效应产生的自由载流子数量将迅速累积，而这些自由载流子对光场的吸收效应使得泵浦光的效率大大降低。而在中红外波段，由于产生 TPA 效应的阈值为 $2.2\mu m$，自由载流子损耗将大大降低，故而中红外波段是基于高功率泵浦光非线性光学器件的良好实现平台。基于硅基光电集成技术的中红外光源及其他非线性器件将在医学组织灼烧去除技术、碳氢化合物排放探测等中红外应用中具有良好的前景。下面将介绍最近几年红外激光源和放大器的研究情况。

1. 基于 FWM 的中红外光学参量放大器

实现中红外参量放大有两种机制：受激斯托克斯拉曼散射（SSRS）和四波混频（FWM）技术。由于拉曼放大线宽约为 1nm，故而难以实现宽带的参量放大；而四波混频技术只要通过控制相位匹配和反常色散参数，就可以在很宽的光谱范围内实现光学参量放大。

硅基光电子在中红外波段取得的一个重大突破正是 2010 年 Green 等和 Zlatanovic 等分别独立提出的硅基光学参量放大器。两组研究人员均采用四波混频技术实现参量放大。Green 小组采用的泵浦光波长选在 TPA 效应阈值 $2.2\mu m$ 边缘，硅基波导长度为 4mm，有效截面积仅为 $0.3\mu m^2$（700nm×425nm）。实验测得该参量放大器的最高放大倍数为 25dB，有效克服了光纤耦合损耗和波导传输损耗，可以实现高达 13dB 的片上总增益，Zlatanovic 等的器件波导长度为 3.8mm，有效截面积为 $0.35\mu m^2$，与 Green 的器件尺寸近似于相同。而与 Green 泵浦光采用 2200nm 的中红外钛：蓝宝石光参数振荡器光源不同，Zlatanovic 等人采用的是结构精简的光纤激光器。将通信波段的 1300nm 和 1589nm 激光通过一个长度为 8m 的高非线性系数光纤，产生了 1758nm 的信号光和 2388nm 的泵浦光，实现了光源的低成本和精简化。利用 FWM 技术，这类放大器最大转换效率为 −36.8dB。

同年，通过对之前研究结果进行优化的反常色散调控，利用截面为 900nm×220nm、长度为 2cm 的 SOI 波导，实现了带宽超过 550nm、片上总增益大于 30dB 的超宽带光学参量放大器。采用相同结构，改变泵浦激光波长和相位匹配截面，选择合适的泵浦光功率，该器件同样实现了 1540～2500nm 的超连续宽谱光源；通过选择合适的泵浦波长（1946nm），该器件还能实现通信波段（1620nm）和中红外波段（2440nm）之间的波长变换。

2. 基于硅基频率梳的中红外激光器

光学频率梳是指在一个波段范围内一系列相干光源的组合，具有窄线宽、频率间隔小、光谱峰等距的特点。由于中红外波段存在大量的吸收峰，窄线宽的光学频率梳在气体分子探测中有着广泛的应用。因此利用硅基光电子技术 CMOS 兼容、器件结构精简、批量制造成本低的优势，有望实现气体嗅探和浓度测量的片上集成。近年来，中红外光学频率梳的实现平台有光纤激光器、锁模激光器和光学参量振荡器等几种。然而以上平台相对来说体积较大，集成困难。基于硅波导的超连续光谱具有带宽大、结构精简、CMOS 兼容的特点，但产生这种光谱所需的泵浦光功率较高，且光谱峰间距约为 100MHz，无法满足精密探测的需求。另一种方法是采用量子级联激光器，而活性物质在实现片上集成上也存在一定困难。

而基于微环谐振腔的频率梳由于具有宽带、精简、易于片上集成等特点，具有良好的研究前景。基于谐振腔的频率梳利用四波混频中的非线性参量过程，使得泵浦激光的能量通过非线性相位调制效应转移到泵浦光附近的谐振腔所支持的波长上，从而产生了一系列间距与谐振腔自由光谱范围相等的相干激光。

在中红外波段，实现硅基微环频率梳的难点主要有两点：一是线性损耗，主要来自器件刻蚀后表面粗糙导致的光学散射；二是 2.2～$3.3\mu m$ 波段下的三光子吸收效应产生的自由载流子吸收效应。2015 年，美国康奈尔大学的 Griffith 等人利用新型热氧化工艺和外加反向偏置电压的方法成功解决了上述损耗，基于微环谐振腔和外加 1.2W 的 $2.59\mu m$ 泵浦光得到了 2.1～$3.5\mu m$ 范围的频率梳。其频率间隔为 (127 ± 2)GHz。

微环直径为 $200\mu m$，铝电极与离子掺杂区实现欧姆接触，工作时外加反向电压用以加快三光子吸收效应产生的自由载流子。工艺方面，与传统的干法刻蚀工艺不同，研究人员通过氮化硅作为掩模的热氧化技术避免了器件表面不平滑带来的功率散射和吸收，使得器件本征状态下品质因数达到 590000，传输损耗为 0.7dB/cm。为了实现器件的高带宽，通过对改变波导截面的几何形状调控色散，使得 FWM 效应能够发生在较宽的范围。

3. 量子级联激光器

不少研究人员将能产生宽谱激光的量子级联激光器列为中红外光源的重要选择。量子级联激光器是一种基于子带间电子跃迁的新型单极光源，将数个量子阱结构串联在一起。它的输出波长与有源区量子阱厚度有关，可通过温度或电流进行调谐。现已经研制出的量子级联激光器波长范围为 $3.4\sim17\mu m$。到目前为止，中红外 $3\sim5\mu m$ 量子级联激光器基本采用 GaInAs/AlInAs 材料。

六、中红外调制器和探测器

随着云计算和远程手术等新型应用概念的提出，全球基础通信数据量以每年 50% 的惊人速率飞速上升。飞速增长的数据传输量对光通信提出了更高的要求。为了解决容量紧缩问题，中红外短波段（$2\sim3\mu m$）正逐渐进入科学家们的视野。研究人员对 $2\sim3\mu m$ 短波波段的新型光纤、放大器和非线性过程进行了比较成熟的研究。为了发挥硅基光电子的成本优势，适用于中红外短波段的光收发机元件需要重新进行设计。光电收发机系统中两个最重要的元件是高速光电探测器和高速光学调制器。下面将分别介绍这两种元件在中红外短波波段的最新进展。

1. 光电探测器

光电探测器是将入射光能量转化为电信号的光电子器件。它不像激光器那样必须是直接带隙的材料，因此硅基平台可以制备性能良好的探测器。在近红外通信波段，锗硅材料是目前最常用的实现高速探测的平台。但由于锗在 $2\sim3\mu m$ 波段传输透明性太强，近红外的锗硅探测器无法适用中红外短波波段。目前探测器应用范围拓展至 $2\sim3\mu m$ 波段的有 3 种：Ⅲ-Ⅴ硅基混合材料探测器、石墨烯硅基探测器、基于缺陷介导的硅基探测器。而基于缺陷介导吸收的硅基探测器在通信波段中就表现出良好的集成能力。它的主要机理是：在禁带内引入缺陷状态，通过光学吸收和缺陷状态引起的热激发机制实现光子的吸收。在近红外波段，研究人员已经实现了带宽超过 30GHz、响应率为 1A/W 的缺陷介导吸收探测器。在 $2\mu m$ 和 $2.5\mu m$ 波长下，响应率分别会下降 3dB 和 20dB。造成响应度下降主要有两个原因：波导尺寸导致的光子和缺陷接触面积的降低，模场限制系数下降导致的基底吸收损耗和重掺杂离子吸收损耗。

$2\sim2.5\mu m$ 波段下的缺陷介导探测器在 10Gbit/s 速率、30V 反向偏压下工作，响应度约为 0.1A/W，器件制作采用的 SOI 脊波导尺寸为 $4.7\mu m\times3.5\mu m$。影响器件的关键因素是离子掺杂浓度，需要在掺杂导致的载流子吸收效应和载流子复合速率之间找到最优化的参数组合。2015 年，Ackert 等人基于上述结构进行了优化，实现了带宽更宽、响应度更高、器件尺寸更小的缺陷介导探测器。器件在 20Gbit/s 速率、27V 反向偏压下实现了 0.3A/W 的响应度，暗电流小于 $1\mu A$。值得注意的是，它的截面积只有 $0.22\mu m^2$，相比 Thomson 之前工作中的 $10\mu m^2$ 要精简很多。20Gbit/s 的工作速率也是目前为止 $2\mu m$ 波长下较快的工作速率。

实现这类精简结构探测器的重要意义在于，实现了中红外波段探测器真正意义上的硅基集成，制作过程无需 CMOS 工艺外的其他工具。值得注意的是，由于温度敏感性对缺陷结构的影响，缺陷的引入必须在整个工艺流程的后端。

2. 光学调制器

(1) 基于等离子色散效应的中红外硅基调制器

基于自由载流子注入、耗尽和累积式等多种调制方式的硅基等离子色散调制器目前已经被广泛应用。等离子色散效应结合了 CMOS 兼容、性能可观、生产简易的特点，这使得它在调制器领域备受关注。通信波段下基于聚合物、锗、半导体材料和石墨烯等材料的高速调制器都已经成功实现。相比在 $1.3\mu m$ 和 $1.55\mu m$ 波段的广泛研究和应用，目前在中红外波段范围内，基于等离子色散效应的硅基调制器的研究工作十分有限。研究人员理论证实中红外波长下自由载流子浓度对硅材料反射系数的影响较通信波段来说要显著很多。2015 年英国南安普顿大学的 Thompson 等人利用载流子注入式可变光衰减器实验测试了近红外到中红外波段下（$1.3\mu m$、$1.5\mu m$、$2\mu m$、$2.5\mu m$）等离子色散效应对器件传输性能的影响，并成功匹配了之前的理论值。实验器件主要组成部分是 p-i-n 结构二极管，本征区结构由波导构成。当器件上加载正向偏置时，自由载流子被注入本征区波导区域中，从而增加对传输光的吸收。

随着波长的增加，由等离子色散效应造成的波导光传输损耗也越加明显。这预示着工作在 $2\mu m$ 窗口的等离子色散效应硅基调制器将拥有更加精简的结构和更低的驱动电压，器件的能耗相比传统的通信波段也大大降低。因此，在中红外窗口基于等离子色散效应的硅基调制器性能将随着波长的增加而提升。相比传统通信波段，此类调制器在中红外窗口的硅基集成和 CMOS 兼容方面将更加出色，可以预见此类调制器在中红外窗口的应用将解决传统通信波段日益紧张的传输容量限制问题。

(2) 基于双光子吸收效应的交叉吸收调制器

虽然非线性吸收在许多高功率的应用中是限制器件性能的缺陷项，但基于 TPA 效应的超快速特性，许多全光处理功能，例如脉冲整型、逻辑门、调制器和高速开关等得以实现。利用锗上硅在 $2\mu m$ 波长附近的高 β_{TPA} 参数可提出基于交叉吸收调制（XAM）的高速全光调制。由于锗的 TPA 效应产生范围相对于硅较宽，其 β_{TPA} 参数也较高，所以在 $2\sim3\mu m$ 的中红外波段锗硅的硅光子器件可以通过双光子吸收效应实现高速率、高消光比的调制。这对未来自由空间通信系统向中红外波段的搬移以及超高速通信系统的搭建有极大的积极意义。

高强度的泵浦光子和另一加载在探针上的信号光子跨越能带在 TPA 效应的作用下被吸收，输出信号 "0"；相反的，当信号为低或空时，光子能量无法跨越能带产生 TPA 效应，光子将通过器件，输出信号 "1"。

高功率激光源通过锁模激光器和掺铒光纤产生周期为 25MHz、脉冲宽度为 5ps 的 $1.95\mu m$ 激光；通过分束器进入高功率泵浦和低功率探针，输出通过一个合束器进行合束并通过一个 40 倍的物镜耦合进入光纤。输出光信号经由第二个 40 倍物镜收集进入硒化铅前置放大光敏探测器进行信号功率的测量。

通过控制探针的脉冲时延，泵浦功率为 10W 时输出的平均功率仅为 4mW，对 5ps 的信号能够达到大约 200GHz 甚至 THz 量级的速率，从而实现超高速率的调制。值得注意的是，由于自由载流子复合的时间较长，TPA 效应消失后依然存在自由载流子吸收效应，这使得光强较最大值有 10% 的衰减吸收。因此在这个调制系统中还需要添加快速消除自由载流子的方案。

随着耦合输入功率的增加，器件的调制深度也不断增加。器件在泵浦功率为 10W 时达到了 Ⅳ 族波导较高的调制深度 8.1dB。

七、硅基红外探测器

（一）简介

红外探测器作为红外天文观测设备的核心部件，发展的程度决定着红外天文学的兴衰。红外探测器阵列在天文学中的使用约始于 20 世纪 80 年代，经过 40 多年的发展，天基和地基的红外探测器越来越能适应低光学通量和低信号等级的天文深空探测的环境。目前，主流天文用红外探测器在 $5\mu m$ 以下的波段探测是采用 HgCdTe（mercury cadmium telluride，MCT）或 InSb 红外焦平面探测器，而 $5\mu m$ 以上的波段探测是采用阻挡杂质带（blocked impurity band，BIB）红外焦平面探测器。

阻挡杂质带探测器亦称杂质带电导（impurity band conduction，IBC）型探测器，可探测波长覆盖 $5\sim300\mu m$，被用于各种大型天基和地基探测平台，大大提高了人类探测未知宇宙的能力，促进了红外天文和相关科学探索的实施。硅基 BIB 红外探测器具有量子效率高、积分时间长、读出噪声低、暗电流低以及抗辐射能力强等优点，相对于 MCT 探测器，BIB 探测器具有更优异的像素可操作性、响应均匀性和稳定性。

硅基 BIB 探测器在特定条件的航天工程中具有不可替代的地位。美、日、欧等发达国家和地区已将砷掺杂硅（Si：As）、锑掺杂硅（Si：Sb）和镓掺杂硅（Si：Ga）等硅基 BIB 探测器用于红外天文探测，其中 Si：As BIB 探测器在航天航空中的应用最为广泛，起源太空望远镜技术计划（Origins Space Telescope Technology Plan）也将 Si：As BIB 阵列纳入其发展规划中。我国的硅基 BIB 红外探测器的发展尚处于研究起步阶段，尚未实现硅基 BIB 探测器在天文卫星上的使用。

(二）硅基 BIB 红外探测器的工作原理

1. 非本征硅光电导探测器（ESPC）的工作原理

本征硅对于波长为 $1.1\mu m$ 以上光的吸收几乎为零，而非本征硅则可以有效拓宽硅基红外探测器的光谱响应范围。这主要是由于非本征硅中的杂质带的引入会将带隙分成两部分，相当于变相减少了硅的禁带宽度，从而带来亚能带光吸收增强的作用。中间带增强红外吸收和提高响应的机理为：杂质带结构可以起到类似于"阶梯"的作用，先吸收一些能量低于带隙能量但高于中间带的较弱光子，载流子将会被激发到中间能带上，然后再吸收另一个能量较低的弱光子，从而将载流子进一步激发到硅的导带上。

2. BIB 探测器的工作原理

BIB 探测器巧妙地利用重掺杂半导体材料中杂质带内的跳跃导电机制，在两平行电极之间夹了一层高掺杂吸收层和一层本征的或者低掺杂的阻挡层。所以，BIB 探测器不仅能像传统的 ESPC 探测器一样实现带隙中杂质能级的光激发，而且能够收集两种载流子，即连续介质中的载流子和"跳跃"杂质带中的载流子，这一特性极大地降低了探测器的复合噪声，使得 BIB 探测器更适合应用于航天场景，较理想地解决了传统的 ESPC 探测器存在的问题。由于阻挡层的存在，BIB 探测器的工作原理不遵循传统的光导体模型，它们的行为更接近反偏光电二极管，不同点是 BIB 探测器电子的光激发发生在施主杂质和导电带之间。尽管红外吸收层是进行了 n 型重掺杂的，但仍然存在极低浓度的残余受主杂质。在热平衡条件下，这些残余受主杂质将全部电离。在未施加外加电场时，为了满足整体电中性的条件，则要求存在相同浓度的电离施主。而进行了重掺杂的红外吸收层又会使电离施主位点之间的间距足够小，与电离施主（D^+ 电荷）相关联的电荷可以从红外吸收层的一个位点跳跃到另一个位点。这种效应是由于电子从近邻中性供体隧穿到电离供体而发生的，净结果是 D^+ 电荷沿与电子运动相反的方向移动。这种隧穿所需的时间取决于供体间距离，例如，在 As 掺杂 Si 中，对于小于 100Å 的距离，计算出的隧穿时间短于 0.1ns，对于大于 300Å 的距离，计算出的隧穿时间长达数秒。此种效应导致红外吸收层中的 D^+ 电荷是可以移动的，并且能够传输电荷而无需将电子输运到导带，即 D^+ 电荷的传输发生在"杂质带"中。在施加正偏压时，内部建立起电场，预先存在的 D^+ 被抽出，而本征阻挡层中的供体间的平均距离大于 500Å，因此，D^+ 电荷在阻塞层中不可移动。值得注意的是，阻挡层并不妨碍导电带中电子的运动，仅影响 D^+ 电荷的传输。

在没有对探测器进行红外辐射的情况下，在透明电极上施加正偏压，可以驱使红外吸收层中预先存在的 D^+ 电荷向衬底移动，而阻挡层将阻止新的 D^+ 电荷的注入，这样就形成了一个 D^+ 电荷的耗尽区，耗尽区的宽度取决于偏压和残余受主浓度的大小。由于电离的受主电荷是不可以移动的，负的空间电荷将保留在耗尽层中，电场在阻挡层处最大，且随着红外吸收层深度的增加而降低。

当有红外光照射时，红外光通过透明衬底进行背照射，在重掺杂的 Si：As 红外吸收层中，红外光子将中性的 As 原子中的电子激发到导带，导带电子在耗尽层电场作用下漂移出吸收层，并穿过阻挡层由透明电极收集，而 D^+ 电荷借助跳跃导电机构向相反方向移动，最终被硅衬底上的电子中和。由于红外吸收层被 D^+ 电荷所耗尽，导带下方没有电子陷阱，因此电子收集效率非常高。同样，由于在这种条件下的导电带电子浓度几乎为零，D^+ 电荷的收集效率也相当高。

（三）硅基 BIB 红外探测器的结构及制备工艺

硅基 BIB 探测器在重掺杂的红外吸收层和平面接触层之间设置了一层未掺杂的本征硅，称之为阻挡层。在适当的操作条件下，该层可以有效抑制暗电流而不会由于红外吸收层中中性杂质的光电离而阻碍电流的流动。雷神公司生产的 Si：As IBC 探测器，底部是对红外光透明的硅衬底，并埋设透明电极。衬底之上是 Si：As 红外活性层，其厚度为 $25\sim35\mu m$。活性层之上由本征硅作为阻挡层，厚度为 $3\sim4\mu m$。在阵列的一侧设置了 V 形蚀刻槽，可以使埋藏电极产生偏置电压，金属涂层可以使其导电。Si：Sb BIB 探测器的结构与 Si：As BIB 探测器类似。该探测器也是在对红外光透明的硅衬底上进行生长的，采用离子注入并经过退火处理制备的 Sb 层作为埋藏电极，红外吸收层是一层重掺杂的、外延沉积的 Si：Sb 层，最后，生长了一层未掺杂的硅层作为阻挡层。20 世纪 90 年代初，Rockwell 公司开发了世界上首个背照射式 Si：Sb BIB 探测器阵列。他们通过化学气相沉积（CVD）法获得了具有高纯度和高晶体质量的 Si：Sb 外延层，厚度为 $17\mu m$，施主浓度（N_d）和补偿受主浓度（N_a）分别为 $4\times10^{17}cm^{-3}$ 和 $2\times10^{12}cm^{-3}$。该探测器的红外吸收层中正偏压下的电荷的平衡分布，表明该区域已被电离施主（D^+）所耗尽。

表 3-8 列举了硅基 BIB 红外探测器的部分制备工艺参数，吸收层的重掺杂可通过多种方法实现，譬如可以采用在外延生长过程中引入掺杂，也可以采用离子注入、中子嬗变等方法进行掺杂。在外延之前先制备透红外光的高电导电极层，这一电极层在焦平面阵列器件中作为所有像元的公共底电极。在吸收层上面采用外延方法沉积一层未掺杂的高纯硅阻挡层，除了其导带电子和价带空穴外，该层不能产生其他显著的电荷传输。在阻挡层表面采用离子注入制备一层高电导薄层，通过 SiO_2 钝化和开孔金属化做成探测器的顶电极。通过刻蚀提供与公共埋入式透明电极的电接触，并在每个探测器元件上形成铟柱，与多路复用器的输入单元形成电接触。

表 3-8　硅基 BIB 红外探测器的部分工艺参数

材料	IRAL 厚度/μm	阻挡层厚度/μm	IRAL 掺杂浓度/cm^{-3}	外延层的制备方法
Si：As	6～10	1～4	7×10^{17}	CVD
Si：Sb	17	3.5	$(1～8) \times 10^{17}$	CVD
Si：B	4.5	3	1×10^{18}	—
Si：As	10		4×10^{18}	—
Si：P	—		4×10^{18}	—
Si：As	15		1×10^{18}	—

（四）硅基 BIB 红外探测器的性能

天文观测的对象具有宽谱、低背景、弱信号的特点，这就要求天文用红外探测器具有较宽的波段覆盖、极高的灵敏度、长的积分时间和极低的暗电流。美国的 Rockwell（现为 Teledyne Imaging Sensors，TIS）、Boeing（现为 DRS Technology）和雷神（Raytheon Vision Systems，RVS）等公司通过 30 年左右的研究，已开发出一系列应用于地基和天基天文探测的 BIB 红外探测器，这些 BIB 探测器可以在较宽的波长范围内维持较高的量子效率和较低的暗电流，并且具有卓越的响应均匀性、操作性、稳定性以及耐核辐射能力。

1. 影响硅基 BIB 探测器光电性能的因素

BIB 探测器的量子效率、暗电流及光电导增益等性能参数主要受测试环境和器件结构两个因素的影响。其中，测试环境的影响主要为偏压的大小、温度的高低和先前辐照史等。器件结构的影响则主要体现在耗尽层的宽度上，而耗尽层宽度又是由补偿受主浓度来决定的。

通过计算能够得出，增加耗尽层宽度可以使短波的量子效率得到提高。而降低补偿受主浓度，则使得耗尽层扩展到整个外延吸收层，可以使得量子效率达到极大值。耗尽层宽度随外加电压的增大而增大，随着残余受主浓度增加而降低。因此为了提高量子效率，需要给探测器施加更高的偏压，同时尽可能降低残余受主浓度。然而，根据 Poole-Frenkel 效应，更大的电场会有效降低热电离能，导致暗电流升高，于是需要使探测器保持更低的工作温度。

对于信号微弱的红外天文探测来说，先前辐照史对于 BIB 探测器的性能具有不利影响。BIB 探测器优良的抗辐射能力是其应用于天基天文探测的一大优势，其耐辐射性比传统的非 ESPC 探测器至少高出一个数量级。这是由于非本征光电导探测器具有相对较大的横截面积，易导致辐射诱导的电离脉冲的产生，因此即使是剂量相对较小的辐射，ESPC 探测器也会产生较高的响应。而 BIB 探测器的红外吸收层很薄，且其平均投影面积小于 ESPC 探测器，所以电离脉冲产生的概率大大减小。但是 BIB 探测器并不能彻底解决辐射干扰问题，喷气推进实验室（Jet Propulsion Laboratory，JPL）通过实验表明热退火可以一定程度消除核辐射损失和隐藏的图像，进而降低核辐射对 BIB 器件暗电流和响应率的影响。

2. 各种硅基 BIB 红外探测器的光电性能

Si：As BIB 探测器在中长波红外（medium-long wave infrared，MLWIR）光谱区域（3～28μm）显示出高灵敏度、高量子效率、宽频率响应、低光学串扰、耐核辐射以及稳定和可预测的性能。RVS 研究人员使用专用的红外光谱仪、CV 分析仪和低温杜瓦装置测量了其公司生产的 Si：As IBC 探测器的量子效率和暗电流等性能参数。量子效率的测试及计算结果显示，在 5～28μm 的波长范围内，该探测器都能保持较高的量子效率。6 个不同型号的 Si：As IBC 探测器的暗电流的测试结果显示，在 $-4\sim0$V 的负偏压范围内，暗电流随着偏压的增大而呈线性增大，最小暗流低至 1.0×10^{-13}A/cm^2，最大暗电流不超过 1.0×10^{-6}A/cm^2。

由于 Sb 在硅中的掺杂深度比 As 更浅，Si：Sb BIB 探测器对更长的波长、更弱的光子要更敏感，其暗电流和光学性能可与高性能低通量 Si：As BIB 探测器相媲美，同时保持 Si：Sb 探测器特有的长波长响应（15～40μm）。DRS 的研究人员测试了 Si：Sb BIB 探测器的量子效率和暗电流等性能。Si：Sb BIB 探测器即使在大于 30μm 的波长下，也具有不错的量子效率，峰值量子效率达到了 70% 左右。5～12K 的温度范围内的暗电流的测试结果表明，在 1.5V 偏压和 5K 的温度下，其暗电流小于 $1e^-$/s。

Si：P 是 Si：As BIB 探测器扩展探测波段的一种可行的替代材料，由于 P 在硅基体中的杂质能级比 As 略浅，所以 Si：P BIB 的截止波长约为 35μm，超过了 Si：As 的 28μm，将 Si：P 探测器的波长扩展到 75μm 以上可能相对更容易。实验测试了一种离子注入型 Si：P BIB 探测器的光电流谱，结果表明，Si：P BIB 探测器的响应在波长为 30μm 处下降得很低，但该探测器在大约 32μm 处再次达到峰值响应。其截止波长约为 35μm，但是其光电流在 36.2μm 处又出现了一个较小的尖峰，这些尖峰的出现和 P 原子轨道杂化的转变有一定的关系，表明 Si：P BIB 结构具有拓宽光谱响应的巨大潜力。

相较于 Si：As BIB 探测器来说，Si：Ga BIB 探测器探测波长范围较小（仅为 5～17μm）且量子效率较低。1999 年，有实验测量了 Si：Ga BIB 探测器的量子效率，其峰值量子效率约为 35%，远低于相同结构的 Si：As BIB 探测器。然而，Si：As BIB 探测器要想维持良好的性能，其工作温度需要维持在 10K 以下，而 Si：Ga BIB 探测器可以在更高的温度下工作，运行条件没有 Si：As BIB 探测器那么苛刻。

（五）效果

在各种红外探测器中，BIB 探测器由于低暗电流、高量子效率和优异的耐辐射性，已经成为中远红外天文观测的最优选择。而硅基 BIB 探测器的独特优势在于低成本的材料、成熟的半导体制造工艺、与 CMOS 工艺的兼容性及其在远红外波段的探测能力。硅基 BIB 红外探测器未来是向着更大的焦平面阵列、更小的像元尺寸、更强的抗辐射能力和更高的探测效率去发展的。近些年来随着我国航空航天事业的迅速发展，对于高性能光子探测器的需求也越来越迫切。由于 BIB 探测器应用的领域比较特殊，为打破发达国家长期以来对我国长波红外探测器关键核心技术的封锁，满足天文物理、生命科学、航空航天和国防等领域对长波红外探测器的迫切需求，必须加大对深低温制冷技术和硅外延生长技术的突破力度，同时探索设备成本更低、工艺路线更简单的制备技术，以降低硅基 BIB 探测器的研发门槛，这样更有利于扩展该领域的研究深度。此外，为了获得高性能的硅基 BIB 探测器，目前主流的制备技术仍以外延生长法为主，但是外延生长存在自掺杂和外扩散现象，会影响杂质在衬底和外延层之间的过渡。所以，为了实现高纯度的阻挡层和高质量的吸收层，必须解决材料生长方面的问题，包括抑制界面相互扩散和控制少数掺杂污染等。

八、中红外硅基调制器

(一) 简介

硅材料在 $1.1\sim8.5\mu m$ 有非常低的吸收损耗，因此硅基光电子学有望扩展到中红外波段。并且随着通信窗口扩展、气体分子检测、红外成像等应用需求的出现，硅基中红外波段器件研发工作的开展势在必行。在中红外波段硅基光电子器件中，硅基调制器有着举足轻重的地位：它是长波光通信链路中不可或缺的一环，还可以应用在片上传感系统中提高信噪比、实现光开关等功能。研究发现，相比于近红外波段，硅和锗材料在中红外波段有更强的自由载流子效应和热光效应，因此，基于硅基材料的中红外调制器具有得天独厚的优势。

硅和锗材料的自由载流子色散效应变强，表明硅基调制器在中红外波段有更明显的调制效果和发展空间。当对波导上的 PN 结施加外加偏压时，PN 结会由于外加电场的作用出现载流子注入和耗尽，从而引起波导折射率和吸收系数的变化，实现光调制。这种光调制器可以分为两种，一种是注入型，一种是耗尽型。其中注入型调制器的波导中掺杂浓度较低，通过对 PN 结正向偏置，注入载流子，提高载流子浓度，从而改变电流注入区波导的折射率和吸收系数，实现光调制。耗尽型调制器则在波导结构中有较高的载流子浓度，当给 PN 结加反向偏压时，结区被耗尽，载流子浓度降低，波导折射率和吸收系数改变，实现光调制。

(二) 载流子注入型调制器

1. 硅载流子注入型调制器

基于载流子浓度变化对半导体材料折射率和吸收系数的影响，可以将器件分为两大类：一是改变材料的有效折射率，利用马赫-曾德尔干涉仪将相位调制转变为强度调制的马赫-曾德尔调制器（MZM）；二是直接改变材料的吸收系数，制备强度调制器的光衰减器（VOA）。对于 MZM 器件，非对称的两臂会影响器件消光比，因此可以通过引入额外的热调结构调节器件工作点。2012 年提出的第一个硅基中红外 MZI 结构就采用该方法。该调制器采用了非对称的 MZI 结构，臂长差 85μm，耦合进波导中的光利用 50/50Y 分支结构进入非对称的两臂，通过横向 PIN 结构在正向偏压下实现光调制效果。该器件采用了独立的热光相移器实现对 MZI 结构偏置点的控制。得到的器件工作在 2165nm 处，静态消光比约 23dB，$V_\pi \cdot L$（半波电压与调制器长度的乘积）为 0.12V·mm，采用预加重方法可以得到 3Gbps 的眼图信号，以及 0.4GHz 的带宽。该工作证明了应用于近红外波段硅基调制器的设计和制备方法同样可以应用在中红外波段，通过进一步设计器件光学和电学结构可以提高器件响应速度和信号传输量。

但是由于载流子色散效应对折射率的调制效果小于吸收系数的调制效果，因此 MZM 型器件很难实现高的消光比。相比于 MZM 结构，直接强度调制的光衰减器器件结构更加简单，并且可以实现较高的消光比。

2. 锗载流子注入型调制器

在中红外波段锗的自由载流子效应高于硅材料，并且锗的透射波长一直延伸到 13μm，因此锗是一个理想的中红外材料。2016 年首先研制出了基于绝缘体上锗（Ge-on-insulator，GeOI）平台的锗电光调制器，器件工作在 2μm 附近。与硅的载流子注入型器件相似，锗调制器同样采用横向 PIN 结构。他们仿真计算了 2μm 处硅和锗的理论调制效率，并且详细介绍了通过键合和智能剥离方法制备 GeOI 材料的过程。TEM 显示得到的 GeOI 材料质量优良，制备的器件有源区长度 250μm，明显看到随着注入电流的增加波导损耗也逐渐增大，显示了良好的器件调制效果，证明锗材料在中红外光调制方面有很大的潜力。

由于 SiO_2 在 2.6~2.9μm 以及 3.6μm 以上具有较高的吸收率，因此 GeOI 在长波波段不再适用。目前利用分子束外延（MBE）技术和化学气相沉积（CVD）技术可以在硅材料上外延出高质量、低位错密度的锗材料，因此硅上锗（Ge-on-Si，GOS）平台将是长波红外波段更佳的选择。

基于 GOS 平台的锗电吸收调制器（EAM），是第一个工作在 3.8μm 的直接强度调制器。随着波长的增加，光场模式尺寸也增加，因此为了控制器件插损，大的波导尺寸是不可以避免的，这就造成了较低的调制效率，实验测得该器件需要在 7V 的正向偏压下才能实现 35dB 的消光比。在此工作的基础上制备了 3.8μm 处的 MZI 型调制器，并且进一步将 EAM 器件工作波长扩展到了 8μm。拥有 1mm 长调制区域的 MZI 调制器的消光比为 13dB，3.5V 下的 $V_\pi \cdot L$ 为 0.47V·cm。脉冲模式信号通过 GSG（G：地极，S：信号极）接触电极施加在器件上，可以得到 60MHz 的 OOK（通断键控）眼图信号。器件在 8μm 处的光调制通过红外相机捕捉辐射光线得到。通过分析吸收效率与 PN 结电流的关系可以得到 8μm 处锗的载流子色散效应（16.8dB/A）是 3.8μm 处的（3.43dB/A）4.9 倍，同时也证明了随着波长的增加，锗材料的载流子色散效应也相应增强。

载流子注入型调制器多是采用横向 PIN 结构，在波导两侧进行高掺杂，使得在正向偏压下实现载流子注入。载流子注入型调制器工艺简单、对制备工艺要求低、器件插损小，相比于载流子耗尽型调制器可以实现更大的消光比，但是载流子注入型调制器的电学响应速度较低，通常小于 1GHz，这使得其在需要相对较高速度的光通信中的应用受到限制。提高器件频率响应带宽的一种方式是降低少数载流子寿命，可以通过对本征波导内进行掺杂复合中心来实现，但是这无疑增大了工艺难度和器件损耗。尽管如此，针对速度要求不高的片上传感等领域，载流子注入型调制器具有较好的应用潜力。

（三）载流子耗尽型调制器

对于长波光通信系统来说，高速中红外调制器是必不可少的一个器件，也是目前中红外通信面临的一个挑战，因此有诸多研究人员在高速调制方面做出了努力。硅基载流子耗尽型光电调制器利用载流子在反向电场作用下的高速漂移运动，有较高的掺杂，使得少子寿命缩短，因此最有望实现高速调制。如何解决载流子耗尽型调制器消光比和调制效率较低的问题是关键之处。对于波导型结构来说，波导模式光场和 PN 结电场之间的重叠积分越大，器件消光比和调制效率也会越大，这就要求具有合适的离子注入掺杂位置。

对于光通信系统来说，仅仅 20Gbit/s 的数据传输量是远远不够的，需要提升器件的带宽。而对于马赫-曾德尔调制器来说，其带宽与器件自身 RC 常数和行波电极密不可分，因此，如何缩小器件电容，做到电路和光路匹配至关重要。通过采用 GS 电极形成推挽结构，配合 60Ω 的终端匹配电阻实现了 50Gbit/s 的高速硅调制器（误码率低于 3.8×10^{-3}）。在此基础上又设计了反向串联 PN 结结构，利用该结构使得器件电容减半，并且同样采用单端推挽结构，高频信号通过 GS 接触电极以及 T 型传输线施加在器件上，实现电信号和光信号的匹配。该器件在中红外波段第一次获得了 80Gbit/s 的四阶脉冲幅度调制（PAM-4）信号，器件最大带宽为 18GHz。由于载流子耗尽型调制器需要在波导上进行 N 区和 P 区的浅注入，因此对工艺水平要求高。

载流子耗尽型调制器是目前光通信中的主流器件，可以实现较快的调制速度。载流子耗尽型调制器多采用马赫-曾德尔结构，器件尺寸较大，并且由于对波导进行了掺杂带来了额外的光吸收损耗。与载流子注入型调制器相比，其调制效率较低，器件消光比也较低，进一步提高载流子耗尽型器件的带宽和调制效率研究的方向之一。但是，目前在中红外波段主要还是基于 SOI 衬底，限制了更长波长的器件的使用。开发和优化硅基或 SOI 基的锗波导和器件工艺是提高其工作波长的主要途径。此外，高速中红外调制器的在光通信中的应用场景还不明确，需要研究人员和行业的进一步探索和发展。

（四）热光调制器

除电光调制外，热光调制也是硅、锗调制器的主要调制机理。热光调制主要利用材料的折射率会受温度影响的原理，通过改变器件温度，进而改变折射率来调节光的损耗和相位，从而实现对光的调制。Frey B 等人首先通过实验得到了硅、锗在中红外波段的热光系数。Nedeljkovic M 等人第一次研制了 $2\mu m$ 以上波长处的硅基热光调制器，并且提出了利用调制器代替斩波器和锁相放大器的组合来提高传感系统信噪比的概念。

对于热光调制器来说，功耗是非常重要的参数，可以通过采用高电阻率热极材料、缩小热极材料与波导间距、增加调制区长度等方法降低功耗。而对于 Ge-on-Si 和 Ge-on-SOI 平台来说，硅材料高的热导率也是影响其功耗的主要原因。利用实验可证明并解决这一问题。研究人员制备了工作波长为 $5\mu m$ 的 Ge-on-Si 和 Ge-on-SOI 热光调制器，热极材料采用 Ti/Au 合金。实验结果显示：Ge-on-Si 热光相移器的调制效率很低，对于 $700\mu m$ 长的热光调制器件，实现 2π 的相移需要 700mW 的功率。这是因为衬底硅材料导热性能好，热导率高达 $130W/(m \cdot K)$，导致其类似于一个散热器，加热电极对锗波导加热的热量会很快通过硅衬底传导出去，大大提高了器件的功耗。为了降低功耗，他们采用了聚焦离子束（FIB）技术移除热调区域下方的硅材料，形成空气绝热层来对波导"保温"。移除有源区下方硅之后，$210\mu m$ 长的器件实现 2π 的相移仅需要 80mW 功率。除此之外，他们采用相同的设计原理和制备方式得到了基于 Ge-on-SOI 平台的相移器，并对比了移除有源区锗下方的硅前后器件实现 2π 相移所需的功率，发现移除硅之后器件的调制功率降低了 80%，对 $210\mu m$ 长的器件仅需要 20mW。

SiO_2 的热导率远小于硅材料，因此可以利用 GeOI 或者 SOI 材料制备热光调制器，从而省略聚焦离子束（FIB）工艺步骤，简化制备流程。实验提出了一种基于 GeOI 平台的高效率锗热光调制器。该器件工作在 $1.95\mu m$ 下，加热电极采用 Pt 材料。实验证明：对于 GeOI 平台来说，实现 π 的相移仅需要 7.8mW，这也是目前锗的热光调制器取得的较好结果。为了更好与 CMOS 工艺兼容，2019 年提出了工作在 $2\mu m$ 处的硅热光调制器，热极材料采用长度 $1500\mu m$ 的 TiN 材料。利用传输谱和任意波形发生器对器件的消光比和信号传输速度进行了测试，得到消光比为 27dB，对于 20kHz 的驱动信号，上升时间和下降时间分别约为 $6\mu s$ 和 $4\mu s$。

热光调制器利用波导材料的热光效应，对热极材料通电产生焦耳热传导给波导，从而实现器件相位及强度的调节。由于热产生和热传导是非常慢的响应过程，因此热光调制器的响应速度非常低，主要应用于传感系统等不需要快速通信的场景中。热光相移器的消光比和功耗是主要关心的问题，需要进一步地创新改进。

中红外波段有着独有的特征使得其在传感、生物分子检测、安全等领域都有广泛的应用前景。更重要的是它拥有 $3\sim5\mu m$、$8\sim12\mu m$ 两个大气窗口，可以用来解决随着 5G 时代到来而带来的数据量传输量急剧增大的问题，与近红外波段相比，中红外的信息安全性更高。高速、低损、低功耗的调制器是光通信和片上传感系统中至关重要的一部分，在中红外波段硅和锗材料的自由载流子等离子色散效应更强，因此，发展中红外硅基调制器具有可行性和良好的应用前景。基于以上动机，本部分分别总结了主流的几种硅基中红外调制器（载流子注入型调制器、载流子耗尽型调制器、热光调制器）的器件特点和发展现状。目前，硅基中红外调制器的发展距离实用化仍有较长的距离，特别是锗基材料的相关工艺尚不成熟，使得高性能的中红外调制器大多采用纯硅的 SOI 衬底，难以进一步扩展使用波长。因此，高性能的中红外调制器的发展不仅需要器件结构上的创新，还需要对锗基材料的标准化工艺进行深入的研究。此外，随着中红外分立器件的研制成功，相信在不久的将来中红外硅基光电子片上集成芯片和系统也会相继面世。

九、硅基石墨烯的电光调制器

基于石墨烯独特的光学和电学特性，国内外的研究者设计了各种结构的石墨烯电光调制器，主要分为条形波导结构、环形谐振结构、纳米梁结构等。不同结构的设计各有优势，其器件性能指标也各具特色。

1. 条形波导结构的硅基石墨烯电光调制器

2011 年，第一个石墨烯电光调制器由美国加州大学伯克利分校张翔带领的研究小组制作成功。它将单层石墨烯转移到条形硅波导上，使石墨烯覆盖在光波导的顶部。通过施加驱动电压调控石墨烯的费米能级，从而改变硅基石墨烯波导对近红外波段光的吸收，进而实现电光调制。硅基光调制是宽 600nm，高 250nm 的条形硅波导用于传输光，利用化学气相沉积法制备的单层石墨烯转移在硅波导表面，金电极连接在石墨烯和硅波导上。该器件在原有硅基光调制的基础上引入了石墨烯作为光吸收体对光强度进行调制，调制区域的长度为 $40\mu m$。其中，为了维持石墨烯较高的载流子迁移速率，同时形成电容器结构改变石墨烯费米能级，在石墨烯层和硅波导之间利用原子层沉积法沉积了一层 7nm 厚的 Al_2O_3 缓冲层。在不同工作电压下，波长为 $1.53\mu m$ 的光通过波导时的传输损耗，以及石墨烯费米能级的改变具有不同的工作状态。该石墨烯电光调制器调制效率为 $0.1dB/\mu m$，总的消光比为 4dB，调制波段覆盖范围 $1.35\sim1.6\mu m$，3dB 调制带宽为 1.2GHz，整个器件区域只有 $25\mu m^2$。

为了提高调制器的消光比，张翔团队于 2012 年又提出了一种双层石墨烯结构的电光调制器。在加载驱动电压时，两层石墨烯电子或空穴的掺杂水平相同，它们同时对光进行吸收或者透射，提高了器件的调制效率。实验结果显示，双层石墨烯结构的电光调制器调制效率为 $0.16dB/\mu m$，消光比达到了 6.5dB。相比于单层石墨烯结构，双层石墨烯结构的调制效率确实得到了提升。

为进一步提高消光比，韩国三星尖端技术研究所的 Kim 等在 2011 年提出将石墨烯层置于波导中间的电光调制器结构，该结构将硅波导分为上下两部分，上层为多晶硅，下层为单晶硅，中间用双层石墨烯和 hBN（六方氮化硼）隔开。用 hBN 取代 Al_2O_3 缓冲层是因为 hBN 具有较低的介电常数，可以降低器件的 RC 时间常数，从而大幅度提升器件的调制深度与调制速率。当石墨烯被放置在波导内光强最大的区域时，石墨烯与光的相互作用更加强烈，可以使器件的调制深度最大化。在波长 $1.55\mu m$ 处，该调制器的 TE 模光场强度最大处被限制在石墨烯层附近，提高了光与石墨烯层的相互作用，其 3dB 调制带宽达到了 55GHz。

2. 基于谐振结构的硅基石墨烯电光调制器

环形谐振是指光从直波导耦合进入微环当中，传输一周后会与后续进入微环中的光学信号发生干涉效应，最终选择性地输出一部分光，剩下的部分光会在微环中完全损耗掉，即发生谐振效应。对于微型环形谐振腔来说，共振的频率和微环型波导的有效折射率的实部有关，而谐振腔透射谱的品质因数和波导的有效折射率的虚部有关。因此折射率的变化可以改变光在微环谐振波导中的光程和损耗，因此在输出端便可以控制光输出强度的大小。石墨烯可以调节硅波导的有效折射率，并且可以使有效折射率的实部和虚部在很大范围内进行调节，将其和微环谐振结构进行结合，可以改善微环谐振器的性能，比如可改变消光比、调制带宽和共振波长范围。

设计带有石墨烯的有源硅基微环谐振器，利用谐振器具有高品质因数的特性，通过加载在石墨烯上的电压可改变石墨烯的费米能级，进而调节硅波导的有效折射率，最终能实现调制器从耦合状态到非耦合状态的转换，这种调制器可实现超过40％的幅度调制深度。通过电压调节石墨烯的费米能级，石墨烯的介电常数能减小25 倍以上。这种变化所产生的影响在石墨烯被放置在波导顶部时并不明显，但是当石墨烯被置于光传输模式电场最大处时，这种变化将大大提高石墨烯与光的相互作用。

仿真设计的将石墨烯嵌入到微环谐振腔波导内部的调制器结构，可实现调制效率的大幅提升。单层石墨烯嵌入在硅波导的中间，电极一端放在石墨烯的上面，电极另一端放在延伸的硅波导上面，因此石墨烯中的载流子浓度可以由外加电压调节，进而控制石墨烯的费米能级和混合波导的性能。通过将石墨烯层嵌入到环形谐振腔内部，石墨烯与光的相互作用大大增加。该调制器的调制效率可达 1.08nm/V，比将石墨烯覆盖在环形谐振腔表面的调制器提高两个数量级，调制带宽可达到149GHz，调制器的消光比为 22.13dB。但是相对于石墨烯层在波导顶部的电光调制器，其制作工艺比较复杂。

环形谐振腔受限于自由光谱范围（FSR）。尽管可以通过减小环的半径增大FSR，但同时会增加弯曲损耗，降低调制效率和增加功耗。为了克服微环谐振腔FSR 对波分复用系统中相邻波长通道的干扰，上海交通大学苏翼凯课题组研究了基于纳米梁谐振腔的硅基石墨烯电光调制器。该电光调制器在单个器件结构上集成了石墨烯和纳米梁谐振腔的优点，相比于硅基微型环形腔，纳米梁谐振腔在保持相对高的品质因数的同时结构尺寸更小，大大提高了 FSR，在宽的频谱范围内只有一个谐振峰，在调制时不受相邻谐振峰的影响，这对于波分复用系统非常重要。

硅基石墨烯电光调制器的性能还有巨大的潜力。石墨烯的引入提高了调制速率，采用高折射率差的 SOI 基底，以及制作工艺与成熟的 CMOS 加工工艺相兼容，有利于大规模集成和开发，这对以后集成光学芯片的微型化、高速化以及低功耗具有重要意义。今后研究的重点是突破实际情况的限制，在保证插入损耗和调制带宽的高性能的同时，兼顾其他性能指标不受影响，以达到最佳的调制效果。

十、红外广角镜头

（一）简介

红外广角镜头可用在车载、舰载、机载夜视等领域，可扩展驾驶员的夜间观察视野，为交通工具的夜间行驶提供额外的安全保障。可见光波段广角镜头的视场通常可大于 150°；而红外广角镜头的视场角则较少超过 100°。为了进一步拓展红外广角镜头在车载夜视等领域的应用，有必要进一步提升红外车载镜头的视场角以扩展驾驶员的视野。

采用硫系玻璃材料配合常规红外光学材料硫化锌（ZnS）和硒化锌（ZnSe）可设计一种视场角为 110° 的红外广角成像镜头。硫系玻璃具有优良的中远红外光学透过性能（3～15μm），且折射率温度系数较低，因此适宜用来制作红外无热化光学系统。此外，硫系玻璃的软化温度较低（例如 $Ge_{20}Sb_{15}Se_{65}$ 玻璃的软化温度为264℃），可以在较低的温度下利用高准确度模压成型工艺直接加工球面、非球面和衍射面，可有效降低特殊面型镜片的量产制备成本。设计采用了反射远型物距结构，包含了前后两镜组共 6 片镜片（包括两片硫系玻璃镜片），F（光圈）数为 2，有效焦距为 5mm，工作波段为 8～12μm。通过在硫系玻璃镜片上设计非球面，将系统畸变控制在 5% 以下。根据坐标法无热化设计的方法分配各个镜片的光焦度，系统在 −40～60℃ 的温度范围内均可实现高品质红外成像，调制传递函数（modulation transfer function，MTF）的值接近衍射极限。系统结构紧凑，除保护窗口外最大镜片外径为 41mm，光学长度为 80mm，质量约为 93g，与市场上现有的车载镜头具有类似的体积和重量，适合车载夜视等领域的应用。

（二）红外车载广角镜头设计

1. 确定镜头设计参量

设计的长波红外车载广角镜头，视场角达到 110°。其主要技术指标见表 3-9。设计采用的传感器为 Sofradir 公司的 320×240 像元非制冷型红外焦平面探测器，其像元尺寸为 35μm×35μm。

表 3-9　系统设计参量

光学参数	值	光学参数	值
领域	$\pm 110°$	工作长度/mm	80
有效焦距/mm	5	焦平面阵列/像元	320×240
入瞳直径/mm	2.5	像元尺寸/μm	35×35
工作波长/μm	$8 \sim 12$	温度范围/℃	$-40 \sim 60$

2．系统的初始和最终结构

设计的初始结构确定为反远距结构。反远距由前后两个透镜组和光阑构成。反远距型结构的光阑一般设置在后镜组上，使得通过后镜组的光线倾角变小，使其承担较小的视场，而相应的前镜组将会承担较大的视场。系统前透镜组的光焦度为负，后透镜组的光焦度为正。设计时，首先需要确定系统的前后透镜组的光焦度和距离。假设前透镜组的光角度为 ϕ_1，后透镜组的光焦度为 ϕ_2，则总光焦度计算公式为 $\phi = \phi_1 + \phi_2 - t\phi_1\phi_2$。式中，$t$ 为两透镜组之间的间距。设计时考虑到一般车载镜头的长度，令 $t = 30$mm，通过计算确定 $\phi_1 = -0.05$、$\phi_2 = 0.1$、$\phi = 0.2$，即有效焦距 $f = 5$mm。为了实现无热化的设计目的，系统采用了硫系玻璃、硫化锌和硒化锌 3 种材料制备的 3 片镜片分别作为反远距系统的前后透镜组。通过无热化计算公式，得到系统前后透镜组的光焦度的数值见表 3-10。

表 3-10　初始结构的系统光焦度

材料	$Ge_{20}Sb_{15}Se_{65}$	ZnS	ZnSe
前组 ϕ	-0.1009	-0.0044	0.0464
后组 ϕ	-0.2018	-0.0089	-0.0929

将上述计算结果输入到光学设计软件 Zemax 中，适当调整镜片的曲率和间距，得到系统的初始结构如图 3-18。系统由 6 片镜片构成，前 3 片镜片分别为硫系玻璃、硒化锌和硫化锌，光焦度分别为负、正、正。后 3 片镜片分别为硒化锌、硫化锌和硫系玻璃，其光焦度分别为负、负、正。在图 3-18 中，非制冷焦平面前安装了 1 片薄光学平板

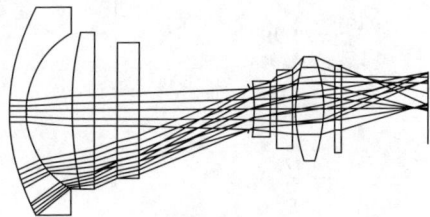

图 3-18　光学系统的外形初始结构

（材料：ZnS，厚度：1mm）以保护探测器阵列不受外界灰尘的污染。镜筒材料选用铝，其线性热膨胀系数为 $23.6 \times 10^{-6} K^{-1}$。

根据上述的初始结构，利用光学设计软件 Zemax 进行光学系统的性能优化。因为系统采用了反远距光学设计，优化时需使用 Zemax 优化操作数 EFLY 控制系统前镜组和后镜组焦距值，且需分别满足前述计算的理论焦距值，同时在控制系统

后工作距前提下，通过增加系统优化变量数量，改变透镜厚度、曲率，合理设置非球面位置及分配系统像差权重值等方式进行像质优化，使系统成像质量满足要求。

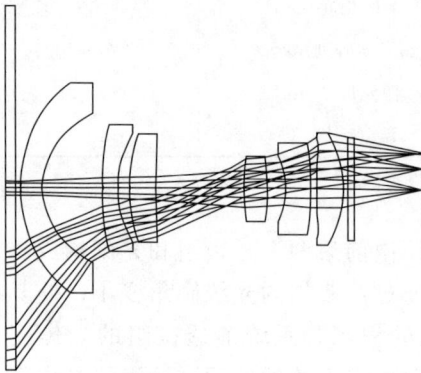

图 3-19　光学系统的外形最终优化结构

图 3-19 为系统最终优化结构图。由图 3-19 可以见，优化后系统第二片镜片光焦度由正变为负，而第三片镜片光焦度由负变为正。光阑离后透镜组的距离增大。表 3-11 为系统初始结构和最终结构的各镜片焦距变化和曲面间距变化表。F_1、F_2、F_3、F_4、F_5、F_6 为六镜片焦距值，D_1、D_2、D_3、D_4、D_5、D_6 为镜片间距。由于系统的第一片镜片为硫系玻璃镜片，其表面的保护膜镀膜技术尚未成熟，因此在实际使用过程中易受磨损。锗窗口具有良好的红外透射率、较高的机械强度和易于镀膜等优点，可以有效地保护系统。因此本设计在第一片硫系玻璃镜片前添加了一片厚度为 2mm 的锗窗口，从而使设计更具有实用性。

表 3-11　系统初始结构参量和优化后的结构参量

参量符号	初始参量/mm	最终参量/mm
F_1	−10.099	−23.45
D_1	4	11.60
F_2	21.87	−28.17
D_2	2	2.29
F_3	204.46	44.27
D_3	10	13.31
STOP		
D_4	0.5	3.63
F_4	−10.58	21.43
D_5	0.5	3.48
F_5	−122.68	−20.49
D_6	0.3	1.31
F_6	5.12	11.71

（三）系统设计性能

光学系统随着离焦量的增加，图像质量逐渐下降。光学系统焦深的计算公式为：$\delta_{10} = \pm 2\lambda_{10}(f/\#)^2$。根据上式计算得出在中心波长 $10\mu m$ 处系统的焦深为 $80\mu m$。表 3-12 列出了优化后系统由温度变化产生的系统离焦量。

表 3-12　优化后光学系统离焦量

温度/℃	长度/mm	离焦量/μm
−40	−79.9999	53
20	−79.9946	0
60	−79.9911	−35

从表 3-12 可见，在设计温度范围内（−40～60℃），系统由温度变化导致的离焦量均小于系统焦深，因此本小节提出的红外广角光学系统可以在寒冷（−40℃）或是酷暑（60℃）的恶劣环境下仍然保持良好的成像效果。

表 3-13 展示了一个点物体发出的光由各个视场角（FOV）入射系统时形成的弥散斑的均方根 RMS 半径。由表可见，光学系统在温度为 −40℃、20℃和 60℃条件时，所有视场的均方根弥散斑大小均满足 $35\mu m \times 35\mu m$ 的探测器像元尺寸。

表 3-13　系统弥散斑的均方根 RMS 半径

温度/℃	FOV($H° \times V°$)	RMS 半径/μm
−40	0	12.56
	61.6×46.2	22.68
	88×66	31.49
20	0	13.99
	61.6×46.2	22.81
	88×66	22.65
60	0	16
	61.6×46.2	23.84
	88×66	19.22

光学系统在 −40℃、20℃和 60℃时的横向色差结果是系统横向色差几乎不随温度的变化而变化。本系统具有良好的消色差性能。

（四）效果

本部分设计了一种最大视场角为 110°的长波红外广角镜头，利用了硫系玻璃易于模压成型的优点，采用硫系玻璃制备的非球面镜片和常规红外材料硫化锌及硒化锌制备的球面镜片结合，设计了一种具有反远距结构、F 数为 2、有效焦距为 5mm、工作波段为 8～12μm 的红外广角镜头。该设计系统利用了坐标法无热化设计方法的原理合理分配了硫系玻璃镜片和常规红外材料镜片的光焦度，实现了在 −40～60℃的温度范围内和在 110°的视场角范围内均可实现接近衍射极限的成像效果，且系统畸变控制在 5％以下。系统结构体积较小，符合民用红外车载镜头的设计要求，可在车载夜视领域为驾驶员提供更广阔的视野和更好的成像效果，提高行车安全。

十一、大视场红外光学系统无热化设计

(一) 简介

针对 640×512 元非制冷型红外探测器，设计一种工作波段为 8~12μm、视场为 40°×32.5°、F 数为 1.0、工作温度范围为 −55~70℃ 的大视场无热化红外光学系统。分别采用常用红外材料以及硫系玻璃与常用材料组合两种方式进行无热化设计。结果表明，由于具有低折射率温度系数，硫系玻璃应用于大视场红外光学系统无热化设计时可减少系统透镜及非球面的数量。简化结构后的系统在空间分辨率 42lp/mm 处的 MTF 值大于 0.3。该系统结构简单、装调容易、分辨率高、像质好，适用于环境温度变化剧烈的夜视导航、小型机载光电系统等领域。

(二) 设计思路

光学系统无热化设计是利用不同红外光学材料具有不同的热特性这一特点，通过在光学系统中对不同热特性材料进行组合来消除环境温度变化对光学系统成像的影响。此类结构具有简单、可靠以及装配效率高等特点，适用于大批量生产。

硫系玻璃是指玻璃中含有硫系元素 S、Se 和 Te 中的一个或几个，同时加入 Ge、Si、As、Sb 等元素中的一个或几个后所形成的非晶态光学材料。硫系玻璃的光谱透过范围为 1~14μm，在近红外、短波红外、中波红外和长波红外波段具有良好的光学透过性能。其次，硫系玻璃的转变温度低、化学稳定性好，可采用精密模压工艺进行光学透镜的加工，适于透镜的大批量生产。此外，硫系玻璃的折射率温度系数和色散系数较低，因此可作为消色差及无热化设计的红外材料。硫系玻璃种类很多。目前，国外硫系玻璃主要为美国 Amorphous 公司生产的 AMTIR-1、AMTIR-2、AMTIR-3、AMTIR-4、AMTIR-5、AMTIR-6 系列，德国 Vitron 公司生产的 IG2、IG3、IG4、IG5、IG6 系列，法国 Umicore 公司生产的 GASIR1、GASIR2、GASIR3 系列等。国内硫系玻璃主要为成都光明光电股份有限公司生产的 HWS1、HWS2、HWS3、HWS4、HWS5、HWS6 系列，湖北新华光信息材料有限公司生产的 IRG201、IRG202、IRG203、IRG204、IRG205、IRG206 系列，宁波大学研制的 NBU-IR1、NBU-IR2、NBU-IR3、NBU-IR4、NBU-IR5、NBU-IR6、NBU-IR7、NBU-IR8 系列。其中，目前在长波红外波段应用较多的是 IG6 产品，与其光学参数相同的国内玻璃牌号为 HWS6、IRG206 和 NBU-IR5。

表 3-14 列出了红外材料的温度特性参数。普通红外材料 Ge 的折射率温度系数为 $400 \times 10^{-6}℃^{-1}$，ZnSe 的折射率温度系数为 $61 \times 10^{-6}℃^{-1}$，而硫系玻璃 IRG206 的折射率温度系数为 $32 \times 10^{-6}℃^{-1}$。因此，在长波红外光学系统的无热化设计中引入硫系玻璃，可使由温度变化造成的光学系统离焦量减小。所以在光学系统中使用硫系玻璃对于简化系统结构、减轻重量、降低成本等方面均具有重要意义。

表 3-14 红外材料的温度特性参数

材料	折射率	热膨胀系数 $\alpha_g / \text{℃}^{-1}$	折射率温度系数 $\dfrac{\mathrm{d}n}{\mathrm{d}T} / \text{℃}^{-1}$
Ge	4.0026	61×10^{-7}	400×10^{-6}
ZnSe	2.4381	57.5×10^{-7}	61×10^{-6}
ZnS	2.1998	78.5×10^{-7}	50×10^{-6}
IRG206	2.7776	207×10^{-7}	32×10^{-6}

（三）设计实例

1. 设计指标

目前广泛应用 640×512 元非制冷型红外探测器进行光学系统设计。该探测器的像元尺寸为 $12\mu m \times 12\mu m$，响应波段为 $8 \sim 12\mu m$。表 3-15 列出了这种光学系统的设计参数。

表 3-15 光学系统的技术指标

参数	技术指标	参数	技术指标
探测器像元数	640×512	F 数	1.0
像元尺寸	$12\mu m$	视场	$40° \times 32.5°$
响应波段	$8 \sim 12\mu m$	工作温度	$-55 \sim 70℃$

2. 无热化光学系统设计

在长波红外光学设计中，常用的材料有 Ge、ZnS、ZnSe 等几种。由于这种系统的视场要求为 $40° \times 32.5°$（视场比较大），在光学设计的像差校正过程中需引入非球面和衍射面，用于轴外像差校正以及不同温度条件下的无热化设计。

图 3-20 所示为采用常用红外材料设计的无热化系统光路图。该系统由五片透镜组成，其材料分别为 Ge、Ge、ZnS、ZnSe、ZnSe。系统中，第一、第二、第三、第五透镜均为非球面透镜，其中第一、第三透镜的非球面基底上分别增加了衍射面，以形成用于校正系统轴外像差及色差的衍射非球面。

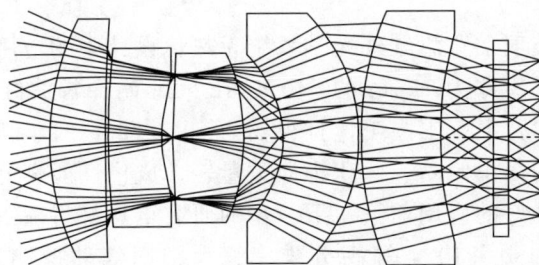

图 3-20 采用常用红外材料设计的无热化系统光路图

由采用常用材料设计的系统在 20℃、－55℃、70℃ 温度下的 MTF 图可知，该系统在 20℃ 和－55℃ 时的全视场 MTF 均大于 0.3，在 70℃ 时的全视场 MTF 均大于 0.2。

为减少系统的透镜数量和降低系统成本，设计中将第二透镜的材料由 Ge 改为硫系玻璃 IRG206（NBU-IR5、HWS6），并去掉透镜三。将系统由五片式结构改为四片式结构，然后重新进行优化。最终设计的系统由四片透镜组成，其材料分别为 Ge、IRG206、ZnSe、ZnSe。系统中，第一、第三透镜均为非球面透镜，其中第三透镜的非球面基底上增加了衍射面（形成衍射非球面）。该系统的光学总长度（第一片透镜的前表面至成像面）为 40mm，透镜的总重量为 35g。

与前述利用常用材料设计的系统相比，采用硫系玻璃后，透镜数量由原来的五片减为四片，非球面由原来的四个减为三个，衍射面由原来的两个减为一个。

由采用硫系玻璃与常用材料组合设计的无热化光学系统在 20℃、－55℃ 和 70℃ 温度下的 MTF 图可以看出，这种系统在不同温度条件下的全视场 MTF 均大于 0.3，表明该系统成像性能良好，能够满足工程应用需求。这种光学系统的衍射艾里斑直径为 $2.44\lambda F^{\#}=2.44\times10\times1=24.4\mu m$。

由采用硫系玻璃与常用材料组合设计的无热化光学系统在 20℃、－55℃ 和 70℃ 温度下的点列图可以看出，该系统边缘视场的均方根（RMS）弥散斑直径的最大值为 $24.4\mu m$，弥散斑直径与艾里斑直径相当，因此满足应用要求。该系统 0.7 视场的畸变小于 1.3%，边缘视场的畸变小于 3%，满足系统使用要求。

对光学系统各透镜及镜筒的公差分配，会使整个光学系统的公差灵敏度降至较低值，从而更好地保障产品的性能。

主要公差设定值如下：光圈为 3，局部光圈为 0.5，透镜厚度误差为 $\pm0.02mm$，透镜间隔误差为 $\pm0.02mm$，表面偏心为 $\pm0.02mm$，表面倾斜为 $\pm0.02mm$，透镜偏心为 $\pm0.02mm$，透镜倾斜为 $1'$。

经过公差分析，在上述公差范围内，光学系统中心视场在 42lp/mm 处的 MTF 超过 90% 以上的概率可达到 0.40；0.7 视场在 42lp/mm 处的 MTF 超过 90% 以上的概率可达到 0.35；边缘视场在 42lp/mm 处的 MTF 超过 90% 以上的概率可达到 0.28。

（四）效果

本部分对硫系玻璃在宽温红外光学系统无热化设计中的应用进行了研究。针对目前广泛使用的像元尺寸为 $12\mu m$ 的 640×512 元非制冷长波红外探测器，设计了一种可在 $-55\sim70℃$ 宽温范围内工作且视场为 $40°\times32.5°$ 的非制冷长波红外成像光学系统。该系统结构简单紧凑、体积小、重量轻、成像性能良好，在安防监控、车载夜视等领域具有良好的应用前景。下一步的研究重点是将硫系玻璃应用在适应于新型 1024×768、1280×1024 等高分辨率、大靶面红外探测器的无热化光学系统中。

第三节 · 短波中红外硅基材料与波导器件

一、简介

短波红外（short wavelength infrared，SWIR）是指波长在 $0.7\sim2.5\mu m$ 范围内的电磁波波段，跨越近红外（$<2\mu m$）和中红外（$\geqslant2\mu m$）两部分，其中短波中红外（$2.0\sim2.5\mu m$）光学具有很多独特的性质，在通信测距、卫星遥感、疾病诊断、军事国防等领域具有广泛的应用。首先，短波中红外是重要的大气透明窗口之一，基本不与水汽分子的主要吸收带（$1.7\sim2.0\mu m$ 和 $2.4\sim3.3\mu m$）重叠，在大气中具有较强的穿透力，可以用于遥感和测距等应用。

在现有的集成光学技术中，硅基光子学在开发短波中红外集成光波导器件方面具有无可比拟的优势。首先，作为第一代半导体材料的代表，硅基材料和器件的设计、制备、表征技术的发展都非常成熟，且器件具备高集成度、高稳定性、高可靠性等优点，在半导体产业中占绝对主导地位。其次，硅是一种间接带隙的半导体材料，其带隙宽度约为 $1.12eV$，在短波中红外波段透明度高，非常适合开发光学波导器件。并且，随着波导中传输波长的增加，波导侧壁粗糙引起的瑞利散射光学损耗逐渐降低，特别是当波长大于 $2.15\mu m$ 时，硅基波导器件中双光子吸收引起的非线性光学损耗也可忽略不计，因此，硅基平台是开发高功率光电子集成器件的理想平台。最后，以硅-绝缘体晶圆（SOI）为基础，面向通信波段（$1.3\mu m$ 和 $1.5\mu m$）应用所开发的硅基光子学经过多年发展已经取得了雄厚的技术积累。同时，作为氧化埋层（BOX）和波导包层的二氧化硅材料在短波中红外波段吸收较弱，所以通信波段相关技术基本可以直接转移到短波中红外波段，无需针对短波中红外波段开发新的器件加工工艺。另外，随着波长的增加，光学器件对加工工艺的最小尺寸、设计容差、加工精度等要求还将进一步降低，相比通信波段，短波中红外有望实现更低的器件开发成本。

二、无源波导器件

无源波导器件是硅基光子学的基石，在过去的研究中，科研工作者们基于不同的硅基晶圆开发了多种类型的短波中红外硅基光学器件，包括波导、光栅耦合器件、微型谐振腔器件、复用/解复用器件等。器件结构和性能的改进为实现低成本、高密度、多功能的短波中红外光电器件片上集成奠定了基础，有望惠及光通信、光互连、光学传感和非线性光学等多个领域。

1. 波导

硅基波导具有光场限域能力强、光学损耗低、CMOS 工艺兼容性好、可实现高密度器件集成等优点，是硅基光子学的研究重点。相比于通信波段，短波中红外硅基波导器件发展较晚，但其具备开发超低光学损耗器件的强大潜力。

基于 SOI 晶圆的单模条形波导（strip waveguide），在 $2.2\mu m$ 波长处测得其传输光学损耗低于 $0.6dB/cm$。随后，基于 SOI 晶圆制作了厚度为 340nm、宽度为 600nm、刻蚀深度为 240nm 的单模脊形波导（rib waveguide），测得波导在 $2\mu m$ 波长处的传输光学损耗为 $(1.00\pm0.008)dB/cm$。在此之后，基于 SOI 晶圆又制作了 220nm 厚的单模条形波导和脊形波导，在 $2.02\mu m$ 波长处，测得条形波导和脊形波导的传输光学损耗分别为 $(3.3\pm0.5)dB/cm$、$(1.9\pm0.2)dB/cm$。同时测量了弯曲半径为 $3\mu m$ 的波导弯曲损耗，条形和脊形波导的弯曲损耗分别为 $0.36dB/90°$ 和 $0.68dB/90°$。实验证明，与条形波导的传输损耗相比，脊形波导的传输损耗要更低。进一步，2021 年，基于多项目晶圆（multi-project wafer，MPW）工艺制作了工作在 $2\sim2.5\mu m$ 波段的硅基波导器件，为开发低成本、高密度集成的短波中红外片上系统提供了指导。

基于 SOI 晶圆还研究了工作在 $2\mu m$ 波长处的波导交叉器件，通过级联多个波导交叉器件进行测量，得到单个波导交叉器件的插入损耗为 $(0.08\pm0.011)dB$，交叉串扰小于 $-34dB$。上述结果表明，氧化埋层对短波中红外的光学吸收损耗较低，SOI 波导器件在光谱学和非线性光学中有广阔的应用前景。为了进一步降低波导器件基底对光的吸收，人们还探索了除 SOI 波导外更多类型的短波中红外波导器件。有实验基于硅-蓝宝石晶圆（SOS）制作了条形波导，在 $2.08\mu m$ 波长处波导器件的传输光学损耗仅为 $1.4dB/cm$，其蓝宝石基底能有效避免对波导中长波段光的吸收，拓展波导器件的光谱范围至 $5.5\mu m$ 波长。还有实验基于 SOI 晶圆开发了中红外悬空薄膜波导（suspended membrane waveguide，SMW），实验测得传输光学损耗为 $(3\pm0.7)dB/cm$，在理论上分析了该波导色散和非线性特性。2017 年，基于 SOI 晶圆开发了中红外悬空狭缝波导（suspended slot waveguide），采用亚波长光栅包层（subwavelength grating cladding）作为支撑，实验测得在 $2.25\mu m$ 波长处的传输光学损耗为 $7.9dB/cm$。随着微纳加工工艺的不断改进，硅基波导器件的光学损耗将不断降低，这是大规模的片上系统集成的关键。主要短波中红外波导器件性能对比如表 3-16 所示。

表 3-16　短波中红外波段硅基波导器件特性

序号	晶圆	波长/μm	光损/(dB/cm)	波导类型
1	SOI	2.2	0.6	带幅状
2	SOI	2	1.00 ± 0.008	裂幅状
3	SOS	2.08	1.4	带幅状
4	SOI	2.02	1.9 ± 0.2	裂幅状
5	SOI	2.02	3.3 ± 0.5	带幅状
6	SOI	2.25	7.9	吊缝幅状

2. 光栅耦合器件

光栅耦合器件用于在光纤与硅基芯片之间实现高效的光场耦合，是硅基光子芯片封装的关键技术之一，具有器件体积小、耦合位置灵活、易于进行片上测试等优点，在通信波段已经进行了广泛的研究和应用。然而，工作在短波中红外的光栅耦合器仍需要进一步研究探索。一方面，由于波长的增加，短波中红外光栅耦合器的光栅周期比通信波段大 1.5 倍，而单模光纤在短波中红外的模场直径与通信波段几乎相同，因此，光纤与硅波导在长波段中的光场耦合不可避免地要使用更少的光栅周期实现。另一方面，随着波长的增加，器件的最小特征尺寸也相应增加，为开发光栅耦合器提供了更好的设计灵活性和器件制作容差。目前，科研工作者们对该波段的光栅耦合器件已经进行了初步的探索，并取得了一定的成绩。基于 SOI 晶圆可开发适用于 $2.15\mu m$ 波段的浅刻蚀光栅耦合器 （shallow-etched grating coupler，SEGC），光栅刻蚀深度为 70nm，峰值耦合效率为 $-5.2dB$，3dB 光谱带宽为 160nm。该光栅耦合器的中心波长位于双光子吸收截止波长的边缘，覆盖了许多分子的特征吸收峰，可用于非线性光学器件和传感器件的开发。

研究人员基于 SOI 晶圆提出并实验验证了一种用于中红外光场耦合的聚焦亚波长光栅耦合器 （focusing subwavelength grating coupler，FSGC），采用悬空结构去除氧化埋层对中红外光的吸收，实现了 $-6dB$ 的峰值耦合效率，并验证了该器件结构在偏振不敏感光场耦合中的应用。

有实验基于 SOI 晶圆设计了一种采用多晶硅层增强耦合效率的光栅耦合器，总刻蚀深度为 240nm，在 $2.1\mu m$ 波长处实现了峰值耦合效率为 $-3.8dB$、3dB 光谱带宽为 90nm 的光栅耦合器。研究人员基于 500nm 顶层硅 SOI 晶圆开发了两个双波段的聚焦亚波长光栅耦合器，在波长 $1.56\mu m$ 和 $2.255\mu m$ 处分别实现了 $-6.9dB$ 和 $-5.9dB$ 的耦合效率，在波长 $1.487\mu m$ 和 $2.331\mu m$ 处分别实现了 $-6.9dB$ 和 $-5.7dB$ 的耦合效率，该研究为通信波段和 $2\mu m$ 波分复用系统中芯片与光纤的耦合提供了新方法。为了克服电子束曝光 （electron beam lithography，EBL） 工艺对大批量、低成本器件制作的局限性，研究人员基于 MPW 工艺实验研究了短波中红外聚焦亚波长光栅耦合器。该器件基于 220nm 顶层硅 SOI 晶圆的标准工艺流片加工制作，刻蚀深度为 70nm，在中心波长 $2.36\mu m$ 处测得耦合效率为 $-7.77dB$，器件标准差为 0.5dB，平均 3dB 光谱带宽为 85nm。他们还对耦合光纤的位置以及入射角度的容错性进行了测试，为基于 MPW 工艺开发短波中红外大规模系统集成应用奠定了基础。

研究人员基于 220nm 顶层硅 SOI 晶圆开发了短波中红外超薄厚度的光栅耦合器用于短波中红外超薄波导的耦合，顶部硅层刻蚀深度为 150nm。该器件测试结果为，在中心波长 $2.2\mu m$ 处，该器件耦合效率为 $-7.1dB$，1dB 光谱带宽为 115nm，此外研究者们根据光栅耦合器透射光谱的法布里-珀罗干涉条纹估计了该器件具有大约 $-19.9dB$ 的背向反射。与先前的工作相比，该器件在光谱带宽与背向反射方面具有优秀的表现，这主要归因于顶层硅层有效折射率的降低。未来根据实际应用，需要研发新结构的光栅耦合器件，以满足波导光场耦合在中心波长、耦合效率、光谱带宽、偏振特性、对准容差等方面的需求。

主要短波中红外硅基光栅耦合器件性能对比如表 3-17 所示。

表 3-17　短波中红外波段硅基光栅耦合器件特性

序号	晶圆	刻蚀深度/nm	结构	波长/μm	带宽/nm	耦合效率/dB
1	SOI	70	SEGC	2.15	160(3dB)	−5.2
2	SOI	240	SEGC	2.1	90(3dB)	−3.8
3	SOI	—	FSGC	2.255/2.331	38/54(1dB)	−5.9/−5.7
4	SOI	70	FSGC	2.36	85(3dB)	−7.77
5	SOI	150	FSGC	2.2	115(1dB)	−7.1

3. 微型谐振腔器件

微型谐振腔是一类非常重要的硅基光学元件，在高灵敏度光学传感、光互连、光通信和非线性光学等领域有广泛的应用。随着微纳制造技术和光刻技术的不断成熟，目前已经开发了许多不同结构的短波中红外微型谐振腔，包括微环谐振腔（microring resonator）、微盘谐振腔（microdisk resonator）等。

研究人员基于 SOS 晶圆设计开发了跑道型微环谐振腔（racetrack microring resonator），测得品质因子 Q 值为 11400 ± 800。然而，相比 SOI 晶圆，SOS 晶圆存在着器件制造工艺不标准和成本较高的问题。基于 SOI 晶圆研发 Q 值约为 8100 的悬空薄膜微环谐振腔，可用于开发中红外非线性光学应用所需的低色散、高非线性和超低损耗器件。有实验基于 SOI 晶圆开发了一种高 Q 值的硅基波导微环谐振腔，周长为 $350\mu m$，微环与总线波导间隔 450nm，耦合长度 $20\mu m$。在 $2.3\mu m$ 波段，谐振腔 Q 值可达到 75000，自由光谱范围（FSR）3.9nm。

研究人员基于 MPW 工艺开发了一种可热调谐的跑道型微环谐振腔，弯曲半径为 $10\mu m$，耦合长度为 $12\mu m$，在 $2\mu m$ 波段处，实验测得 Q 值为 1520，FSR 约为 12nm，消光比超过 20dB。此外，人们基于 SOI 晶圆分别研究了未掺杂和轻 P 掺杂的微环谐振腔，微环直径为 $80\mu m$。在 $2\mu m$ 波段处，测得 Q 值分别为 17000 和 11000，FSR 分别为 4.5nm 和 4.47nm。除了微环谐振腔，研究者们还基于 SOI 晶圆开发了亚波长微盘谐振腔，微盘半径为 $6\mu m$，在 $2\mu m$ 波段处，测得 Q 值为 800，FSR 为 40nm，为未来中红外传感提供了极具应用前景的器件。主要短波中红外硅基微型谐振腔器件性能对比见表 3-18。总之，高品质因子的微型谐振腔为传感、非线性光学、光谱学等中红外应用提供了极具前景的开发平台，但仍需要进改进工艺，实现更高性能的微型谐振腔。

表 3-18　短波中红外硅基微型谐振腔器件特性

序号	晶圆	Q 因子	FSR/nm	结构
1	SOI	75000	3.9	微环
2	SOI	17000	4.5	微环
3	SOS	11400	N/A(不适用)	跑道型微环
4	SOI	11000	4.47	P 型掺杂的微环
5	SOI	8100	N/A(不适用)	悬浮膜微环
6	SOI	1520	12	跑道型微环
7	SOI	800	40	亚波长光栅微盘

4．复用/解复用器件

复用/解复用器是用于高速数据通信和多参量传感领域的一类重要光学无源器件。首先，基于波导阵列光栅（AWG）的波分复用/解复用器具有波长间隔小、支持信道数多等优点，被广泛应用于密集波分复用和片上光谱分析系统中。有实验基于 220nm 顶层硅 SOI 晶圆设计开发了中心波长为 $2.2\mu m$ 的高分辨率六通道 AWG。实验测得 AWG 的插入损耗为 4dB，串扰为 $-16dB$。有研究人员基于 340nm 顶层硅 SOI 晶圆设计并制作了九通道 AWG，通道间距为 200GHz，实验测得在 $2\mu m$ 波段处该器件的插入损耗为 6dB，串扰为 $-15.7dB$，可用作短波中红外波段解复用器。

其次，中阶梯光栅（echelle grating，EG）和多模干涉仪（MMI）也可以用作波分复用/解复用器。研究人员基于 SOI 晶圆设计了中心波长为 $2.1\mu m$ 和 $2.3\mu m$ 的中阶梯光栅解复用器。由于非最佳波导宽度，两个中阶梯光栅的插入损耗都较高，但都获得了低于 $-16dB$ 的串扰。基于 340nm 顶层硅 SOI 晶圆设计还开发了一种可以实现 $1.55\mu m$ 和 $2\mu m$ 光波分复用的 MMI。实验测得器件在 $1.55\mu m$ 和 $2\mu m$ 波段的插入光学损耗分别为 0.14dB 和 1.2dB，两波长之间的串扰为 $-18.83dB$。该器件结构紧凑、光谱带宽宽、制作容差高，可作为多路复用/解复用器。

最后，除波分复用器件外，模分复用器件在短波中红外硅基光子学中也得到了发展和应用。研究人员基于 SOI 晶圆设计开发了工作在 $2\mu m$ 波段的四模多路复用/解复用器，该复用器由三个锥形定向耦合器（directional coupler，DC）组成。在 $2\mu m$ 波段处，四个通道的平均插入损耗均小于 5dB，在 $1950\sim2020nm$ 宽的波长范围内，四个通道的平均串扰小于 $-18dB$。在误码率为 3.8×10^{-3} 的情况下，测量到的光信噪比小于 2.5dB。该研究在片上光互连和数据处理等领域具有广阔的应用前景。主要短波中红外硅基复用/解复用器性能对比见表 3-19。

表 3-19　短波中红外硅基复用/解复用器件特性

序号	波长/μm	插入损耗/dB	串扰/dB	结构
1	2	6	-15.7	AWG
2	2.1/2.3	>5	<-16	EG
3	2.2	4	-16	AWG
4	2	<5	<-18	DC
5	2	1.2	-18.83	MMI

三、非线性光学波导器件

硅基材料具有高折射率〔约 3.45（$2\mu m$ 波长）〕和高克尔非线性系数〔约 $1.1\times10^{-17}\,m^2/W$（$2\mu m$ 波长）〕的特点，并且在短波中红外波段的双光子吸收系数较低，因此，在短波中红外非线性光学器件的研发和应用方面潜力巨大。目前，多种非线性光学效应已经在短波中红外硅基器件中被研究探索，并用于研发新型的片上中红外光源，包括四波混频（FWM）、光参量放大（optical parametric amplification，OPA）、光参量振荡（optical parametric oscillator，OPO）、超连续谱产生（supercontinuum generation，SCG）和克尔光频梳（kerr frequency comb，KFC）等。

研究人员在 SOI 晶圆上开发了螺旋波导（spiral waveguide），利用四波混频效应将 $2.4\mu m$ 波段的光转换到 $1.6\mu m$ 波段，实现了长达 62THz 的频率转换，参量转换增益为 19dB，提高了对微弱中红外信号的探测灵敏度。有实验在正色散的硅基波导中利用四波混频实现了超过一个倍频程的波长转换，利用 $2.1\mu m$ 波长处的高功率泵浦和 $1.5\mu m$ 处的探测光，在 $3.6\mu m$ 波长附近产生中红外光。实验证明，在峰值泵浦功率为 18.3W 的情况下，片上参量增益峰值为 13.1dB。除了四波混频外，研究者们对光参量放大和光参量振荡也进行了相关研究。研究人员开发了高增益带宽的短波中红外硅基波导光参量放大器件，在 $2.2\mu m$ 波段处利用一条 4mm 长的硅基波导器件实现了增益系数高达 25.4dB 的光信号放大。研究人员还获得了 SOI 波导集成的脉冲泵浦的光参量振荡器，在 $2\mu m$ 波段附近可以产生 75nm 以上光谱调谐范围的短波中红外相干光输出。

除了硅基波导集成的光参量振荡器外，短波中红外超连续谱光源也获得了广泛的关注。研究利用皮秒脉冲在 SOI 波导中实现短波中红外超连续谱产生，波长覆盖 $1.5\sim2.5\mu m$。该超连续谱源与各种分子的"指纹"振动吸收谱线重叠，在振动光谱学中有广泛的应用潜力。为了克服 SOI 波导中二氧化硅衬底的吸收问题，在 SOS 波导中实现了波长覆盖 $2\sim6\mu m$ 的超连续谱。这项研究是当时在硅基波导中实现的光谱最宽、波长最长的超连续谱，是在硅平台中实现连续跨倍频程超连续谱的标志性工作之一。随后，为了克服蓝宝石的吸收系数随波长的增加不断上升的问题，同时为了降低晶圆制作成本，研究了基于空气包层的悬浮 SOS 波导超连续谱产生，光谱范围可覆盖 $2\sim5\mu m$ 波段，该研究成果显示了空气包层的悬浮硅基波导在产生宽带超连续谱应用方面的巨大潜力。除超连续谱产生外，研究者也实现了片上克尔光频梳研究的突破进展，利用硅基波导微环谐振腔产生了光谱覆盖 $2.1\sim3.5\mu m$ 的宽带片上光频梳，通过实验验证了利用硅基波导微环谐振腔产生锁模光频梳，提高了光频梳的相干性，光谱带宽覆盖 $2.4\sim4.3\mu m$，实现了 40% 的高泵浦功率转换效率。除了硅基波导外，锗基波导器件的克尔光频梳也得到了关注，理论研究了利用锗基和锗硅合金波导微环谐振腔在短波中红外产生克尔光频梳的可行性。该工作的研究结果表明，利用锗硅合金波导可以有效减少双光子吸收的截止波长，从而使光频梳范围可覆盖到 $2.4\sim3.3\mu m$。

总之，开发波导集成的短波中红外非线性光学波导器件是一个非常前沿的研究方向，对推动光谱测量、生化传感、光通信测距等应用的小型化发展具有重要价值。

四、光电波导器件

短波中红外光电器件（包括调制器、探测器等）是实现通信、传感、测距等应用的关键核心组成部分，硅基光子学为开发调制器件和探测器件提供了极具发展前景的光电集成平台，近年来受到越来越多研究者的关注。

1. 电光调制器

目前所报道的短波中红外片上相移器件主要包括电光相移器件和热光相移器件两类，并通过片上马赫-曾德尔干涉仪（MZI）或微环谐振腔（microring resonators，MRR）两种结构实现相位到光强的转换。目前，基于自由载流子色散效应（plasma dispersion effect）的硅基电光调制器在通信波段已经得到了广泛研究和应用，研究者们发现基于该效应的电光调制器还可应用于中红外波段。研究人员开发了工作在短波中红外波段的、自由载流子注入型的、硅基波导集成的 MZI 电光调制器件，该器件具有 1mm 长的 p-i-n 波导实现相移功能。该调制器对 $2.16\mu m$ 波段的光实现了 3Gbps 的电光调制，消光比（extinction ratio，ER）为 23dB，调制效率（modulation efficiency，ME）为 $0.12V\cdot mm$。基于自由载流子色散效应，可开发工作在 $2\mu m$ 波段的、硅基波导集成的 MZI 调制器件和 MRR 调制器件。其中，MZI 调制器的调制速度可达 20Gbit/s，消光比 5.8dB，调制效率 $0.268V\cdot mm$；MRR 调制器的调制速度达到 3Gbit/s，消光比 2.3dB，功耗 2.38pJ/bit。该研究为实现 $2\mu m$ 波段的全硅片上收发器奠定了基础。

在 $2\mu m$ 波段开发了多电平调制的高速硅马赫-曾德尔调制器件（MZM），对四阶脉冲幅度调制（PAM-4）信号实现了高达 80Gbit/s 的调制速率。虽然电光调制器调制速度快，但其通常存在调制效率较低的问题，而热光调制器因其效率高、易于集成的优势也同样得到了广泛的关注。研究人员基于 SOI 晶圆开发了工作在 $2\mu m$

波段的 p_{++}-p-p_{++} 型热光调制器，分别研究了 MZI 和 MRR 结构的调制器性能。基于 MZI 和 MRR 的热光调制器的调制效率分别为 0.17nm/mW 和 0.1nm/mW，对应的半波功率损耗分别为 25.21mW 和 3.33mW。两种热光调制器的上升/下降时间分别为 $3.49\mu s/3.46\mu s$ 和 $3.65\mu s/3.70\mu s$，是目前所报道的 $2\mu m$ 波段热光调制器件能达到的最快响应时间，对 $2\mu m$ 波段低损耗、低延迟光通信应用的发展起了重要推动作用。总之，调制器是集成光路应用的重要组成部分，是实现信号编码、交换、复用等功能的关键部件，为短波中红外波段的光通信和计算等应用起了重要的支撑作用。主要短波中红外硅基波导集成的调制器性能对比如表 3-20 所示。

表 3-20   短波中红外硅基波导集成的调制器特性

序号	晶圆	波长/μm	速度/(Gbit/s)	ER/dB	ME	结构
1	SOI	2.16	3	23	0.12V·mm	MZI
2	SOI	2	20	5.8	0.268V·mm	MZI
3	SOI	2	3	2.3	—	MRR
4	SOI	2	80	—	—	MZI
5	SOI	2	—	—	0.17nm/mW	MZI
6	SOI	2	—	—	0.1nm/mW	MRR

2. 光电探测器

光电探测器能将光信号转变为电信号以便进一步的处理和存储，是集成光学中非常重要的一类有源器件。目前，$2\sim2.5\mu m$ 波段的光电探测器以Ⅲ-Ⅴ族材料、二维半导体材料、纳米线与硅基波导器件异质集成为主要实现方法。

研究人员基于 SOI 晶圆提出了 GaInAsSb p-i-n 光电二极管探测器。该探测器在 $2.29\mu m$ 处的响应度为 0.44A/W，外部量子效率约 24%，室温下工作的暗电流为 $1.13\mu A$。然而，Ⅲ-Ⅴ族材料一般存在成本高、器件与 CMOS 技术不兼容、材料制备污染较大等问题。为解决这些问题，研制了 $Ge_{0.92}Sn_{0.08}$ 合金的 p-i-n 光电探测器，其截止波长为 $2.3\mu m$。反向偏压为 1V 时，探测器在 $2\mu m$ 波长处的响应度为 93mA/W，暗电流为 $171\mu A$，是响应度较高的 GeSn p-i-n 光电探测器。该研究为工作在短波中红外波段的光电探测器的开发提供了一种极具前景的技术。二维材料，如石墨烯（graphene）、黑磷（black phosphorus）等，因光谱响应带宽宽以及能够避免材料与硅基波导晶格失配的优点，成为了一类极具发展前景的短波中红外光电材料。研究人员开发了基于热辐射/光导效应的、波导集成的石墨烯光电探测器，在 $2\mu m$ 波长处该探测器的响应度为 70mA/W，3dB 带宽为 20GHz，该研究为短波中红外波段的高响应光电探测器的发展开辟了道路。除此之外，超导纳米线单光子探测器因其高灵敏度也得到了一定的关注。

为了增加光子的有效作用时间，探测器利用硅化钨纳米线吸收光子，然后耦合进纳米线下方的跑道型微环谐振腔，实验测得探测效率高达 90% 以上。异质集成的光电探测器在短波中红外波段有较强的电光响应，是目前硅基波导器件集成的短波中红外光电探测器的主要实现方法，然而，异质集成的光电探测器仍存在着制作成本较高、不与 CMOS 工艺完全兼容等缺点。纯硅光电探测器因其与 COMS 工艺完全兼容、易于单片集成的优点，同样获得了研究者们的关注。然而，受到硅基材料本征带隙的限制，短波中红外硅基光电探测器通常需要利用离子掺杂等技术引入中间能级，提升硅基材料的光电响应，目前这一技术仍存在响应度较低的问题。工作在 $2.2\sim2.4\mu m$ 波段的 Zn^+ 注入型硅基波导光电二极管探测器，其响应度为 $(87\pm29)mA/W$，暗电流小于 $10\mu A$。该研究成果证明了在短波中红外波段利用硅基波导实现片上光电探测的可行性。研究工作在 $2.2\sim2.3\mu m$ 波段的 Si^+ 注入硅波导 p-i-n 光电探测器，在 5V 反向偏压下测得最大响应度为 10mA/W，暗电流小于 $1\mu A$。工作在 $2\mu m$ 波段的高速单片硅雪崩光电二极管探测器在 $2\mu m$ 处的响应度为 $(0.3\pm0.02)A/W$，工作速率超过了 20Gbit/s，暗电流小于 $1\mu A$，该成果为短波中红外光通信的发展提供了新的解决方案。主要短波中红外硅基波导集成的探测器性能对比见表 3-21。

表 3-21　短波中红外硅基波导集成的探测器特性

序号	类型	波长/μm	响应度/(mA/W)	暗电流/μA
1	GaInAsSb p-i-n 光电二极管	2.29	0.44	1.13
2	GeSn p-i-n 光电探测器	2	93	171
3	硅-石墨烯波导光电探测器	2	70	—
4	超导纳米线单光子探测器	2.1	—	—
5	Zn^+ 注入型硅基波导光电二极管	$2.2\sim2.4$	87 ± 29	<10
6	Si^+ 注入硅波导光电探测器	$2.2\sim2.3$	10	<1
7	硅光电二极管	2	0.3	<1

参考文献

[1] 汪杨俊杰. 硅在现实生活中的应用研究[J]. 当代化工研究，2017 (1)：24-25.

[2] 王丽荣，石澎. 硅在红外光学薄膜中的应用研究[J]. 真空，2013，50 (1)：31-33.

[3] 聂辉文，成步文. 硅基锗材料的外延生长及其应用[J]. 中国集成电路，2010，19 (1)：71-78.

[4] 段微波，庄秋慧，李大琪，等. 硅薄膜的短红外光学特性和 $1.30\mu m$ 带通滤光片[J]. 光学学报，2012，32 (10)：277-280.

[5] 马兴招，唐利斌，张玉平，等. 硅基 BIB 红外探测器研究进展[J]. 红外技术，2023，45 (1)：1-14.

[6] 赵策洲，朱作云，李跃进，等. 硅基 GaAs/GaAlAs 平面光波导的研究[J]. 红外毫米波学

报，1996，15（3）：221-223.

[7] 冯露露，冯松，胡祥建，等. 中红外硅基光波导的发展现状[J]. 电子科学，2024，37（2）：36-45.

[8] 周建平，于福熹，丁子上. 非晶硅磷合金红外及光学性质研究[J]. 无机材料学报，1991，6（1）：77-80.

[9] 何敏，李伟，李雨励，等. 基于非晶硅薄膜的微测辐射热计光学仿真与优化[J]. 红外技术，2012，34（6）：319-324.

[10] 杨华明，邱冠周. 石英质红外材料的研制[J]. 材料科学与工艺，1998，6（3）：21-23.

[11] 周顺，刘卫国，蔡长龙，等. 氮氧化硅薄膜红外吸收特性的研究[J]. 兵工学报，2011，32（10）：1255-1259.

[12] 舒浩文，苏绍棠，王兴军，等. 面向中红外应用的硅基光电子学最近研究进展[J]. 电信科学，2015，31（10）：22-35.

[13] 贺祺，王亚茹，陈威成，等. 短波中红外硅基光子学进展[J]. 红外与激光工程，2022，51（3）：106-121.

第四章

硒化锌

第一节 · 硒化锌晶体

一、简介

硒化锌是Ⅱ-Ⅵ族半导体化合物，按材料功能分，它属于透光材料，为红外装置上的光学窗口、红外透镜、棱镜、滤光片等元件的重要材料，也是一种常用的优质镀膜料。随着它在红外激光领域的应用发展，尤其是用作激光大功率窗口时，要求有透过率（10.6μm 处）≥70%，吸收系数≤0.005cm^{-1}，尺寸 ϕ≥50mm×（5~6）mm，承受功率≥5000W，均匀性好、透过波段宽的优质硒化锌晶体材料。为此，材料制备工艺的研究和选择便显得非常重要。

ZnSe 呈淡黄色，属面心立方晶体。常压下 1000℃ 左右升华，约在 9.8MPa 高压的惰性保护气氛下熔点为 1515℃。透射波长范围 0.5~22μm，吸收系数（10.6μm）4.0×10^{-4}cm^{-1}，折射率（10.6μm）2.4，线热胀系数 8.5×10^{-3}℃$^{-1}$，纵弹性模量 6.72×10^{10}Pa，抗张强度 5.52×10^{17}Pa。化学性能稳定，具有较强的抗潮解能力。ZnSe 材料与几种常用光学晶体性能见表 4-1。

表 4-1　几种常用光学晶体的性能比较

材料	透射波长/μm	吸收系数(10.6μm)/cm^{-1}	折射率/(10.6μm)	线热胀系数/(×10^{-3}℃$^{-1}$)	纵弹性模量/(×10^{10}Pa)	抗张强度/(×10^{17}Pa)	潮解性
Ge	1.8~23	1.2×10^{-2}	4.00	5.7	10.3	9.31	不潮解
GaAs	0.9~18	5×10^{-3}	3.30	5.7	8.48	13.86	不潮解
ZnSe	0.5~22	4.0×10^{-4}	2.4	8.5	6.72	5.52	耐潮解
NaCl	0.2~18	1.3×10^{-3}	1.52	44	4.0	0.39	易潮解
SiO$_2$	0.16~5	—	—	—	—	—	不潮解

从 ZnSe 与几种常用光学晶体理化性能的比较可看出，需同时满足可见-红外广谱波段范围或在某些特定波长（如 $10.6\mu m$）下使用，ZnSe 材料才有优越性，若作为可见与红外分开使用，则其性能相形见绌。

从 ZnSe 材料的理化性能可以看出，它在 $0.5\sim22\mu m$ 有良好的透射性能，基本覆盖可见-红外波段范围，是一种全天候光学装置的优良材料。

由于 ZnSe 常压下在 $1000℃$ 升华，只有在高温高压下才能将其变为熔体，因而给制造 ZnSe 单晶体带来很大的困难。

目前世界上作为光学材料使用的 ZnSe，归纳起来实际是三种形态：一是将 ZnSe 粉末经热压成形的 ZnSe 多晶（或致密粉体）用作红外热成像与激光装置的透射窗口；二是将化学气相沉积法（CVD）或外延生长法得到 ZnSe 薄膜或晶片（多晶或准单晶）用作蓝色发光器件；三是将 ZnSe 粉末用升华法或其他方法制备的针（枝）状单晶（非单一取向针状单晶的汇集或孪晶）用作蓝色发光器件。上述三种形态的 ZnSe 材料，或因其折射性能不稳定，或因其通光口径太小，不能在高精度光学成像系统使用。

现代军事光学侦察装备要求本身具备高精度、轻型化、全天候的功能。由于受基础材料的限制，为了达到观察全天候的目标，不得不分别设置可见与红外成像两套系统，使得装置复杂、庞大而笨重。在可见光波段通常使用高质量的石英或特种玻璃作为成像器件材料，而在红外热成像波段通常使用 Ge 和 GaAs 单晶材料，实际 90% 以上使用昂贵稀有的 Ge 单晶。因而寻求新的方法研制既具有可见-红外广谱良好透射性能，又具有稳定折射率性能和足够的通光口径的 ZnSe 单晶材料有着重要意义。

二、制备方法

（一）硒化锌粉料生产工艺

1. 湿法生产

① 先制备亚硒酸锌。将金属硒和硝酸作用，生成亚硒酸，其反应为：

$$Se + HNO_3 \longrightarrow H_2SeO_3 + NO + NO_2$$

再将经提纯后的亚硒酸与净化处理后的光谱纯醋酸锌合成、生成亚硒酸锌，其反应为：

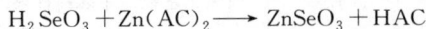

$$H_2SeO_3 + Zn(AC)_2 \longrightarrow ZnSeO_3 + HAC$$

② 再将亚硒酸锌转化为硒化锌。将制得的亚硒酸锌于 $80\sim90℃$ 温度下烘干到呈白色细粉后，用水合肼络合，将它转化为亚硒酸肼，其反应为：

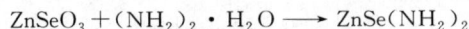

$$ZnSeO_3 + (NH_2)_2 \cdot H_2O \longrightarrow ZnSe(NH_2)_2$$

最后用醋酸分解亚硒酸肼，获得所需黄色硒化锌粉末，其反应为：

$$ZnSe(NH_2)_2 + HAC \longrightarrow ZnSe + (NH_2)_2 \cdot HAC$$

此法产量高，产品活性好，但流程长，生产过程中难免被杂质污染，以致降低了红外光学性能，产生禁带中的等离子陷。

2. 气（液）相回转合成

将原材硒和锌按硒（Se）：锌（Zn）＝1：1化学计量配料，因硒易挥发，因此配料时硒必须适当过量，硒化锌合成在电加热的哈呋炉中进行，反应器为石英材料（图 4-1）。

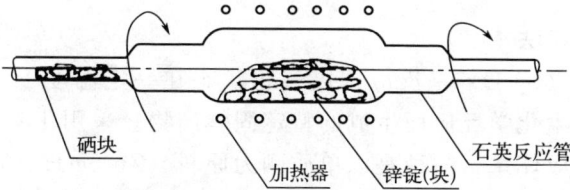

图 4-1　硒化锌合成反应器与装料示意图

将金属硒和锌分别盛装在密闭、可充惰性气体的石英反应器中，升温后，开启由直流电机传动的回转合成反应器，按下式开始合成反应：

$$Se_{(气)} + Zn_{(气)} \longrightarrow ZnSe_{(固)} + Q$$
$$Se_{(液)} + Zn_{(液)} \longrightarrow ZnSe_{(固)} + Q$$

两式均为放热反应，但硒化锌的合成以液相反应为主。

采用元素与元素直接气（液）相迴转合成，工艺简单，产品纯度高，但活性较差，不宜作场致发光材料。

（二）硒化锌晶体生产工艺

1. 真空热压法

真空热压法除可生产硒化锌红外材料外，还能制备一系列的光学晶体材料。经验证明：用作热压的粉料应尽可能少含杂质，因此，生产硒化锌晶体时，最好采用处理后通过 100 目/in（1in＝25.4cm）筛的粉末作原料。

热压的主要设备是压机、真空炉、控温装置、真空系统和模具等。热压模具一般采用钼合金制的，为了润滑，模具上涂胶体石墨后烘干，粉料入模后，在一定压力下，经一定时间冷压，粉料便初步致密，这样有利于热传导及防止粉末被抽出。热压温度一般以硒化锌熔点的 1/3～1/2 为宜，如果温度太低，则样品密度低，不透光；压制压力不能太大，否则易造成模具破裂，太小则样品不致密，影响透过率。

该法为目前国内生产规格为 $\phi70 \times 10mm$ 以上硒化锌窗片、棱镜的主要方法；透过率、均匀性不很高，尤其是要涂胶体石墨给用户带来不便。

2. 物理气相沉积法

合成后的硒化锌粉料，可能发生化学成分偏离。含有的少量没能作用的游离元素硒和锌，在 $<5Pa$ 的真空中、在不熔化的状态下，加热至 850～900℃，真空蒸发 2h，使游离态的硒和锌及有机物挥发除去后，再盛装在石英升华器中，并设一

个理想的过滤层，在真空度＜1Pa、料区温度 980～1100℃、结晶区温度 680～750℃的高温真空竖炉里，通过电加热物料，发生下面的物理变化：

$$ZnSe_{(固)} \longrightarrow ZnSe_{(气)} \longrightarrow ZnSe_{(固)}$$

这使粉末状硒化锌转变为按一定次序排列生长在钼片结晶器上的透光多晶材料。这是目前理想的生产工艺，有产品透过波段宽、透过率高且透过曲线平坦、材质均匀、夹杂少等优点。

3．化学气相沉积法

化学气相沉积（CVD）是反应剂以气相状态在一定温度下经过热分解或不同反应剂分子之间发生化学反应而生成的特定固体产物。采用化学气相沉积法生产硒化锌目前有两种反应体系，一种是以单质硒为原料（Zn-Se-H$_2$-Ar 体系）来生长硒化锌，采用此方法生长的硒化锌需要采用三个加热区，分别是熔硒区域、熔锌区域以及沉积区域，因三部分的温度区别比较大，因此在温场设计以及温度控制方面难度较大，很难准确控制各个反应物的浓度，同时采用此方式沉积硒化锌时沉积区域的温度控制难度大，很容易生成粉或者瘤状物，采用此方法得到的硒化锌产品其光学性能得到一定的限定。另外一种反应体系采用硒化氢作为反应原料（Zn-H$_2$Se-Ar 体系），此种方法中采用的硒化氢气体作为工艺气体，沉积过程中只需要设计两个温区即可，一个是熔锌区域，一个是沉积区域，相对来说温场设计比较简单，此外因硒化氢采用的是气体，很容易实现流量的精确控制，因此采用此反应体系生长的硒化锌产品其光学性能较高。并且采用此方法可以得到不同形状的硒化锌产品，如整流罩等。

采用硒化氢作为反应原料的反应体系，在硒化锌沉积的过程中，衬底一般采用的高纯等静压石墨，反应剂气体硒化氢和锌被氩气携带进入到沉积系统内，然后经过几个步骤完成沉积过程。

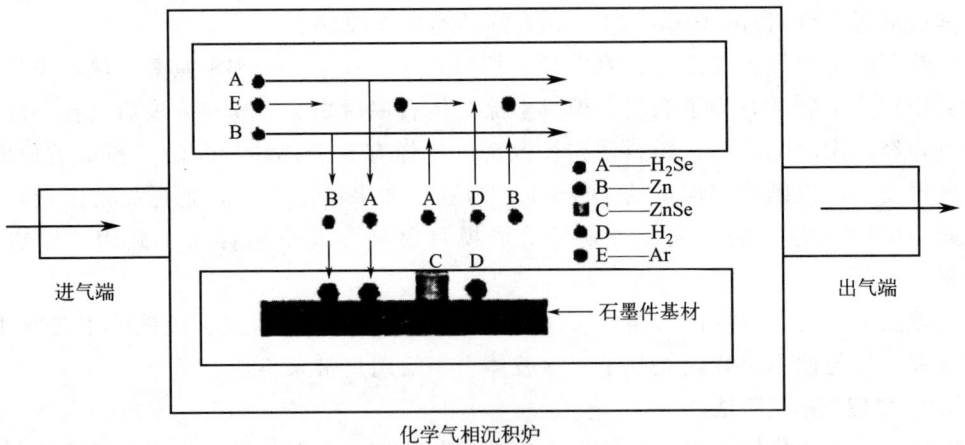

图 4-2　硒化锌生长示意图

硒化锌生成反应式如下：

$$Zn + H_2Se \longrightarrow ZnSe + H_2$$

从图 4-2 可以看出硒化锌在生长过程中经过了如下过程：

① A 硒化氢和 B 锌蒸气进入化学气相沉积炉内，与携带锌蒸气和稀释硒化氢的 E 氩气在沉积系统内形成主气流；

② A 硒化氢和 B 锌蒸气经过扩散离开主气流向沉积基材石墨件表面扩散；

③ 转移到石墨基材表面附近的 A 硒化氢和 B 锌蒸气进行气相反应，反应产物 C 硒化锌和反应剂气体 A 硒化氢及 B 锌蒸气通过扩散穿过边界层到达石墨衬底表面；

④ 反应剂气体 A 硒化氢和 B 锌蒸气与反应产物 C 硒化锌在表面上吸附，同时也存在解吸附；

⑤ 吸附在表面上的反应剂气体 A 硒化氢和 B 锌蒸气进行表面反应生成反应产物 C 硒化锌和副产物 D 氢气；

⑥ 副产物 D 氢气和表面解吸附的反应剂气体 A 硒化氢和 B 锌蒸气离开表面向主气流扩散；

⑦ 副产物 D 氢气和表面解吸附的反应剂气体 A 硒化氢及 B 锌蒸气随主气流排出化学气相沉积系统外。

化学气相沉积炉是整个化学气相沉积系统的关键部分，它关系到沉积材料的性能和产量。化学气相沉积系统一般包括以下几个系统，电气仪表控制系统、供气系统、化学气相沉积炉系统、收尘系统、真空系统、冷却循环水系统、报警系统以及尾气处理系统。

① 电气仪表控制系统：主要用来实现对设备、仪器仪表、工艺参数以及报警系统的检测、控制以及连锁。

② 供气系统：主要是用来实现对工艺气体以及辅助气体的输送及控制。

③ 化学气相沉积炉系统：该部分是整个系统的关键部分，包括用于化学气相沉积的主体设备，如化学气相沉积炉，该设备的设计一般采用水冷夹套及保温的方式，因化学气相沉积的温度一般在 $600 \sim 900^\circ\text{C}$ 的范围，因此采用的加热方式一般为石墨加热器。同时化学气相沉积炉里面还包括了最主要的沉积系统，该部分是产品沉积的主要部位，其材料一般采用高纯等静压石墨，目的是一方面容易与产品脱离，另一方面热膨胀系数比较小，对产品的影响比较小。

④ 收尘系统：采用化学气相沉积法生产硒化锌产品，大部分的硒化锌产品会沉积到石墨沉积板上，得到毛坯料，但是仍然有很大一部分的硒化锌是以粉尘的形式存在，进入到后端的收尘系统。收尘系统的作用不仅仅是收集未沉积下来的硒化锌粉尘，同时还起到对后端真空系统的保护作用。

⑤ 真空系统：保证整个沉积系统的真空。

⑥ 冷却循环水系统：实现对化学气相沉积系统设备的冷却降温。

⑦ 报警系统：实现对化学气相沉积过程中所用特种气体的实时监测。

⑧ 尾气处理系统：化学气相沉积过程会有部分未反应完全的硒化氢随着气流进入到尾气系统里面，因此该系统主要是对未反应完全的硒化氢进行处理。

在化学气相沉积生长过程中为了得到高质量的材料，对沉积系统的部分部件以及工艺参数要进行调整和控制，如温度、压力、反应剂浓度、石墨衬底的形状及结构等，这些参数的确定需要经过不断的实验调整方可实现。

三、ZnSe 材料在可见-红外广谱波段成像中需解决的问题

ZnSe 材料的理化性能决定其只有在同时满足在可见-红外广谱波段范围内或 $10.6\mu m$ 等特定波长使用才有优越性。在特定的 $10.6\mu m$ 二氧化碳激光器只要求 ZnSe 材料有较大的通光面积、高透过率、低吸收和不易潮解，ZnSe 多晶材料则可达到。美国 Raytheon 公司早在 1972 年用 CVD 法成功制成面积达 $1m^2$ 的优质 ZnSe 多晶，满足了大功率（5kW 以上）二氧化碳激光器的需要。

对于任何一种光学材料，只有在单晶或严格均质的无定形状态下，折射率才最稳定。也就是说，若使 ZnSe 材料在可见-红外成像系统中得到应用，必须用特殊的方法使 ZnSe 成为这两种状态。

就通光面积而言，实际使用要具有直径为 50～250mm 相应的面积，在红外热成像使用的 Ge 单晶，折射率为 4.00，若用 ZnSe 来制造，由于其折射率较低，为达到相同的效果，除通光面积不变外，其曲率必须相应增大，因而占用的空间厚度增大，这就要求解决 ZnSe 晶体生长的问题。

四、ZnSe 单晶

对于 ZnSe 单晶的研制，通过国际联机、光盘数据库及手工检索工具的系统检索，查到了与 ZnSe 单晶相关的文献 59 篇。

文献中主要论及适用于发光管衬底的薄膜（片）单晶和体（针、枝状）单晶生长，而未涉及适用于成像系统的 ZnSe 单晶棒（柱）的制造。

（一）薄膜单晶的生长

薄膜单晶的生长始于 20 世纪 60 年代，最初采用 CVD 法生长薄膜单晶，其后发展了外延生长法。

1986 年美国 H. Nanba 等将 CVD 法制得的 ZnSe 多晶膜在压力大于 2000 个大气压（202.6MPa）、温度高于 1000℃的密封容器中进行热均压处理，得到大规格的 ZnSe 薄膜单晶，用于蓝色发光器件。

1987 年日本 Nippon Sheet Glass co. Ltd 用碘输送法，以多晶 ZnSe 为衬底在其上外延生长蓝色发光器件用 ZnSe 薄膜单晶。

（二）体单晶的生长

ZnSe 体单晶的生长方法主要为熔体生长法、气相输运法、溶液生长法。这些

方法属传统的晶体生长方法，故对其原理及生长机构不作阐述，只着重报道其成果，必要时对其特点加以说明。

1. 熔体生长

由于 ZnSe 在常压高温下升华，只有在高压高温条件下才能得到 ZnSe 熔体。其高温的获得一般使用电阻加热方式。高压的获得一般在密封的炉体内充入高压的惰性气体，或采用密封管技术借助 ZnSe 本身升华形成的压力获得高压。ZnSe 熔体的容器材质通常是高纯石墨或高纯热解氮化硼。原料通常采用 99.999% ZnSe 粉，在 900℃ 真空（1.3×10^2 Pa）烧结升华再结晶处理，以除去其中挥发性杂质和分离出其中的 ZnO。

在熔体中生长 ZnSe 单晶的研制中，日、美、俄、法做了大量工作。现主要使用的方法有布里奇曼法、区熔生长法、自脱熔自密封（SSSR）技术。

（1）布里奇曼法

苏联在约 2MPa 的压力下，用布里奇曼生长法，从熔体中生长出直径 40mm 的 ZnSe 晶体，用于制造激光屏。

日本茨城大学 KiKuma 等系统地研究了用布里奇曼法生长 ZnSe 单晶的过程，指出熔体垂直温度梯度过高导致熔体化学配比向富硒（Se）的区域偏移。为了能有效地重复生长无棒状小角度晶界的 ZnSe 晶体，温度梯度应为 12～22℃/cm，下降速度为 5mm/h。

（2）区熔生长法

1982 年 R.Bhargava 等将在耐压钟罩内的 ZnSe 粉末，用射频移动加热，工作温度 1574℃，界面处温度梯度 70℃/cm，熔区长 2cm，工作温度下氩的操作压力为 0.8MPa，制成晶体取向为（100）无孪晶体积达 3.5cm^3 的 ZnSe 单晶，供分子束外延用衬底。

（3）自脱熔自密封（SSSR）技术

其生产装置原理如图 4-3 所示。本装置实质上是利用 ZnSe 升华在石墨螺纹与石墨坩埚连接处冷凝，使系统密封，升华蒸气形成高压，在高温下获得 ZnSe 熔体经区熔生长获得 ZnSe 单晶，其后，移动线圈至石墨螺纹密封处，因而获得高温使冷凝的 ZnSe 脱封。用此技术已获得有效面积达 4.5cm^2，用于电子束抽运激光器。

2. 气相生长

气相生长 ZnSe 单晶，主要有两种方法：一是以卤素或其化合物作输运剂的闭管技术；二是用升华的化合物直接作输运剂。气相生长出的 ZnSe 单晶主要用作发光管。

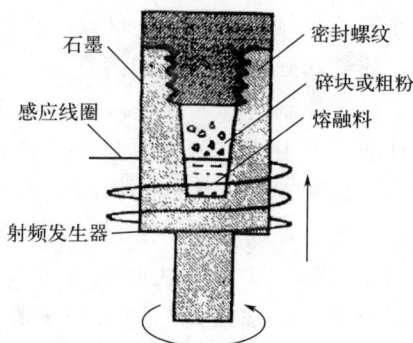

图 4-3　自脱熔自密封（SSSR）技术
区熔法生长 ZnSe 单晶原理图

（1）气相输运法

该方法属典型的闭管技术，在以碘作为输运剂的化学气相输运技术（CVT）研究中，1982 年 R. Triboulet、1989 年 H. Cheng 等用此法获得过单晶，其最大优点是生长温度低（800～900℃），缺点是受输运剂及其杂质的污染。

也有人采用物理气相输运技术（PVT）生长出 $1mm \times 4mm \times 2mm$ 的 ZnSe 单晶，虽避免了输运剂的污染，但生长速率极低，每天仅生长 280mg。

（2）升华法

这种方法在 20 世纪 60 年代初首先由 Piper 等提出，而后 Woods 等人作了改进，都曾获得过针（枝）状单晶的汇集（丛晶），1984 年国内中国科学院长春光学精密机械与物理研究所黄锡珉等人对升华装置作了深入研究，在晶体生长升华室中部设置细颈，有助于升华生长的 ZnSe 单晶择优取向，从而得到很完整的 ZnSe 单晶，其质量居世界领先。世界上用升华法已生长出直径 30～50mm 高 20mm 的晶体。

3. 溶液生长

此法是以 ZnSe 的一个元素（Ze 或 Se）作为溶剂，固化的 ZnSe 作为生长单晶的材料，Zn、Se 和 ZnSe 的纯度为 99.9999%。将置于 Zn 或 Se 溶液中的 ZnSe 多晶，利用多熔区多道次区熔设备，在恒定温差和恒定生长温度条件下实现晶体生长。日本 Nishino 等人在 1993 年曾用此法获得过单晶。用本法生长的 ZnSe 单晶体积能达数立方厘米。

五、硒化锌纳米粉

（一）简介

ZnSe 纳米颗粒合成方法：有溶胶-凝胶法、有机金属合成法、单源前驱体合成法、金属有机化学气相沉积法（MOCVD）、液-固-液合成法和水热法等。这些合成方法技术复杂，需要昂贵的仪器，合成温度高，生产条件严苛且使用有毒的金属有机化合物作为硒源，限制了 ZnSe 材料的大规模生产和工业应用。目前，受控合成半导体纳米材料的研究不仅着眼于合成产品质量高，而且更多尝试使用方便、低成本、环境友好的前驱体和溶剂。与上述方法相比，溶剂热法是一种价格低廉、有效、易于控制的合成方法。为了合成纳米材料，在合成过程中经常使用有机溶剂，溶剂通过"阻断"颗粒的大小，增加其在水中的溶解度或与纳米材料中的其他分子结合，起到表面活性剂的作用。溶剂能使纳米粒子在水溶液中稳定存在，并影响纳米粒子的生长动力学，溶剂的选择对于是否能够成功获得功能性好的 ZnSe 纳米材料很关键。多元醇法是近几十年来发展起来的，已被较广泛地应用于合成金属、合金、金属氧化物纳米粒子等。后来，这种方法也被应用于二元硫化物和金属硒化物的合成，例如，以乙二醇为溶剂，采用快速多元醇法制备立方相 ZnSe 球；以 $Zn(AC)_2 \cdot 2H_2O$、Na_2SeO_3 和乙二醇为原料，在 NaOH 溶液中于 180℃

下，经过 12h 水热反应制备空心 ZnSe 微球。但以乙二醇为溶剂制备三角形 ZnSe 纳米颗粒的研究还未见报道。纳米材料的尺寸和形貌极大地影响其物理、化学性质，无论是理论上还是实验上，其研究都备受关注。这使得人们预测，无论材料的组成和合成过程如何，与尺寸相关的性质会使材料有更广泛的应用。纳米粒子的光学特性可用于优化信噪比、提高荧光检测器件的灵敏度以及提高荧光细胞和分子标记的质量。此外，它们可调谐的发射波长和宽的激发光谱使它们成为潜在的多路荧光分析的候选材料。ZnSe 的发光性质和转变过程对其在 ZnSe 基光电器件中的应用至关重要，ZnSe 纳米材料的室温光谱已有大量的实验研究。有实验研究了溶胶-凝胶法制备的 CdS 半导体纳米晶体在硼硅酸钠玻璃中随温度和激发强度变化的光致发光光谱，并讨论了载流子的复合机理。纳米材料在具有较大的表面积与体积比时，其表面效应占主导地位，在辐射复合过程中起着重要作用。研究人员在温和的溶剂热条件下成功地合成了具有三角形形貌的 ZnSe 纳米粒子，研究了其室温和依赖激发功率的光致发光谱的特点，并讨论了激发功率对近带边发射峰的强度和位置的影响。该合成方法具有低能耗、易于控制和高效的优点。

（二）制备与反应机理

所有用于实验的化学试剂都是分析纯，实验药品包括硝酸锌 $[Zn(NO_3)_2 \cdot 6H_2O]$、Se 粉、乙二醇、氢氧化钠（NaOH）。首先，将一定量的 NaOH 溶入水中，再将相同体积的乙二醇加入氢氧化钠水溶液中。其次，将硝酸锌和 Se 粉按照物质的量比 1:1 溶到上述的水溶液中，搅拌 1h，加入到带有聚四氟乙烯内衬的高压反应釜中，将高压反应釜密封后置于干燥箱，将干燥箱提前调至 180℃，保温 20h，反应完成后使高压反应釜在空气中自然冷却至室温。将产物用蒸馏水和无水乙醇共同洗涤数次，将洗涤后的产物在 60℃ 干燥 1h 得到前驱体，最后对前驱体进行退火处理制备样品。

在此基础上，人们提出了 ZnSe 纳米粒子的反应机理。乙二醇作为最简单的多元醇已被广泛用作溶剂和还原剂来合成金属和半导体纳米晶。在研究中，硒来源于被乙二醇还原的硒，很容易转化为 Se^{2-}。硒与 OH^- 反应生成 Se^{2-} 和 SeO_3^{2-}，SeO_3^{2-} 能与 Zn^{2+} 形成稳定的化合物，通过高温分解释放出 Se^{2-} 和 Zn^{2+}。在反应初期，Zn^{2+} 形成透明的可溶性配合物，有效地降低了 Zn^{2+} 的物质的量浓度，避免了生成 $ZnSeO_3$ 沉淀，为反应提供了更均匀的溶液环境。因此，Se^{2-} 和 Zn^{2+} 的物质的量浓度保持在一个稳定的水平，这有利于各向异性生长，不同晶面生长速率的不同导致了三角形纳米 ZnSe 的形成。

立方结构 ZnSe(111) 面的表面能明显低于其他面。晶体为了具有最小表面能，ZnSe 沿（111）面方向生长，并生长成三角形形貌的纳米颗粒。（111）面是立方相 ZnSe 闪锌矿结构的最佳取向，是其密堆方向。

（三）性能与效果

纳米颗粒是由三角形颗粒组成的且尺寸分布范围窄，平均颗粒尺寸约为

15nm。在合成 ZnSe 纳米颗粒的过程中，有可能产生锌空位。在 510～600nm 范围内与缺陷相关的发射带是由于 ZnSe 纳米颗粒中存在深能级缺陷。

ZnSe 纳米颗粒室温下随激发功率变化的光致发光谱图显示，随着激发功率从 1.5mW 增加到 30mW，近带边发射峰强度先增大后减小。

本部分通过一种简单且绿色的方法，即利用低成本的环境友好前驱体和溶剂合成了具有三角形形貌的 ZnSe 纳米材料，并探讨了这种特殊形貌的 ZnSe 纳米材料的生长机理。结果显示，立方闪锌矿结构的 ZnSe 纳米颗粒的室温光致发光谱在 447nm 处有一个很强的近带边发射峰，同时还存在一个与缺陷相关的发射带。随着激发功率的增加，近带边发射峰出现明显的红移，强度发生了明显的变化。在这些研究的基础上，ZnSe 纳米材料有望在光电子和场发射领域得到广泛的应用。

六、硒化锌微米晶

（一）简介

硒化锌（ZnSe）是一种重要的宽带隙 II-VI 族半导体发光材料，其合成方法近年来有了大幅度的进步，这更加有利于 ZnSe 材料在光电器件、太阳能电池、信息存储等方面的应用。

本部分采用水热法成功制备了 ZnSe 微米晶材料，研究了 ZnSe 微米晶材料的热稳定性、结构和形貌，并深入探讨了 ZnSe 微米晶材料的光致发光性能。

（二）制备方法

所有试剂都是分析纯的。首先，将硝酸锌 $[Zn(NO_3)_2 \cdot 6H_2O]$ 溶到乙二胺四乙酸（EDTA）的水溶液中，同时将硒粉（Se）溶到氢氧化钠（NaOH）的水溶液中，搅拌至充分溶解，然后混合，再继续搅拌。将混合溶液加入到带有聚四氟乙烯内衬的高压釜中，预先将烘箱升温至 190℃，封釜，然后转移至烘箱中，保温 30h，待反应结束后使高压釜在空气中自然冷却至室温。将得到的产物用蒸馏水和无水乙醇超声、洗涤数次，然后在 60℃干燥 1h，在管式电阻炉中氩气气氛下退火后得到最终样品。

（三）性能

图 4-4 为 ZnSe 微米晶样品在室温下测得的光致发光谱图。该图显示出一个强且稳定的蓝色发光峰，其位置在 467nm，同时存在一个从 540nm 到 630nm 的弱的发光带。发射峰能级的准确位置与自由激子之间的复合、自由激子-声子复合，以及自由电子到受主空穴的跃迁有关。强的蓝光发射峰通常认为是硒化锌的近带边发射，这与自由激子的跃迁相关，而宽的弱的发射带与缺陷发光相关。与其他研究人员制备的硒化锌材料相比，这个微米晶的近带边发射峰的强度更高，以缺陷发射峰强度为参照物，说明其光学性能更好。高强度的带边发光峰与缺陷少直接相关，也就是说制备的微米晶表面缺陷少，因为表面缺陷会猝灭带边辐射复合。这些结果都

与 XRD 和 SEM 的结果相一致。

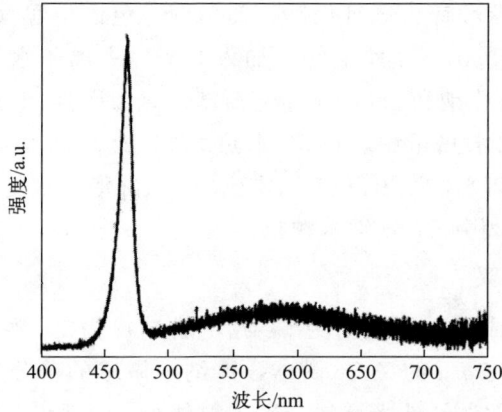

图 4-4　ZnSe 微米晶样品的光致发光谱图

对于硒化锌微米晶来说，样品的尺寸是 4.5μm，其光学性质与体材料的相似。通常来说，近带边发射带与缺陷相关的发射带的强度比是半导体材料结晶度好坏的衡量标准之一，材料的结晶度越好，强度比越大。立方相闪锌矿结构 ZnSe 微米晶的近带边发射峰与缺陷相关的发射带的强度比是 1.303，由此看出，闪锌矿 ZnSe 结构微米晶的结晶度良好。微米晶低的表面能和少的表面缺陷会导致缺陷发射峰的降低。

（四）效果

本部分通过简单、无污染的水热法制备了具有闪锌矿结构的 ZnSe 微米晶，研究了样品的形貌和光致发光性能。ZnSe 微米晶具有一定的热稳定性，并且晶体尺寸均匀、结晶质量较好，具有不规则的菱形块状形貌，表面光滑平整。从光致发光谱图中可以看出 ZnSe 微米晶在 467nm 处存在一个较强的近带边发射峰，同时存在一个从 540nm 至 630nm 的很弱的与缺陷相关的发射带。

七、硒化锌纳米球

（一）简介

硒化锌（ZnSe）是由 II-VI 族元素组成的典型的宽禁带半导体材料，具有较宽的禁带结构（约 2.7eV）、较高的激子结合能、优良的光电转化和光电催化性能以及良好的可见光响应能力；同时其稳定性良好、制备方法简单，在光催化领域受到广泛应用。近年来，研究者采用气相生长法、直接合成法、溶剂热合成法、高温水相回流法制备单分散的 ZnSe 纳米材料。ZnSe 的催化活性与其形貌有密切关系。以左氧氟沙星为模拟污染物，采用水热法制备单分散性能良好的 ZnSe 纳米微球，以便为水中抗生素类有机污染物的有效治理提供可行的解决方案和技术支撑。

（二）ZnSe 纳米颗粒的制备

原材料：硒粉、醋酸锌、氢氧化钠、葡萄糖、色谱甲醇（HPLC 级别）。分别称取 0.01mol 硒粉和 0.01mol 醋酸锌，加入 50mL 去离子水，常温下搅拌 20min后，加入 0.1mol 氢氧化钠和 0.001mol 葡萄糖。磁力搅拌 2h 后，将混合溶液转移至 100mL 聚四氟乙烯水热釜中，180℃水热 24h。然后将反应釜取出，冷却至室温，将里面的混合液离心，取出沉淀，用去离子水洗涤，重复离心、洗涤 3 次，将沉淀在 60℃下干燥，得到 ZnSe 纳米颗粒。

（三）性能与效果

实验通过水热合成法，以硒粉为 Se 源，醋酸锌为 Zn 源，葡萄糖为分散剂，成功制得直径约为 2~5μm 的 ZnSe 微球，该纳米微球的单分散性良好，说明葡萄糖是优良的分散剂。通过红外光谱法、X 光射线衍射法和电子扫描电镜分析 ZnSe微球的结构和形貌，结果表明实验可以制得高纯度的 ZnSe 催化材料。以左氧氟沙星为目标污染物考察该 ZnSe 微球的催化性能，在 300W 氙灯作为模拟光源的条件下，ZnSe 微球在降解时长为 6h 时，对左氧氟沙星的降解率约为 57.89%，同时对于左氧氟沙星的水解杂质也有一定的降解效果，说明 ZnSe 微球具有高效的光降解性能，在治理环境污染方面具有巨大的应用价值和潜力。

八、硒化锌晶体的高效率高质量组合抛光方法

（一）简介

近年来，红外光学系统的应用逐步向着民用商品领域发展，从传统的国防、军事上的应用，到现在的民用摄像头、工业检测手段等，这些应用上的拓展对光学系统及光学元件的要求愈发严格。硒化锌一直作为理想的红外材料具有优良的光学特性，包括从可见光到中红外波长和远红外波长的宽透明度、高折射率、低色散和环境适应性等。良好的使用光谱范围使得硒化锌材料可作为多种民用、商用的光学材料，但对其加工效率及加工精度提出了较高要求，如何提高其加工精度及加工效率成为目前亟待解决的问题。在硒化锌的抛光研究工作中，研究了对硒化锌进行化学机械抛光（CMP）时不同抛光树脂的软化温度对去除率的影响，并且提出在抛光过程中加入 1mol/L 的硝酸会使去除率与传统机械抛光相比提升近 30%。在对硒化锌进行 CMP 时使用了双氧水-溴化氢-乙二醇混合溶液进行刻蚀，直径为 25mm 的硒化锌样品经过 CMP 加工后表面粗糙度达到了近 6nm。研究人员研究了采用 CMP 抛光硒化锌晶体时，不同的氧化铝尺寸作为抛光液以及抛光液 pH 值对材料去除率的影响，最终选用了 200nm 的氧化铝磨粒，抛光液的 pH 值在 8 时，抛光一块直径为 20mm 的硒化锌晶体，抛光效率可达 2μm/min。采用雾化施液 CMP 的方法，用表面粗糙度和材料去除率作为评价标准，筛选出最适合抛光硒化锌的抛光磨料，在一块直径为 20mm 的硒化锌晶体上进行抛光，最终表面粗糙度达到

了 2.13nm。

上述研究虽然在硒化锌抛光后的表面质量上有一定的进展，但是硒化锌加工的抛光效率和材料表面粗糙度仍有待进一步提高。采用组合抛光加工硒化锌晶体的方法，将磁流变抛光加工技术与传统数控抛光（CCOS）技术结合，能有效提高光学元件的加工效率及加工精度，其加工精度可进一步扩展应用于可见光范围。

（二）非球面硒化锌的磁流变抛光

1. 材料加工分析

目前红外晶体材料的非球面加工方法主要通过超精密切削成形，然后采用CMP工艺提升面形精度和表面质量。但由于硒化锌晶体具有高脆性、低断裂韧性和各向异性的特点，在对其进行超精密切削时，晶体表面极易沿着不同的晶向断裂，产生裂纹和缺陷，并且由于其各向异性的特点，其加工时断裂的方向也不固定，很难保证加工后表面质量。硒化锌晶体除了高脆性之外，质地也较软，CMP抛光虽然也能加工出高质量光学表面，但加工精度难以保证。ZnSe 晶体材料的特性如表 4-2 所示。

表 4-2　硒化锌晶体材料的特性

材料	类型	晶体结构	H/GPa	颗粒尺寸/μm	密度/(g/cm^3)
ZnSe	多晶体	立方体	0.9 ± 0.05	$43+9$	5.26

磁流变抛光（MRF）作为一种超精密柔性加工技术，利用磁流变抛光液在梯度磁场下形成的柔性磨头对工件实现剪切去除，且单个抛光颗粒对工件表面作用压强较小，所以磁流变抛光加工的材料几乎没有亚表面损伤。MRF 抛光同时还具有加工确定性高、表面粗糙度低、加工面形精度高等特点，可以实现对多种材料及不同面型光学元件的纳米精度的加工。采用磁流变抛光实现对硒化锌元件的超精密抛光需要研发特殊的磁流变抛光液体，若采用常规的抛光液进行抛光，虽然抛光效率极高，但是材料内部的晶粒结构会表现得异常明显，呈类似于橘皮状，抛光后表面的粗糙度较差，进而导致后续抛光难度加大，抛光周期增加。因此，研发适用于硒化锌材料的磁流变抛光液是实现磁流变抛光对其高精度高质量加工的关键。

2. 磁流变抛光液

磁流变抛光液通常由微米级铁粉颗粒、抛光粉、基载液（水或油）、化学添加剂组成。对于红外材料的抛光通常采用水基磁流变抛光液体。选择去离子水为载液，为了防止铁粉颗粒生锈，磁流变抛光液体的 pH 通常需要调节至强碱性（pH=11 左右），但当 pH 较高时磁流变抛光表面的粗糙度较差，然而在 pH 接近中性甚至酸性的情况下，磁流变抛光液体中铁粉颗粒将很快生锈，无法保证长时间抛光使用。

因此，在保证磁流变抛光液中铁粉不生锈的前提下，通过优化液体选择了将基载液的 pH 调节至 9.3，磁流变抛光液的主要成分如表 4-3 所示。

表 4-3　磁流变抛光液组成成分

配料	消电离水	羰基铁粉	甘油	防尘剂	羰基钠	柠檬酸	辅助料	抛光粉
质量分数	其他	35%	3%	0.8%	2%	0.6%	0.2%	0.2%

所用铁粉的粒径为 $D50 = 3\mu m$ 羰基铁粉，铁粉类型为高纯羰基铁粉。

为了获取较好的表面粗糙度，选择六种不同的纳米抛光粉，配制六种磁流变抛光液体进行去除函数实验，获取去除效率和表面粗糙度的最佳平衡。

3. 去除函数实验

为了测试不同磁流变抛光液体 ZnSe 抛光时的去除效率和表面粗糙度，采用自主研发的磁流变抛光设备进行去除函数，工艺参数如表 4-4 所示。

表 4-4　工艺参数

参数	轮直径/mm	旋转速度/(r/min)	渗透深度/mm	磁场/mT
数值	160	120	0.8	340

采用两块直径为 50mm 的典型的多晶 ZnSe 材料，两块试验件均为平面，并且经过预抛光后其初始面形误差 RMS 小于 15nm，初始表面粗糙度为 3.5nm。从 ZnSe 材料的初始粗糙度检测结果可以看出预抛光的表面仍存在明显的晶粒分布。

为测试不同磁流变抛光液体的抛光性能，采用开展去除函数实验的方法进行研究，并控制单点的驻留时间为 10s，测试完成采用 zygo 激光干涉仪及白光干涉仪测量液体的材料去除效率及抛光表面粗糙度，进而评估液体抛光性能。具体抛光液体参数及实验结果如表 4-5 所示。

表 4-5　不同抛光液参数及实验结果

MR 抛光流体序号	磨料类型	去除效率/(μm/min)	粗糙度/nm
1	单晶/100nm	5.2	9
2	氧化铝/100nm	1.8	4
3	氧化铝/800nm	3.6	8.5
4	多晶/100nm	2.88	10
5	氧化硅/100nm	0.3	1.8
6	氧化铈/100nm	0.36	2.5

使用 1 号抛光液时材料的去除效率为 $5.2\mu m/min$，加工后的粗糙度为 9nm；使用 2 号抛光液时材料的去除效率为 $1.8\mu m/min$，加工后的粗糙度为 4nm；使用 3 号抛光液时材料的去除效率为 $3.6\mu m/min$，加工后的粗糙度为 8.5nm；使用 4 号抛光液时材料的去除效率为 $2.88\mu m/min$，加工后的粗糙度为 10nm；使用 5 号抛

光液时材料的去除效率为 $0.3\mu m/min$，加工后的粗糙度为 $1.8nm$；使用 6 号抛光液时材料的去除效率为 $0.36\mu m/min$，加工后的粗糙度为 $2.5nm$。使用 1 号抛光液的去除效率虽然最高，但是同时加工后的表面粗糙度也很高。使用 3、4 号抛光液时加工后的表面粗糙度超过 $8nm$，导致后续抛光难度加大，精度无法保证。使用 5、6 号抛光液进行磁流变抛光时，虽然有较好的表面粗糙度，但是去除效率过低。结合加工效率及加工质量综合考虑，2 号抛光液的材料去除效率和表面质量最合适。使用 2 号抛光液进行磁流变抛光后的 ZnSe 材料的粗糙度为 $3.832nm$。

虽然使用磁流变抛光技术可以获得较高精度的光学表面，但是磁流变抛光后晶体表面仍然存在磁流变抛光后特有的表面划痕情况，且粗糙度变差，需要结合传统抛光方法来消除表面微观划痕和提升表面粗糙度。因此，在磁流变抛光结束后继续采用传统抛光数控抛光（CCOS）方法进行最终的精抛光。

（三）非球面硒化锌的 CCOS 后续精抛光

对于非球面硒化锌的抛光采用小磨头配合抛光垫，对其进行超精密抛光，硒化锌晶体超精密抛光所用抛光垫对抛光效率和表面质量均有重要的影响，表 4-6 为所用抛光垫的参数。

表 4-6　抛光垫参数

材料	聚氨酯
颜色	黑色
厚度/mm	0.8 ± 0.1
邵氏硬度（C）	81 ± 5
密度/(g/cm^3)	0.5 ± 0.1
压缩比/%	1.6 ± 0.5

CCOS 抛光过程所用的抛光液体为碱性氧化硅抛光液，$pH=10$，其中二氧化硅颗粒呈球形，粒径为 $100nm$。将其与抛光垫配合使用，将加工正压力控制在 $0.05\sim0.1MPa$ 之间，进行最后的精抛光。经过 $30min$ 均匀抛光，表面粗糙度达到了 $1.57nm$，与抛光前相比，粗糙度精度在短时间内得到了明显改善。

对于硒化锌晶体的高精度高效抛光，可选用磁流变抛光结合传统抛光模式进行组合加工。先通过磁流变技术进行抛光，再通过 CCOS 对其面形进行快速修正。对一块口径为 $50mm$ 的硒化锌进行组合抛光实验，通过正交实验选取合适的磁流变抛光液，对其进行磁流变抛光，抛光后粗糙度为 $3.832nm$，再通过 CCOS 进行 $30min$ 的快速抛光使其粗糙度达到 $1.57nm$，粗糙度得到了明显改善。该组合加工方法可以有效地提高硒化锌的抛光质量及抛光效率，抛光后的硒化锌光学元件粗糙度可达到可见光波段使用精度，为硒化锌光学元件的广泛应用提供了有效的加工指导。

（四）效果

为了解决硒化锌的非球面加工难度大、加工效率低、加工后表面质量差等问题，本部分提出了将磁流变抛光和CCOS相结合的方法，研制了适用于加工硒化锌晶体的磁流变抛光液，与此同时结合CCOS精抛光处理，进一步提高了硒化锌晶体的表面质量。经过组合抛光加工后口径为50mm的硒化锌晶体的表面粗糙度可达到1.57nm，满足高效率、高精度、低成本的抛光需求。相对于传统抛光方法，将MRF与CMP相结合的研究思路同样适用于其他红外材料光学元件的高效率、高质量加工，研究成果为红外光学材料的非球面加工提供了一种普适的加工策略，对非球面光学元件的超精密加工具有重要的借鉴意义。

第二节 · 硒化锌薄膜

一、硒化锌基底多波段红外增透膜

（一）简介

硒化锌（ZnSe）作为高功率激光器常用的红外窗口材料，在 $0.5\sim20\mu m$ 波段有高且均匀的光学透过率，并且具有热膨胀小、光学吸收低、导热性好、机械强度高等特性。但是目前还没有单一材料基底可以满足窗口片应具备的光学性能、力学性能和化学性能，需要对窗口材料进行镀膜。

采用离子辅助技术，在 $7.8\sim10.6\mu m$ 的波段实现的平均透过率达到98％以上；采用热蒸发技术，在 $2\sim16\mu m$ 波段实现的平均透过率达到93％以上；以硫化锌、硒化锌、氟化镱为材料，在 $7.5\sim10.5\mu m$ 波段透过率达到98％以上，在 $0.633\mu m$ 处的透过率为71.7％。但是对于近红外波段以硒化锌为基底的增透膜研究很少。

根据设备的技术需求确定增透膜的技术参数如表4-7所示。

表 4-7　增透膜技术指标

波段/μm	指标
0.808	$T>91\%$
0.880	$T>91\%$
0.915	$T>91\%$
$3.7\sim4.8$	$T>95\%$
10.6	$T>95\%$

如果基板两面镀制相同的增透膜，在设计单面膜时，$0.808\mu m$、$0.880\mu m$、$0.915\mu m$ 处，透过率达到95.5％以上；$3.7\sim4.8\mu m$、$10.6\mu m$ 处，透过率达到97.5％以上。增透膜应用在设备窗口，因此还应具备耐高低温、耐湿热、耐盐雾等

耐环境适应性。

（二）薄膜制备

采用 ZZS-1350 双枪热蒸发式镀膜机制备薄膜。该设备配有分子泵、XTC/3 薄膜沉积控制器、IBD-HIT300 中空阴极霍尔离子源、ZDF-5227 复合真空计、SG2017 双电子枪。在多层膜制备过程中晶控仪可以很好地控制膜层厚度的沉积精度。石英晶体的振动频率对质量的变化极其灵敏，因此可以实现对沉积厚度的监控。离子源辅助沉积技术可以改变膜层致密性，从而提高膜层的光学性能和力学性能。

先用无水乙醇将基片擦拭干净放置在工件盘上，在抽真空过程中工件盘以 8r/min 的速度保持低速旋转。当真空度达到 1×10^{-3} 电子枪对膜料进行自动预熔。恒温 30min 后，打开离子源对基板清洗 10min，离子束轰击基板可以提高薄膜与基板的吸附性。制备过程中工件盘以 15r/min 的速度高速旋转，离子源对真空室中的材料粒子施加数十至数百伏能量的离子轰击。离子对材料粒子的能量传递填补了暴露膜层的空隙，提高了膜层的聚集密度和附着力。离子源工艺参数如表 4-8 所示。

表 4-8　离子源工艺参数

参数	数值	参数	数值
阳极电压	150V	发射极电流	1.98A
阳极电流	1.47A	维持电压	14V
中和电流	0.5A	维持电流	1500Ma
发射极电压	21V	Ar 气流量	$8cm^3/min$

基板温度影响材料分子的晶体生长、聚集密度及凝聚系数等。选择适宜的沉积温度，薄膜的折射率、应力、附着力等性能都会有显著提高。沉积速率影响着镀膜材料的分子生长结构，从而影响蒸发材料的光学性能和力学性能。ZnS 与 YbF₃ 采用电子枪加热蒸发，最终确定的沉淀工艺如表 4-9 所示。

表 4-9　沉淀工艺参数

材料	烘烤温度/℃	沉积速率/(nm/s)	真空度	束流
ZnS	140	0.8	3.8×10^{-4}	236
YbF₃	140	0.7	4.0×10^{-4}	66

（三）性能与效果

为了实现硒化锌基底在短中波红外波段范围内多波段增透的功能，依据膜系设计理论，本小节设计了在 $0.808\mu m$、$0.880\mu m$、$0.915\mu m$、$3.7 \sim 4.8\mu m$ 和 $10.6\mu m$ 处高透过率的增透膜，采用电子枪热蒸发离子源辅助沉积技术完成双面增透膜的制备。通过实验分析蒸发速率、基板的温度以及离子源的参数等因素对薄膜性质影响，确定多层膜的工艺参数，完成薄膜的制备。光谱测试结果与设计有一定偏差，采用 Macleod 膜系设计软件对单面增透膜测试曲线进行逆向反演分析，修正厚度误差，最终制备的增透膜满足光电设备的技术要求。

二、硒化锌基底 3～12μm 渐变折射率红外增透膜

（一）简介

渐变折射率薄膜特征是沿着膜层表面的法线方向折射率连续变化，而在垂直于法线的水平方向上折射率保持不变。渐变折射率光学薄膜较传统多层均匀膜有许多优势，而随着各种镀膜方式的进步，如电子束共蒸镀、直流或交流磁控共溅镀、离子束共溅镀等技术的出现，膜层的折射率、厚度及薄膜的力学性能控制更为稳定，使渐变折射率光学薄膜的设计能更精确地实现，因此渐变折射率薄，膜的设计越来越受到科研工作者的重视。

传统光学薄膜设计需根据设计波段和期望光谱特性曲线，选定若干种高折射率、低折射率材料和膜层的初始结构，用商用膜系设计软件进行优化，找到最佳设计。而渐变折射率薄膜还没有商业软件。其主要利用傅里叶合成法设计，不需要事先知道膜层的初始结构，对设计波段也没有限制，而且红外薄膜所使用的材料有折射率范围大的特点，红外波段易于控制厚度，所以傅里叶合成方法比较适合设计红外增透膜。用该方法设计 ZnSe 基底 3～12μm 红外增透渐变折射率薄膜。

（二）设计 3～12μm 红外增透膜

3～12μm 是红外光学系统常用的工作波段，在 ZnSe 基底上设计渐变折射率增透膜，可选择 Ge 和 YF$_3$ 做增透材料，因为这两种材料的折射率相差比较大，适用于傅里叶合成法设计所得折射率变化范围比较大的特点。

（三）效果

设计全部在自行编制的程序上实现，期望的透射率曲线是在 3～12μm 透射率为 1 的矩形函数，设计波段 3～12μm 的平均透射率达到 95％，膜层厚度为 20μm 渐变折射率薄膜。虽然设计结果膜比较厚，设计波段的透射率有待进一步提高，但傅里叶合成法作为设计渐变折射率薄膜的精确方法，可以设计任意波段、任意波形的光谱透过率曲线的渐变折射率膜层，而且通过构造合适的 Q 函数和新的优化方法，可以进一步提高设计结果。随着制备方法和工艺的提高，渐变折射率薄膜的设计将更容易实现。

三、ZnSe 薄膜在 532nm 辐照下的光学特性

（一）简介

硒化锌（ZnSe）薄膜具有升华温度低（熔点 1530℃，在 900℃左右从固体直

接升华）、制备工艺简单、折射率高、红外透射波段宽等优异的特性。大块 ZnSe 材料透光范围为 $0.5\sim22\mu m$，薄膜态可达到 $30\mu m$，散射损耗极低，由化学气相沉积法合成的硒化锌材料基本上没有杂质吸收，由于对 $10.6\mu m$ 波长的光吸收很小，使其成为高功率 CO_2 激光系统中光学器件的首选材料。此外 ZnSe 也是在整个透光波段范围内和不同的光学系统中普遍使用的材料。

激光诱导损伤问题一直是制约激光器向高功率发展的关键因素。随着激光器的发展，这个问题表现得愈发突出。国际上已通过多种技术措施来控制薄膜的损伤缺陷，广泛采用的方法之一是激光预处理。其主要原理是：采用亚损伤阈值能量的激光诱导元件表面的薄膜后，使薄膜表面的杂质和缺陷得到清除，以此提高损伤阈值，降低后续高能量激光的损伤概率。

国内外研究学者对激光辐照后光学薄膜的行为特性有一定的研究。这些研究都只局限于不同的制备工艺、不同的激光参数对薄膜的温度场、应力场和损伤外貌等的影响，但是对于不同脉冲、不同能量的强激光辐照后薄膜的光学特性、损伤阈值和微观结构的相关研究并不是很多。本部分研究不同的激光参数下的强激光辐照 ZnSe 薄膜表面，研究激光辐照对薄膜光学特性和结构的影响，探究激光辐照后 ZnSe 薄膜光学特性、微观结构和激光损伤阈值的变化规律。

（二）制备与实验

实验采用箱式真空镀膜机通过电子束热蒸发沉积技术制备 ZnSe 薄膜。薄膜基底使用 $\phi30mm$ 的 K9 玻璃和 $20mm\times20mm$ 单晶硅。镀膜前为了清除基底表面吸附的杂质，使用混合比为 $3:1$ 的醇醚混合液清洗基底，清洗完后在白炽灯下烘烤 10min（目的是烘干基底上的醇醚混合液），为保证所有样片的膜层厚度均匀，将基底装在镀膜工件架的同一半径圆周上。装夹好基底后，使用吸尘器清除镀膜机真空室内壁吸附的杂质以确保薄膜的沉积质量，然后关闭真空室门进行抽真空，当箱体的真空度（本底）达到 $3\times10^{-3}Pa$ 时，打开电子枪和高压预熔膜料 5min，待真空度恢复并稳定在 $3\times10^{-3}Pa$ 时，当基片温度达到预设 $180℃$ 时开始镀膜。监控波长 $\lambda=532nm$，膜厚采用光电极值膜厚仪监控，电子枪的灯丝电压为 110V。采用 U-3501 紫外-红外分光光度计和 M-2000UI 椭偏仪分别测量 ZnSe 薄膜的透射率（T）和光学常数。测量波长选取范围：$450\sim1700nm$，实际测量样片的薄膜厚度在 $110\sim112nm$ 之间，可以粗略地认为样片薄膜的厚度均匀。

采用研制的激光损伤测量系统对制备的 ZnSe 薄膜进行激光诱导辐照。激光损伤阈值测量原理如图 4-5 所示，该仪器不仅可以测量激光损伤阈值，而且可以进行激光预处理。

采用由 Nd：YAG 激光器产生波长为 532nm 的激光进行预处理，输出光束模式为 TEM00，其激光脉冲宽度为 10ns，光斑直径为 0.8mm，激光器光斑能量为准平顶分布，能量衰减由多组中性密度衰减片组合完成，以保证能量密度输出为

$(1\sim50)\mathrm{J/cm^2}$。相邻测试点步距为 0.4mm 以确保相邻激光脉冲能完全覆盖其扫描的区域，二维平移台沿横坐标完成扫描后下移 0.4mm 再次进行下一行扫描，不断循环到完成扫描区域为止。

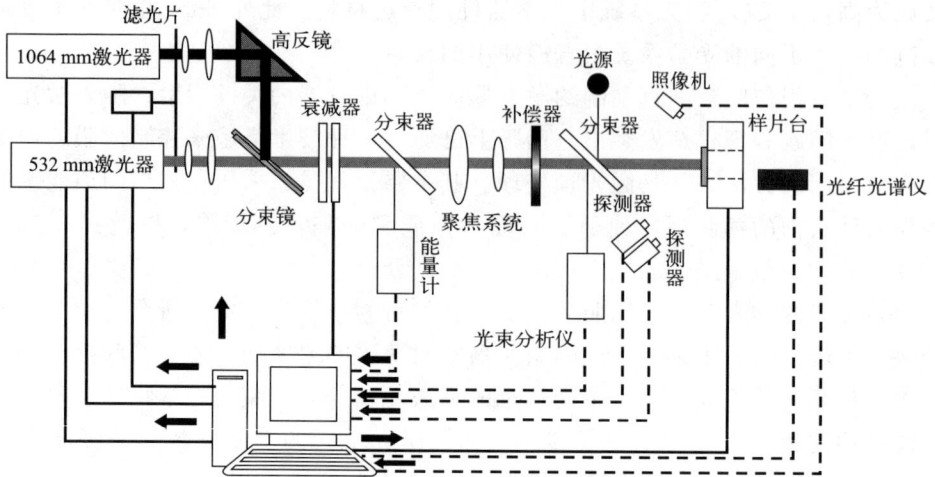

图 4-5　激光损伤阈值测试设备原理图

（三）特性

1. 不同能量激光辐照后薄膜光学常数

未处理和在同一脉冲数、不同能量的激光下，激光能量分别为 2.0mJ（能量密度为 398mJ/cm²）、2.5mJ（能量密度为 497.6mJ/cm²）、3.0mJ（能量密度为 597.1mJ/cm²）的激光进行诱导辐照，发现薄膜的折射率在激光处理后均有所提高，但随着能量的增加折射率并不是持续提高。能量为 2.0mJ 的 ZnSe 薄膜的折射率提高明显，由 2.4894 提高到 2.5016；其次是能量为 3.0mJ 的薄膜，折射率提高到 2.4939；能量为 2.5mJ 的薄膜，折射率提高到 2.4897。消光系数随着能量的增加没有表现出明显的规律变化，但是在脉冲数较少时，3 脉冲激光辐照下，伴随着激光能量的增加，薄膜的消光系数变大（从 7.7935×10^{-5} 分别增大到 9.341×10^{-5}，1.1024×10^{-4}，1.2931×10^{-4}）。脉冲数较多时，15 脉冲激光辐照下，采用能量 2.5mJ 激光辐照，薄膜的消光系数有微小的增加，采用能量为 2.0mJ 和能量为 3.0mJ 的激光辐照，薄膜的消光系数有所下降。

所以对于 ZnSe 薄膜，得到比较小的消光系数可以率先考虑采用较多的激光脉冲数，且优先考虑选取损伤阈值能量 40% 的激光辐照。激光辐照会对薄膜产生热效应和场效应，短脉冲高能量的激光会对薄膜进行快速的退火处理，使得薄膜的折射率增加。一方面由于激光辐照薄膜后会清除薄膜表面的污染物和杂质，降低薄膜内部的缺陷，使得消光系数变小，进而降低薄膜的吸收，使得薄膜的折射率提高。另一方面，激光预处理的过程是对薄膜膜层进行加固夯实的过程，减少了薄膜对水分的吸收，从而使得薄膜的消光系数变小，折射率增加。

2．不同能量激光辐照后的薄膜透射率

为了研究不同能量激光对薄膜透射率的影响，使用同一脉冲数不同能量的激光和同一能量不同脉冲数的激光辐照 ZnSe 薄膜。

在同一脉冲数、不同能量激光辐照下，薄膜的透射率有轻微变化。经过 3 脉冲、10 脉冲、15 脉冲激光辐照后薄膜的透射率在波长 532nm＜λ＜1700nm 范围内均降低。

在同一脉冲下，不同能量的激光辐照后发现：在能量为 2.0mJ 激光处理后透射率下降很明显，其次是能量为 3.0mJ，在能量为 2.5mJ 的激光辐照下薄膜的透射率下降很小（3 脉冲从 85.11％分别下降到 82.82％、84.11％、83.96％；10 脉冲从 85.11％分别下降到 82.14％、84.85％、83.73％；15 脉冲从 85.11％分别下降到 82.11％、84.92％、83.93％）。

实验发现激光预处理对薄膜进行了快速的退火处理，导致薄膜的折射率增加，进而解释了薄膜在激光预处理后薄膜的透射率有轻微的下降。但总体上不会影响薄膜的光学特性。

3．不同能量激光辐照薄膜损伤形貌

532nm 波长的激光辐照后，当激光能量小于 5mJ 时，ZnSe 薄膜表面看不到明显的损伤痕迹。激光能量大于 5.0mJ 时，ZnSe 薄膜表面有小尺寸的损伤，ZnSe 薄膜的损伤是一个突变的过程。随后逐渐增加激光的能量，ZnSe 薄膜损伤斑的尺寸也逐渐变大，损伤程度也更加严重。导致薄膜损伤的原因可能是导带中的自由电子在吸收激光的光能后热运动增加，导致温度的升高，达到薄膜的熔点使之破坏。

ZnSe 薄膜的损伤阈值并不高，原因可能是在短波长激光作用下光子能量过大，在短波作用下薄膜表面缺陷吸收大量的光子能量进而转化为热能使得薄膜产生破坏。经过 532nm 波长的激光预处理后，薄膜的激光损伤阈值在原来基础上提升了 20％～40％。

4．激光辐照对薄膜的粗糙度的影响

在 15 脉冲能量为 2.5mJ 激光辐照后薄膜表面粗糙度 Ra 为 0.78nm，发现激光辐照后存在薄膜表面粗糙度增加的现象，这可能是激光预处理过程中对薄膜表面造成了亚损伤。由于亚损伤的存在导致薄膜粗糙度增加，进而增加了薄膜表面的散射。

（四）效果

该研究对 ZnSe 薄膜采用 532nm 波长的激光进行不同脉冲、不同能量下的预处理。激光预处理后发现，ZnSe 薄膜的光学特性变化比较明显。采用 3 脉冲激光辐照后，ZnSe 薄膜的消光系数有微小增大，折射率也有所增加。在 15 脉冲激光预处理后，在能量密度为 398mJ/cm^2 和 597.1mJ/cm^2 的激光辐照下 ZnSe 薄膜的折射率增加很明显，消光系数也明显下降。但是在激光预处理后，薄膜的透射率轻微降低。且经过不同参数激光预处理后，ZnSe 薄膜的损伤阈值均有所提高，在 10 脉

冲、3.0mJ 的激光能量处理后的薄膜损伤阈值从 $0.99J/cm^2$ 提高到 $1.39J/cm^2$。损伤阈值在原来基础上提升了约 40%。采用原子力显微镜对激光预处理后的 ZnSe 薄膜表面进行了测试，发现激光预处理能对薄膜的表面进行一定的平整，降低薄膜表面的粗糙度，从原来的 0.563nm 下降到 0.490nm（15 脉冲辐照）。同时应注意在预处理过程中避免激光对薄膜表面的亚损伤进而造成表面粗糙度的增加。该研究结果希望能对 ZnSe 薄膜的研究和应用起到一定的参考作用。

四、硒化锌基底 2～16μm 超宽带硬质红外增透膜

（一）简介

超宽带红外增透膜的波段为 2～16μm，要求其平均透射率大于 92%，基底是硒化锌。其难点主要体现在三个方面：一是增透膜的带宽要求特别宽；二是膜层的牢固度，要求薄膜不开裂、不起皱、不脱膜；三是对膜层的强度的要求，要求膜层能够工作在恶劣环境中且表面不易被划伤。为了满足上述要求，在膜系设计中，采用了多层膜结构，并利用 Refinement 的计算机辅助设计方法进行了优化。薄膜镀制中，在传统热蒸发技术中采用离子束辅助沉积技术，用具有一定能量的荷能离子轰击沉积中的薄膜，来改善薄膜的性能。由于外来离子对凝聚中的粒子的动量传递，使得凝聚粒子移动性增加，从而通过改善膜层的柱状结构，使膜层更加致密，来提高膜层的稳定性。此外，为了进一步提高膜层的硬度，采用脉冲电弧离子镀技术在膜层的最外层表面沉积了厚度约为 100nm 的类金刚石（DLC）薄膜作为多层增透膜的保护层，以提高膜层的硬度和抗恶劣环境的能力。

（二）膜料选择和膜系设计

应用于红外波段的光学膜料，必须保证在应用波段具有良好的透射率、合适的折射率、良好的机械强度和硬度以及稳定的化学特性。对于高折射率膜料可采用吸收较小的硒化锌膜料。对红外波段低折射率膜料的选择成为制备高质量红外薄膜的关键技术之一，氟化锶、氟化钡和氟化钙等镀制的膜层松软且易吸潮；氟化钇（YF_3）有较大的应力常常会使膜层龟裂，因此在膜系设计中采用了多层膜结构，并将氟化钇膜料选为低折射率膜料。

（三）薄膜制备工艺

薄膜制备是在安装了自行研制的宽束冷阴极离子源的南光机械厂生产的 ZZS700-1/G 箱式光学镀膜机上进行的。镀前用 800eV 左右的 Ar^+ 离子束对 ZnSe 基底进行约 5min 的轰击，然后采用离子束进行辅助沉积。硒化锌采用钼舟电阻加热蒸发，氟化钇采用电子束蒸发。镀后再采用离子束对样片进行 10min 左右的轰击和一定时间的高温退火处理。由于膜系的中心波长较长，在膜系控制中采用了透射式短波控制长波的方法，为了进一步提高膜层的监控精度，在短波控制长波的方法中，考虑到膜料的色散效应提出了光学厚度等效代换。在整个镀膜过程中基底的

温度控制在（200±5）℃，本底气压低于 $4.0×10^{-3}$Pa，充入氩气后的工作真空度控制在 $9×10^{-3}$Pa 左右。实验证明在膜层制备过程中，本底气压越低，膜层的沉积速率越低，膜层性能越好。硒化锌薄膜的沉积速率应控制在 0.2nm/s 左右，氟化钇膜层的沉积速率为 0.8nm/s。在镀制第一层低折射率的氟化钇膜层时，为了便于膜层监控和提高膜层的牢固度，首先在基底上镀制一层硒化锌膜层。

（四）特性

基本性能指标是：光谱范围为 $380～10000cm^{-1}$，分辨率为 $0.2cm^{-1}$。在硒化锌基底上双面沉积的多层超宽带红外增透膜（MLAR）以及两个面都加镀了 100nm 的 DLC 薄膜后（MLAR+DLC）的实测光谱透射率曲线。其峰值透射率均大于97%，在 $2～16\mu m$（$625～5000cm^{-1}$）波段范围内平均透射比大于93%，而且，加镀了 DLC 薄膜后并没有降低膜层的透射比，仅是光谱曲线发生了微小的长移。

① 高低温实验：高低温实验箱的升温和降温速度均小于2℃/min，在（−40±3）℃低温中保持 6h；在（50±3）℃高温中保持 6h，膜层均无起皱、龟裂、脱落等现象。

② 机械强度：用手持式擦拭工具，在橡皮摩擦头外裹两层干燥脱脂纱布保持 4.9N（500g）压力下顺着同一轨迹对膜层进行摩擦，往返 25 周期后，膜层表面无损伤。

③ 附着性：用 2cm 宽的剥离强度不小于 $2.94N/cm^2$ 的胶带纸粘牢在膜层表面，把胶带纸从垂直于样片表面的方向迅速拉起后，膜层无脱落，无损伤。

④ 湿度实验：在（48±2）℃，96%±1% 的相对湿度中经历 24h，膜层外观无变化。

（五）效果

采用 Optilayer 膜系设计软件并结合实际的膜层监控以及膜层镀制中的连续可行性和工艺的重复性设计出了硒化锌基底上 $2～16\mu m$ 的超宽带增透膜。采用离子束辅助沉积技术，通过膜料的合理选择和组合，既有效降低了氟化钇膜层引起的吸收峰，又保证了膜层的硬度，避免了单纯使用氟化钇造成的膜层应力较大的问题。通过进一步在多层宽带增透膜表面沉积 DLC 薄膜的方法进一步提高了膜层的强度和抗恶劣环境的能力。

五、硒化锌基底 7.8～10.6μm 波段增透膜

（一）简介

对于长波红外高折射率（例如：锗和硅）基底的增透膜的研究自 20 世纪 70 年代就已经开始，但是对于低折射率材料（例如：硫化锌和硒化锌）作为基底长波红外的宽带增透膜的研究，只在近年来才开始。

现代光学系统，尤其是用于特殊环境的光学系统，除了要求薄膜有较高的光学性能外，还必须能对抗各种恶劣的工作环境。

研制的以硒化锌（ZnSe）为基底的增透膜工作波段 $7.8\sim10.6\mu m$，平均透射率大于98％。研制工作的重点在于解决膜层牢固度问题，以求膜层能够通过环境模拟实验，即可靠性实验。

（二）镀膜材料选择与膜系设计

在长波红外 $7.8\sim10.6\mu m$ 波段内，通常用于增透膜的膜料主要有：高折射率材料硒化锌（ZnSe）、硫化锌（ZnS）、锗（Ge）、硅（Si）、低折射率材料氟化锶（SrF_2）、氟化钡（BaF_2）、氟化钙（CaF_2），但是这几种膜料松软，膜层强度差，而且还容易吸潮。国外报道过有利用良好光学与机械特性的氟化钍（ThF_4）作为低折射率材料，但是 ThF_4 具有放射性和一定的毒性，许多国家已禁止使用。因此，人们寻求新的替代 ThF_4 材料，氟化钇（YF_3）和氟化镱（YbF_3）这两种材料折射率与 ThF_4 较为接近，而且机械强度与稳定性都不错，不过 YF_3 比 YbF_3 具有更低的折射率。

依据长波红外增透膜的设计经验，一般低折射率材料的厚度要大于 $1\mu m$，经过材料实验，结果表明：YF_3 材料在同等厚度的情况下，具有比 YbF_3 更大的内应力，使得膜层更容易龟裂脱膜，就解决膜层牢固度而言，YbF_3 比 YF_3 更具有优势。

采用七层增透膜可得到非常好的平坦宽带增透效果，在 $7.8\sim10.6\mu m$ 波段平均剩余反射率＜0.3％。这一设计目的是保证不影响增透效果的前提下，避免某一层膜因为应力的过于集中而使膜层可靠性降低。锗材料在 $7.8\sim10.6\mu m$ 波段吸收可以忽略，透光性能好，而用 Ge 作高折射率材料，在设计中可以提高这一波段的透过率。

（三）增透膜的制备

增透膜的制备设备为 Eddy 800 型全自动镀膜机。配置一个考夫曼离子源，采用电子束蒸发镀膜，利用 MaxTek 晶振仪控制膜层的厚度。

基片在镀制之前经过了严格的清洁，镀膜前调高离子束能量对基片进行离子清洗 10min 以上，镀膜时仍然辅以离子轰击，使得凝聚粒子的能量和稳定性增加，从而提高沉积薄膜的致密度，改善其光学性能。这里强调，需要一个合适的离子轰击能量，实验结果表明，如果能量太大将使膜层的应力变得很大，从而令膜层在潮热环境中起皮、脱膜；而能量过低则令膜层松软，很容易用透明胶带拉掉。因此必须要选择一个合适的离子轰击能量。同时，考虑到 ZnS 的沉积温度不能过高，经过几轮试验，最终将烘烤的温度设在150℃。

（四）特性

选用 ZnSe 为基底材料，是因为该材料透光区很宽，可以从 $0.6\mu m$ 透到 $20\mu m$，它是一种较为理想的长波红外的光学材料，如图 4-6 所示，它在 $10.6\mu m$ 处的折射率约为 2.40。

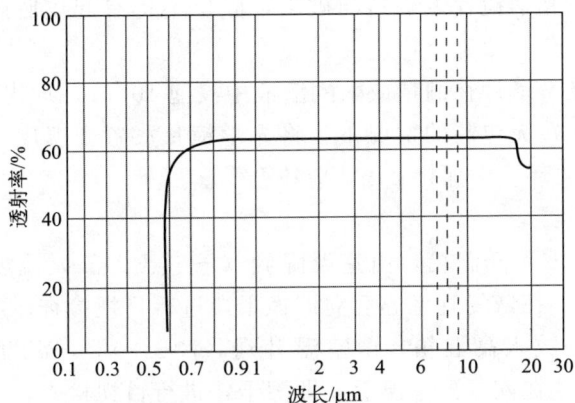

图 4-6　ZnSe 基底材料的透光区示意图

表 4-10 为 ZnSe 材料的一些物理性质，从中可以看到这种材料有很好的机械特性和理论上良好的光学性能。

表 4-10　ZnSe 材料的一些物理性质

密度	熔点	热膨胀系数	努氏硬度(50g)	溶解性
$5.27g/cm^3$	1525℃	$7.8\times10^{-6}K^{-1}$	$120kg/mm^2$	不溶于水

经历多次的实验，镀制出良好性能 ZnSe 基底的双面增透膜。实际测试曲线如图 4-7 所示，在 $7.8\sim10.6\mu m$ 的工作波段获得平均透过率大于 98%，光谱测试在 PE 公司的 FTIR-1000 型红外光谱仪上完成。

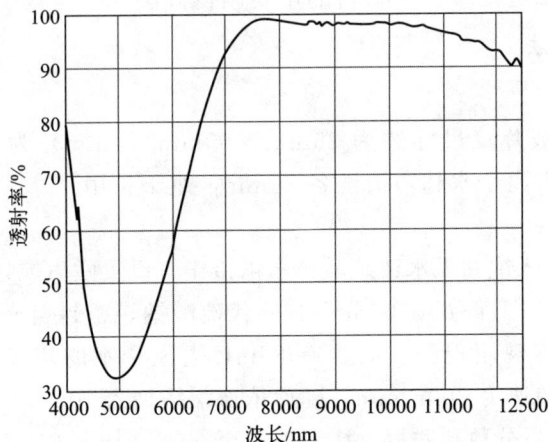

图 4-7　实际制备的 $7.8\sim10.6\mu m$ 增透膜的透射曲线

（五）效果

对红外增透膜的性能的检验内容如下。

① 膜层质量：光学镜片无崩边与破裂，膜层不得有起皮脱膜、裂纹和气泡等疵病。

② 耐溶性：光学镜片在酒精或丙酮溶液中浸泡 10min，取出擦拭后应符合①。

③ 湿热实验：在无包装的情况下，将光学镜片放置于温度（50±2）℃、相对湿度 95%～100% 的环境中保持 24h，应符合①。

④ 高低温实验：

a. 把试验样品放入低温箱，由室温降到（−55±2）℃，温度变化速率不大于 2℃/min，保持 2h，在恢复到室温后立即擦干，进行目视检查，应符合①；

b. 把试验样品放入高温箱，由室温升到（70±2）℃，温度变化速率不大于 2℃/min，保持 2h，在恢复到室温后立即擦干，进行目视检查，应符合①。

⑤ 附着力实验：将宽 2cm 的透明胶紧贴在镀膜表面上，然后沿膜面垂直方向迅速拉起，膜层表面应符合①。

依照上述的环境实验内容，对研制的 ZnSe 增透膜按①～⑤的次序进行检测，结果表明其能够通过各项考验，并保持良好的光谱性能。

以上实验结果表明，研制的 ZnSe 基体 7.8～10.6μm 增透膜光谱性能优越，具有高可靠性，能够满足恶劣环境下的光学系统使用要求。

六、化学水浴沉积 ZnSe 薄膜

（一）简介

化学水浴沉积（chemical bath deposition，CBD）因成本低廉、操作简单、成膜均匀、低温工艺、材料致密、可大大增加器件的并联电阻等特点，是目前实验室乃至产业化薄膜太阳电池缓冲层材料的主要制备方法。

（二）制备方法

1. 衬底准备

选用帆船牌载玻片（尺寸约为 25mm×50mm×1mm）为衬底，衬底经洗洁精、酒精、丙酮、去离子水超声清洗各 30min，烘干备用。

2. 薄膜制备

将 1.58g 硒粉加入饱和无水亚硫酸钠水溶液中，设置磁力搅拌转速为 1200r/min，90℃下回流反应 6h 以上得到 0.02mol/L 硒代硫酸钠，密封避光保存。因硒代硫酸钠相对不稳定，故需现用现配。向含有 85mL 去离子水的烧杯中加入 0.08mol/L 七水硫酸锌，设置转速为 300r/min，随后依次缓缓加入 10mL 25%（质量分数）氨水、35mL 80%（质量分数）联氨，待温度升至 90℃，加入 25mL 浓度为 0.02mol/L 的硒代硫酸钠，最后将固定有衬底的特殊架子垂直置于反应溶液中，反应 1h。重复上述实验，反应时间依次变为 2h 和 3h，其他制备条件不变。

（三）性能

1. 吸收系数

不同厚度 ZnSe 薄膜的吸收系数在波长小于 400nm 的短波区域里呈指数函数锐增，且波长越短，吸收系数越大，而在波长大于 400nm 的范围内是透明的。反映 CBD 法制备的 ZnSe 薄膜的光学能隙值约为 3.00eV，缓冲层材料吸收边"蓝移"可增加吸收层对短波区域光子的吸收，从而提高器件的光电流和量子效率。

2. 消光系数和折射率

消光系数与吸收系数变化一致，不同膜厚的 ZnSe 薄膜在可见光区域消光系数皆小于 1。薄膜的折射率随膜厚的增加而降低。

3. 光学带隙

薄膜带隙值随膜厚的增加而下降，原因是晶粒尺寸随膜厚的增加而增大，禁带宽度值更趋于 ZnSe 单晶标准值 2.70eV。

（四）效果

① 优化 CBD 湿化学工艺条件，在玻璃衬底上可生长覆盖率高、结构致密、具有立方相闪锌矿结构的 ZnSe 纳米晶薄膜。平均晶粒尺寸约为 200nm，（111）晶面择优取向。

② ZnSe 薄膜透过率、反射率均随膜厚的增加而降低，薄膜在本征吸收区域吸收系数很大，且随波长的减小而增大。膜厚为 150nm、400nm、630nm 的材料对应的光学能隙值分别为 3.16eV、3.14eV、3.07eV。这些研究结果对薄膜太阳能电池的缓冲层的理论设计和结构设计均有较好的参考价值。

七、硒化锌基底激光合束镜

（一）简介

二氧化碳激光器所用的增益介质是混了氦气和氮气的二氧化碳，可输出中心波长为 $9.6\mu m$ 和 $10.6\mu m$ 的远红外激光。二氧化碳激光器的能量转换率高，输出功率可从几瓦到几万瓦，加上极高的光束质量，使得二氧化碳激光器在材料加工、科研、国防及医学方面均有着广泛应用。

在实际应用中，通常不会仅使用一种激光器进行单独工作，而是采用多波段激光组合使用的方式，使其各司其职，共同实现所需求的技术目标。在通常情况下，由于作用不同，不同激光器所产生的激光应有其各自的光路，但是在一些较小或内部空间较为紧凑的设备中，并不能支持多光路系统的搭建。此时可镀制合束镜，依据其表面薄膜对不同波长的光的透射、反射性能的差异，将两束或更多不同中心波长的激光合为一束，以精简光路，减小光路所占空间，其结构如图 4-8 所示。

由图 4-8 可见，长波激光器与短波激光器相互垂直放置，合束镜呈 45°摆放在

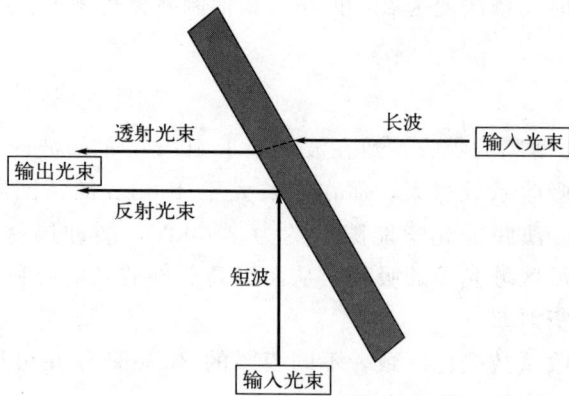

图 4-8　长短波红外合束镜结构示意图

光路交点处。合束镜的正面镀制一层对长波增透、短波高反的分光膜，使长波激光经过合束镜后与被反射的短波激光合为一束，一同进入工作光路中。同时为了提升长波激光的透过率，合束镜的反面应镀制一层对长波激光具有增透效果的薄膜。且由于长波激光与短波激光均为红外光，不可直接被人眼观察，故为了方便调试，合束镜反面薄膜应同时具备 630～680nm 波段的分光效果，用以指示光路。

（二）膜系设计

1. 技术参数

根据长短波激光合束镜的技术需求确定合束镜的技术参数如表 4-11、表 4-12 所示。

表 4-11　分光膜的技术参数

参数	指标
入射角度	45°
770～790nm	$R>97\%$
798～818nm	$R>97\%$
870～890nm	$R>97\%$
905～925nm	$R>97\%$
10.4～10.8μm	$T>95\%$

注：R 为反射率，T 为透射率。

表 4-12　减反射膜的技术参数

参数	指标
入射角度	45°
630～680nm	$3:7<T:R<7:3$
10.4～10.8μm	$T>99\%$

2．材料的选取

（1）基板的选取

在红外波段常用的基底材料有 Si、Ge、ZnSe 等，其中 Si、Ge 材料的禁带宽度分别为 $1.12eV$、$0.66eV$，均小于 $1.61eV$，说明其在可见光波段有吸收，表现为不透光。而实验需要薄膜在 $630\sim680nm$ 波段分光，用以指示光路，故选择 ZnSe 材料作为基底镀制薄膜。

硒化锌（ZnSe）是一种多晶材料，杂质含量极低，呈透明淡黄色。其禁带宽度为 $2.7eV$，透光范围 $0.5\sim15\mu m$，在常用光谱范围内基本无散射现象发生。由于 ZnSe 材料在红外波段拥有较低的吸收系数和较高的耐热膨胀系数，通常作为基板，在其上镀制光学薄膜以制作红外系统中的窗口、透镜等光学器件。由于其对 $10.6\mu m$ 附近的长波红外光吸收很小，并且能承受较高强光照射，故 ZnSe 是制作高功率 CO_2 激光器系统器件的首选材料。

（2）镀膜材料的选取

在红外光波段内，常用的高折射率材料有 ZnSe、ZnS、Ge 和 Si 等，其中由于吸收问题，可先排除 Ge 与 Si。在 ZnSe 与 ZnS 中，ZnSe 相对较软，而 ZnS 纯度高、不溶于水、密度适中，是一种折射率均匀性和一致性较好的材料，具有优良的光学、电学、热学特性，故选择 ZnS 作为实验的高折射率材料。

常用的红外低折射率材料 SrF_2、BaF_2、CaF_2 等材料较软，强度较差且易吸潮。曾有报道，使用 ThF_4 对以上材料进行代替，虽然 ThF_4 的光学性能良好，机械强度较高，但是其具有强放射性，故不予考虑使用。与 ThF_4 的折射率较为接近的材料有 YF_3 和 YbF_3，而且其硬度较高，可以满足使用需求。而在同等膜厚下，YF_3 的内应力大于 YbF_3，更易导致脱膜的情况发生，故最终实验所用低折射率材料选用材料 YbF_3。

3．膜系设计

依据合束镜工作原理及实际使用需求，分光膜的目标入射角度为 45°时，在 $(10.6\pm0.2)\mu m$ 波段的透过率＞95％，在 $(780\pm10)nm$、$(808\pm10)nm$、$(880\pm10)nm$、$(915\pm10)nm$ 波段的反射率＞97％，同时为了增加透射光的强度，需在后表面膜层镀制 $(10.6\pm0.2)\mu m$ 波段的减反射膜，且满足 $630\sim680nm$ 波段的透反比在 3∶7 与 7∶3 之间。

（1）分光膜膜系设计

当入射角度为 45°时，薄膜在 $(780\pm10)nm$、$(808\pm10)nm$、$(880\pm10)nm$、$(915\pm10)nm$ 波段的平均反射率分别为 98.07％、97.39％、97.41％和 97.72％，在 $(10.6\pm0.2)\mu m$ 的平均透过率为 95.83％，满足设计指标需求。

（2）减反射膜膜系设计

后表面膜系的基础膜系为 (0.5HL0.5H)^8（H、L 分别为高、低折射率薄膜），中心波长 750nm，经过优化后所得膜系为 Sub ｜ 0.35H 1.71L 0.72H 1.11L

0.56H 3.54L 0.25H 5.54L 0.22H 1.09L 0.42H 1.12L 0.12H ｜ Air，膜系共 13 层，总厚度约为 1950nm，其在 630～680nm 波段的平均透过率为 49.9%，在 (10.6±0.2)μm 波段的平均透过率为 99.41%，满足设计指标需求。

（三）薄膜制备

所使用的镀膜机为 ZX1350G 型真空镀膜机，该设备配有三个分子泵、两个 e 型电子枪、一个 Polycold 和一个射频离子源。

在薄膜的制备过程中，使用晶振法对薄膜的沉积厚度进行监控，通过对石英晶振片的振动频率进行监测，即可实时记录已沉积的薄膜厚度。

为提升薄膜的牢固度与沉积密度，实验选用射频离子源进行辅助沉积。其具有能量高、能量分布均匀性好、工作时间长、污染小等优点。射频离子源由射频电源供电，并通过匹配器进行自动匹配，产生等离子体，在栅网作用下引出离子束。实验离子源辅助沉积工艺参数如表 4-13 所示。

表 4-13　离子源辅助沉积工艺参数

参数	数值	参数	数值
束流/mA	700	RFN Gas/(cm^3/min)	Ar=5
电子束电压/V	800	RFN EI(CUR)	180%
ACC Voltage/V	600	Source FwPw/W	300
RFN FwPw/W	45	充气量/(cm^3/min)	Ar=50　O$_2$=8

由于所设计的薄膜较厚，用料较多，故实验 YbF$_3$ 使用点坩埚进行电子束蒸发，同时由于 ZnS 较易蒸发，使用电子枪不易控制其速率，故使用钼舟对 ZnS 进行电阻热蒸发。其制备过程的工艺参数如表 4-14 所示。

表 4-14　沉积工艺参数

材料	烘烤温度/℃	束流/mA	充气量/(cm^3/min)	速率/(A/s)
ZnS	220	43	26.2	8
YbF$_3$	220	67	24.8	7

由于所制备为激光合束镜，为了降低薄膜制备过程中的杂质与微缺陷，提高薄膜的抗强光照射能力，选择在薄膜制备结束后对样品进行 30min 的离子后处理。未进行离子后处理的样片表面粗糙度 $Ra=1.759$nm，进行 30min 离子后处理的样片表面粗糙度 $Ra=0.561$nm，样片的表面形貌有显著的提高，大大降低了杂质与微缺陷的数量，提升了薄膜的抗强光照射能力。

（四）效果

本部分依据膜系设计理论，设计了在入射角为 45°条件下的长、短波红外合束镜，并采用电子束热蒸发和电阻热蒸发的方式完成了合束镜的制备。使用石英晶体振荡法控制膜厚，采用逆向反演分析法对成膜过程中的误差进行分析，计算出材料的修正系数，使实际膜厚与设计膜厚相符合。采用射频离子辅助沉积技术改善膜层物理性能，提高薄膜的抗强光照射能力。最终制备的合束镜满足技术要求。

八、3～13μm 宽带红外分束镜

（一）简介

以 ZnSe 为基底设计一种宽带红外分束镜，透射和反射比为 50∶50，工作波长可达到 3～13μm，工艺采用了电子束蒸发物理气相沉积的方法，薄膜材料仅含有 ZnSe 和 Ge。利用 Spectrum GX 红外傅里叶变换光谱仪对该分束镜的透过率进行测量，测试结果表明该分束镜的平均透过率约为 50%，具有宽带的分束特性，与设计结果基本相符。环境测试表明：薄膜具有良好的稳定性和牢固度。该分束器可以应用于可靠性要求比较高的环境中。

（二）膜系设计

在 3～13μm 带宽内，以 ZnSe 为基底，实现在光线 45°入射时，透射和反射比 50∶50 的分束镜，虽然金属膜分束镜对波长不敏感，中性程度比较好，但是金属膜具有较大的消光系数，缺点是吸收损失比较大，分束效率较低；而介质膜的吸收小到可以忽略的程度，分束效率高，因此必须采用介质膜，但由于要求带宽很宽，介质膜对波长较敏感，因此从设计上讲存在一定的困难。

对于平板型分束镜，通常可采用 G｜HL HL｜A，A 和 G 分别为空气和基底，H 和 L 分别为高、低折射率薄膜。对于给定的两种材料其分束带宽是一定的，与其周期数无关，仅与两种材料的折射率有关，因此这也给宽带分束镜的设计带来了很大的困难。

薄膜材料的选择必须考虑以下因素：

① 在 3～13μm 波段内，材料必须透明。

② 薄膜材料必须要有较好的力学性能和化学稳定性，氟化物低折射率材料这一点比较差，因此不予选择。

③ 由于膜层工作在红外波段，所以薄膜的厚度相对较厚，应力匹配也是必须要重点考虑的问题。

④ 为尽量减小偏振效应，应尽可能选择折射率高的材料。

综合以上因素，最终我们仅选取 ZnSe 和 Ge 两种薄膜材料来设计膜系，这两种材料在要求的波段范围内均透明，力学性能和化学稳定性好，两者的应力匹配也较好，且折射率也较高。

薄膜材料的光学特性受具体的镀制工艺条件（主要是基片温度、沉积速率和真空度）的影响很大，因此必须要在一定的工艺参数下来确定薄膜材料的光学常数，另外还要确定材料在长波的吸收限，并据此对膜系进行调整。

这两种材料在红外区的色散都很小，尤其是在长波红外，可以近似看成无色散材料，实践证明这样的近似对长波红外的光谱曲线影响可以忽略不计，同时 ZnSe 膜料的折射率要比基片略低，这是由于薄膜材料的聚集密度相对于块体材料要小。

（三）制备

45°倾斜入射相比垂直入射光谱曲线向短波大约漂移了 200nm，且平均透过率要比垂直入射高约 2%，这是由于倾斜情况下薄膜的有效厚度相对实际厚度要小。在相差 45°情况下，光谱曲线相差并不大，因此测量角度的误差对光谱曲线的影响很小，实践证明，多次测量基片 45°倾斜，其光谱曲线基本不变，这点与理论设计也是相符的。用 ZZS800 型箱式镀膜机来镀膜，用 e 型电子枪来蒸发材料。镀膜前，使用有机溶剂擦拭和超声波去油处理来清洁基片。

将 ZnSe 基片悬浮固定在拱形夹具盘后开始抽真空，当真空室的真空度达到 $(2.4\sim4)\times10^{-3}$Pa 时，打开加热灯丝将基片加温至 300℃，并恒温 3h，然后打开电子枪，交替蒸发 Ge 和 ZnSe 这两种材料，实验使用的是美国 MA XTEK 公司的 MDC360 型石英晶体控制仪控制沉积速率和沉积厚度，Ge 的沉积速率为 0.2nm/s，ZnSe 的沉积速率为 0.6nm/s。

（四）效果

通过傅里叶变换红外光谱仪测试得到的光谱曲线与设计曲线基本相符，但是在短波处存在一定的差异。究其原因总结如下：

① 红外光谱仪在短波处存在一定测量误差；

② 薄膜材料在短波处的折射率与实际折射率存在差异；

③ 膜层均为非规整，且层数多厚度大，利用石英晶体监控仪监控存在累积误差；

④ 测量角度存在误差。

其中，原因③是引起短波处存在差异的主要原因，与理论设计相比实际光谱曲线在短波处的透过率要低，尤其是在 $2\sim3\mu m$ 之间相差很大，说明厚度的累积误差已经达到了与该波段相比拟的程度，随着波长的增加，累积误差的影响也越来越小，直至到长波红外与设计基本相符。

从实测曲线看出，$3\sim14\mu m$ 之间的最大透过率约为 57%，最小透过率高于 44%，基本满足透射和反射比为 50∶50 的设计要求。

经过 3M 胶带连续粘贴 20 次后，无脱膜。然后分别浸水 8h 和在浓度为 4% 的盐水中沸煮 1h 后，制备的薄膜均无脱落、龟裂。在冷冲击试验后在高温高湿环境（温度 45℃，相对湿度 95%）中放置 48h，取出观察表面，未发现有明显变化。

此宽带红外分束镜基本满足设计要求，机械强度及环模试验的结果表明，该薄膜有着良好的机械强度和抗破坏品质，可以应用于空间环境等对可靠性要求比较高的方面。

第三节 • 掺杂硒化锌

一、钴掺杂硒化锌

(一) 简介

通过化学气相沉积（CVD）法来生长高质量的钴（Ⅱ）掺杂 ZnSe（Co-ZnSe）纳米片，并通过微区光致发光光谱技术表征单个纳米片的发光性质。通常，在 ZnSe 纳米材料生长过程中，沉积在硅衬底上的是闪锌矿结构的 ZnSe 纳米材料，然而，当生长温度增加，经常会在管式炉的近中心高温区域附近发现部分纤锌矿结构的 ZnSe 纳米材料，由于高的生长温度，样品的结构更多的是纳米带或纳米片。

(二) 材料的制备

将高纯度的 ZnSe 粉末和 $Co(OH)_2$ 粉末以质量比 20∶1 的比例混合，放在瓷舟中，并置于管式炉中间的加热区域。将硅衬底充分清洗干净，用离子溅射仪沉积约 10nm 厚的金薄膜作为催化剂，放在管式炉气流的下游，距中心位置约 10cm。给管式炉接通体积流量比为 19∶1 的氩氢混合气体，体积流量为 $40cm^3/min$，先通气 1h，排净管式炉中的空气，然后打开管式炉控温开关给粉末样品加热，按照 $120℃/min$ 的速度快速升温至 1200℃，保持该温度 2h 生长样品。然后关掉控温开关，样品生长结束。当管式炉自然降温到室温后取出硅衬底，得到沉积的黄色样品。

(三) 性能

该纳米带中有 3 种化学元素，分别是锌（Zn）、硒（Se）和钴（Co），原子数分数分别是 50.95%、48.75% 和 0.3%。为了防止 Co^{2+} 在纳米带中聚集而形成纳米团簇，因此掺杂的 Co 含量很少，小于 1%。

通过仔细对比发现，在室温下，闪锌矿 ZnSe 纳米结构的近带边发光能量约为 2.67eV（465nm），而生长的纳米片的激光发射能量却约为 2.77eV（447nm），不在其闪锌矿相的带边附近，这与通常观察到的半导体纳米带如硫化镉的激光发射现象明显不同。生长的 Co-ZnSe 纳米片在室温下，近带边的发光能量应该约为 2.77eV（447nm）。生长的 Co-ZnSe 纳米片，相比闪锌矿结构的 ZnSe，在近带边有更高的能量，所以，该纳米片可能是纤锌矿结构。该结果也表明微区光致发光谱可以表征单个纳米片或纳米带的内部晶相。

相比硼元素，EMP 的发光强度随着温度的升高衰减较慢，在温度从 77K 增加到 140K 的过程中，EMP 的发光强度不仅没有衰减，而且还出现了增加的现象，这是与缺陷相关的束缚激子完全不同的现象。EMP 是由自由激子、磁性离子铁磁耦合自旋和光学声子耦合形成的光学元激发。在这个温度区域，随着温度的升高，更多声子的参与促进了更多 EMP 的形成，因此其发光强度随着温度的升高增强，同时，声子与激子的耦合强度逐渐增强，其发光峰的峰位也逐渐红移。随着温度从 140K 进一步增加，参与形成 EMP 的声子足够多，EMP 数量不再增加，而由温度产生的声子效应和热晶格弛豫效应变得越来越强，最终导致 EMP 的发光强度随温度升高而衰减。超过临界温度时带边激子与 EMP 混杂在一起，散射效应占主导，这种现象是稳态激发下 EMP 形成的典型效应，与其他过渡金属离子掺杂Ⅱ-Ⅵ族半导体观察到的现象一致。当过渡金属离子掺杂 ZnSe 纳米结构时，铁磁耦合的过渡金属离子对能与 ZnSe 纳米结构中的声子和自由激子耦合形成 EMP。EMP 相比自由激子有更低的能量和更稳定的结构，且在室温下，它还可能在超短脉冲激光激发下形成玻色激子凝聚态，发射单模激光。

（四）效果

本部分通过化学气相沉积法合成了高质量的 Co-ZnSe 微纳结构，并使用光学方法表征了该微纳结构的发光性质，确定了其晶体结构。测试发现，Co-ZnSe 微纳结构中存在两种晶体结构，对于单个纳米带或者纳米片，通过微区光致发光光谱确认了其结构相。在脉冲激光激发下，ZnSe 纳米结构在室温下带边发光能量约为 2.67eV，为闪锌矿结构；如果其在室温下近带边的发光能量约为 2.77eV，则为纤锌矿结构。另外，通过温度发光光谱，在 Co-ZnSe 纳米片的近带边发现了自由激子、束缚激子、激子磁极化子和施主-受主对的发光峰，由于其结构不同，随温度的升高，它们发光峰也呈现不同性质。分析认为，Co(Ⅱ) 的掺杂使 ZnSe 纳米片中出现了磁性离子自旋与激子、声子的耦合相互作用，进而形成 EMP，稳定性更高。这使得在稀磁半导体材料中产生室温玻色激子凝聚态成为可能，为玻色激光发射提供条件。

与此同时，Co(Ⅱ) 的掺杂也使这种方法制备的硒化锌微结构变得复杂，其光学元激发也有多样化特征，体系中各相激子、声子、自旋和载流子及缺陷都会产生相互作用，因此，深入地研究并给出更准确的有关激子磁极化子行为的完整图像成为后续的工作重点。鉴于其量子相干特征，该研究对量子信息技术的发展十分必要，为未来自旋电子器件、光致磁性等技术的发展应用提供了思路。

二、铜铟掺杂的硫硒化锌

（一）简介

人们对光催化制氢的理论和技术进行了广泛的研究，致力于提高光催化制氢的效率，并取得了相当大的进展。到目前为止，人们已经对半导体光催化剂进行了大量研究，但是大部分半导体光催化剂只能吸收占太阳光能 4% 的紫外光，因此开发可见光催化剂是提高太阳能利用效率的关键，也是目前光催化领域研究的热点。半导体光催化剂在可见光下有光催化活性的必要条件是在可见光部分有吸收。硫硒化合物能够形成固溶体，能隙较窄，并且可以通过掺杂金属离子在 1.7～2.5eV 范围内调节其能隙宽度。本部分通过化学共沉淀法制备了铜铟掺杂的硫硒化锌半导体光催化剂，并对它在紫外和可见光下产氢活性进行了研究。

（二）催化剂的制备

将硫粉、硒粉加入到 50%（质量分数）NaOH 溶液中在 85℃ 水浴中加热溶解后，强力搅拌缓慢滴加到锌、铜、铟的可溶性盐的水溶液中，沉淀物真空抽滤并用去离子水洗涤至中性，65℃ 真空干燥 24h，在石英弯管中通氮气在 700℃ 下煅烧 1h，得到红色的所需产物。

（三）光催化制氢反应

用 Na_2S/Na_2SO_3 复合体系为牺牲剂，300W 准直高压汞灯为内置式光源，去离子水 150mL，催化剂量为 0.05g，整个体系温度用冷却水控制体系温度为（30±0.2)℃，开灯反应之前通 N_2 排除体系中的 O_2，用排水集气法收集气体。测试可见光下催化活性时用 1mol/L $NaNO_2$ 滤去紫外光（$\lambda < 400nm$）。在每一次循环前根据反应时间按比例补加适量的牺牲剂。在整个反应时间，催化剂的活性不随着反应的进行而衰减，表明这个催化剂在紫外光下有很好的抗腐蚀性能。但是在可见光条件并没有发现该类催化剂材料具有产氢活性。

（四）效果

本部分采用化学共沉淀法制备了铜铟掺杂的硫硒化锌催化剂，该催化剂具有硫化锌和硒化锌的混合晶格，其在可见光范围内的最大吸收波长达到 730nm。以 Na_2S/Na_2SO_3 复合体系为牺牲剂，在紫外光条件下均表现出稳定的光催化产氢活性，在可见光条件下没有发现有产氢活性。

参考文献

[1] 于金凤，吴广杰，朱刘 . 红外材料硒化锌制备方法的研究进展[J]. 广东化工，2017，44（16）：141-142.

[2] 冯博，严丹，梁鸿涛，等 . 硒化锌微米晶的制备、形貌及光致发光性能研究[J]. 吉林师范大学学报，2014，35（1）：14-16.

[3] 郭洪霞，赵艳艳 . 硒化锌纳米微球的制备及催化去除水中左氧氟沙星研究[J]. 许昌学院学报，2020，39（5）：77-80.

[4] 杨超，张乃文，白杨 . 硒化锌晶体的高效率高质量组合抛光方法[J]. 红外与激光工程，2022，51（9）：27-32.

[5] 鄢秋荣，黄伟，张云洞 . 硒化锌基底 3～12μm 渐变折射率红外增透膜的设计[J]. 激光与红外，2008，38（2）：177-180.

[6] 王建，徐均琪，李候俊，等 .532nm 激光辐照下 ZnSe 薄膜光学特性研究[J]. 应用光学，2018，39（6）：929-935.

［7］　陈星聿，关冉时，张守立，等 . 硒化锌基底多波段红外增透膜的研究［J］. 光电技术应用，2022，37（6）：18-21.

［8］　林炳，孙剑，张阔，等 . 硒化锌基底 7.8～10.6μm 波段增透膜［J］. 激光与红外，2006，36（zl）：814-816.

［9］　潘永强，杭凌侠，梁海峰，等 . 硒化锌基底 2～16μm 超宽带硬质红外增透膜研制［J］. 光学学报，2010，30（4）：1201-1204.

［10］　李栋，艾青，夏新林 . 利用透射光谱反演硒化锌的光学常数［J］. 光谱学与光谱分析，2013，33（4）：930-934.

［11］　侯丽鹏，邹炳锁 . 钴掺杂硒化锌微纳结构中的发光行为［J］. 微纳电子技术，2024，61（3）：68-74.

［12］　冯博，曹健，高铭，等 . 具有三角形形貌的硒化锌纳米颗粒的制备及光学性能研究［J］. 吉林师范大学学报，2023，44（1）：52-56.

［13］　檀承启，谢欣，张守立，等 . 基于硒化锌基底激光合束镜的研究［J］. 光电技术应用，2022，37（6）：13-17.

［14］　阙立志 . 3～13μm 宽带红外分束镜研究［J］. 红外技术，2011，33（12）：695-698.

第五章

硫化锌与氟化钙

第一节 · 硫化锌

一、硫化锌晶体

（一）简介

硫化锌是一种重要的Ⅱ-Ⅵ族化合物半导体材料，具有闪锌矿（立方晶系）和纤锌矿（六面体型）两种晶体结构。硫化锌是一种重要的红外透过材料，在中红外和远红外区域光学性能良好，具有禁带能宽大（约 3.77eV）、光传导性好、在可见光及红外范围的分散度低等优点，也是一种重要的电致发光、平板显示、阴极射线发光材料。

硫化锌（ZnS）晶体是一种红外光学性能优良的红外光学材料，在 $3\sim12\mu m$ 波段透过率达 70%，在军事上可用作红外观察窗口和头罩材料。随着红外技术在军事领域的发展和应用，ZnS 光学晶体材料在红外成像技术和多光谱精确制导技术中成为国防上不可缺少的关键材料。

本部分介绍了采用化学气相沉积（CVD）法生长大尺寸 ZnS 多晶红外光学材料的制备过程，设计了合理的温场，探索了最佳的工艺条件，解决了真空弧光放电问题，成功生长出 350mm×300mm×15mm 大尺寸 ZnS 多晶红外光学材料。

（二）制备方法

CVD 方法制备 ZnS 多晶材料是在一定的真空条件下进行的，要控制的工艺参数有温度、压力、气体流量等。在数百小时的生长过程中，必须保持这些参数和状态恒定，实现连续不断的成核和均匀生长。

1. 装置设计

ZnS 多晶材料是在真空条件下进行的，生长装置必须密封。我们采用几种密封方法，使炉体与大气、炉体与沉积腔密封，使用滑阀式真空泵，使真空度达到恒定。由真空继电器监测。

晶体生长真空反应条件为 2666～5333Pa。

2．温场设计

建立合适的温场是生长晶体的关键。CVD 方法生长 ZnS 的化学反应是放热反应。在恒定的温度、真空度条件下，气体分子发生碰撞，发生能量转换和传递。我们采用控制精度为 0.1% 的智能程序控制仪进行控温，以保持稳定的温场，既保证恒定的蒸气压，又保证恒定的沉积温度。晶体生长温度条件为 500～800℃。

CVD 法制备 ZnS 多晶材料是在真空低压密闭生长炉中进行的。其工艺流程如图 5-1 所示。

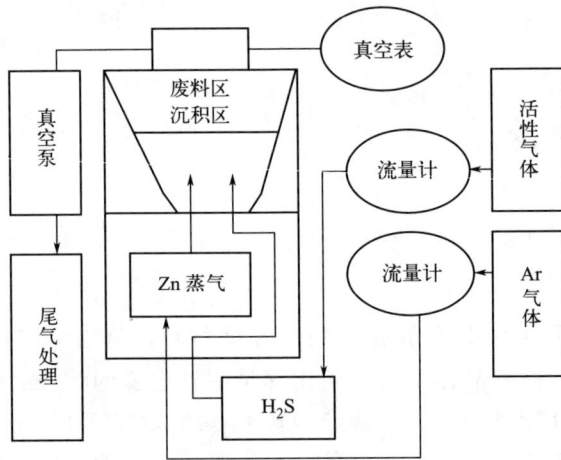

图 5-1　CVD 技术制备 ZnS 多晶材料工艺流程图

3．解决真空弧光放电问题

真空设备中，由于气体电离程度的不同会产生辉光放电和弧光放电，根据巴申曲线，当压力 P 与电极炉体之间距离 d 的乘积即 Pd 值在 66.7～4×103cm.133Pa 之间，就产生上千伏的电压、上千安的电流，造成控制设备的毁坏，致使晶体生长无法进行。采用隔离保护措施可解决此问题，使晶体生长长达数百小时，可生成大尺寸的 ZnS 多晶材料。

4．晶体生长工艺

CVD 方法制备 ZnS 晶体材料的化学反应方程式为：

$$H_2S + Zn \Longrightarrow ZnS + H_2$$

化学气相沉积（CVD）是利用气体物质在一固体表面上进行化学反应，生成固态沉积的过程。在一定温度、一定真空度、一定浓度的反应气体下，参加反应的气体发生碰撞，获得能量，气态原子轨道相互作用，形成表面吸附化学键，引起电荷转移或重新排布，反应物分子向沉积区输运，由主气流向生长表面转移，形成晶粒子，在固体衬底表面随机位置上形成一些离散的生长中心，这些晶核由少变多、由小变大，形成表面光滑的一层。

采用 Zn 和 H_2S 气体，以 Ar 气作为载流气体，把 Zn 蒸气和 H_2S 气体带入沉积区，在基板上生成 ZnS 多晶材料。

使用自行设计的这套装置已成功生长出 350mm×300mm×15mm 的大尺寸硫化锌晶体，并已提供给航空航天部门使用。

二、ZnS 薄膜

（一）电子束蒸发法制硫化锌薄膜

1.简介

采用电子束蒸发法在 K9 玻璃基底上分别制备设计厚度为 115nm、467nm、652nm 的 ZnS 薄膜，分别记为 A、B、C；采用椭偏法研究薄膜的光学特性。对薄膜 A、B、C 进行 Brendel 振子拟合，根据 ZnS 薄膜特性及成膜特点，建立模型"基底（K9 玻璃）/有效介质层（50％K9 玻璃及 50％ZnS）/ZnS 薄膜/表面粗糙层（50％ZnS 玻璃及 50％空气）/空气"，得到了 ZnS 薄膜的光学常数曲线和厚度。结果表明，用 Brendel 振子建立的上述模型对实验数据进行拟合，得到了较小的评价函数 MSE（均方误差）；硫化锌薄膜在 3000～12500nm 波长范围内折射率 n 和消光系数 k 都随波长的增加而减小，消光系数 k 在长波趋近于 0；ZnS 薄膜的测量厚度与设计厚度接近。该研究结果对制备和测量高质量的 ZnS 薄膜有参考意义。

2.制备方法

ZnS 薄膜的制备方法主要有化学水浴沉积（CBD）、热蒸发、磁控溅射、喷雾热解和脉冲激光沉积（PLD）等。其中热蒸发法具有制备的薄膜纯度高、质量好等特点。采用 TXX550-Ⅱ型箱式真空镀膜机在 K9 玻璃衬底上分别制备设计厚度为 115nm、467nm、652nm 的 ZnS 薄膜，为了方便起见，分别记为 A、B、C。蒸发材料为纯度 99.99％的 ZnS 颗粒，蒸发镀膜时真空度不低于 $3×10^{-3}Pa$，沉积温度为 230℃，采用光学极值法监控，控制中心波长为 700nm。

3.性能

ZnS 薄膜在 K9 玻璃基底上生长时，由于基底表面是粗糙的而且基底与 ZnS 是两种不同的物质，所以引入 EMA（有效介质近似）来描述 ZnS 薄膜与 K9 玻璃的混合区域。EMA 层设计为 ZnS 薄膜与 K9 玻璃的混合，ZnS 薄膜所占比例线性增加，随着厚度的增加，由 0 增加至 100％。同时考虑镀膜结束时，ZnS 薄膜的表面为粗糙层，因此引入表面粗糙层，ZnS 薄膜与空气分别为 50％。采用物理模型Ⅱ对 A 进行拟合，EMA 层初始厚度设为 3nm，ZnS 初始厚度设为 115nm，表面粗糙层初始厚度设为 5nm，ZnS 薄膜的折射率和消光系数都随着波长的增加而减小。折射率由 3000nm 处的 2.2981 减小至 12500nm 处的 2.222。消光系数很小，在 3000nm 处为 0.0025，在长波趋于 0。ZnS 的厚度为 444.07nm，界面层的厚度为 0，表面粗糙层的厚度为 3.56nm。

由表 5-1 可知，在波长为 10000nm 处，ZnS 薄膜的折射率在 2.22 以上，消光系数很小。

表 5-1　ZnS 薄膜的性能

编号	厚度/nm	波长/nm	折射率(n)	消光系数(k)	MSE
A	109.33	10000	2.2241	0.0008	4.022
B	444.07	10000	2.2526	0.0138	2.956
C	639.75	10000	2.2442	0.0062	3.674

ZnS 薄膜在 3000～12500nm 的波长范围内，折射率随着波长的增加而减小，消光系数随着波长的增加而减小，且在长波趋于 0。

4．效果

本实验采用电子束蒸发法在 K9 衬底上制备了不同厚度的 ZnS 薄膜，采用椭偏仪对其在 3000～12500nm 波长范围的光学性能进行研究，设计了两种物理模型对薄膜进行拟合。结果表明：采用 Brendel 模型能够很好地拟合测量数据。基底和 ZnS 薄膜之间的界面层对此波段的光学特性没有影响，ZnS 薄膜的粗糙表面对此波段的光学特性有影响，但影响较小。ZnS 薄膜在此波段的消光系数随着波长的增加而减小，在长波趋近于 0，折射率随着波长的增加而减小。

（二）硫化锌基底硬质红外保护薄膜

1．简介

硫化锌在 3～5μm 和 7.7～9.3μm 两个波段具有较高透过率，但其脆性大、耐摩擦性能较差，在其表面镀制类金刚石（DLC）的保护膜可显著提高其使用性能。直接在硫化锌基底沉积类金刚石膜难以实现，因此采用匹配层与过渡层的设计思想，制备出类金刚石膜与硫化锌基底之间相互牢固结合的过渡层，通过等离子体化学气相增强法在过渡层上成功制备类金刚石膜，研究射频功率、气压等对保护膜系力学性能的影响。结果表明，镀制了硬质保护薄膜的硫化锌窗口在 3～5μm 和 7.7～9.3μm 双波段的平均透过率均高于 90%，膜层硬度为硫化锌窗口的近 5 倍。经环境试验之后，膜层光学性能与力学性能均无变化。

2．膜系设计与制备方法

（1）设计

ZnS 材料的红外折射率为 2.2 左右，单面反射损失达 14%。DLC 膜层的红外折射率约为 2，单层 DLC 膜增透作用微弱且不能在 ZnS 表面附着。在 DLC 膜层与 ZnS 基底之间采用折射率不同的材料构成的光学匹配组合可降低整个膜系的反射率。为了提高 DLC 膜层的附着特性，在光学匹配组合与 DLC 膜层之间依次插入过渡层，形成"ZnS/匹配层/过渡层/DLC"的基本膜系结构。结构图如图 5-2 所示。

该膜系在 $3\sim5\mu m$ 以及 $7.7\sim9.3\mu m$ 波段的理论透过率分别达到了 98％ 和 95％。

根据实际工艺所能达到的精度，取各膜层厚度控制均方差为 0.02，对硫化锌基底保护膜设计结果进行容差仿真分析，其透过率最小可达 95％，最高可达 99％。

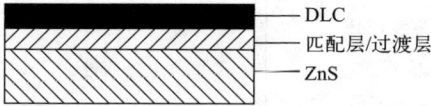

图 5-2　膜层结构示意图

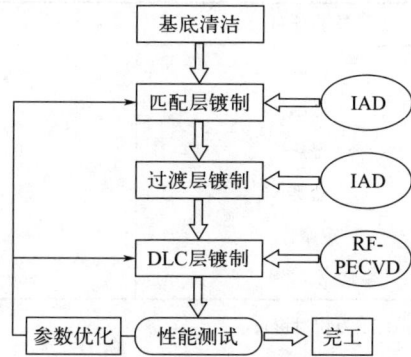

图 5-3　硫化锌基底保护膜基本工艺流程图

（2）工艺流程

根据各膜层的成膜工艺特性，DLC 层采用频射等离子体增强化学气相沉积（radio frequency-plasma enhanced chemical vapor deposition，RF-PECVD）法沉积，其他膜层采用离子束辅助沉积（ion assisted deposition，IAD）工艺沉积。图 5-3 为硫化锌基底保护膜基本工艺流程。

3. 性能

（1）光学性能

单面镀制了类金刚石膜的 ZnS 在 $3\sim5\mu m$ 范围内透过率为 93％，$7.7\sim9.3\mu m$ 透过率为 90％，与理论值比较相差 5％，这是类金刚石膜层的吸收及多层膜中的散射所致。

（2）力学性能

未镀膜的 ZnS 基片、镀制了 DLC 膜的 ZnS 基片及熔融石英玻璃（SiO_2）分别进行硬度测试后的结果如表 5-2 所示，从表中可明显地看出，镀制了 DLC 保护膜之后，其硬度得到了极大的增强。

表 5-2　未镀膜与镀膜后的 ZnS 基片硬度

试验基片	硬度/GPa
未镀膜 ZnS	2.4
镀膜后 ZnS	11
熔融石英（SiO_2）	9.8

（3）环境试验

所有镀制了类金刚石膜的 ZnS 样品全部按照美军标 MIL-F-48616 和 MIL-M-

675C 依次进行了高温、低温、湿热、盐雾、热水浸泡及重摩擦等试验，试验结果如表 5-3 所示。

表 5-3 类金刚石膜的环境试验结果

试验项目	试验条件	试验结果
高温	70℃,2h	通过
低温	−62℃,2h	通过
湿热	95%RH,24h	通过
盐雾	4.5%NaCl 溶液,24h	通过
重摩擦	9.8N,40 次	通过
热水浸泡	80～100℃,5h	通过

注：RH 为相对湿度。

4．效果

通过设计并制备出匹配层与过渡层，在 ZnS 基底上成功制备出类金刚石膜的保护膜系，解决了 ZnS 材料质地较软且与类金刚石膜结合力差的问题。对制备出的保护膜系分别进行光学与力学两方面的讨论与分析，得到保护膜系在中波 $3\sim5\mu m$ 和长波 $7.7\sim9.3\mu m$ 两个波段内平均透过率均超过 90%，均高于 ZnS 基底本身的透过率，硬度高达 11GPa，略高于熔融石英的硬度。该保护膜系通过美军标 MIL-F-48616 和 MIL-M-675C 的试验要求。

（三）大面积硫化锌窗口红外保护膜

1．简介

硫化锌是重要的大尺寸红外光学窗口材料之一。根据硫化锌材料的工艺特性，采用"减反过渡层＋类金刚石膜"的复合结构，对膜系的光学性能进行了优化设计。采用离子束辅助蒸发和化学气相沉积的复合工艺在大面积的硫化锌基底上沉积了红外保护膜。分别采用红外光谱仪及纳米压入仪测试了样品的红外透过率及硬度。结果表明：该薄膜样品硬度较高，且在中波及长波红外波段均具有较高的透过率。

2．设计与制备

（1）膜系设计

ZnS 基底材料的红外折射率为 2.2 左右，单面反射损失高达 14%。DLC 膜层的折射率约为 2，单层 DLC 膜对 ZnS 材料的增透作用微弱且结合力较差。在 DLC 膜层与 ZnS 基底之间引入折射率不同的材料构成减反过渡层可降低膜系的反射率，同时可提高 DLC 膜层的结合力。

常用的红外减反射膜材料有 ZnS、YbF_3、Ge 等。由于 Ge 材料的抗腐蚀性较差，需增加抗腐蚀过渡氧化物层。基本膜系结构为 "ZnS(sub.) | ZnS/Ge/YbF_3/

ZnS/Ge/过渡层/DLC|Air"。

（2）膜系制备

根据各膜层的成膜工艺特性，DLC 层采用射频等离子体增强化学气相沉积（RF-PECVD）工艺沉积，其他膜层采用离子束辅助沉积（IAD）工艺沉积。

3．性能

保护膜在 $3.7\sim4.8\mu m$ 以及 $7.7\sim9.3\mu m$ 波段的透过率分别为 94％和 92％。ZnS 窗口红外保护膜窗口尺寸为 400mm×280mm×20mm。

ZnS 基底、DLC 膜层（基底为单晶锗）及 ZnS 基底红外保护膜的显微硬度测试数据为：Ge7.1GPa、ZnS3.3GPa、DLC 涂层 12.1GPa、IR（红外）保护涂层 11.2GPa。

DLC 膜以及 ZnS 基底红外保护膜样品的硬度值接近，且均明显高于 ZnS 基底和单晶锗基底。说明 ZnS 基底红外保护膜具有使用价值，可以提高 ZnS 基底的抗机械损伤性能。

4．效果

类金刚石膜具有化学和力学性能好、吸收小等优点，是一种常用的红外保护膜材料。然而，直接在 ZnS 表面沉积类金刚石膜具有较高难度。本实验通过减反过渡层技术，在大面积 ZnS 基底上沉积了红外保护膜。

光学、力学及环境测试结果表明，ZnS 基底红外膜具有较高的透过率和较强的环境适应能力，具有工程化应用价值。

第二节 · 氟化钙

一、概述

（一）简介

萤石（CaF_2）是自然界存在的为数不多的天然晶体之一，在 19 世纪，随着光学工业的发展，氟化钙天然晶体主要被用作光学仪器元件，但是天然氟化钙晶体远不能满足快速发展的光学工业对各种性能的要求。1936 年首次用坩埚移动法（Bridgman-Stockbarger method，B-S 法）生长氟化钙获得成功，使氟化物成为最早人工合成的实用晶体之一。20 世纪 60 年代初氟化钙晶体开始被用作激光基质晶体，虽然氟化钙晶体的熔点较低，很容易生长成单晶，但掺入激活离子后多数要在低温下实现激光运转，所以实际应用不广。20 世纪后期到 21 世纪初，随着光电技术和信息技术的发展氟化钙晶体重新成为一种非常重要的光学晶体，在光学回路中它在光的发射、处理和接受都有普遍应用，从真空紫外波段至中红外波段被广泛地用作光学仪器中的窗口、透镜、棱镜、分束器、基板、滤光和偏光元件及相位补偿镜等材料。

（二）光学特性

氟化钙具有非常宽的透光范围，可从远紫外一直到中红外，典型范围为
0.125～10μm。氟化钙晶体的透过率很高，图 5-4 是 3mm 厚度、（111）取向的氟
化钙透过率。折射率低是氟化钙晶体的又一突出特点，低的折射率使其表面反射最
多仅为使用光谱的 10%，加上防反射膜可以使反射减小到约 1%，如图 5-5。另外，
氟化钙晶体还具有吸收系数低、相对色散大、损伤阈值高等特点。高纯度的氟化钙
单晶体在真空紫外波段有很高透过率和低的吸收系数，使其成为该波段准分子激光
器良好的窗口材料，迄今为止，氟化钙晶体在真空紫外波段的良好光学性能是其他
材料无法相比的。此外，用于此波段的氟化钙单晶体材料还具有抗辐射、臭氧阻
高、损伤阈值高、抗氟气腐蚀和成本低的优点。在紫外和可见波段，氟化钙晶体由
于特殊的折射率与相对色散值，成为其他材料无法取代的复消色差透镜材料，被广
泛用于紫外光刻、天文光测、航测、侦察及高分辨率光学仪器中。大尺寸、完整性
好的氟化钙晶体更是该波段优秀的镜头材料。

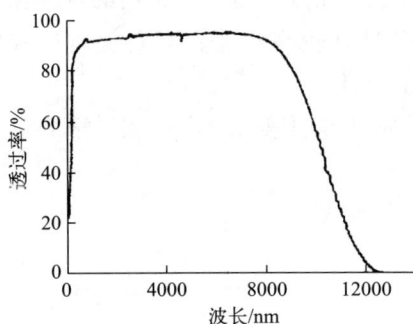

图 5-4　氟化钙典型透过率曲线

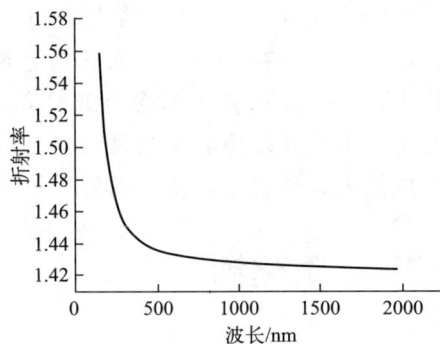

图 5-5　氟化钙折射率随波长变化

氟化钙晶体的特点有：

① 具有轻微的水解性，但仍可以在一般的实验条件下用好多年；

② 不宜在非常热和潮湿的环境中使用，在干燥的气氛中能承受的最高温度
为 800℃；

③ 对热震和机械震动具有轻微的敏感性。

（三）研究与技术进步

氟化钙晶体一般用坩埚移动法生长，但传统适用于其他晶体的 B-S 法不能生长
大量高纯度、质量好和大尺寸的光刻系统用氟化钙单晶，因为光刻系统需要原料纯
度高于 99.99999% 氟化钙的透镜，晶体也必须均匀至 $1×10^{-9}$ 或更少。由于 B-S
法晶体生长过程的限制，氟化钙纯度只能为 99.9%～99.999%。不仅在光刻系统，
而且在其他应用中都要求氟化钙有更高的纯度。材料纯度的损失，即使在高纯度范

围，都会对光刻系统产生负面影响。另外由于氟化钙的热导率非常低，属热绝缘体，这在用 B-S 法生长时会带来严重的破坏。在坩埚中心部分氟化钙能保温更久，从而导致中心比边缘生长更缓慢，使晶体内部出现应力和在中心熔区附近杂质富集。实际数据表明，B-S 法不适合生长氟化钙晶体，尤其不适合生长直径大于 6in（152.4mm，1in＝25.4mm）的下一代光学透镜。

为了生长高质量、大尺寸的氟化钙晶体，近年来探索了很多新的方法，其中比较有效的是 Single Crystal Technologies（单晶技术）公司发明的水平炉生长技术，图 5-6 为该技术的示意。

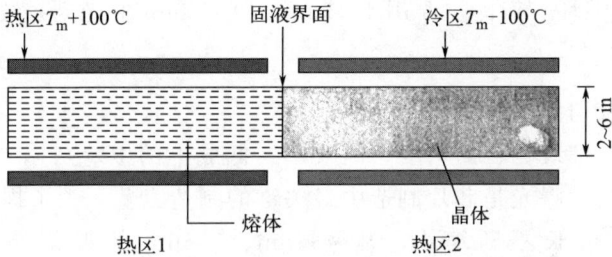

图 5-6 水平生长技术结构示意图

通过熔体在水平方向缓慢移动经过不同温度梯度的热区而使熔体结晶。这种方法最大的优点是固液界面的潜热更容易扩散，应用这种技术可以生长出比用 B-S 法生长质量更高、尺寸更大的晶体，表 5-4 是这两种方法的比较。

表 5-4 单晶技术公司的方法表征及其与 B-S 法的比较

生长氟化钙晶体的方法	B-S 方法	单晶技术公司方法
结晶产率	1％或更少	90％～95％
晶体纯度	99.9％～99.999％	＞99.99999％
晶体尺寸	直径 43cm	任何可应用的尺寸
生长速率	每天少于 2.5cm	每单位时间多 300％
化学计量控制	无	很好控制
晶体生长时间	每个晶体长达 2 月	少于 10d
开始到结束残余杂质变化	高达 2000％	少于 3％
生长缺陷控制	无	可以控制
热处理前双折射	非常高	非常低

现在对氟化钙晶体的研究重点已由红外波段转为紫外波段，特别是真空紫外波段。这是因为随着激光技术的发展及其应用领域的扩大，对氟化钙晶体的质量和性能都提出了更高的要求，特别是氟化钙晶体被认为是半导体工业中下一代光刻系统中的首选材料。我国对氟化钙晶体的研究较少，中国科学院长春光学精密机械与物

理研究所用坩埚移动法生长了最大直径 $\phi200mm$、高 170mm 的一般光学质量的氟化钙晶体。德国、日本、美国等国对应用于紫外波段激光器和光刻系统的氟化钙晶体研究正热，2000 年日本 Nikon（尼康）公司用自己设计的具有多个坩埚的生长炉，高效率生长出了性能较好的氟化钙晶体，2002 年该公司生长出光刻用 $\phi\geqslant$ 200mm 的氟化钙晶体，其性能是沿光轴的双折射 $\leqslant2nm/cm$，垂直光轴双折射 $\leqslant$ 5nm/cm，折射率偏差 $\Delta n\leqslant2\times10^{-6}$。同年德国肖特玻璃公司为了提高 $\phi\geqslant$ 200mm，特别是 $\phi\geqslant300mm$ 氟化钙晶体的均一性，将生长出的氟化钙晶体再次放入添加有除氧剂的氟化钙粉末原料中精密退火，制造出了光学均匀性特别高的晶体。现在该公司应用新技术装备的真空炉可以生长直径达 385mm、厚度超过 265mm 的氟化钙毛坯。产品主要用于 193nm 和 157nm 的光刻系统。

（四）应用

1. 紫外波段和可见波段

目前大尺寸、细线宽、高精度、高效率、低成本的 IC 生产，对半导体设备带来前所未有的挑战。曝光是芯片制造中最关键的制造工艺，为了提高分辨率，光学曝光机使用的光波长不断缩小，从 436nm、365nm 的近紫外进入到 246nm、193nm 的深紫外波段。人们出于对以后光学技术可能难以胜任 2008 年的 70nm，2011 年的 50nm 的担心，正大力研发下一代光刻的非光学曝光，并把 157nm F_2 准分子激光曝光作为填补后光学曝光和下一代非光学曝光间的间隙。而此时熔融石英已不能满足更短波长光刻系统的要求，必须另外寻求一种代替材料。目前氟化钙是能代替熔融石英的最佳材料，为 193nm 和 157nm 光刻系统中准分子激光光学、光束传输和照度系统操作的首选材料。例如，波长为 157nm 的 F_2 准分子激光器的折反射光学系统的关键元件分束器立方体，使用氟化钙材料能有效地减少束程和系统的体积。表 5-5 为光刻中应用于准分子激光的氟化钙晶体所要求的关键参数，为了便于比较，将紫外和可见波段也列出。

表 5-5　氟化钙晶体的光学性能要求

级别	波长/nm	压力双折射/(nm/cm)[①]	折射率均匀性/10^{-6}[①]
F_2	157	<2	2
ArF	193	<3	3
KrF	248	<5	3
紫外	250～400	<8	5
可见	400～800	<10	10

① 直径小于 100mm，典型值。

2. 红外波段

在红外波段，氟化钙晶体被广泛用作窗口、透镜、棱镜、滤光片基板等。军事上，氟化钙晶体被用在热探测器、导弹自动制导中红外制导系统、红外夜视仪等设备中。在科学研究上，氟化钙晶体在红外光谱分析、红外线摄影等仪器中有着非常重要的地位。另外，氟化钙晶体还在工业和国民经济中的许多领域有着很多应用，如红外干燥仪、红外测温仪等。氟化钙晶体还可以通过热压多晶技术消除由杂质和微气泡所引起的光学吸收和散射，制成具有一定外形的红外光学多晶块，在本征透光范围有良好的透光性。

（五）存在问题

目前，生长紫外或真空紫外级的氟化钙晶体主要存在以下问题：

① 原料纯度不够高，目前的纯化技术只能达到 99.9%～99.999%，而用于157nm 光刻的氟化钙原料纯度至少要达 99.99999%。

② 存在双折射，包括由晶体结构本生引起的本征双折射和处理过程中引起的诱发双折射。目前科学家们正在通过光学设计和采用新生长技术来解决这个问题。

③ 晶体生长尺寸待增大。由于氟化钙晶体的热导率较小，所以生长大尺寸晶体容易出现温度梯度不均匀，而使光学均匀性不能满足要求。

④ 产率问题。目前 B-S 法生长高质量的晶体的产率仅为 2%～3%，这就导致极度的原料浪费，使产品成本增加和供应不足。

（六）发展前景

目前，氟化钙晶体这种老材料正焕发出新的生命活力，随着对其深入的研究，它体现出了许多其他晶体无法同时具备的性能。氟化钙晶体正朝着高质量、大尺寸的方向发展。如目前用于侦察、天文、紫外光刻的氟化钙晶体，其直径最大可达 300mm。

近年来，随着准分子激光的应用扩展到光化学、染料激光抽运、材料处理、医药、遥感和拉曼位移等领域，用来制造高透射性和对高峰值能量紫外光具有物理稳定性的材料受到格外关注。这些材料要求优异的光学特征和高的化学稳定性，无疑氟化钙成为这些应用中一种很好的窗口材料。例如由于氟化钙吸收系数低，使其成为 CO 激光器、化学激光器理想的窗口材料，$2.9\mu m$ 波长激光医疗器中的镜头材料。商业用激态原子（分子）激光器的扩展增加了对高质量氟化钙晶体的需求，同时高能激光器的制造也使大尺寸氟化钙晶体的用量持续增加。

目前紫外波段光刻用氟化钙晶体能克服在短波长时熔融石英透射率急剧下降的缺点，成为能满足下一代光刻技术的材料，受到各国的普遍关注。另外，对短波紫外光的抗辐射性和优异的抗化学侵蚀性也是其能应用于光刻这一重要领域的原因。尤其是氟化钙在真空紫外波段具有优异的透过率，而下一代光刻机用的 ArF（193nm）和 F_2（157nm）准分子激光的发射波长正在这个波段。目前，许多国家特别是德国、日本、美国等国的研究机构和公司都在加大对氟化钙晶体的研究力度，如 ASML、Canon、Carl Zeiss、Corning、Cymer、Nikon Precision、NIST、Schott Lithotec、Single Crystal Technologies 等国外著名研究机构或公司都在对氟化钙晶体的光学特征和晶体生长特性进行广泛的理论和实验研究。预计在未来的3～4 年内对氟化钙晶体的需求会急剧增加。估计半导体工业在这段时间内每年需要多达 50 英吨（50.8t）高质量的氟化钙晶体。

二、CaF_2 晶体制备技术

（一）简介

CaF_2 晶体具有非常优异的光学透过性能，其透过波段范围宽，在紫外-红外波段，具有很高的透过率，力学性能、热学性能及物化性能良好，抗紫外辐照能力强，辐照和温度对其透过性能和折射率变化影响小，广泛应用于国家安全、军用装备、航空航天等方面，是光学技术和激光技术发展的基础材料。

CaF_2 晶体作为光学仪器的主要元件材料，主要被用于光学窗口、透镜、棱镜等光学元件，目前，德国、美国、俄罗斯等许多国家都发现了 CaF_2 晶体的巨大发展前景和研究价值，并且对材料和加工指标提出了更高的要求。CaF_2 晶体质地软，对温度敏感，切割晶体时温度波动变化剧烈，晶体容易炸裂，不宜使用传统晶体切割方法，可通过提高冷却水的温度，使冷却水的温度、晶体切割时产生的热量以及晶体切割面的温度达到平衡态，防止晶体因温度梯度变化而产生炸裂。另外 CaF_2 晶体具有解理性，研磨时晶体容易沿（111）解理面发生断裂，同时研磨时也会产生热量，因此，研磨时需要注意加工角度，并不断对晶体进行热处理，以求达到最佳的研磨效果。抛光是物理摩擦作用和化学腐蚀作用共同的结果，抛光效果的好坏直接影响着晶体元件质量和性能，在抛光时，必须综合考虑 CaF_2 晶体的物理性质和化学性质，使抛光后的晶体元件抛光效果达到最佳，满足设计和使用要求。

采用液-固-溶液法（LSS 法）制备出 CaF_2 纳米粉体，并通过 XRD、SEM 等测试手段，对纳米粉体物相结构、微观形貌进行表征，为晶体生长提供高纯原料。采用改进的坩埚下降法，针对温场设计与控制和工艺参数选择开展晶体生长工艺的研究，生长出高质量的 CaF_2 晶体，晶体尺寸为 $\phi 30mm \times 150mm$。通过 XRD 对 CaF_2 晶体进行物相分析，发现改进法生长出的晶体完整性好，没有明显缺陷。采用红外和紫外等测试手段对 CaF_2 晶体光学性能进行表征，结果表明：改进坩埚下降法生长出的晶体在红外和紫外性能方面均优于普通方法生长的 CaF_2 晶体，为提供优质、大尺寸、完整性好的 CaF_2 紫外-红外窗口材料奠定了基础。

（二）粉体与晶体制备

1. 粉体制备

所用原料油酸纯度为 99.9%，氢氧化钠（NaOH）纯度为 99.999%，四水硝酸钙 [$Ca(NO_3)_2 \cdot 4H_2O$] 纯度为 99.99%，氟化钠（NaF）和无水乙醇的纯度为 A.R（分析纯）。

将 0.5g NaOH、10mL 油酸、30mL 无水乙醇均匀混合，置于恒温磁力搅拌器上。在 40℃下强力搅拌 60min，直至 NaOH 颗粒消失，溶液变为淡黄色为止，保证油酸与 NaOH 充分反应。然后将一定浓度的 $Ca(NO_3)_2 \cdot 4H_2O$ 加入搅拌好的混合溶液中，继续强力搅拌 30min，保证 Ca^{2+} 与 Na^+ 的置换反应完全，接下来在混合溶液中加入一定浓度的 NaF，经 35℃、高速搅拌后，溶液变为乳白色的悬浊液。然后将悬浊液移至 40mL 聚四氟乙烯内胆的反应釜中密封，热处理 24h，冷却后将其取出。将反应物放入容器中，收集反应釜底部的白色沉淀，以去离子水和无水乙醇为清洗剂，交替反复高速离心。最后将所得的产物在 80℃下，密封干燥处理 12h，最终得到了 CaF_2 纳米粉体样品。

2. 晶体的生长

采用坩埚下降法生长 CaF_2 晶体，籽晶方向为 <111>，生长工艺参数为：下降速度 0.2～1.5mm/h；轴向温度梯度 40～80℃/cm；径向温度梯度 40～60℃/cm，降温速率 30℃/h。生长出 ϕ30mm×150mm CaF_2 晶体。对生长出的晶体进行退火处理：30℃/h 速率升温至 1100℃，在 1100℃恒温 12h，再以 20℃/h 速率降温至室温。图 5-7 为退火工艺流程图。

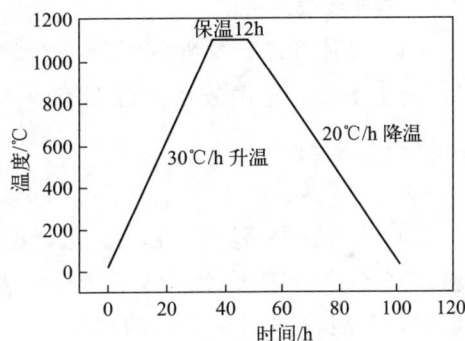

图 5-7　退火工艺流程图

（三）性能

1. 粉体水热合成温度

在 100℃时，制备合成的 CaF_2 纳米粉体已具有 CaF_2 立方相，但存在杂相，且峰形不够尖锐，有一定量的偏移和宽化。当温度大于 120℃时，峰形较尖锐，杂峰较少。但在 180℃时，CaF_2 粉体的衍射峰强度又较 160℃时有所下降，故最佳水热合成温度为 160℃。

2. 粉体反应压力

水热反应釜内部压力不能直观测量，采用填充比代替反应釜内部压力环境，以 50%、70%、90% 三种填充比进行 CaF_2 纳米粉体的制备。

3. 折射率

表 5-6 列出了 CaF_2 晶体折射率随波长变化率，由数据可以看出，CaF_2 晶体在

紫外-中红外波段范围内，变化率很小，可以满足使用要求。

表 5-6 CaF₂ 晶体折射率随波长变化率

λ/μm	n	λ/μm	n	λ/μm	n
0.18	1.51	0.32	1.45	5.82	1.39
0.19	1.50	0.43	1.44	6.20	1.38
0.21	1.49	0.88	1.43	6.71	1.37
0.22	1.48	2.67	1.42	7.00	1.36
0.24	1.47	3.94	1.41	7.53	1.35
0.27	1.46	5.01	1.40	8.22	1.34

4. 红外波段透过率

CaF₂ 晶体的红外透过率大于 90%。这是由于晶体的生长气氛稳定，晶体生长的环境较为封闭，杂质进入概率小，因此在红外透过波段范围内的透过率较高且稳定。

5. 紫外波段光密度

CaF₂ 晶体样品在紫外到红外（200～1100nm）范围内的光密度较低，均小于 0.1，且上下波动范围较小。说明 CaF₂ 晶体具有比较宽的透光范围，且其紫外透光性能良好。

（四）效果

实验采用液-固-溶液（LSS）法，以油酸、氢氧化钠、四水硝酸钙和氟化钠为原料，制备了 CaF₂ 纳米粉体。针对水热合成温度及反应压力对于 CaF₂ 纳米粉体的影响，开展粉体制备工艺的研究，结果表明水热合成温度为 160℃，填充比为 70% 的条件下制备的粉体可以满足晶体生长要求。采用坩埚下降法，生长出了尺寸为 φ30mm×150mm 的 CaF₂ 晶体。红外和紫外光谱分析表明，晶体样品在红外波段范围内透过率大于 90% 且比较稳定，在紫外-中红外波段范围内，折射率变化率很小，可以满足使用要求。其光密度小于 0.1，且上下波动范围较小，紫外透光性能良好。

三、回转椭球体氟化钙毫米晶体微腔制备

（一）简介

氟化钙晶体微腔相比玻璃材料微腔，具有吸收系数小、缺陷少、纯度高、对周围环境湿度不敏感的优势，在微波光子学、陀螺仪和非线性光学等领域具有潜在的应用价值。通过超精密加工技术制备了回转椭球体氟化钙毫米晶体微腔，研发了一套精密加工系统来制备这种微腔，所制得的微腔形状为回转椭球体，微腔结构边缘表面粗糙度低至 1.97nm。使用光纤锥波导与氟化钙微腔实现了高效耦合，此耦合

系统展现了高达约 10^8 的超高品质因子 Q 值和低至约 0.03nm 的自由光谱范围。这些结果对氟化钙微腔的加工手段具有重要意义，将大大促进其应用。氟化钙微腔的特性也证明了它在光学滤波器、腔量子动力学、非线性光学和陀螺仪等应用中的潜力。

（二）回转椭球体晶体微腔的制备

1. 加工系统设计

实验中，采用超精密抛光的方法制备了旋转对称型氟化钙微盘腔。加工的氟化钙微腔为盘状的圆环形，圆环的半径为 R，侧壁形状可近似为半径为 r 的小圆弧，整个结构为回转椭球体。

为制备具有超光滑表面的氟化钙晶体微腔，针对性地开发了一套晶体微腔加工、抛光的集成平台。其主要装置为高精度气浮轴承（Canon AB-50R），通过气浮系统减小轴承转动过程中的振动和摩擦，保证轴承稳定地带动晶体样品转动。采用无刷直流电机驱动，并通过配备编码器来控制主轴，采用上位机软件实时控制主轴的转速。将商用的 z 切氟化钙晶体圆盘样品固定在金属铝棒上，中间采用黄铜连接，利用卡嘴夹持金属铝棒，这样方便安全夹持和取用晶体。

除了高精度气浮轴承外，集成平台还包括伺服控制系统、高精度移动台、针对结构设计的专用抛光盒、抛光液循环系统、无尘无水供气系统、高倍显微成像系统以及上位机控制系统。伺服控制系统包括驱动器、控制器和编码器，驱动器采用 TRUST 公司生产的线性驱动器（TA310），控制器采用 Arduino 控制芯片，编码器采用 PENON 公司生产的旋转编码器。工作时，上位机给控制芯片发送指令，驱动器将电脉冲转化为角位移以驱动电机按设定的方向和速度转动，同时转动的信号也会被反馈到控制器中，使转速更加平稳。高精度移动台用于控制抛光盒二维压电平台（在 x、y 方向运动），x、y 方向的运动由上位机系统程控，同样上位机系统给控制芯片发送指令，东方 VEXTA 驱动器按设定的方向转动一个固定的角度，将采集到的位置信息与目标位置进行比对，采用比例、积分和微分（PID）算法使平移台精准、平稳地到达预定位置。

定制的抛光盒用于盛放装有抛光液的抛光垫，抛光液循环系统定向选择不同径粒的纳米颗粒以对晶体进行多级抛光。金刚石的莫氏硬度比氟化钙晶体材料要高很多，其颗粒能有效地用于对氟化钙晶体样品的加工，配备不同径粒大小的抛光膏和抛光液，用于实现不同程度的精度效果。另外，压缩后的空气经过无尘无水供气系统，在多级除水除尘后进入轴承的空气间隙内，作为气浮轴承润滑剂。加工过程中，显微成像系统采用长焦距高倍镜头，用来实时观察晶体表面的加工情况，以确保加工过程中晶体微腔的侧表面形貌均匀。这些都为制备超高 Q 值氟化钙晶体微腔提供了安全可靠的有效保障。

2. 制备过程

加工前，将金属铝棒固定在气浮轴承的卡嘴上，通过上位机程序控制电机的转速，便可实现对样品的加工。将加工过程分为粗磨、粗抛和精抛三个步骤，分别选用砂纸、金刚石研磨膏和金刚石悬浮液对晶体样品进行加工。粗磨的作用是定型，会产生很多划痕，粗抛的作用就是消除这些划痕。为减小样品被划伤的概率，用上位机控制抛光盒来回打转画圆，使加工的表面更加均匀。精抛的抛光垫需要选用特别精细和柔软的抛光绒布，否则会在样品表面留下不可去除的凹痕，精抛后可获得高 Q 值晶体微腔。每一级抛光后的加工样品都需要用乙醇溶液清洗，以保证没有杂质进入下一级。在粗磨和粗抛的过程中，必须严格控制系统的温度、压力等环境因素。另外，每一级抛光过程中，都必须用显微镜实时观察表面，以确定是否进入下一级抛光。粗磨的过程会在样品表面留下较大的痕迹，粗磨完成后样品的质量会得到改善，但表面仍会出现微小的划痕。加工进入精抛阶段后，在显微镜下就无法看到样品表面的特征。经过最后一级精抛后，样品表面会变得光洁明亮，得到超光滑表面的晶体微腔。

（三）性能

1. 表面粗糙度

粗抛后晶体微腔的表面粗糙度在 50nm 以下，在 y 轴的最大表面粗糙度 $R_{\max,y}=47.13$nm，平均表面粗糙度 $R_{a,y}=21.93$nm，这说明采用的加工方法在粗抛后得到的腔体表面粗糙度在纳米量级。精抛后晶体微腔的表面粗糙度在 4nm 以下，在 y 轴的最大表面粗糙度 $R_{\max,y}=3.72$nm，平均表面粗糙度 $R_{a,y}=1.97$nm，精抛后的结果表明晶体微腔侧壁光滑程度完全符合光学回音壁模式的要求。

2. 谐振特性

测试系统包括可调谐激光器、偏振控制器、波导耦合系统、光电探测器、示波器和信号发生器。可调谐激光器的中心波长为 1550nm，在信号发生器中选择 20Hz 的三角波信号对激光器进行扫描，波长调谐范围设置为 0.1nm。偏振控制器用来调节激光器的偏振状态，实现谐振模式的高效激发。光电探测器带宽为 150MHz，这可保证光电转换后在示波器上观察到对应的谐振光谱。采用锥腰直径为 $3\mu m$ 的光纤锥波导对晶体微腔进行耦合，设置了一个高精度三维平移台，用来调整晶体微腔与光纤锥波导的相对位置，在耦合系统的上方和侧方分别布置了一个高倍显微观察装置来观测两者的位置，以便更好地实现高效耦合。

粗抛后氟化钙微腔两个典型的谐振峰中较大的 Q 值达到了 1.02×10^7，已经超过了聚焦离子束抛光和单点金刚石抛光两种加工方法制备的氟化钙微腔 Q 值，此时的透过率为 37%，模式处于欠耦合状态。另一个谐振峰 Q 值为 7.75×10^6，透过率较高，达到了 60.5%。结果表明，光纤锥波导与氟化钙微腔尺寸匹配良好，两者传播常数满足相位匹配关系，光纤锥内的光能量大部分耦合进入了腔内，从而实现了回音壁模式的高效激发。

从激发出的谐振模式数来看，每一个自由频谱范围（FSR）内，即两个相邻同阶回音壁模式谐振波长的差值范围内，除了存在基模外，还存在一些高阶模式，这些高阶模式除了包括径向方向的高阶模式外，还包括极方向上的高阶模式。精抛后谐振光谱模式非常密集，说明随着晶体微腔表面越来越光滑，更多高阶模式被激发，如此多的模式在腔量子动力学应用中极具潜力。精抛同样拟合了两个典型的谐振峰，可以得到精抛后的微腔两个谐振峰中较大的 Q 值达到 1.03×10^8，透过率为 51%；拟合的另一个谐振模式 Q 值达到了 0.95×10^8（明显比粗抛时的 Q 值大很多），透过率为 60%。精抛后晶体微腔大部分 Q 值达到了 10^7 量级，比粗抛时 Q 值大了一个量级，这与白光干涉仪下表征的晶体侧面粗糙度的提升量级结果十分吻合，说明晶体微腔 Q 值与光绕行传播的路径表面粗糙度息息相关。同时制备过程需要在超洁净的环境内进行，以尽量避免外界的灰尘等颗粒污染物对腔体表面带来的影响，减小不必要的损耗，这对晶体微腔的制备有很大的指导意义。如此高 Q 值的晶体微腔可用来作为谐振式光学陀螺的核心敏感元件，大大提升了光学陀螺灵敏度，而且氟化钙材料热光系数小，热稳定性很好，非常适合集成于光电子器件中。另外，由于腔内具有极高的 Q 值，仅需很低的阈值便可激发微腔内的受激拉曼散射、受激布里渊散射、四波混频等效应，这大大拓展了晶体微腔在非线性光学中的应用。不同阶数的 FSR 存在差别，阶数较大时 FSR 基本呈现上升的趋势，这个特性为不同阶数模式之间的耦合提供条件。总之，晶体微腔 FSR 在 $0.03nm$ 左右，频率范围在 $3.91GHz$ 左右，这个范围比石英微球腔 FSR（$1 \sim 5nm$ 之间）小很多，更适合微波光子学领域的应用，如光学滤波器、光电振荡器等。

（四）效果

实验设计了精密加工的装置来加工毫米级氟化钙晶体微腔，通过粗磨、粗抛、精抛多级加工工艺制备了具有超光滑表面的晶体微腔，并搭建了波导耦合测试平台来表征晶体微腔的 Q 值。粗抛后的平均表面粗糙度为 $21.93nm$，最大 Q 值为 1.02×10^7；精抛后的平均表面粗糙度为 $1.97nm$，最大 Q 值为 1.46×10^8。实验结果表明，开发的超精密加工装置系统完全科学且可行，加工工艺切实可靠。此实验装置还可以用来加工铌酸锂、氟化钡、氟化镁等材料的微腔。加工的氟化钙晶体微腔相对传统的玻璃微腔更加稳定，更具实际意义，在光学滤波器、微波光子学器件、光学陀螺仪、非线性光学和腔量子动力学等诸多领域具有潜在的应用价值。

四、银三角阵列的表面增强红外基底的制备

表面增强红外光谱（SEIRS）因其较高的检测灵敏度，具有在单分子水平上检测界面吸附分子的潜力。表面红外增强机制主要包括电磁场增强和化学增强，前者为主要机制。当入射光照射到表面增强基底时，与金属表面相互作用形成表面等离子体。表面等离子体的振荡频率与分子跃迁频率接近时，可以产生共振增强。表面增强红外光谱的增强倍数受基底结构的调控，因此，制备重复性好、增强倍数高且形貌可控的表面增强基底具有重要的意义。

以直径 $5\mu m$ 的聚苯乙烯（PS）微球为掩模材料，在典型的红外窗片材料氟化

钙（CaF_2）表面利用自组装技术制备了局部有序的 PS 微球阵列。再通过真空蒸镀金属银，除掉基底表面的 PS 小球及其顶端的银膜，即可在 CaF_2 表面形成局部有序的二维银三角阵列结构。通过选择 PS 小球的尺寸、调控自组装的方法、控制银膜的蒸镀厚度等，初步实现了对银三角阵列有序度和工作面积大小（直径大于数十微米）的调控，清晰地看到边长为 $1.5\mu m$ 左右的银三角阵列的形成。进一步，我们用傅里叶变换红外光谱仪（FTIR）对所形成的 Ag 三角阵列基底进行了表面等离子体共振吸收的光谱表征，最大吸收出现在 $2100cm^{-1}$ 附近，半峰宽约 $400cm^{-1}$。这一结果为中红外波段的分子振动模式（如 C≡C、C≡N、C＝＝O 等的伸缩振动）提供了表面共振增强红外光谱的基础，成功地制备了具有中红外区的表面等离子体共振吸收的银三角阵列基底。

参考文献

[1] 胡智向，朱刘，狄聚青，等．ZnSe 晶体的光学非线性研究[J]．化工技术与开发，2020，49（10）：17-22.

[2] 东艳苹，蔡以超，杨曜源，等．CVD 法大尺寸硫化锌（ZnS）多晶红外光学材料的生长[C]//第四届中国功能材料及其应用学术会议论文集．北京：中国仪器仪表学会，2001：195，215.

[3] 刘洁青，姚朝晖，徐锐，等．化学浴沉积 ZnSe 薄膜材料的结构和光学特性[J]．太阳能学报，2017，38（11）：2953-2956.

[4] 王者，肖峻，马孜．椭偏法研究硫化锌薄膜的中红外光学特性[J]．材料导报，2015，29（1）：93-97.

[5] 张天行，李钱陶，何光宗，等．硫化锌底硬质红外保护薄膜技术研究[J]．光学与光电技术，2015，13（3）：50-53.

[6] 许蓝云，董嘉铭，马婧，等．氟化钙晶体生长及性能研究[J]．长春理工大学学报，2016，39（4）：54-57.

[7] 董永军，周国清，杨卫桥，等．氟化钙（CaF_2）晶体研发进展[J]．激光与光电子学进展，2003，40（8）：43-49.

[8] 王梦宇，杨煜，吴涛，等．回转椭球体氟化钙毫米晶体微腔制备与谐振特性分析[J]．光学学报，2021，41（8）：295-302.

[9] 杨洁，赵建斌，刘义尹，等．镝钠共掺氟化钙锶混晶近红外光谱与激光参数[J]．发光学报，2022，43（3）：341-349.

第六章

硫系玻璃红外光学材料

第一节 · 硫系玻璃

一、简介

硫系玻璃是以Ⅵ族元素 S、Se、Te 为主，掺入 As、Ge、Sb、Ga 等元素形成的二元、三元或四元化合物玻璃，按不同比例掺入对应元素可生长成具备不同性能的非晶态红外光学玻璃。相比 Ge、Si 等红外光学晶体材料，硫系玻璃具有更宽的透过范围、更好的消色差和消热差性能，被视为新一代温度自适应红外光学系统的核心透镜材料，在红外镜头的工程化、无热化设计等方面有着显著优势，在非制冷型红外光学系统中也具有广阔的应用前景。常用晶体材料中透过波段最宽的为 Ge，透过范围为 $1.7\sim23\mu m$，而硫系玻璃随着组分的变化，透过范围可从可见光波段扩展至 $25\mu m$ 的长波红外区域，满足大部分红外光学系统透过波段为双波段或宽波段的要求，且硫系玻璃的光学均匀性好，具有较高的折射率。硫系玻璃的折射率温度系数低，随温度变化产生的波动小，适用于温差较大的工作环境。如在温度较高的环境中，由 Ge 制成的红外光学元件透过率会随温度的升高逐渐下降，当温度超过 60℃时已不可见，而硫系玻璃红外光学元件在 120℃时仍然可以保持稳定的透过率。硫系玻璃的色散特性较好，在长波的色散特性与 ZnSe 相当，可减小色差影响，且其原料来源广，属于非晶体，具有良好的非晶特性，可通过精密模压技术获得成型零件，在国防军事、消防、车载夜视、航空航天，以及红外测温等红外夜视领域具有广阔的应用前景。此外，硫系玻璃还可用作红外光学薄膜材料，被镀制在其他类型红外光学材料制成的基底上，也可用于制作光纤，在光电子领域得到了广泛应用。

二、硫系玻璃特性

硫系玻璃种类很多，近年来随着红外探测器价格下降和红外成像仪在民用领域

表 6-1 几种常用硫系玻璃的光学、热学和力学性质参数

牌号	AMTIR-1	AMTIR-3	IG3	IG4	IG5	GASIR@1	GASIR@2
组成	Ge-As-Se	Ge-Sb-Se	$Ge_{30}As_{12}Se_{32}Te_{25}$	$Ge_{10}As_{40}Se_{50}$	$Ge_{28}As_{12}Se_{60}$	$Ge_{22}As_{20}Se_{58}$	$Ge_{28}As_{12}Se_{60}$
传导范围/μm	0.7~12	1.0~12	0.7~12	0.7~12	0.7~12	1.0~12	1.0~12
密度/(g/cm³)	4.4	4.67	4.84	4.47	4.66	4.40	4.70
热膨胀系数/($10^{-6}K^{-1}$)	12	14	13.4	20.4	14	17	16
比热容/[J/(g·K)]	0.30	0.28	0.32	0.37	0.33	0.36	0.34
热导率/[W/(m·K)]	0.25	0.22	0.22	0.18	0.25	0.28	0.23
转变温度/℃	368	278	275	225	285	292	200
努氏硬度/GPa	1.70	1.50	1.36	1.12	1.13	1.70	—
杨氏模量/GPa	32	31	22	20.5	22.1	18	19
剪切模量/GPa	13	12	8.9	8.5	8.5	—	—
色散	202(4μm)	176(4μm)	153(4μm)	203(4μm)	180(4μm)	196(4μm)	183(4μm)
折射率温度系数	77(3.4μm)	35(3.4μm)	130(3.4μm)	30(3.4m)	76(3.4μm)	75(3.4μm)	—
(dn/dT)/($10^{-6}K^{-1}$)	72(10.6μm)	91(10.6μm)	145(10.6μm)	36(10.6μm)	91(10.6μm)	55(10.6μm)	58(10.6μm)

应用加快，硫系玻璃正逐步取代单晶锗成为应用于热成像仪镜头的极佳候选材料。目前，常见的硫系玻璃主要为美国 Amorphous Materials 公司的 AMTIR 系列、德国 Vitron GMBH 公司的 IG 系列和法国的 Umicore 红外玻璃的 GASIR 系列。国内硫系玻璃生产单位有湖北新华光信息材料有限公司、武汉理工大学、中国建筑材料科学研究总院、宁波大学、宁波舜宇红外科技、上海硅酸盐研究所、华东理工大学等，目前初步掌握了小批量硫系玻璃的生产技术和精密模压技术。表 6-1 中列出了三家商业公司几种常用牌号硫系玻璃的光学性质、热学性质和力学性质参数。

从上表中可以看出，硫系玻璃的透光区域从近红外区一直延伸到远红外区域。与其他常用红外光学材料相比，硫系玻璃具有以下优点：

① 具有较低的原材料价格、较高的使用温度。硫系玻璃含锗量较少，对昂贵的锗资源消耗低，故原材料价格较低，大约是常用红外材料的一半。另外，由于锗的禁带宽度及自由载流子吸收与温度有关，随着温度升高透过率下降，在大约 80℃时，变得不透光，在 200℃时，透射比将接近于零，所以锗不能在高温下使用。硫系玻璃的最大使用温度在 200℃以上，在某些环境中可以不用隔热结构设计。

② 与硅和锗相比，硫系玻璃具有更小的折射率温度系数。折射率温度系数（$\mathrm{d}n/\mathrm{d}T$），即折射率随温度的变化率，锗在 $3\sim12\mu\mathrm{m}$ 的折射率温度系数平均值为 $0.0004℃^{-1}$。当温度变化较大时，热离焦量很大，需要采用某种形式的无热化设计。而典型的 Se 基硫系玻璃的折射率温度系数为 $0.000050\sim0.000090℃^{-1}$，仅为锗的 1/5 左右，可作为优良的消热差材料。这在一定程度上降低了设计难度，同时也节约了成本。

③ 与晶体类红外材料相比，硫系玻璃材料的最大优点就是成型工艺简单，可利用精密模压成型工艺直接加工包括球面、非球面和非球面投射棱镜在内的多种硫系玻璃红外光学元件，使加工成本显著降低。

三、制备方法

（一）硫系红外玻璃的制备方法

1. 块体玻璃的制备

熔体淬冷法是使用最广泛的块状玻璃制备方法。其过程是先将原料封装在抽成真空的石英管中，然后在 $800\sim900℃$ 加热并保温一定时间，最后将其在水或空气中以合适的速度（$1\sim100\mathrm{K/s}$）淬冷，从而制得块状玻璃。

由于硫系红外玻璃熔体有较大的蒸气压并且容易和氧、氢反应，故在制备过程中，应将其置于真空的石英玻璃管中直接合成，并不断地摆动，通常在配合料中会加入些镁、铝等吸氧剂，减少氧原子进入玻璃熔体，影响制品的性能，熔体的合成时间与玻璃成分及石英玻璃管体积有关。在整个制备过程中，应注意缓慢升温以免发生爆炸。

2. 玻璃光纤的制备

目前国内外硫系玻璃光纤的制备主要有预制棒拉制法、双坩埚法和复合棒管-坩埚法，此外还有改进化学气相沉积法（modified chemical vapor deposition process，MCVD）。

预制棒拉制法是在真空或惰性气体保护及合适的温度下对玻璃预制棒进行拉丝从而制得光纤的方法，是硫系玻璃光纤制造最常用的方法，但适合成纤温度区域仅限玻璃软化区很窄的范围内，该法有利于对纤芯和包敷层直径比率的控制。而双坩埚法是将不同组成的芯料和皮料分别置于内外层的坩埚中进行拉丝的方法，该法为光纤提供了一层高质量的表面，目前，由双坩埚法制备的 TeXAs 玻璃光纤在 7～9μm 处的损耗为 0.5dB/m。

需要指出的是，硫系元素及其形成的玻璃蒸气压高于氧化物玻璃，并且容易与周围空气中的物质反应，因此拉丝应在比较低的温度下进行，而且拉丝区域应保持真空或通入惰性气体保护。

3. 玻璃薄膜的制备

气相沉积技术是制备玻璃薄膜的主要方法，热蒸发是最简单的气相沉积技术，它是在真空中用电阻或电子束对含有被蒸发材料的舟加热，使材料蒸发，并沉积到温度较低的基体上，如果被吸附原子的运动被束缚而无法结构重组形成晶体，这就形成了无定形薄膜。

溅射法是用高能粒子轰击固体表面，使固体表面的粒子获得能量并逸出表面，沉积在基片上。它比热蒸发法复杂，对于多组分系统，其沉积速率差异要比热蒸发小得多，蒸气分子不随蒸发速率的变化而变化，所得的薄膜比热蒸发所得的薄膜要好，因此溅射法可用于制备硫族化合物薄膜。

另一种能用来沉积薄膜的技术是化学气相沉积（CVD），是用气态反应原料在固态基体表面反应并沉积成固体薄膜的工艺过程。为了使化学反应能在较低的温度下进行，常利用等离子体的活性来促进反应，即等离子体增强化学气相沉积，用此方法制备硫族化合物材料也有一些报道，如用 $GeCl_4$ 和 Se_2Cl_2 制得了 Ge-Se 薄膜等。

此外，旋转镀膜法也可制得硫系玻璃薄膜，即将基板置于溶入合适溶剂的硫族化合物材料的溶液中，然后快速转动基板，产生很薄的液体薄膜，溶剂蒸发掉后，剩下的就是固态的硫系玻璃薄膜。

(二) 硫系红外玻璃的改性工艺

由于硫系玻璃是以弱的二配位硫族元素之间共价键构成的链状结构为主，辅之以与三配位或四配位的Ⅳ族和Ⅴ族元素形成的交联网络，链与链之间的范德瓦耳斯力较弱，因此力学性能和热稳定性相对较差，这一缺陷在一定程度上限制了硫系玻璃的应用。

目前，通过化学组成调整可改善硫系红外玻璃的力学性能和热稳定性。玻璃微晶化是提高硫系玻璃性能的另一途径。通过加入合适的形核剂经微晶化处理，使得玻璃内部析出尺寸为纳米量级且均匀分布的晶相，从而得到在中远红外区域透明的硫系微晶玻璃，这一技术一直是这几年的研究重点。

1. 成分优化

通过调整化学组成改善硫系玻璃的热学和力学性能主要是基于提高系统的平均键强，或提高玻璃网络的交联程度，或提高系统的平均配位数这一指导思想。

As-S 和 Ge-S 系统是研究最早的硫化物玻璃，As-S 系统玻璃具有高红外透过率和高折射率等优点，但其征损耗大、机械强度低和化学稳定性差。为改善 As-S 系统玻璃的综合性能，人们开展了 Ge-As-S 系统玻璃的制备和性能研究，结果发现，随着 Ge 含量的增加，玻璃的密度、硬度、软化温度和化学稳定性增加，膨胀系数减小，本征吸收限向长波方向移动。通过测定玻璃的拉曼光谱和红外吸收光谱研究了 Ga 对 Ge-S 系统玻璃的结构和物化性能的影响，发现当 Ga 取代 Ge 后，由于 $[GaS_4]$ 四面体增强了 $[GeS_4]$ 结构网络的强度和紧密性，软化温度和硬度增大，膨胀系数和分子体积下降。通过实验发现在 Ge-S 二元系统硫系玻璃中加入 Gd 能消除一些杂质的吸收峰，并可以提高玻璃化转变温度和显微硬度，使硫系玻璃的热稳定性和力学性能得到显著改善，但是 Gd 的引入会增加系统的析晶特性，而且玻璃的形成能力会随着网络形成体原子 Ge 的含量减少而降低。通过在二元（Ge-S）、三元（As-Ge-Se）和四元（As-Ge-Se-Te）系统硫系基玻璃中加入 Si_3N_4，使氮取代部分硫族元素，从而形成具有三个耦合键的交联网络，提高了玻璃结构的稳定性，使硫系玻璃的一系列热力学性能改善。

2. 微晶化处理

人们发现，对硫族红外玻璃进行微晶化处理，可大大改善硫族红外玻璃的力学性能和热稳定性。将 $Ga_5Sb_{10}Ge_{25}Se_{60}$ 在高于其玻璃化转变温度 30℃下保温 360h，可在玻璃基体中形成大量尺寸为 10nm 的纳米晶，使玻璃的热膨胀系数降低 31%；对 $GeSe_2$-Sb_2Se_3-RbI 进行微晶化处理，可使其断裂韧度 K_c 提高 23%。

微晶化处理后形成的是由玻璃基体和微晶体组成的复合材料，它集中了玻璃和陶瓷的特点：①与玻璃相比，它具有较低的热膨胀系数，较高的机械强度，显著的耐腐蚀、抗风化能力和良好的抗热冲击性能；②与陶瓷相比，它的显微结构均匀致密，表面光洁，制品尺寸准确并能生产特大尺寸的制品。微晶玻璃的性能取决于其成分与显微结构。由于在均相玻璃中阻碍裂纹传播的因素较少，因此裂纹一旦产生，就会快速扩展，造成玻璃断裂。而在微晶玻璃中，裂纹的传播要困难得多，大量小晶粒的存在造成大量晶粒和基质之间的相界面产生，而两相的结构和性质都有差异，所以当裂纹产生时，这些相界面能够改变、减缓甚至阻止裂纹的扩展，使裂纹仅在小范围内扩展而不足以造成样品的断裂，从而提高了玻璃的断裂韧性。

（1）形核剂类型

对于硫系红外玻璃形核剂的主要要求是，必须能以合适的尺寸、分散的形式存在于玻璃中。不同种类的形核剂可以改变微晶玻璃的析晶行为，从而改变析出晶相的种类、微观形貌与分布状态。由于硫系玻璃是用做红外透波材料，在理论上必须保证晶粒的最大尺寸小于红外线的最小波长（约为740nm），即 $0.74\mu m$，因此析出的晶粒尺寸应当限制到纳米级别，才可以保证红外光透过时不会发生散射，使玻璃中的微晶不至于影响硫系玻璃的红外透过率，因此在研制硫系微晶玻璃时应选择不降低其红外透过率的形核剂。

目前，国内外向硫系玻璃中加入的形核剂主要有 CsCl、CsBr、CsI、CuI、RbI、PbI_2、ZnI_2 等卤化物，ZnSe、Ag_2Se、PbSe 等硒化物以及 Zn、Cd 等金属。大多试验都得到了纳米尺寸的晶粒且在不影响玻璃红外透过率的基础上改善了其力学性能和热稳定性。

在给定的温度下，卤化碱的引入会降低网络组织和黏度，致使玻璃的化学稳定性降低，故卤化碱形核剂的含量不宜过高，表 6-2 是 $60GeSe_2$-$30Sb_2Se_3$-$10x$ 基体玻璃的性能，可以看出添加不同的形核剂，同一基体玻璃的玻璃化转变温度、软化温度、断裂韧性等性能有很大差别，所以在实际应用中我们应根据对性能的需要来选取形核剂的类型。

表 6-2　$60GeSe_2$-$30Sb_2Se_3$-$10x$ 基体玻璃的性能

x	$\rho/(g/cm^3)$	E/GPa	HV	$K_c/(MPa \cdot m^{1/2})$	$T_g/℃$	$T_x/℃$	$\alpha/10^{-6}K^{-1}$
Ag_2Se	4.91	18.9	159.3	0.129	240	—	13.8
CdTe	4.76	15.7	162.8	0.140	252	—	15.0
CsI	4.74	19.4	138.3	0.125	254	398	20.2
CuI	4.78	14.3	160.5	0.144	240	—	10.1
PbI_2	4.86	17.3	135.5	0.136	237	—	15.5
RbI	4.83	19.6	138.9	0.134	248	397	17.4
ZnI_2	4.72	16.6	138.5	0.137	246	—	12.3

含 Cu 的硫系玻璃有较好的抗裂纹延展性能和较高的硬度，其引入增强了玻璃基体的析晶倾向，但由于热处理过程中会产生大尺寸的 Cu_2GeSe_3 晶粒，很难控制晶粒生长，影响了微晶玻璃在红外区域的透过性能，因此不适合作为硫系红外玻璃的形核剂。

（2）热处理工艺

通过适当热处理氧化物玻璃可以制得热力学性能极大提高的微晶玻璃，因此，人们试图通过同样的方法制备硫系微晶玻璃并进行了广泛的尝试。与氧化物玻璃不同的是，在硫系玻璃的微晶化过程中要严格控制晶粒的尺寸，避免晶粒过大造成的散射影响红外透过率，因此实际的热处理工艺只研究成核阶段，尽可能在玻璃基体上均匀析出大量的纳米晶，故最优的成核温度和最佳的成核保温时间是生产微晶玻璃的关键。

法国 Rennes 大学发现制备纳米晶硫系玻璃的唯一有效方法是在略高于玻璃化转变温度 T_g 下对玻璃进行长时间热处理，这对形成纳米尺度的微晶十分有利。通过对热稳定性较高的硫系玻璃进行低温长时间热处理，制备了含有大量纳米尺寸晶粒的透红外硫系微晶玻璃。$GeSe_2$-As_2Se_3-$PbSe$ 系硫系红外玻璃试样在 230℃ 保温 20h 后，玻璃基体上析出少量细小的晶核。当形核温度升到 250℃ 时，晶核的数量和尺寸也随着增大，且平均直径小于 50nm。温度继续升至 270℃ 后，晶核的数量减小，尺寸达到 100nm 左右。微晶化后该材料具有较高的红外透过率和较低的热膨胀系数，但由于晶粒的散射，其透过率比基础玻璃略有下降，因此，玻璃基体上析出的晶粒数量及尺寸决定了红外区域的透过率，通过控制成核阶段的晶核数量和尺寸可以得到光学性能与力学性能兼顾的红外玻璃陶瓷材料。

对 $62.5(GeS_2)$-$12.5(Sb_2S_3)$-$25(CsCl)$ 系硫系红外玻璃进行微晶化后发现，玻璃基体中析出微晶晶体，使材料的断裂韧性和裂纹初始应力显著增大，表 6-3 为该材料在不同热处理工艺后测得的力学性能。对该材料而言，较低温度、较长时间微晶化处理，可以获得性能理想的微晶玻璃。

表 6-3　$62.5(GeS_2)$-$12.5(Sb_2S_3)$-$25(CsCl)$ 玻璃陶瓷试样的力学性能

$T/℃$	t/h	$2c/\mu m$	$2a/\mu m$	H/GPa	E/GPa	$K_c/(MPa \cdot m^{1/2})$	P_c/N
未处理	0	88.8	44.3	1.02	18.2	0.229	0.04
290	4	92.0	40.9	1.19	17.9	0.199	0.05
	31	89.6	42.8	1.09	18.5	0.220	0.10
	90	77.4	39.5	1.28	18.0	0.249	0.20
300	12	90.2	42.3	1.12	18.5	0.215	0.11
	44	85.7	42.4	1.11	18.1	0.230	0.13
	90	72.4	40.5	1.22	18.0	0.282	0.15
310	6	79.6	40.3	1.23	18.3	0.246	0.12
	21	72.7	40.1	1.24	18.4	0.280	0.15
	44	81.5	39.9	1.25	18.2	0.234	0.12

（三）硫系玻璃的模压工艺

从结构上分析，硫系玻璃与晶体红外材料的一个重要差别在于前者为非晶态而后者为晶体。晶体材料在加热至熔点时直接由固态转变为液态，因此不存在模压的可能性。而非晶态材料与塑料相似，在加热过程中黏度逐渐降低，直至进入能按照模具提供的形状通过压制而精确成型的最佳黏度范围。换言之，硫系玻璃适用于精密模压成型工艺，该工艺的成本显然要比用于晶体加工的单点金刚石车削工艺低得多，由此为红外夜视仪的商业应用奠定了基础。

硫系玻璃模压的玻璃成型压机（glass molding press，GMP）过程与其他光学玻璃元件相似，GMP 是通过控制温度和压力等因素，在模具中对玻璃毛坯直接进行模压，而不需要其他工序处理的模压方法。如图 6-1 所示，硫系玻璃的模压过程可以分为加热、压制、退火和冷却四部分。由于玻璃成分不同，玻璃的 T_g、T_f 不同，具体的成型温度亦有所不同。将玻璃毛坯在适当的压力下加热，随着温度升高到 T_g 以上，玻璃的黏度增加到适合压制的黏度并进行压制，黏弹性的玻璃充分接触并复制模具的内表面形状。注意在退火阶段，选择一定的退火时间以消除内应力，然后快速冷却脱模。

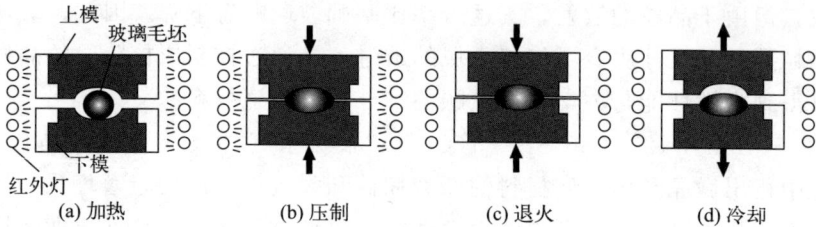

(a) 加热   (b) 压制   (c) 退火   (d) 冷却

图 6-1　模压工艺示意图

多数玻璃制品成型时已达到了弹性发生作用的温度，或者至少在制品的某些部位是这样。弹性及消除弹性产生影响需要的时间，是成型操作时应考虑的重要问题。

进行光学透镜成型的精密模压工艺研究发现其可加工包括球面、非球面和非球面衍射透镜在内的多种硫系玻璃光学元件，模压表面精度高，其形状误差（模压表面和设计表面之差）低于 $0.5\mu m$。

以此为光学部件的标准小型非制冷式非晶硅探测器已研制成功，其性能与以单晶锗透镜为光学系统的同类探测器的性能相当，全系统（探测器＋电子装置＋光学系统）温度分辨率达 $0.1℃$。

四、抛光工艺

（一）简介

在世界范围内实现大规模生产并掌握硫系玻璃有制造工艺和检测核心技术的机构有 3 家，即美国 Amorphous Materials 无定形材料公司、法国 Umicore 优美科公司和德国 Vitron Gmbh 公司。$Ge_{22}As_{20}Se_{58}$ 和 $Ge_{20}Sb_{15}Se_{65}$ 硫系玻璃球面、非球面的镜片精密模压技术下，模压样品形状误差（模压表面和设计表面之差）低于 $0.5\mu m$，与单点金刚石车床加工精度相当，现已批量提供给宝马高档轿车夜视装置用。采用化学机械抛光的方法对 $50mm\times50mm\times0.5mm$ 硒化锌（ZnSe）晶片进行抛光。通过分析抛光液 pH 值、抛光盘转速、抛光液磨料浓度、抛光压力、抛光时间和抛光液流量等参数对化学机械抛光的影响，得到 ZnSe 晶片抛光后的表面粗糙度 Ra 为 0.578nm，平面面形误差小于 $1.8\mu m$。对硫化锌晶体进行磨削加工，采用正交实验法对影响加工参数进行优化，最终得到的硫化锌晶体表面粗糙度 Ra 最小值为 7.6nm，面形误差为 $0.185 \sim 0.395\mu m$。

使用化学机械抛光技术对硫化锌晶体抛光，抛光垫使用聚氨酯和毛毡，抛光液使用 Al_2O_3 磨料和金刚石磨料，在室温条件下最终实验结果得到的表面粗糙度小于 1nm。同时，通过试验对工艺流程和工艺参数进行了验证，实现了带孔大口径硫系玻璃透镜的成功研制，抛光后面形误差和表面粗糙度分别达到 0.829λ 和 0.118λ，中心孔同轴度为 0.007mm，表面疵病 Ⅳ 级，表面粗糙度为 $0.003\mu m$。综上所述，硫系红外玻璃的抛光在理想的粗糙度值范围内，但硫系红外玻璃具有硬度小、脆性大的特点，以上抛光方法在抛光过程中极易在材料表面产生划痕。

古典法平摆式磨抛技术是一种传统的玻璃冷加工方法，适合软质材料的零件加工，单位时间内研磨抛光产生的热量较少且释放得较快，在高精度、小批量的加工中具有很大优势，且适合于硬度小、脆性大的硫系玻璃。因此，锗砷硒玻璃抛光技术方案采用古典法平摆式磨抛技术，研究比较 CeO_2 抛光液和 Al_2O_3 抛光液，以及聚氨酯抛光模和黑色阻尼布作为抛光垫时的优劣性，研究结果表明选用黑色阻尼布作为抛光垫时玻璃未产生划痕，最后通过正交实验得到一组较优的抛光工艺参数。

（二）制备与方法

1. 制备

样品为尺寸大小 50mm×20mm、厚度 3mm、颜色黑灰色的 $Ge_{22}As_{20}Se_{58}$ 玻璃，其他特性见表 6-4。抛光前均通过 JP350D 低速精磨抛光机进行精磨预处理，精磨转速为 10r/min，精磨液选择浓度为 30% 的 w5 金刚砂，精磨 1min 后测量得到表面粗糙度约为 350nm、面形误差约为 $5\mu m$ 的基片。

表 6-4　$Ge_{22}As_{20}Se_{58}$ 玻璃材料的特性

特性	$Ge_{22}As_{20}Se_{58}$
密度/(g/cm^3)	4.04 ± 0.01
杨氏模量/GPa	18 ± 0.6
热膨胀系数/$10^{-6}K^{-1}$	17 ± 1
玻璃化转变温度/℃	292 ± 2
折射率	2.4944 ± 0.00015

2. 设计

采用 ZJP350 平面精磨抛光机对锗砷硒玻璃进行平摆式研磨抛光，加工原理如图 6-2 所示。

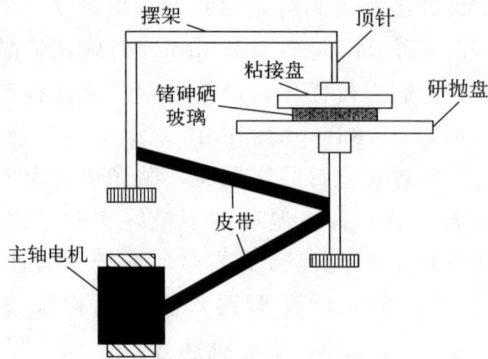

图 6-2　平摆式抛光机原理图

研磨盘固定在主轴上，电机通过皮带轮带动研抛盘和摆轴转动抛光材料，根据不同抛光材料特性在顶针上施加适当压力来固定连接，调节顶针始终垂直水平面使其负荷压力垂直向下，以保持加工材料时上下盘之间垂直压力的稳定性，粘接盘在摆轴的作用下做圆弧曲线运动。

锗砷硒玻璃具有质地软及易碎特性，因此，实验将锗砷硒玻璃粘贴在较小面型的 K9 玻璃上，防止粘贴后锗砷硒玻璃的平整性较差，增加抛光难度。实验中选择的 K9 玻璃面形误差为 $8.02\mu m$，表面粗糙度为 4.5nm。最后，K9 玻璃粘贴在粘接盘上，粘剂选择石蜡。经过初步实验探究，使用聚氨酯抛光模和 CeO_2 抛光液抛光锗砷硒玻璃时，表面会产生大量的亮丝划痕，使用黑色阻尼布作为抛光垫时未产生划痕，其原因在于硫系红外玻璃属于软脆类材料，而聚氨酯抛光模相对较硬，因此会产生划痕。

表 6-5 为 Al_2O_3 抛光液和 CeO_2 抛光液在不同因素条件下抛光后得到的表面粗糙度 Ra 结果，a、b 和 c 为 Al_2O_3 抛光液抛光对应的实验号，d、e 和 f 为 CeO_2 抛光液抛光对应的实验号。由表 6-5 可以看出，在不同抛光参数下，Al_2O_3 抛光液的抛光效果明显优于 CeO_2 抛光液。

表 6-5　Al_2O_3 抛光液和 CeO_2 抛光液分别抛光后的表面粗糙度

实验编号	A：抛光转速 $n/(r/min)$	B：抛光压力 F/MPa	C：抛光时间 t/min	D：抛光液浓度 $c/\%$	Ra/nm
a	55	0.1	5	10	15.3
b	65	0.2	10	10	12.7
c	75	0.3	15	10	10.2
d	55	0.1	5	10	133.0
e	65	0.2	10	10	119.0
f	75	0.3	15	10	98.0

经分析对比，最终确定以黑色阻尼布作为抛光垫，Al_2O_3 抛光液作为抛光液

进行实验。采用正交实验方案进行工艺实验，制定的因素水平分布见表 6-6。

表 6-6　锗砷硒玻璃抛光实验因素水平分布表

水平	因素			
	$n/(\text{r}/\text{min})$	F/MPa	t/min	$c/\%$
1	55	0.1	5	20
2	65	0.2	10	30
3	75	0.3	15	40

（三）效果

基于古典法平摆式磨抛技术，研究了锗砷硒玻璃在不同抛光工艺参数条件下表面加工质量的变换规律，得到结论为：

① 锗砷硒玻璃抛光时，选用 Al_2O_3 抛光液的抛光效果明显优于 CeO_2 抛光液，抛光垫使用黑色阻尼布时对玻璃表面未产生划痕，解决了硫系红外玻璃抛光时表面容易出现划痕的难题。

② 当锗砷硒玻璃尺寸为 $50\text{mm} \times 20\text{mm}$，厚度为 3mm 时，通过 4 因素 3 水平的正交实验得到最佳抛光工艺参数对表面粗糙度的影响程度关系为：抛光时间＞抛光转速＞抛光液浓度＞抛光压力，最佳组合为 $A_3B_2C_2D_2$，抛光转速为 $75\text{r}/\text{min}$，抛光压力为 0.2MPa，抛光时间为 10min，抛光液浓度为 40%，在该工艺条件下，锗砷硒玻璃表面粗糙度达到 2.57nm。

五、硫系玻璃基底红外光学薄膜

（一）简介

镀膜是棱镜、透镜等光学元件在系统装配前最后一个关键步骤，能有效改善光学元件的光学性能。硫系玻璃的需求逐年增加使其光学表面加工和红外光学薄膜制备成为人们的研究热点。未镀膜的硫系玻璃红外光学元件的光学性能不能满足使用要求，必须根据使用要求对其进行红外光学薄膜的设计和镀制。镀膜工艺在红外夜视领域中具有不可或缺的地位，随着硫系玻璃研究的进一步深入，硫系玻璃镀膜工艺的研究也在不断进步。

（二）硫系玻璃待镀膜表面的加工

红外光学元件的光学表面需满足面形精度和表面质量的要求，其中光学元件待镀膜表面的质量对光学薄膜稳定性和均匀性的影响更大，高质量的光学表面有利于提高光学元件的光学性能和薄膜质量。因此，研究硫系玻璃待镀膜表面的加工具有实际意义。目前，硫系玻璃待镀膜表面的加工方法有材料去除法和材料成型法。

材料去除法指在待加工零件到合格零件过程中通过去除多余材料进行加工的方法。使用材料去除法获得光学元件光学表面的方法主要有传统磨抛和数控加工法，传统磨抛法又包括古典法和高效加工法，数控加工法包括数控磨抛和单点金刚石切削加工。由于硫系玻璃质地较软、硬度低、热膨胀系数高、切削易变形、表面易划伤，很难获得高质量的光学表面，加工难度远高于其他常用的红外光学材料，如Ge、Si、ZnS和ZnSe。硫系玻璃中，$Se_{60}As_{40}$（IG6）的加工难度更大，数控磨抛技术难以满足表面质量要求，对中低精度的硫系玻璃透镜，传统高效加工是目前主流的加工方法。

在硫系玻璃抛光研究方面，韩侗睿等人采用气囊式抛光方法对直径 $\phi=50mm$ 的 $Ge_{28}Se_{60}Sb_{12}$ 硫系玻璃非球面进行了抛光研究，并对气囊压力、转速和抛光液进行了正交试验，最终获得了 9.28nm 的表面粗糙度（Ra）。研究人员对长为 50mm、宽为 20mm、厚为 3mm 的 $Ge_{22}AS_{20}Se_{58}$ 硫系玻璃进行了抛光转速、压力、时间和抛光液浓度的正交试验，抛光工艺确定后的表面粗糙度为 2.59nm，一般生产中要求光学表面的粗糙度不大于 12nm。

单点金刚石车削方法主要用于非球面、自由曲面光学元件加工，如 Ge、Si 等晶体材料的加工，这也是目前硫系玻璃非球面加工的一种重要途径。现阶段，关于硫系玻璃单点金刚石车削机理、影响表面质量的因素相关研究较少，且硫系玻璃易产生夹持变形，在车削时的装夹技术也有待深入研究。

对红外光学元件的加工研究历经几十年的发展，在硫系玻璃加工领域积累了大量的经验，也取得了一定的成果。一般来说：对 ϕ 小于 60mm 的球面透镜，采用传统抛光工艺，面形精度 $N\leqslant2$（N 为干涉条纹的数量），局部误差 $\Delta N\leqslant0.5$；对 ϕ 小于 40mm 的球面透镜，采用高效抛光工艺，面形精度 $N\leqslant3$，局部误差 $\Delta N\leqslant1$。目前，采用传统抛光工艺成功将 $\phi=140mm$ 的 IG6 球面透镜的 ΔN 控制到 0.7 以下。上述工艺加工的硫系玻璃透镜，表面粗糙度均能控制在 5nm 以下，满足红外光电系统的要求。该公司拥有 9 台单点金刚石机床，可实现硫系玻璃非球面的批量加工：对于 $\phi=120mm$ 的透镜，非球面面形精度的峰谷值（PV）不大于 0.35μm；对于中小口径硫系玻璃非球面，批量加工面形精度的 PV 不大于 0.4μm，均方根值（RMS）不大于 0.06μm，基本代表了国内硫系玻璃批量加工的技术水平。

材料成型法是将待加工材料经加热处理后在特定模具中成型的方法，且零件在成型前后的质量不发生改变。精密模压属于材料成型法，可用于具有非晶体特性光学材料的光学表面成型。光学玻璃精密模压是将具有一定精度的光学玻璃型料置于模具内，加热到软化点温度后压制成一定尺寸、面形以及光学研磨加工精度和表面粗糙度的光学元件，是一种低成本且适于大批量制造光学元件的方法。在红外光学材料中，硫系玻璃是非晶体材料，玻璃化转变温度及软化点温度低，化学性能稳定，可用精密模压成型法进行加工。相比材料去除法，精密模压成型法具有稳定的加工精度，重复性好，有利于提高生产效率。

硫系玻璃精密模压成型的工艺流程如图 6-3 所示。预处理过的零件在精密模压设备中经过加热、加压成型、退火和冷却脱模四个阶段后获得成品零件。采用精密模压技术时需要控制模具的加工精度、表面质量、模压温度以及模压过程中容易出现的模具与材料黏连情况。精密模压是一种复制性技术，模具的精度直接决定模压产品的精度，因此要求精密模压设备中的相关模具必须具备足够高的精度。精密模压过程中各个阶段的温度不同，而硫系玻璃的热膨胀系数大，受温度影响严重，因此必须严格控制温度。在模具表面镀膜可改善模具的表面质量、模具与硫系玻璃之间的黏连问题，提高模压零件的表面光洁度也能改善黏连问题、保护模具表面，防止模具发生腐蚀、氧化以及原子扩散，延长模具的使用寿命。对于硫系玻璃非球面的精密模压研究：对 $\phi=6mm$ 的 $Ge_{28}Se_{60}Sb_{12}$ 进行模压，得到的面形 PV 为 $0.129\mu m$，Ra 为 $0.0196\mu m$；对 $\phi=21mm$ 的 As_2Se_3 进行模压，得到的面形 PV 为 $0.668\mu m$；对 $\phi=10.4mm$ 的 Ge-Se-Te 进行模压，得到的面形 PV 为 $0.259\mu m$。目前模压质量较高的硫系镜片口径普遍在 15mm 以内，较大口径硫系玻璃的精密模压技术还有待进一步研究。

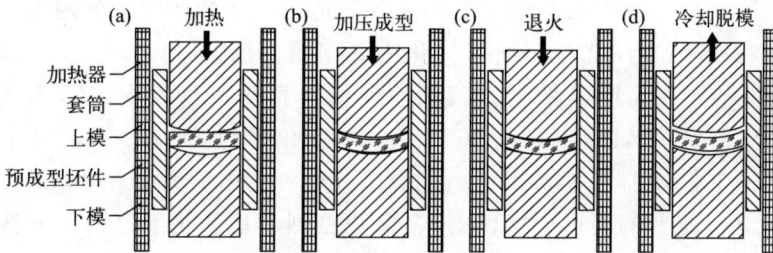

图 6-3　硫系玻璃的精密模压成型工艺流程

　　硫系玻璃精密模压成型技术适用于大批量生产，对于降低生产成本、提高产品合格率有较大优势，但仅适用于小口径光学元件，而中、小口径光学元件的批量生产需求更适合使用抛光法。目前，高效加工已成为小口径光学元件的主要加工方式，但大尺寸光学元件的加工仍依赖于传统抛光工艺。对于硫系玻璃非球面，单点金刚石车削是目前主要和经济的加工方式。国外的 Lightpath 公司具备使用精密模压技术、抛光和单点金刚石车削方法加工 IG 类、GASIR 类和 AMTIR 类硫系玻璃的能力。

（三）硫系玻璃镀膜

　　镀膜对提升光学元件的光学性能、力学性能以及环境适应性具有重要作用，可根据光学系统的使用要求，在光学元件表面镀制对应功能的红外光学薄膜。硫系玻璃是由不同元素的材料按不同比例混合加工成的复合型红外光学玻璃，根据设计和使用要求可以由特定元素按特定比例研发硫系玻璃。在未镀膜情况下，含有不同组分且具有一定厚度的平面硫系玻璃经双面抛光后，在透过波段的透过率为 54%～70%，必须通过镀膜才能满足使用要求。表 6-7 为目前国内外具有代表性的公司生产的硫系玻璃产品参数，包括元素组成、比例及其对应的牌号。

表 6-7　部分公司生产的硫系玻璃

化学式	NHG	Vitron	Umicore	Schott	Amorphous	Lightpath
$Ge_{33}Se_{55}As_{12}$	IRG201	IG2	—	IRG22	AMTIR-1	—
$Ge_{22}Se_{58}As_{20}$	IRG202	—	GASIR-1	—	—	—
$Ge_{20}Se_{65}Sb_{15}$	IRG203	—	GASIR-2	—	—	—
$Ge_{28}Se_{60}Sb_{12}$	IRG205	IG5	—	IRG25	AMTIR-3	BD2
$Se_{60}As_{40}$	IRG206	IG6	GASIR-5	IRG26	AMTIR-2	BD6
$Ge_{10}Se_{50}As_{40}$	IRG207	IG4	—	IRG24	—	—

目前，在硫系玻璃表面可镀制的红外光学薄膜包括增透膜（减反膜）和保护膜。红外光学系统的工作波段较宽，常见工作波段（$3.7 \sim 4.8\mu m$ 和 $8 \sim 12\mu m$）的透过宽度均大于 $1\mu m$，但所需膜系层数多、厚度大，且硫系玻璃热膨胀系数大、玻璃化转变温度低，导致镀制稳定性高、环境适应性强的薄膜十分困难，且存在光谱性能低、膜-基结合性能差、面形变化大等问题。根据 $\phi=25.4mm$、厚为 3mm 的 IG6 和 Ge 基底在相同条件下镀膜前后的面形精度可以发现：Ge 基底镀膜前、后的面形 PV 分别为 449.13nm、564.76nm，变化量为 115.63nm；IG6 基底镀膜前、后的面形 PV 分别为 830.30nm、521.92nm，变化量为 308.38nm。这表明在相同条件下 IG6 基底的面形变化比 Ge 基底更剧烈，且变化不规则，干涉条纹变化也更显著。

1. 硫系玻璃增透膜

硫系玻璃增透膜的光学性能指标包括透过率和剩余反射率，在可能的情况下双面镀制增透膜的透过率应尽量接近 100%。一般来说，在红外中波和长波两个常用工作波段，平均透过率不低于 97%，平均反射率不大于 1%。同时，膜层质量和膜层牢固度应符合相关标准要求，如 GJB 2845—1995 中规定：膜层附着力试验应满足将宽度为 2cm、剥离强度不小于 2.74N/cm 的胶带纸牢牢粘在膜层表面，垂直迅速拉起后无脱膜现象；中度摩擦试验应满足用压力为 4.9N 的外裹脱脂布橡皮摩擦头摩擦 50 次后无擦痕等损伤迹象。

在硫系玻璃光学元件表面镀制增透膜时主要使用物理气相沉积（PVD）技术，如热蒸发真空镀膜技术。热蒸发真空镀膜是指将待镀膜材料放置在蒸发源中，在真空条件下通过加热蒸发源使镀膜材料获得能量从膜料表面溢出气化，最后沉积在基底表面生长成膜的方法。由于工作波段宽，单层红外增透膜不能达到理想的增透作用，必须由不同种类的红外光学薄膜材料生长堆叠成多层膜。该技术可以实现在同一个真空条件下将不同材料按照特定顺序一次蒸发成膜。热蒸发真空镀膜机中具备不同的蒸发源，包括电阻加热蒸发和电子束加热蒸发等，根据膜料自身的材料特性选择合适的蒸发方式以达到最佳成膜效果。此外，为提高膜层质量，得到更致密的膜层，通常使用离子源辅助沉积技术镀制增透膜。

硫系玻璃的镀膜研究起步较晚，且相关报道较少。有研究人员研究了 GAS-IR1、GASIR2 两种硫系玻璃的模压生产工艺，并在此基础上用离子源辅助物理气相沉积技术在 GASIR1 的表面镀制了红外增透膜，将 $8\sim11\mu m$ 透过波段的平均透过率从 70% 提高到 97%，有效降低了红外光在其表面的反射损失。

有学者研制了一种环保型不含 As 元素的 $72GeSe_2 18Ga_2 Se_3 10CsI$ 硫系玻璃，模压成型后在 $6\sim12.5\mu m$ 波段未镀膜时的透过率可以达到 74%。为提高红外光的透过率，在该玻璃上镀制了增透膜，包括内层（7 层膜组成的增透膜）和外层（4 层膜组成的硬质层），在 $8\sim11\mu m$ 波段上的透过率达到了 97%。

研究人员经过多年的生产研究，可以为客户稳定提供 GASIR1 和 GASIR5 两个系列的硫系玻璃，并针对这两种基底材料分别设计了适用于高透过率、低反射率、环境复杂程度一般的高效减反射膜，即在 $8\sim12\mu m$ 波段双面镀制高效减反射膜的 GASIR1 和 GASIR5 均可达到 97% 以上的平均透过率，且平均反射率小于1%，在 $8\sim14\mu m$ 波段也可以达到 95% 以上的平均透过率以及小于 1.5% 的平均反射率，其附着力、湿度、中度摩擦检测满足 MIL-C-48497A 标准。在红外光学薄膜镀制领域同样有着比较先进的技术，在 $1.5\sim3\mu m$、$3\sim5\mu m$、$8\sim12\mu m$ 这 3 个常用波段上，基于几种不同类型的基底材料镀制了增透膜，双面镀制增透膜后其平均透过率（T_{ave}）、平均反射率（R_{ave}）及对应的基底材料如表 6-8 所示。

表 6-8 Lightpath Technologies 公司不同波段的增透膜

波段/μm	BD2/%		BD6/%		IRG202、GASIR1/%		AMTIR1/%	
	T_{ave}	R_{ave}	T_{ave}	R_{ave}	T_{ave}	R_{ave}	T_{ave}	R_{ave}
$1.5\sim3$	>95	<1	—	—	—	—	—	—
$1.5\sim5$	—	—	>95	<2	—	—	>95	—
$3\sim5$	>95	<1	—	1	>95	<0.75	—	—
$8\sim12$	>95	<1	>95	<0.75	>95	<0.75	>96	<0.75

学者通过精密模压成型工艺研制了一种基于 AMTIR2 的硫系玻璃复眼系统，作为微透镜阵列结构可提高红外光的透过率，但单个玻璃的表面透过率只有77.95%，无法满足工作需求，因此，可通过为微透镜阵列镀制双面增透膜提高其透过率。

薄膜镀制研究进展较慢，成果相对较少，主要集中在连接层的设计和镀膜工艺过程中。

（1）连接层

连接层用来连接基底和下一层膜层，可改善基底和下一层膜之间的连接性能，本身也必须在相应波段透明。常用的镀膜材料有 Ge、ZnS、ZnSe、YbF_3 等，除

YbF_3 外，常用硫系玻璃的热膨胀系数要远大于这些膜料，导致薄膜镀制过程中薄膜与基底之间的热变形不一致，膜层和基底之间产生较大残余应力，容易引起膜层脱落。表 6-9 为镀膜材料的热膨胀系数。研发热膨胀系数与硫系玻璃接近的膜料或选择与基底结合性能较好的膜料作为连接层，是一种改善膜-基结合性能的有效方法。

表 6-9　镀膜材料的热膨胀系数

材料	Ge	ZnS	ZnSe	YbF_3	$As_{40}Se_{60}$	$Ge_{28}Se_{60}Sb_{12}$	$Ge_{33}Se_{55}As_{12}$	$Ge_{22}As_{20}Se_{58}$
热膨胀系数 $/10^{-6}℃^{-1}$	6.10	6.80	7.57	16.30	21.40	14.00	12.50	17.10

针对研制的 AMTIR 系列产品开展红外光学薄膜镀膜研究工作，认为薄膜和基底间结合性能差、耐摩擦性能差等缺陷主要受材料自身软化温度低、热膨胀系数大等物理特性的影响，研究人员通过在基底表面和膜层之间引入连接层解决该问题，提高了整个膜系与基底之间的结合性能。

研究人员在 IG5 基底上开发了一种短中波红外增透膜，为了解决热膨胀系数偏大导致的膜层稳定性差问题，研制了一种由 MgO 与 Al_2O_3 组成的混合材料 M-11 作为基底与外层膜系之间的连接层，解决了研制薄膜的脱膜问题，优化后的膜系结构为 Sub｜1.05M0.48L1.08H2.23L0.83H2.38L0.26H4.18L1.01H0.71L4.18H0.63L1.75H1.34L1.24H3.41L｜Air。其中：Sub 为基底；Air 为空气；M 为 M-11；H 为 ZnS；L 为 YbF_3。使用电子束热蒸发真空镀膜技术并采用离子源辅助沉积镀制膜层后该结构在 $1.4\sim2.5\mu m$ 波段的平均透过率为 96.3%，在 $3.5\sim4.5\mu m$ 波段的平均透过率为 97.4%，且牢固性测试后未发生膜层脱落现象。

除了对平面硫系玻璃进行镀膜研究，付秀华等还使用离子源辅助热蒸发沉积法对 IG6 非球面硫系玻璃进行了镀膜研究，开始时以 Ge、ZnS、YbF_3 材料设计了膜系，膜系结构为 Sub｜0.87H4.07M3.55L1.62M｜Air，在膜层牢固性检验中出现脱膜现象。研究发现，ZnSe 材料与 IG6 基底均含有 Se 元素，有利于提高膜基结合性能。因此，引入了 ZnSe 材料作为连接层和增透膜材料，并进行膜系优化，优化后的结构为 Sub｜0.164N0.840H0.263N1.460H0.091N0.504L0.621M｜Air。其中：H 为 Ge；M 为 ZnS；L 为 YbF_3；N 为 ZnSe。除引入 ZnSe 材料作为连接层外，在膜层生长完成后还进行了温度梯度烘烤和真空原位退火以减小膜层残余应力，最终得到的膜层能通过 MIL-C-48497A 标准中膜层附着力、湿度、中度摩擦、可溶性和清洗性测试的相关试验，在 $3.7\sim4.8\mu m$ 波段的平均透过率达到了 99.12%。

（2）镀膜工艺过程

通过改进镀膜工艺过程也能提高膜层稳定性。对硫系玻璃镀膜进行研究时，通过严格控制镀膜工艺过程并不断优化，降低镀膜过程中温度变化对硫系玻璃热膨胀系数产生的影响，以保证镀膜前后光学元件面形的变化量趋于一个稳定值，然后以

GASIR1 为基底镀制了双面增透膜，在 $7\sim11\mu m$ 透过波段上的透过率达到 95%，膜层相关性能指标满足 GJB 150—2009 标准。

此外还研究了薄膜制备工艺过程中的镀膜温度，基于 IG6 基底进行 $8\sim12\mu m$ 波段的宽带增透膜研制，最终得到的膜系结构为 Sub|1.2H4.32M0.84H4.68M4.52L1.44M|Air。其中：H 为 Ge；M 为 ZnS；L 为 YbF_3。该研究对象为镀膜时的基底温度，实验中通过改变镀膜温度对膜层稳定性进行研究，分析实验结果后选择 75℃ 作为实际镀膜温度。耐溶性、附着力、高低温测试结果表明，镀膜后的膜层环境适应性良好，膜层质量稳定，$8\sim12\mu m$ 波段的反射率约为 1%。

以镀膜温度作为影响因素进行膜系牢固性研究。以 IG6 为基底，研制了 $8\sim12\mu m$ 波段的减反保护膜，该结构一面为增透膜，另一面为增透保护膜。通过分析镀膜产生的热应力选择镀膜温度，得到增透膜的膜系为 Sub|1.4H0.7M1.2H1.3ML0.5|Air。其中：H 为 Ge；M 为 ZnS；L 为 YbF_3。采用热蒸发真空沉积技术镀膜，多次试验后用 80℃ 作为实际镀膜温度，该温度下镀制的增透膜具有较好的膜-基结合性能，经过膜层牢固性试验无脱膜现象。

对硫系玻璃材料的物理性能、膜层之间的结合性能以及膜层镀制工艺等方面展开实验研究，最终获得了能够通过 GJB 2485—1995 标准中相关检测的合格零件。其中，以 IG6 为基底，用 Ge、ZnS、YbF_3 作为薄膜材料，设计了 $8\sim12\mu m$ 工作波段的 9 层红外增透膜系，双面镀制增透膜后平均透过率大于 97%，平均反射率小于 1.0%。

目前，国内硫系玻璃增透膜技术的研究水平正在不断提高，与国外的差距不断缩小。由于国外对硫系玻璃镀膜的相关技术保密程度高，相关工艺过程也被严密封锁，因此还需不断深入研究，提高现有技术水平，创新设计更优的镀膜工艺，掌握核心技术。

2. 硫系玻璃保护膜

保护膜主要镀制在红外光学系统中与外界环境直接接触的窗口上，窗口安装在红外光学系统的最前端，用于抵御所在装备飞行过程中红外光学系统遇到的高温、高压、热冲击以及悬浮固体颗粒和雨滴的撞击。在不同使用环境中，有些系统不需要安装窗口，但为了系统性能稳定，同样需要在最前端的光学元件上镀制保护膜。硫系玻璃由于质地较软、热膨胀系数大，不适宜作为窗口元件，但镀制保护膜后可以作为普通红外光学系统最前端的光学元件，在保证红外光透过性能的前提下提高镜面的抗损伤性能、耐摩擦性能和系统的稳定性及其在复杂环境中的生存能力。

类金刚石膜（DLC 膜）具有硬度大、耐磨、耐腐蚀等特点，采用等离子体化学气相沉积法（PECVD）、磁控溅射法等方法沉积得到。PECVD 法沉积 DLC 膜时，借助辉光放电技术将通入真空室的碳氢气体电离，如甲烷、乙炔和丁烷的电离。气体经电离后形成化学活性很强的等离子体，发生化学反应在基底表面生长成 DLC 膜。除了 CVD 技术外，磁控溅射法也逐渐成为一种沉积 DLC 膜的重要方法，镀制过程中，高压离化产生的电子从阴极发出，在电场作用下绕磁力线做螺旋加速运动，高速运动中的电子碰撞真空室中的 Ar 气体后电离出大量 Ar^+，然后在电场作用下摆脱磁力线加速飞向石墨靶轰击碳源，得到能量的原子溢出靶材，最后带着一定能量沉积到基底表面成为 DLC 膜。硫系玻璃本身软化温度点低、热膨胀系数高，DLC 膜沉积后膜层残余应力高，导致镀膜后基底变形大、机械强度低、膜层附着力小，进而发生膜层崩裂现象，难以获得质量稳定的 DLC 膜。因此研究硫系玻璃沉积 DLC 膜对获得膜-基结合性能好、稳定性高的 DLC 膜有重要促进作用。

在国外，针对 DLC 膜沉积后产生极大的残余应力现象，部分学者以减小膜层残余应力为目标提高膜层牢固性，获得了一定的研究成果。美国 Intlvac 公司基于 GASIR 系列和 IG 系列的硫系玻璃开展了降低 DLC 膜残余应力的研究，其网站上称具备 GASIR 类基底 DLC 膜专有的二元碳氢化合物气体应力消除技术和 IG 类基底使用连接层降低 DLC 膜应力的技术。该公司以厚度为 3mm 的 GASIR 基片在单面镀制 DLC 膜后平均透过率可以达到 74.9%，DLC 膜层满足美军标 MIL-C-48497A 中的附着力测试、重摩擦试验的考核。在 2007 年就基于硫系玻璃的材料特性成功研制了一种低应力保护膜，该保护膜被命名为 iDLC 膜，该膜层的性能和 DLC 膜类似，具有良好的保护性能，但吸收率更小，反射率更低，耐久性好，在 8～12μm 波段双面镀制的条件下反射损耗小于 4%。目前，以 GASIR1 和 GASIR5 为基底设计了对应的 iDLC 单面防护膜层，反射率得到了很大的改善，在 8～12μm 波段上一面镀制高效减反膜，另一面镀制 iDLC 膜后平均透过率可达到 90% 以上，平均反射率小于 1.5%，在 8～14μm 波段上可达到 85% 以上的平均透过率以及小于 4% 的平均反射率，其附着力、湿度、重摩擦检测满足 MIL-C-48497A 标准。

不同元素间的结合性能不同，为了提高 DLC 膜层和硫系玻璃基底的结合性能，以 Ge-Sb-Se 和 Ge-Ga-Se 为研究对象，通过替换原材料中的 Ge 并掺入少量（质量分数为 0.05%～5%）C 元素进行 DLC 膜层沉积。结果表明，进行碳掺杂的薄膜和基底之间的结合性能有明显提高，但引入的 C 元素质量分数会对红外光的透过率造成不同程度的影响。除了原子间的结合力外，温度也是影响 DLC 膜层应力的重要因素。非晶金刚石碳膜是类金刚石膜的一种。基于 Ge-Se-Sb 硫系玻璃采用过滤阴极真空电弧镀膜的方法研究非晶碳膜，结果表明，不同温度下沉积的薄膜残余应力有明显不同。为了降低膜层残余应力，提高膜层附着力，采用 Ar^+ 轰击刻蚀基底表面以改变和控制沉积温度，松弛了基底和薄膜产生的热应力和本征应力，降低了膜层的残余应力，在 80℃ 时获得了不脱膜的非晶碳膜。在沉积工艺方面，分析了 Ge、Si 基底上沉积 DLC 的工艺在硫系玻璃上不能得到稳定保护膜原因，认为沉积 DLC 膜层的工艺与 Ge、Si 等材料的工艺应有一定区别并优化得到新的沉积工艺。先在硫系玻璃基底上采用离子辅助热蒸发镀膜方法沉积一层连接层，然后采用 CVD 沉积技术沉积 DLC 保护膜，最终获得了满足 MIL-PRF-13830 标准的 DLC 保护膜。

在国内，研究人员对硫系玻璃表面制备保护膜开展了研究，在 GASIR1 基底表面的保护膜研究上取得了一定突破，可获得厚度为 $1\mu m$ 以下且相对稳定的 DLC 膜。为降低 DLC 膜对基底面形的影响并提高膜-基结合性能，以 Ge 为过渡层连接基底和 DLC 膜。

基于 IG6 基底研制 $8\sim12\mu m$ 波段增透保护膜，其中一面为增透介质膜＋DLC 保护膜，采用低应力连接层与高应力耐摩擦层配合的方法，设计的增透保护膜结构为 $Sub|2.5H0.3M_1 4.1H1.8M_{P1} 1.78M_{P2}|Air$。其中：H 为 Ge；$M_1$ 为 ZnS；M_{P1} 为在 10Pa 下制备的 DLC 薄膜；M_{P2} 为在 5Pa 下制备的 DLC 薄膜。使用热蒸发真空镀膜法镀制前三层膜构成增透介质膜，然后在射频等离子体化学气相沉积设备中将 DLC 膜在不同压强下分两次镀制，得到增透保护膜。在一面镀制增透膜，另一面镀制增透保护膜后膜层的剩余反射率为 3%，平均透过率为 91.1%。该研究在提升薄膜耐摩擦性能与膜层牢固度的同时降低膜层应力，且膜层能通过 GJB 2485—1995 标准测试中的盐雾、高低温、重摩擦等试验。

在硫系玻璃表面沉积保护膜可以有效提高表面的耐摩擦性能、耐腐蚀性能、表面硬度，在红外光学领域中具有广阔的应用前景。从现有研究成果可以看出，国内对硫系玻璃基底镀保护膜的研究少于国外，能达到的光学性能、力学性能水平与国外的 Intlvac、Umicore 等公司还有一定差距，且由于国外相关单位对硫系玻璃保护膜镀制技术的保密封锁，现阶段对硫系玻璃保护膜的研究具有非常高的价值。

（四）效果

近年来，硫系玻璃在待镀膜表面的加工和表面镀膜领域取得了显著进步，技术水平和产业规模不断扩大。随着红外技术的发展以及消热差系统、单兵夜视装备、车载辅助驾驶仪和非接触测温仪等大批量民用热像仪等需求的牵引，硫系玻璃凭借优异的光学性能在红外光学材料中的占比将逐渐增加，也会刺激其加工和镀膜技术的进步。受硫系玻璃本身材料特性的限制，无论是表面加工还是镀膜，相比 Ge、Si、ZnS 和 ZnSe 等常规红外光学材料，其技术指标仍有一定差距。对国内外硫系玻璃表面加工和镀膜现状进行梳理，结合对未来发展趋势的认识，归纳总结硫系玻璃表面加工和镀膜研究的现状及存在的问题，并对发展趋势做出预测，得到以下结论。

① 为满足大批量生产的需要，高效抛光工艺正逐步取代传统抛光工艺，成为中低精度和中小口径硫系玻璃透镜的主流加工技术。如何进一步提高面形精度、扩大透镜加工口径，是硫系玻璃高效抛光加工面临的一个难题。

② 单点金刚石切削加工成为硫系玻璃非球面主要的加工方式，但硫系玻璃的车削机理和影响表面质量的因素仍有待研究。硫系玻璃质地较软的特点一定程度影响了非球面面形精度的提高，因此还应在夹持技术上进行研究和改进。

③ 精密模压是大批量加工硫系玻璃光学元件的有效方式，但加工口径影响了该技术的应用，突破 30mm 以上口径的硫系玻璃精密模压技术是该技术的发展方向。

④ 硫系玻璃增透膜的光学性能和常用红外光学材料仍有差距，进一步提高硫系玻璃薄膜的强度和牢固度是硫系玻璃薄膜技术发展的难点和热点问题。进一步提高透过率，同时膜层全面满足附着力、摩擦试验等要求，还需要在膜系设计、连接层膜料的选择和研发、膜层应力匹配以及优化镀膜工艺等方面持续展开研究。

⑤ 高性能硫系玻璃 DLC 膜沉积技术有所突破，但还不成熟，尚未普及应用。如何进一步提高硫系玻璃 DLC 膜的性能、优化工艺、降低成本，还有很多问题需要解决。

⑥ 多波段共口径光电系统的发展，需要双波段、多波段薄膜技术的支撑，这也是硫系玻璃薄膜技术的一个重要发展方向。

六、Ge_4Se_{96} 红外玻璃

（一）简介

硫系玻璃是以第ⅥA族元素中 S、Se、Te 为基础，引入其他电负性较弱的金属或非金属元素而形成的无机非氧化玻璃材料，具有较低的声子能量、超宽的红外透过范围、极快的非线性光学响应时间等一系列优异的光学性能。与其他红外材料相比，硫系红外玻璃具有优异的折射率、热差性能，可以通过精密压缩成型，是红外光学器件中良好的候选材料之一。

在热力学中硫系玻璃处于亚稳态结构，有自发回复到平衡状态的趋势。利用这种趋势，在热场作用下析出晶体或形成特殊微观结构，从而实现多种新颖特性，以及可以实现对玻璃力学性能的强化。了解玻璃的微晶化机理，即可选择合理的温度-时间制度对其进行热处理，获得综合性能较好的硫系玻璃。然而，目前仍很难实现可控的微晶化处理。因此，对硫系玻璃的热力学性能进行研究，探究其微晶化行为和机理，深入了解其玻璃化转变和晶化过程，完善金属玻璃材料的制备工艺。

（二）Ge_4Se_{96} 玻璃的制备

采用熔融-淬冷法制备 Ge_4Se_{96} 红外玻璃，将称量好的高纯度 Ge、Se（99.99%）原料置于石英安瓿中，实验采用内径为 15mm 的高纯石英安瓿，先用氢氟酸和丙酮进行清洗，然后用去离子水冲洗干净后放在 130℃左右的真空烘箱中进行 12h 的烘干处理；其次对装入石英安瓿中的 Ge、Se 原料抽真空至 10^{-3} Pa，在真空状态下用氢氧焰对安瓿进行熔融封装；最后将熔封好的安瓿放在自制摇摆炉中在 800℃熔融 48h 后用冰水淬冷，得到玻璃器件。

（三）性能与效果

① 实验采用熔淬法制备了 Ge_4Se_{96} 玻璃。玻璃化转变温度、初始晶化温度和熔点分别是 52℃、116℃ 和 226℃。测得熔化焓是 37.53J/g。

② 应变点、退火温度、玻璃化转变温度、屈服温度和软化温度分别为 58.5℃、60.5℃、65.7℃、77.3℃ 和 78.3℃。热膨胀系数曲线为 $\Delta L/L_0 = (0.0557T - 1.7576)/10^3$。

③ 过冷液相的比热与温度的关系式为：$C_p^1 = 0.4995 - 2.329865 \times 10^{-4}T - 4.9198 \times 10^{-7}T^2 [J/(K \cdot g)]$；玻璃相的关系式为 $C_p^g = 0.3183 - 2.866 \times 10^{-4}T$ $[J/(K \cdot g)]$。Kauzmann 温度值 $T_k = 233.5K$，也就是该成分玻璃液相存在的最低温度为 233.5K。

七、Ga_2S_3-Sb_2S_3 硫系红外玻璃

（一）简介

硫系玻璃是指以硫族元素（S、Se、Te）为主，引入 Ge、As、P 等元素而形成的非晶态材料。与氧化物和氟化物等玻璃相比，硫系玻璃成型区较宽，组分连续可调，具有半导体性质，而且有较高的折射率（$n = 2.1 \sim 2.5$）和较大的稀土溶解能力，特别是其优良的红外透过性能以及光学非线性，使其在红外传输和红外激光等方面具有广泛应用前景。

（二）制备方法

通过熔融-淬冷法制备系列 $Ga_xSb_{40-x}S_{60}$ 硫系玻璃样品，其中 x（摩尔分数）分别为 4%、6%、8%、10%、12%。Ga、Sb、S 单质中 Ga 和 Sb 的纯度（质量分数）为 99.999%，S 的纯度为 99.9%。首先按照比例称量 10g 原料，置于内径 9mm 的石英管内 1/1000 的王水（硝酸与盐酸体积比为 1:3）浸泡 3h，超纯水清洗后 160℃ 烘干 5h，抽真空至 $10^{-3}Pa$ 后熔融密封。将熔封好的石英管移至摇摆炉中，缓慢升温至 950℃，反应并均化 10h，然后降温至 650℃，静置 1h 后在冷水中淬冷，随后快速放至退火炉中并在 225℃ 保温 5h。最后以 2℃/min 降至常温，得到完整的棒状玻璃，将玻璃切割抛光成直径为 9mm、厚度为 2mm 的薄片。

（三）性能

1. 体积密度

硫系玻璃均为灰黑色均匀的玻璃，在红外光学透镜下观察样品，没有明显的缺陷和气泡。对样品进行密度测试，结果见表 6-10。由表 6-10 可以看出，随着 Ga 元素所占比例的增加，样品密度下降。这是因为玻璃密度一般取决于组成元素的原子量，Ga 的原子量小于 Sb 元素，Ga 元素比例的提高，导致玻璃平均摩尔质量减小，玻璃样品密度随之减小。

表 6-10　Ga-Sb-S 玻璃的密度

样品编号	成分	密度/(g/cm³)
1	$Ga_4Sb_{36}S_{60}$	4.133
2	$Ga_6Sb_{34}S_{60}$	4.083
3	$Ga_8Sb_{32}S_{60}$	4.082
4	$Ga_{10}Sb_{30}S_{60}$	4.038
5	$Ga_{12}Sb_{28}S_{60}$	4.019

2. 热学性能

如表 6-11 所示，随着 Ga 含量的变化，玻璃样品的热膨胀系数逐渐减小，表明通过组分微调，可以实现纤芯包层的匹配，从而进行光纤拉制。样品 T_g 随着 Ga 含量的增加而逐渐增大，这是因为玻璃 T_g 的变化和化学键能有关。随着玻璃网络中 Ga 的逐渐引入，原有网络体系结构发生改变，Ga—S $[(572.4\pm12.6)kJ/mol]$ 键增多，Sb—S $(378.7kJ/mol)$ 键减少，导致网络中整体平均键能增加，玻璃样品的 T_g 呈现增大趋势，增加 Ga 含量，提高了玻璃的热稳定性。

表 6-11　样品的热膨胀系数和玻璃转变温度 T_g

样品编号	热膨胀系数/$10^{-6}K^{-1}$	$T_g/℃$
1	1.943	225
2	1.815	230
3	1.508	239
4	1.339	244
5	1.182	265

（四）效果

随着 Ga 元素不断增加，玻璃中 Ga∶Sb 的变化引起玻璃网络结构改变，玻璃网络结构发生 Sb—S 结构向 Ga—S 结构转变，网络中形成了更多的 $[GaS_4]$ 多面体结构，减少了 $[SbS_3]$ 三角锥的存在。网络结构的变化导致玻璃的无序度增加，并引起一系列物理光学性质的改变，包括光学带隙增大、可见光截止边蓝移、样品玻璃化转变温度 T_g 逐渐增大，玻璃热稳定性获得提高等。在成玻范围内，玻璃样品保持了较低的声子能量，获得 $0.8\sim14.0\mu m$ 较宽的红外透过范围，透过率达到 60%左右，使 Ga-Sb-S 玻璃在红外材料及器件的开发应用方面具有潜在的价值。

八、硫系玻璃光学元件

（一）简介

硫系玻璃作为红外光学系统的基础材料，在夜视枪瞄、车载夜视、星际生命探测等高端红外光学领域应用前景十分广阔。硫系玻璃的优点是折射率温度系数低，可避免光学系统的热失焦，实现系统色差自校正，并保证成像质量；缺点是色散系数大，实际应用时需要将其加工成面形复杂的元件。现有元件加工技术难以满足高精度、多品种、小批量硫系玻璃光学元件的加工需要。增材制造是一种迅速发展的新型制造技术，适用于复杂结构器件的个性化定制。将增材制造技术用于硫系玻璃光学元件制备，对于解决硫系玻璃发展中遇到的瓶颈问题，促进硫系玻璃的快速发展具有重要意义。

中国硫系玻璃的研发工作开展较晚，但进步很大，涌现出以武汉理工大学、中国科学院上海光学精密机械研究所、宁波大学、中国建筑材料科学研究总院、宁波舜宇红外光学、湖北新华光等为代表的多家研发与生产单位，攻克了硫系玻璃提纯、体系开发、制备技术改进、性能检测等方面诸多的难题，开发出一系列具有自主知识产权的红外硫系玻璃材料（见表 6-12）。

表 6-12　国内研发单位公开的硫系玻璃基本性能

基本性能		$As_{40}Se_{60}$	$Ge_{10}As_{40}Se_{50}$	$Ge_{22}As_{20}Se_{58}$	$Ge_{33}As_{12}Se_{55}$	$Ge_{20}Sb_{15}Se_{65}$	$Ge_{28}Sb_{12}Se_{60}$
牌号		IRG206/HW16	IG4/HW14	IRG202/HW13	IRG201/HW12	NBU-IR1	IRG205/HW15/NBU-IR2
玻璃化转变温度 T_g/℃		185	225	292	368	285	285
密度/(g/cm³)		4.63	4.47	4.40	4.43	—	4.67
折射率	3.0μm	2.8014	2.6263	2.5199	2.5173	2.6116	2.6277
	4.0μm	2.7945	2.6210	2.5127	2.5129	2.6058	2.6226
	5.0μm	2.7907	2.6183	2.5087	2.5098	2.6022	2.6187
	6.0μm	2.7880	2.6159	2.5058	2.5072	2.5991	2.6158
	7.0μm	2.7854	2.6139	2.5032	2.5048	2.5962	2.6132
	8.0μm	2.7831	2.6121	2.5006	2.5024	2.5929	2.6105
	9.0μm	2.7803	2.6105	2.4979	2.4996	2.5895	2.6075
	10μm	2.7775	2.6084	2.4949	2.4967	2.5858	2.6038
	11μm	2.7747	2.6059	2.4918	2.4930	2.5816	2.5996
	12μm	2.7720	2.6029	2.4882	2.4882	2.5769	2.5948
折射率温度系数		43	44	54	66	—	77
热膨胀系数/K⁻¹		$20.7×10^{-6}$	$20.4×10^{-6}$	$17.0×10^{-6}$	$12.1×10^{-6}$	$14.1×10^{-6}$	$14.0×10^{-6}$
透过波长/μm		1～15	0.9～14	0.8～14	0.8～14	1～13	0.8～17
努氏硬度/GPa		1.04	1.12	—	1.41	—	1.13
断裂模量/GPa		17	18	—	19	—	18
杨氏模量/GPa		18.3	20.5	—	21.5	19.1	22.1
剪切模量/GPa		8.0	8.5	—	8.9	—	8.9

（二）硫系玻璃光学元件成形技术

随着焦平面阵列以及非制冷式红外探测器技术的发展，硫系玻璃作为红外光学系用基础材料，将在肩扛枪瞄、战舰导航、精确制导武器、星际生命探测、安防监控、科学研究等领域发挥重要作用，在国防现代化和国民经济建设中的重要作用日益凸显。因此，红外硫系玻璃的飞速发展和应用范围的扩大，对于满足国民经济建设和社会发展对新材料的需求，拓展民用市场和抢占国际市场先机，具有重要的战略意义和实用价值。

用作非制冷红外光学系统的核心构件时，对硫系玻璃光学元件的面形精度和尺寸精度提出了较高的要求。一方面是由于硫系玻璃自身存在较大的色散系数，应用于红外光学系统时，需要将其表面加工成高精度的复杂形面，如球面或衍射非球面，以减少色散甚至消除系统色差；另一方面为了获得和制冷光学系统同样的成像质量，要求硫系玻璃光学元件做到高精度、大尺寸化。但是到目前为止，硫系玻璃光学元件成形技术的研究未取得与红外热成像市场增长相匹配的进展，非制冷红外热成像系统的发展遭遇瓶颈。

在实际应用中，用户单位要契合自家元件的设计需要，产品的细节会有所不同，光学元件的需求呈现多样化。硫系玻璃光学元件的供应商则要以最快的速度、最低的成本生产，最大程度满足用户对高精度、多品种、小批量光学元件的需求。现有硫系玻璃光学元件加工成形技术都存在一定的局限性（见表6-13），在满足需求多样化、降低成本等方面的能力比较有限。而要降低红外热成像系统的成本至商业应用期望的价格，必须寻求其他途径来解决硫系玻璃光学元件的加工技术高精度、低成本的问题。因此，寻求精度高、成本低的技术来代替以往的加工成形工艺，成为了红外热成像用硫系玻璃光学元件研究工作的重点。

表6-13　硫系玻璃光学元件成形制备方法

成形技术	局限性
传统磨抛加工	简单面形小批量加工，无法加工非球面或衍射面等复杂面形；加工成品率低，毛坯浪费严重；存在一定的环境污染隐患
单点金刚石车削	满足多样、复杂面形的定制需求，但仅适用于单件产品精密加工；加工能力有限、成本高、周期长、毛坯浪费严重
精密模压成形	适用于定型的、复杂面形产品的批量制备；精密模压模具成本高，对于需求量小、多样性的定制产品不适用

（三）玻璃增材制造技术

增材制造（俗称3D打印）是20世纪80年代兴起并得到迅速发展的一项新兴制造技术，它集成了数字化、机械加工、激光和材料科学等现代科学技术成果，自出现以来对制造业产生了重要影响。增材制造技术几乎可以革新任何东西的制造方法，具有设计周期短、材料利用率高等独特的优点，在难加工材料、复杂结构件、材料利用率低的单件或小批量零部件、功能件、承力结构件及异质材料零部件等的制造方面显示出独特的优势。复杂结构件的成形速度、应用速度得以大幅度提高，且结构越复杂，其制造的效率和作用越显著，增材制造技术已成为国际前沿的研究热点和重要主攻方向。

目前，增材制造技术被广泛应用于新产品开发、小批量制造。对于金属、陶瓷、有机聚合物等常用耗材的复杂构件制造，增材制造技术已经十分成熟。

许多过去难以实现的复杂结构零件的制造问题得到解决。相对于常用耗材而言，玻璃的增材制造技术发展缓慢。2011年6月，英国科学家尝试以太阳能为能源、沙漠中的砂子作耗材，进行玻璃增材制造技术的探索性研究，增材制造的样品表面十分粗糙，并未显现光学元件透明的特点。

2014年10月，惠普公司进军玻璃增材制造领域，采用"多射流熔融"增材制造技术，打印出带气孔的透明玻璃样品，制备的样品不能达到实际应用的程度。2015年4月，中国科学院宁波材料技术与工程研究所增材制造研究团队研发了玻璃熔融沉积成形材料及工艺技术，并针对玻璃高温熔融成形工艺开发了耐高温、高精度 Al_2O_3 陶瓷喷嘴及桌面级成型装备，通过优化增材制造工艺，解决了高工况温度和工艺稳定性，已成功实现了多种微结构成型，透明件玻璃特征尺寸达到 $50\mu m$ 以下。2015年8月，美国麻省理工学院将增材制造技术和玻璃成形工艺结合，创造出令人难以置信的增材制造玻璃结构。其成品造型非常时尚，且复杂而准确，打印出的玻璃成品每层玻璃平均高度为 4.5mm，平均宽度为 7.95mm，整个增材制造的过程通过编程来控制，该研究团队称："由于玻璃的硬度、光学质量、经济型和普遍性，玻璃基材在增材制造领域具有与众不同的价值。"

就增材制造玻璃光学元件精度而言，宁波所走在了世界的前列，但在光学性能、面形精度以及面形控制等方面均没达到光学元件可实用的水平。分析其原因主要是增材制造共性技术如模型制作、材料开发、精准度控制等技术问题没有得到解决，这些技术之间关系密切，都是实现玻璃光学元件增材制造技术不可缺少的重要组成部分。

（四）效果

随着红外热成像技术的成熟，红外光学材料的需求将持续增长，硫系玻璃的应用领域会不断拓展。因此，迫切需要寻求硫系玻璃光学元件成形技术方面的突破，增材制造技术在透明氧化物玻璃光学元件制备方面的进步，让我们看到了利用增材制造技术解决硫系玻璃光学元件成形技术难题的希望。

硫系玻璃软化点（≤400℃）低于目前常用的增材制造玻璃耗材的软化点温度，这对于降低设备耐温设计要求、提升设备的控制精度、提高元件成形精度具有重要意义。硫系玻璃品种众多，性能连续可调，可根据增材制造工艺要求调制适宜的玻璃成分，工艺匹配性好。上述两个性能优点决定了硫系玻璃适合采用增材制造技术成形，从理论上来说，增材制造硫系玻璃光学元件是可行的。但就目前增材制造设备和工艺技术的发展情况来讲，针对玻璃元件的增材制造设备尚不成熟，技术有待开发。现有的增材制造方法中，多采用激光束或电子束在材料上逐点成形增材单元进行材料累加制造，熔化的微小熔池的尺寸和外界气氛控制直接影响制造精度和制件性能，通过光斑直径、成形工艺（扫描速度、能量密度）、材料性能等协调，可控制有效增材单元尺寸，提高制件精度。通过前期的实践工作，并结合多年硫系玻璃研制的感悟，大胆预测增材制造技术制备硫系玻璃光学元件须解决的技术难题有：①增材制造硫系玻璃耗材的性能优化与制备技术；②增材制造硫系玻璃原料形态及供给技术；③硫系玻璃增材制造熔融机理、缺陷和形变控制技术；④增材制造精度控制技术；⑤增材制造硫系玻璃光学元件无损检测技术；⑥增材制造硫系玻璃设备的气氛控制技术。

从长远来说，将增材制造技术应用于硫系玻璃复杂光学元件的成形，可以有效解决小批量、低成本、高精度、结构复杂硫系玻璃元件成形难题，对促进硫系玻璃的快速发展、满足高端红外应用领域的需求具有重要的意义，将成为红外光学元件成形技术领域一次颠覆性的技术革命。

第二节 • 稀土掺杂硫系红外玻璃

一、稀土离子掺杂红外微晶玻璃发光材料

（一）微晶玻璃的透过率影响因素

光学材料的光透过率是衡量其光学性能的重要指标之一。微晶玻璃中的晶相一方面可以改善玻璃的荧光特性，如荧光强度、荧光寿命等；另一方面，晶相的析出也不可避免地带来散射损耗，降低微晶玻璃的透过率，是限制微晶玻璃发展的重要因素。材料光透过率的主要影响因素包括材料表面反射、内部吸收和散射损耗。对于微晶玻璃，主要考虑其晶相引起的散射损耗造成的影响。目前被普遍认同和采用的散射理论模型有瑞利散射和米氏散射模型。

对于散射粒子在基质中随机分布，散射粒子半径 r 远小于入射光波长 λ 的情况（即 $r \ll \lambda$），可采用瑞利散射模型进行处理。此时，散射截面 σ_{ray} 表达式为：

$$\sigma_{ray} = \frac{8}{3}\pi k^4 r^6 \left(\frac{m^2-1}{m^2+1}\right)^2 \tag{6-1}$$

式中，$k = 2\pi/\lambda$ 为入射光波矢；$m = n_p/n_m$ 为折射率比，n_p 和 n_m 分别是散射粒子和玻璃基质的折射率。由于瑞利散射理论建立在理想的模型上，在用其处理微晶玻璃时会与实际结果有较大偏离。Edgar 等利用瑞利散射模型推导的公式计算了含有体积分数约为 20% 的 $BaCl_2$ 纳米晶的氟化物微晶玻璃的散射损耗，发现计算值比测量值大六个数量级。Shepilov 等进一步考虑散射光的干涉效应，对含体积分数 20%，直径 11nm 的单分散纳米颗粒微晶玻璃进行计算，其结果比采用离散瑞

利散射模型计算的结果小 5 个数量级，由此认为散射光的干涉起到重要影响。2018 年，学者尝试将相关理论进行统一讨论，将微晶玻璃体系分为 2 类——稀疏小颗粒散射介质和密集散射介质，来分别采用单颗粒散射和相关函数进行处理。对于前者，采用瑞利散射理论进行处理，适用于颗粒尺寸远小于入射光且晶体含量低的情况，此时可忽略散射光间的干涉效应。对于密集散射介质，其散射系数表达式为：

$$\mu_{sca} = \frac{1}{6n_0^2}\delta^2 kq^{\frac{3}{2}}\frac{b}{\lambda} \ll 1 \tag{6-2}$$

$$\mu_{sca} = \frac{1}{4n_0^2}\delta^2 kq^{\frac{3}{2}} Q \frac{b}{\lambda} \tag{6-3}$$

$$Q = \left\{ \frac{(q+2)^2}{(q+1)q^2} - \left[\frac{2(q+2)}{q^3}\right] \log(q+1) \right\} \tag{6-4}$$

式中，$q = (2kb)^2$；b 为相关长度；$\delta = \Delta n/n_m$；$\Delta n = n_p$。

该方法在处理含有密集散射体的高度结晶的微晶玻璃时具有更好的准确性。

当散射粒子半径 r 与入射光波长 λ 相近甚至大于后者时（一般认为 d/λ 约为 $0.1 \sim 10.0$），瑞利散射理论不再适用，更具普适性的米氏散射理论成立，此时散射光强随波长的变化关系为 $I \sim \lambda^{-p}$，$p < 4$。虽然在更普适的情况下散射截面和角散射函数不能简单地表达，但散射粒子半径、入射波长、散射粒子与基质的折射率之比仍对其散射特性有着重要影响。

因此，从散射理论出发，微晶玻璃的散射损耗主要受晶粒尺寸、晶粒分布、晶体与玻璃间折射率差的影响。Beall 和 Pinckney 认为制备具有高透明度的微晶玻璃发光材料需要满足晶粒尺寸小于 30nm、晶相和玻璃相折射率差小于 0.3 的要求。而在折射率更加匹配且晶相与玻璃基质光学各向同性的情况下，析出具有更大尺寸的晶相也可获得透明微晶玻璃。

（二）氟氧硅酸盐微晶玻璃

氟氧硅酸盐微晶玻璃一般由氟化物纳米晶相和连续的硅酸盐玻璃相组成。对氟氧硅酸盐微晶玻璃的研究始于 20 世纪 90 年代，最早报道在 SiO_2-Al_2O_3-PbF_2-CdF_2-YbF_3-ErF_3 体系中析出 $Pb_x Cd_{(1-x)} F_2$ 晶相，由于 Er^{3+} 取代 Pb^{2+} 进入低声子能量晶相，所得微晶玻璃表现出强烈的上转换发光。微晶玻璃优异的荧光特性使其备受关注，经过许多年的发展，已报道了多种含有不同氟化物晶相的氟氧硅酸盐微晶玻璃，常见的可析出晶相包括 $Pb_x Cd_{(1-x)} F_2$、MF_2（$M = Ca, Sr, Ba$）、LnF_3（$Ln = Y, La, Gd$）、$ALnF_4$（$A = Li, Na, K, Ln = Y, La, Gd$）等。

为了尽量减小晶相散射损耗，需要制备具有良好单分散性的纳米结构微晶玻璃。此时，控制晶体长大至纳米尺寸而不至于过大的机制包括扩散抑制和纳米分相。由于析出氟化物晶相的氟氧硅酸盐微晶玻璃为非化学计量体系，析出氟化物晶相会导致其周围残余玻璃相的化学组成和物理性质发生改变。在扩散抑制体系中，析出氟化物晶相会在其周围形成黏度较大的富硅或富铝壳层，抑制结晶元素扩散，使晶相难以进一步长大，从而获得纳米尺寸晶相。在纳米分相体系中，可形成纳米尺寸的富氟相，在后续热处理过程中，氟化物晶相在氟富集区内成核长大，晶粒的尺寸受到分相区大小的限制，同时富氟相中残余的非结晶组分会在晶相周围富集，形成与扩散抑制过程相似的核壳结构纳米晶相。通过反常小角度 X 射线散射（ASAXS）测试发现在有/无稀土元素的同一玻璃体系中通过上述 2 种机制形成的 BaF_2 纳米晶相具有相似的核壳结构。

值得注意的是，氟氧硅酸盐微晶玻璃很容易形成液-液分相，研究发现在含有 BaF_2、LaF_3、$KF-ZnF_2$ 等组分的硅酸盐玻璃体系中都存在分相行为。在掺杂稀土离子的情况下分相区更易形成，有报道在均匀玻璃体系中加入 0.05%（摩尔分数）稀土氟化物即可形成液滴状分相区，并发现稀土离子更倾向于富集在富氟相中。在后续的成核结晶过程中，稀土离子可以取代 M^{2+}（M＝Ca,Sr,Ba），Ln^{3+}（Ln＝Y,La,Gd）等离子占据氟化物晶相的阳离子格位。而通过原位掺杂剂诱导纳米结晶策略则不需要经过离子取代过程，在该方法中只需掺入少量稀土离子，利用玻璃的分相特性使稀土离子于富氟相中富集，再通过后续热处理直接析出稀土基氟化物，实现稀土离子可控自发地进入氟化物晶相的效果。

碱金属离子在氟氧硅酸盐玻璃中作为网络外体，一般起到断网的作用。如前面提到的，含氟元素的结构疏松的氟氧硅酸盐玻璃很容易形成分相。此时，高场强碱金属离子应该主要起到积聚作用，有利于分相与析晶。研究人员探究了 Li^+ 对 $SiO_2-Al_2O_3-Na_2O-BaF_2-YF_3$ 体系析晶性能的影响，认为掺入 Li^+ 可破坏玻璃网络中的［Si—O—Al］结构从而增强玻璃基质的析晶能力。同时系统研究了氟氧硅酸盐微晶玻璃中不同碱金属离子对其析晶性能的影响，结果表明具有更小离子半径和更大场强的 Li^+ 相对于 Na^+ 和 K^+ 更有利于 $NaYF_4$ 纳米晶相的析出。

相较于硅酸盐玻璃基质，低声子能量的氟化物晶相可有效减小稀土离子的非辐射跃迁概率，提高其荧光效率，使微晶玻璃相较于前驱体玻璃具有更优异的荧光性能。报道的含 Nd：LaF_3 晶相的微晶玻璃光纤在 786nm 激光激发下，1039nm 处荧光寿命可达到 $608\mu s$。通过原位掺杂诱导结晶策略制备含 Er：KYb_3F_{10} 稀土基晶相的微晶玻璃，相较于前驱体玻璃，微晶玻璃在 $1.5\mu m$ 波段表现出明显的荧光增强和寿命延长。

分析玻璃声子能量与荧光强度间的变化关系，通过速率方程拟合 Er^{3+} 的 1495nm 与 1535nm 荧光强度比的温度依赖曲线，分析结果表明热处理前后玻璃的最大声子能量降低约 $40\sim50cm^{-1}$，随后结合 Er^{3+} 的能级结构建立非辐射跃迁模型，认为该最大声子能量的降低可以引起约 28% 的 Er^{3+} 的 $1.5\mu m$ 荧光效率提高。

在中红外波段，高声子能量的硅酸盐玻璃基质使稀土离子荧光效率较低，如 Er^{3+} 和 Ho^{3+} 的 $2.7\sim2.9\mu m$ 荧光发射能级间距较窄，极易通过多声子辅助无辐射跃迁到下能级，因此往往难以检测到荧光发射。而通过在硅酸盐玻璃中析出低声子能量的氟化物纳米晶相可有效抑制多声子辅助无辐射跃迁过程，增强其荧光特性。制备热处理后析出 Sr_2YF_7 晶相的氟氧硅酸盐微晶玻璃，由于共掺离子选择和 Ho^{3+} 能级结构特性，其 $2.0\mu m$ 荧光强度相较于前驱体玻璃有所降低，而 $2.9\mu m$ 荧光强度则显著增强。

在 $3\mu m$ 宽带发光调控方面，使用管内熔融法制备发光覆盖 $2.60\sim2.95\mu m$ 的 Er^{3+}/Ho^{3+} 共掺宽带可调谐的中红外微晶玻璃光纤，热处理后纤芯中均匀析出的 $NaYF_4$ 纳米晶相为 Er^{3+}、Ho^{3+} 提供低声子能量的工作环境，使其表现出强的中红外荧光发射，而前驱体光纤则不能检测到荧光发射。通过进一步共掺 $Er^{3+}/Ho^{3+}/Dy^{3+}$，在该体系中实现了覆盖 $2.5\sim3.3\mu m$ 的宽带中红外发光，其最大半峰宽是单掺 Er^{3+} 的 3 倍。

此外，微晶玻璃也可为稀土离子能级寿命调控提供一种思路。一般情况下，Er^{3+} 的 $2.7\mu m$ 荧光发射上能级寿命短于下能级，属于自终止跃迁，较难实现稳定的连续激光输出。通过在 SiO_2-YF_3-KF 体系中析出 KY_3F_{10} 晶相，使 Er^{3+} 在晶相中富集，低声子能量的晶相显著减小 Er^{3+} 的 $^4I_{11/2}$ 和 $^4I_{13/2}$ 能级间的非辐射跃迁概率，同时缩短了 Er^{3+} 间距，有效增强其能量传递上转换过程使上能级寿命从 $0.37ms$ 延长至 $7ms$，明显缩短的上下能级寿命差有利于实现中红外激光输出。

（三）碲酸盐微晶玻璃

碲酸盐玻璃一般由 TeO_4 三角双锥、TeO_3 三角锥和 $TeO_{3+\delta}$ 多面体 3 种结构单元组成，其比例取决于玻璃中网络外体的化学特性和含量。在纯 TeO_2 玻璃中，网络结构主要由 TeO_4 结构单元构成。当加入网络外体后，玻璃结构出现解聚，TeO_4 结构单元向 $TeO_{3+\delta}$ 和 TeO_3 结构转变，形成多种结构单元构成的网络结构，使其具有较高的稀土离子溶解度。

此外，碲酸盐玻璃具有化学稳定性好、声子能量适中（$750cm^{-1}$）、红外透过范围宽和非线性折射率高等系列优点，是一种性能优异的红外光学材料。碲酸盐玻璃较早因其优异的光学非线性特性受到广泛关注，而通过析出 $KNbO_3$、$LiNbO_3$ 等铁电体晶相形成碲酸盐微晶玻璃后，其非线性特性得到进一步增强，这也引起学者对碲酸盐微晶玻璃的关注和研究。1999 年，首次报道了 Er^{3+} 和 Eu^{3+} 掺杂透明碲酸盐微晶玻璃，相对于前驱体玻璃，其 Er^{3+} 的上转换发光明显增强，且通过 Eu^{3+} 的 $^5D_2\rightarrow^7F_0$ 跃迁的声子边带光谱说明碲酸盐玻璃析晶后具有更低的声子能量。此后，大量关于稀土离子掺杂碲酸盐微晶玻璃的研究相继发表。

目前，碲酸盐微晶玻璃主要包括碲铌、碲铋、碲镧以及氟氧碲酸盐玻璃体系，析出的晶相主要为碲酸盐 "anti-glass" 晶相，即一类具有阳离子长程有序、阴离子短程无序特点的氟化钙萤石结构晶体，其中 Te^{4+} 和其他金属离子占据阳离子格位，阴离子格位则未完全占据。在氟氧碲酸盐玻璃中也可析出氟化物晶相。

与氟氧硅酸盐微晶玻璃不同，碲酸盐微晶玻璃一般通过亚稳状态的成核与晶体长大过程形成晶相，而非直接分相后成核与长大。在 TeO_2-TiO_2-La_2O_3 玻璃体系热处理过程中会形成连通的分相，而在引入 Gd_2O_3 和 Ho_2O_3 后，转变为"binodal 分解"（即在玻璃组分浓度-温度图的亚稳区发生的由晶核形成和晶体长大导致的分相，新相往往具孤立的滴状结构），形成纳米结构晶相，并随着热处理的进行发生晶体长大。此外，小半径稀土离子 Gd^{3+} 的引入也使得该体系从表面析晶转变为体析晶占主导。随着晶体的长大，非结晶组分的游离 Ti^{4+} 会在 Ln_2O_3-TeO_2 成核中心的界面聚集，阻止晶相的进一步长大，从而获得高透过率纳米结构微晶玻璃。在其他体系中也存在类似的析晶行为。随着热处理的进行，$60TeO_2$-$20B_2O_3$-$20Bi_2O_3$ 前驱体玻璃中 $Bi_2Te_4O_{11}$ 晶相的成核生长会不断聚集 Te 元素，引起周围玻璃基质的化学分解，进而形成 TEM 观察下的被微小"静脉"包围的多晶团簇纳米结构。

众多研究的展开使得碲酸盐微晶玻璃的析晶机理逐步明晰，但该过程往往比想象中复杂，如常出现的中间相转变现象。一般认为玻璃网络与目标晶相的短/中程结构存在差异，导致的玻璃网络中的结晶元素需要经过长距离的扩散到达结晶区域是中间相出现的原因。较低温度下热处理出现的不稳定中间相随着温度升高转变为稳定的晶相，两者组分相近，但中间相的结构及演化过程往往不明确，其更深层次机理还有待进一步探究。

析出的"anti-glass 晶相"具有独特的结构，对其性质的研究也为学者所关注。

研究人员研究了 Eu^{3+} 在 $Ln_2Te_6O_{15}$ "anti-glass" 晶相中所处环境及其对称性，比较了该体系与其他文献报道的立方结构晶相的 R_{change} 值（$R_{change} = |R_{GC} - R_G|/R_{GC}$，$R_G$ 和 R_{GC} 分别为前驱体玻璃和微晶玻璃的对称因子），其较小的 R_{change} 值说明 Eu^{3+} 所处环境没有太大变化。同时，析晶前后 Eu^{3+} 的荧光峰 Stark 劈裂没有变化，说明与 SrF_2 等立方萤石结构晶相不同，$Ln_2Te_6O_{15}$ 晶相中氧离子的缺失使其表现为与前驱体玻璃相似的低对称性结构。此外，由于氧离子缺失的晶格不能传播声子及其在短/中程的无序结构，含"anti-glass"晶相的微晶玻璃的拉曼光谱不会表现出尖锐的晶体峰，而表现为与前驱体玻璃相似的宽峰。

通过拉曼测试研究 $65TeO_2$-$15GeO_2$-$10K_2O$-$10Bi_2O_3$ 体系中析晶引起的玻璃网络结构变化，结果表明随着析晶的进行，$[TeO_4]$ 结构单元拉曼峰 T1 强度基本不变，$[TeO_{3+1}]$ 单元对应拉曼峰 T2 增强，这部分增强也可能是由于析出低声子能量 $Bi_2Te_4O_{11}$ 晶相（$720cm^{-1}$）导致，而 $[TeO_3]$ 单元对应拉曼峰 T3 也减弱，意味着析晶有利于降低声子能量，为稀土离子提供良好的工作环境，提高荧光效率。需要注意的是由于电荷和半径失配问题，稀土离子有可能难以进入析出的"anti-glass"晶相中。而在氟氧碲酸盐玻璃中析出氟化物晶相，为稀土离子提供低声子能量的晶体场环境，同样有利于降低非辐射跃迁概率，提高荧光效率。

研究人员制备了热处理后析出 $PbTe_3O_7$ 晶相的掺 Er^{3+} 碲酸盐微晶玻璃，得益于 Er^{3+} 在低声子能量晶相的富集，其 $2.7\mu m$ 荧光强度相对于前驱体玻璃有明显增强，4I$_{11/2}$ 能级荧光寿命从 0.20ms 延长至 1.08ms。此外，相继报道的碲酸盐微晶玻璃都具有比 ZBLAN 氟化物玻璃更高的发射截面（$\geqslant 0.80 \times 10^{-20} cm^2$），表明其在中红外激光和放大器方面的巨大应用潜力。晶体场环境除了会影响稀土离子的荧光强度，往往也会使其光谱表现出分裂。在 Ho^{3+} 掺杂的碲酸盐微晶玻璃中观察到明显的荧光增强和光谱窄化，同时在 2680nm 至 2900nm 范围观察到明显的劈裂峰。

此外，碲酸盐微晶玻璃也可实现高度结晶。通常在高度结晶的碲酸盐微晶玻璃中，析出晶相与残余玻璃相间具有较小的折射率差，从而可以有效减小散射损耗。通过调控组分，TeO$_2$-Bi$_2$O$_3$-Nb$_2$O$_5$ 体系的成核速率曲线显著提高并抑制晶体的生长曲线，从而有效抑制成核过程中的晶体长大，制备出了高结晶度（约 97%）的碲酸盐透明陶瓷，并在掺 Er^{3+} 的样品中观察到仅在卤化物和硫化物基质中出现的 4300~4950nm 中红外荧光发射。在制备高结晶度碲酸盐微晶玻璃时，往往也存在中间相转变过程，从宏观观察上的直接结果是随着热处理温度升高，样品透过率会先减小后增大。结合 XRD、EBSD、TEM 和拉曼等测试可确定该过程中发生了玻璃 "anti-glass"-透明陶瓷的转变，对透过率改变的分析结果认为 "anti-glass" 微晶玻璃中的组分不均匀及晶相与残余玻璃相的折射率差使样品散射损耗增大而失透，通过进一步晶化转变为高结晶度透明陶瓷后，这种散射损耗减小，从而使透过率增大。同时发现在 TeO$_2$-Bi$_2$O$_3$-Ta$_2$O$_5$ 体系中随着样品发生上述结构的转变，掺 Er^{3+} 样品的 1.5μm 荧光明显增强。

（四）锗酸盐微晶玻璃

锗酸盐玻璃网络结构与硅酸盐玻璃相似，除了 [GeO$_4$] 四面体结构单元外，在个别体系中还含有 [GeO$_3$] 八面体结构单元，多种结构单元的存在对提高稀土离子溶解度和热稳定性有利。此外，Ge^{4+} 和 O^{2-} 间较强的离子间力使其相对于碲酸盐和氟化物等玻璃具有更好的热稳定性和机械强度。同时，锗酸盐玻璃具有较宽的透过范围（0.3~5.0μm），这些优点使其成为一种备受关注的红外光学材料。最初锗酸盐玻璃的微晶化特性受到关注主要得益于其优异的上转换性质。1975 年首次实现了 Er^{3+} 上转换绿光和 Tm^{3+} 上转换蓝光发射的 GeO$_2$-PbF$_2$ 体系微晶玻璃，但析晶后该玻璃在可见波段失透。后续又成功制备了析出 β-PbF$_2$ 晶相平均尺寸为 16nm 的透明锗酸盐微晶玻璃。此后，透明锗酸盐微晶玻璃得到广泛关注，玻璃体系逐渐丰富，其析晶和红外性质也逐步得到研究。

由于 Si^{4+} 的场强大于 Ge^{4+}，氟氧锗酸盐玻璃的化学不混溶性相较于氟氧硅酸盐玻璃要差，加上锗酸盐玻璃中的多种结构单元使其玻璃网络包容性更好，从而使氟氧锗酸盐微晶玻璃更难形成富氟分相，进而增加其析出氟化物晶相的难度。此外，氟氧锗酸盐玻璃中稀土元素的含量、引入方式等对析晶性能也有较大影响。探究在 GeO$_2$-PbO-PbF$_2$ 玻璃体系中分别以 Er$_2$O$_3$、ErF$_3$、ErOF、ErCl$_3$ 的形式引入稀土离子，发现只有加入 ErF_3 时可以在玻璃前驱体中析出 β-PbF_2 晶相并保持较高透过率，认为原料中的稀土离子配位环境在玻璃制备过程中有所保留，这种小尺度的氟富集区域会影响后续的析晶过程。在氧化物锗酸盐微晶玻璃中，类似的纳米尺度不均匀区域被认为是晶体成核生长的关键。通过原位非弹性光散射和 TEM 测试发现 K_2O-Nb_2O_5-GeO_2 玻璃中存在尺寸 $1\sim2nm$ 的具有边缘共享 NbO_6 结构单元的 Nb 富集相，即 $K_3Nb_7O_{19}$ 相，为纳米 $K_{3.8}Nb_5Ge_3O_{20.4}$ 晶相的前驱体相。由于该相的尺寸与密度波动区域大小一致，因此认为成核过程即玻璃中富 Nb 区域的结构有序化。

目前，锗酸盐微晶玻璃析出的氟化物晶相有 PbF_2、CaF_2、LaF_3、$NaBaAlF_6$、Ca_2YbF_7 等。其中研究最为广泛的是析出具有极低声子能量的 β-PbF_2 晶相（约 $257cm^{-1}$）的 GeO_2-PbO-PbF_2 体系，多篇报道研究了其组分对析晶及荧光性能的影响，但主要关注其上转换荧光特性，对其红外波段荧光特性研究较少。

新型锗酸盐微晶玻璃的组分为 GeO_2-Al_2O_3-LaF_3-LiF，热处理后析出晶粒尺寸为 $7\sim17nm$ 的 LaF_3 晶相，XRD 测试结果显示晶体衍射峰轻微向大角度偏移，表明掺杂的 Ho^{3+} 成功取代 La^{3+} 进入晶相中。在 450nm 和 640nm 激光激发下，微晶玻璃表现出高效的 $1300\sim1440nm$ 和 $1400\sim1550nm$ 近红外荧光发射，且荧光强度相对于前驱体玻璃增强约 3 倍。此外，析晶后的低声子能量环境使 Ho^{3+} 的 $(^5S_2,{}^5F_4)$-$^5F_5$ 和 $^5I_6$-$^5I_7$ 能级间的非辐射跃迁概率减小，在 $300\sim560nm$ 范围激光激发下，时间分辨荧光光谱表明处于激发态的 Ho^{3+} 可通过连续两步双光子跃迁回到基态，在忽略上述非辐射跃迁的条件下，其最高量子效率可达 110%。随后，该团队还研究了该微晶玻璃体系共掺 Ho^{3+}/Yb^{3+}/Ce^{3+} 的荧光特性，结果表明热处理后 Ho^{3+}/Yb^{3+} 共掺的样品在 $1.2\mu m$ 和 $2.0\mu m$ 的荧光发射都明显增强，掺入 Ce^{3+} 后可抑制 Ho^{3+} 的 $1.2\mu m$ 荧光同时提高 $2.0\mu m$ 荧光发射。研究 Er^{3+} 在该微晶玻璃体系的中红外荧光特性，在 980nm 激光激发下，热处理后的微晶玻璃表现出明显增强的 $2.7\mu m$ 荧光发射，值得注意的是其 $^4I_{11/2}$ 上能级寿命长于 $^4I_{13/2}$ 下能级，且两能级寿命随着 Er^{3+} 掺杂浓度增加而显著降低，同时寿命差增大，认为是随着 LaF_3 晶相中 Er^{3+} 浓度的增加，晶格中相临近的 Er^{3+} 间距会明显缩短，形成了 1 个由 Er^{3+}：$^4I_{13/2}+{}^4I_{13/2}\rightarrow{}^4I_{15/2}+{}^4I_{9/2}$、$Er^{3+}$：$^4I_{13/2}\rightarrow Er^{3+}$：$^4I_{13/2}$ 和 Er^{3+}：$^4I_{11/2}\rightarrow Er^{3+}$：$^4I_{11/2}$ 3 个能量传递过程组成的"动态循环能量传递过程"，使得 Er^{3+} 的上能级荧光寿命长于下能级的荧光寿命，表明该材料在实现中红外激光输出方面巨大的应用潜力。

在锗酸盐玻璃中也可以析出氧化物晶相，如 $K_2Nb_{14}O_6$、$(Ga_2O_3)_3(GeO_2)_2$、$K_2Ta_8O_2$、$GdGaGe_2O_7$ 等。与析出立方氟化物晶相相比，在锗酸盐玻璃析出非立方氧化物晶相往往会因双折射效应而对透过率造成较大影响，因此需要严格控制热处理制度。研究人员通过探究最佳成核和生长温度及时间设计了两步热处理制度，制备了一种含有新型单斜 $GdGaGe_2O_7$ 晶相的透明锗酸盐微晶玻璃。在 740℃保温 6h 后继续在 840℃保温 1h 的微晶玻璃中的晶相含量为 1.84%，晶粒尺寸为 87nm，相对于前驱体玻璃，其透过率只降低 1.6%，而 Nd^{3+} 在 1060nm 的荧光强度则增强 1.6 倍。结构复杂的氧化物晶相可为稀土离子提供不同的晶格点位，往往使微晶玻璃的荧光光谱展宽 Er^{3+} 掺杂 GeO_2-K_2O-Ta_2O_5 玻璃的 $1.5\mu m$ 荧光最大半峰宽析晶前后从 63nm 增加至 78nm。

（五）效果

本部分介绍了微晶玻璃透过率的影响因素，指出实现透明微晶的重要条件；介绍了目前研究的主要微晶玻璃体系，包括氟氧硅酸盐、碲酸盐和锗酸盐微晶玻璃；分析了氟氧硅酸盐微晶玻璃的析晶机理，该玻璃体系容易析出低声子能量的氟化物晶相，且稀土离子倾向于在其中富集，使微晶玻璃相对于前驱体玻璃在荧光特性上有明显的提升。碲酸盐玻璃相较于其他氧化物玻璃具有较低的声子能量，通过晶化获得微晶玻璃可进一步降低其声子能量，并提升其红外荧光性质。目前碲酸盐微晶玻璃中析出晶相多为 "anti-glass" 晶相，其析晶机理、稀土离子在晶相中的配位环境等问题还未明晰，需要进一步研究探索。锗酸盐微晶玻璃中可析出多种低声子能量氟化物或氧化物晶相，结合锗酸盐玻璃基质在红外波段的宽透过范围，在红外波段表现出优异的荧光性能，且其相对于碲酸盐微晶玻璃具有更优异物理化学稳定性，容易制备成光纤等光学材料。但目前对锗酸盐微晶玻璃的红外荧光特性研究较少，局限于少数体系，红外锗酸盐微晶玻璃发光材料还有巨大的探索空间。最后对红外微晶玻璃的应用探索进行了介绍，特别是激光领域，在平衡晶相带来的损耗情况下，微晶玻璃相对于前驱体玻璃在激光性能上表现更加优异，表明了微晶玻璃发光材料在红外激光领域的巨大应用前景。但目前稀土离子掺杂微晶玻璃发光材料在红外波段的其他应用报道较少，利用微晶玻璃的特性开发其他红外应用，有望推动稀土离子掺杂微晶玻璃成为下一代重要的红外发光材料。

二、TiO_2 掺杂 Ge-Sn-Se 微晶玻璃

（一）简介

TiO_2 具有较高的线性折射率，是一种良好的玻璃结构网络修饰体。根据研究报道，TiO_2 中的 Ti^{4+} 由于具有 1 对空的 d 电子轨道，能够引起能带中电子云的快速畸变，使其表现出超高的极化率，因此能够明显提高氧化物玻璃的三阶非线性性能。另外，TiO_2 还是一种性能优良的成核剂，可以在不改变整个玻璃网络结构的前提下诱导玻璃中的晶相析出。选取 Ge-Sn-Se 三元硫系玻璃作为基质，在基质玻璃中引入微量的 TiO_2，并且采用一步热处理工艺对样品进行微晶化处理，详细研究不同热处理时间对样品的光学特性和三阶非线性性能的影响。使用 Z 扫描技术测量各个玻璃样品在通信波段（1550nm）的三阶非线性参数，并通过计算非线性

性能品质因子（figure of merit，FOM），对热处理不同时间的掺 TiO_2 的 Ge-Sn-Se 三元微晶玻璃在实际器件设计中的应用价值进行评估。

（二）制备方法

实验制备了组分（摩尔分数）为 $99.9(Ge_{20}Sn_5Se_{75})$-$0.1TiO_2$ 玻璃样品，原料选用纯度为 99.999% 高纯单质和分析纯 TiO_2。所有原料按化学比精确称量后放入除杂干燥的石英管内，采用德国莱宝 PT50 机械泵和分子泵对石英管进行抽真空至 $10^{-5}Pa$，然后用乙炔枪封管，将封接好的石英管放入摇摆炉中，按照一定的熔制曲线升温。在最高温度下保温 12h，然后取出放入水中迅速淬冷，取出放入退火炉中进行退火，退火温度比玻璃转变温度低 20℃。取出制备的样品进行切割、抛光，最后加工成厚度为 0.5mm 的样品。

（三）性能

随着热处理时间的增加，TiO_2 作为成核剂，促使玻璃网络中的 $[Sn(Se_{1/2})_4]$ 四面体析出 $SnSe_2$ 六方晶体，$[Ge(Se_{1/2})_4]$ 四面体析出 $GeSe_2$ 单斜晶体。短时间的热处理（<12h）并不会对玻璃的中远红外透过性能造成很大影响，远红外截止波长均位于 $16\mu m$，透过率高于 50%。随着热处理时间增加至 18h，玻璃中晶体颗粒的大小与数量已经严重影响其在中远红外波段的透过率与透过范围。热处理 30h 的样品在中远红外波段已完全不透，说明其内部析出的晶体尺寸（>$1\mu m$）太大以致完全散射了中远红外的入射光。

从表 6-14 的数据可以看到，热处理后玻璃样品的三阶非线性折射率较热处理前有了明显的提升，最高是基质玻璃的 10 倍。随着热处理时间的增加，玻璃样品的 n_2 值也随之增加，双光子吸收系数 β 也随之增加。这是由于玻璃中析出的纳米尺度的晶体颗粒在飞秒激光的照射下产生了局域场效应，另一方面是热处理后玻璃反成键能带的展宽导致其光学带隙 E_{opg} 减小，归一化光子能量（$h\upsilon/E_{opg}$）从

表 6-14 不同热处理时间 TiO_2 掺杂 Ge-Sn-Se 玻璃样品的密度、光学带隙和三阶非线性参数

编号	密度 /(g/cm³) (±0.001)	E_{opg}/ eV(±0.001)	E_e/ eV(±0.001)	$n_2/(10^{-17}$ m²/W) (±10%)	$\beta/(10^{-12}$ m/W) (±10%)	FOM (±20%)
GSS-Ti-0	4.492	1.667	0.082	5.59	2.22	16.25
GSS-Ti-3	4.479	1.659	0.087	23.36	4.01	37.58
GSS-Ti-6	4.475	1.652	0.099	57.50	93.73	3.96
GSS-Ti-12	4.451	1.634	0.100	49.24	110.27	2.88
GSS-Ti-18	4.367	—	—	—	—	—
GSS-Ti-30	4.360	—	—	—	—	—
As_2Se_3	—	—	—	1.22	1.20	13.12

0.498 增加至 0.508，使导带中的电子以 TPA（双光子吸收）形式的跃迁概率增加，玻璃的非线性折射率 n_2 也伴随着 TPA 的增强通过克拉莫-克若尼效应而得到增加。

此外，从表 6-14 的数据可以看到，热处理时间 6h 是玻璃样品非线性折射率 (n_2) 的一个转折点，热处理超过 6h 玻璃的 n_2 下降或者完全失透，而其双光子吸收系数却仍随着热处理时间的增加而持续增加。这进一步说明玻璃三阶非线性的增强是由于纳米晶体颗粒（准量子点）产生的尺寸限制效应而产生的，热处理时间超过 6h，玻璃中形成的纳米晶体尺寸已经超过了对玻璃内部由于激光照射而产生的局域电场限制作用的最佳尺寸，减弱了由于电子云畸变效应所产生的非线性折射。

对于全光开关等器件，常采用品质因子 FOM（FOM＝$2n_2/\lambda\beta$）来衡量材料在实际应用中的价值，从表 6-14 可以看到热处理时间为 3h 样品的品质因子最大，说明这个样品的实际应用潜力最大。其他热处理样品的非线性折射率虽然比较大，但由于还具有巨大的双光子吸收系数，导致样品的品质因子较小。

（四）效果

实验通过熔融-淬冷法制备了掺杂 TiO_2 的 Ge-Sn-Se 硫系玻璃基质，然后在相同条件下进行不同时间的热处理。热处理过程导致了掺杂 TiO_2 Ge-Sn-Se 硫系玻璃体系的光学带隙减小，电子跃迁的概率增加，样品双光子吸收系数增大。随着热处理时间的延长，TiO_2 促使玻璃网络体系中析出纳米晶体，在激光照射下产生了较强的微观局域场效应，提高了样品的三阶非线性折射率。热处理 3h 的样品同时具有较高非线性折射率和较大的品质因子，对于设计和制备全光开关等器件具有应用前景。

三、Dy^{3+} 掺杂硫卤玻璃

（一）简介

近红外半导体激光作为泵浦光源，可激发掺杂稀土离子或过渡金属离子的固体激光。Dy^{3+} 拥有两个很重要的波长为 2900nm 和 4300nm 的中红外跃迁。由于中红外跃迁的能级间隔较小，能级间非常容易通过多声子弛豫过程而发生无辐射跃迁，因此首先应该选择一种声子能量较低的基质玻璃。硫属化物玻璃的声子能量最低，是比较合适的基质材料，GeGaS 基质玻璃由于具有良好的热学稳定性、化学稳定性，而且还具有较高的稀土掺杂能力和较好的光学性质，因此是目前研究最为成熟的硫属化物玻璃体系。引入碱金属卤化物能增强稀土离子的中红外发光强度，并且 Cd^{2+}、I^- 等离子具有较大的极化率和离子性，能进一步提高玻璃的稀土溶解能力。已有多达十几种硫系玻璃基质被用来研究其稀土离子掺杂后的光学性能，也有很多种玻璃基质表现出了很好的发光潜力。但绝大多数硫系玻璃在掺入了少量的稀土离子后，很难拉制成光纤而不析晶。

（二）性能

强度参数 Ω_2 的取值范围为 $(9.32\sim11.57)\times10^{-20} cm^2$，与 Dy^{3+} 在碲酸盐玻

璃基质中 $\Omega_2=8.59\times10^{-20}\,\mathrm{cm}^2$、氟化物玻璃基质 $\Omega_2=2.7\times10^{-20}\,\mathrm{cm}^2$ 中的数值相比较大，说明 GGC 玻璃结构中化学键的共价性更强，对称性、有序性降低。随着稀土离子掺杂浓度的增加，强度参数 Ω_2 的数值在逐渐减小。这是由于 GGC 玻璃具有良好的稀土离子溶解能力，增加的稀土离子能够均匀溶解在基质中，因而强度参数 Ω_2 的减小应当解释为 Dy^{3+} 周围化学键共价性的减弱。Dy—S 和 Dy—I 成键的离子性 I 分别为 $I_{\mathrm{Dy-S}}=0.370$ 和 $I_{\mathrm{Dy-I}}=0.405$。随着 Dy^{3+} 掺杂浓度的增大，玻璃基质中电负性更大的 I^- 与 Dy^{3+} 成键的概率增大，使得 Dy^{3+} 周围化学键整体的共价性减弱、离子性增强，最终表现为强度参数 Ω_2 的数值随着掺杂浓度的增大而逐渐减小。Ω_4 的取值随着稀土离子浓度的增加呈增大的趋势。在硫系玻璃中，Ω_4 的影响因素没有一个定论。Ω_6 的取值变化范围很小且与掺杂浓度的变化没有直接关系，说明 GGC 玻璃的刚度保持稳定。

利用表 6-15 计算得到 3 个强度参数 Ω_t（$t=2,4,6$），就可以利用 Judd-Ofelt 理论计算出自发辐射跃迁概率 A_{rad}、荧光分支比 β 和理论辐射寿命 τ_{rad} 等数据。τ_{rad} 在 $2.86\,\mu\mathrm{m}$ 处约为 8ms，$4.29\,\mu\mathrm{m}$ 处约为 3.5ms，较长的中红外理论荧光寿命说明稀土离子在该组分玻璃中具有非常好的光学性能，结果见表 6-16。

表 6-15　不同 Dy^{3+} 离子掺杂 GGC 玻璃的强度参数

玻璃组分	振子强度/10^{-6}				J-O 强度参数/($10^{-20}\,\mathrm{cm}^2$)		
	$^6H_{15/2}\to$ $^6H_{11/2}$	$^6H_{15/2}\to$ $^6H_{9/2}+^6F_{11/2}$	$^6H_{15/2}\to$ $^6H_{7/2}+^6F_{9/2}$	$^6H_{15/2}\to$ $^6H_{5/2}+^6F_{7/2}$	Ω_2	Ω_4	Ω_6
GGC0.2%	2.049	18.202	3.239	2.581	11.57	1.81	1.25
GGC0.4%	1.950	16.623	3.292	2.434	10.36	1.84	1.25
GGC0.6%	2.028	16.806	3.604	2.490	10.29	2.02	1.34
GGC0.8%	2.049	18.202	3.239	2.581	9.95	2.14	1.42
GGC1%	1.920	16.468	3.802	2.955	9.75	2.34	1.32
GGC2%	1.948	16.360	3.951	3.019	9.57	2.41	1.37
GGC3%	1.901	16.042	3.939	3.033	9.32	2.44	1.35

表 6-16　Dy^{3+} 离子在 GGC 玻璃中的光学参数

样品	能级跃迁	波长/nm	$A_{\mathrm{rad}}/\mathrm{s}^{-1}$	$\beta/\%$	$\tau_{\mathrm{rad}}/\mu\mathrm{s}$	$\Delta\lambda_{\mathrm{eff}}/\mathrm{nm}$	$\sigma_{\mathrm{cmi}}/(10^{-20}\,\mathrm{cm}^2)$
GGC0.2%	$^6H_{9/2}+^6F_{11/2}\to^6H_{11/2}$	5410	25.1	0.6	229	—	—
	$^6H_{9/2}+^6F_{11/2}\to^6H_{13/2}$	2390	301.4	6.9		—	—
	$^6H_{9/2}+^6F_{11/2}\to^6H_{15/2}$	1330	4038.2	92.5		—	—
	$^6H_{11/2}\to^6H_{13/2}$	4290	42.3	14.9	3522	322.8	1.27
	$^6H_{11/2}\to^6H_{15/2}$	1750	241.6	85.1		109.04	0.59
	$^6H_{13/2}\to^6H_{15/2}$	2860	125.8	100	7947	262	0.92

样品	能级跃迁	波长/nm	A_{rad}/s^{-1}	$\beta/\%$	$\tau_{rad}/\mu s$	$\Delta\lambda_{eff}/nm$	$\sigma_{cmi}/(10^{-20}cm^2)$
GGC0.4%	$^6H_{9/2}+^6F_{11/2}\rightarrow^6H_{11/2}$	5410	23.3	0.6	250	—	—
	$^6H_{9/2}+^6F_{11/2}\rightarrow^6H_{13/2}$	2390	284.4	7.1	—	—	—
	$^6H_{9/2}+^6F_{11/2}\rightarrow^6H_{15/2}$	1330	3690.7	92.3	—	—	—
	$^6H_{11/2}\rightarrow^6H_{13/2}$	4290	40.0	14.9	3738	322.8	1.20
	$^6H_{11/2}\rightarrow^6H_{15/2}$	1750	227.6	85.1	—	109.19	0.55
	$^6H_{13/2}\rightarrow^6H_{15/2}$	2860	119.2	100	8390	276	0.82
GGC0.6%	$^6H_{9/2}+^6F_{11/2}\rightarrow^6H_{11/2}$	5410	23.8	0.6	247	—	—
	$^6H_{9/2}+^6F_{11/2}\rightarrow^6H_{13/2}$	2390	294.2	7.3	—	—	—
	$^6H_{9/2}+^6F_{11/2}\rightarrow^6H_{15/2}$	1330	3729.4	92.1	—	—	—
	$^6H_{11/2}\rightarrow^6H_{13/2}$	4290	40.6	14.7	3634	322.8	1.22
	$^6H_{11/2}\rightarrow^6H_{15/2}$	1750	234.6	85.3	—	109.3	0.57
	$^6H_{13/2}\rightarrow^6H_{15/2}$	2860	122.0	100	8199	278.6	0.84
GGC0.8%	$^6H_{9/2}+^6F_{11/2}\rightarrow^6H_{11/2}$	5410	23.7	0.6	250	—	—
	$^6H_{9/2}+^6F_{11/2}\rightarrow^6H_{13/2}$	2390	297.6	7.5	—	—	—
	$^6H_{9/2}+^6F_{11/2}\rightarrow^6H_{15/2}$	1330	3671.6	92.0	—	—	—
	$^6H_{11/2}\rightarrow^6H_{13/2}$	4290	40.4	14.5	3600	322.8	1.21
	$^6H_{11/2}\rightarrow^6H_{15/2}$	1750	237.4	85.5	—	108.89	0.58
	$^6H_{13/2}\rightarrow^6H_{15/2}$	2860	122.4	100	8167	274.92	0.85
GGC1%	$^6H_{9/2}+^6F_{11/2}\rightarrow^6H_{11/2}$	5410	23.4	0.6	252	—	—
	$^6H_{9/2}+^6F_{11/2}\rightarrow^6H_{13/2}$	2390	294.7	7.4	—	—	—
	$^6H_{9/2}+^6F_{11/2}\rightarrow^6H_{15/2}$	1330	3653.6	92.0	—	—	3.16
	$^6H_{11/2}\rightarrow^6H_{13/2}$	4290	40.8	15.2	3720	322.8	1.22
	$^6H_{11/2}\rightarrow^6H_{15/2}$	1750	228.1	84.8	—	111.14	0.54
	$^6H_{13/2}\rightarrow^6H_{15/2}$	2860	121.6	100	8221	287.3	0.81
GGC2%	$^6H_{9/2}+^6F_{11/2}\rightarrow^6H_{11/2}$	5410	23.4	0.6	253	—	—
	$^6H_{9/2}+^6F_{11/2}\rightarrow^6H_{13/2}$	2390	297.1	7.5	—	—	—
	$^6H_{9/2}+^6F_{11/2}\rightarrow^6H_{15/2}$	1330	3625.7	91.9	—	—	—
	$^6H_{11/2}\rightarrow^6H_{13/2}$	4290	40.7	15.0	3692	322.8	1.22
	$^6H_{11/2}\rightarrow^6H_{15/2}$	1750	230.2	85.0	—	115.95	0.52
	$^6H_{13/2}\rightarrow^6H_{15/2}$	2860	122.1	100	8191	306.56	0.76

样品	能级跃迁	波长/nm	A_{rad}/s^{-1}	$\beta/\%$	$\tau_{rad}/\mu s$	$\Delta\lambda_{eff}/nm$	$\sigma_{cmi}/(10^{-20}cm^2)$
GGC3%	$^6H_{9/2}+^6F_{11/2}\rightarrow ^6H_{11/2}$	5410	23.0	0.6	258	—	—
	$^6H_{9/2}+^6F_{11/2}\rightarrow ^6H_{13/2}$	2390	293.1	7.6	—	—	—
	$^6H_{9/2}+^6F_{11/2}\rightarrow ^6H_{15/2}$	1330	3557.7	91.8	—	—	—
	$^6H_{11/2}\rightarrow ^6H_{13/2}$	4290	40.3	15.1	3758	—	—
	$^6H_{11/2}\rightarrow ^6H_{15/2}$	1750	225.8	84.9	—	122.56	0.49
	$^6H_{13/2}\rightarrow ^6H_{15/2}$	2860	120.6	100	8290	—	—

（三）效果

① GGC 玻璃具有良好的稀土离子溶解能力，Dy^{3+} 掺杂浓度从 $0.002\sim0.03$ 都能均匀溶解，不影响基质成玻性能。

② 较大的强度参数 Ω_2 和较长的理论辐射寿命 τ_{rad}，说明了该组分玻璃具有良好的中红外发光性能。

③ 荧光光谱中荧光峰随稀土离子掺杂浓度的变化规律说明 Dy^{3+} 无辐射跃迁过程的主导因素是杂质与激发态电子之间的能量传递过程。

④ 荧光寿命拟合结果说明 Dy^{3+} 掺杂浓度 $0.002\sim0.006$ 范围内并没有明显的浓度淬灭效应。掺杂浓度为 0.004 左右为该组分玻璃的理论最佳浓度。

四、RbI 掺杂硫系红外玻璃

（一）材料与制备

选用 $99.75Ge_{23}Se_{67}Sb_{10}$-$0.25RbI$ 玻璃样品，它由传统的熔融-淬冷法获得。按化学计量比将粉末状原料 Ge、Se、Sb 和 RbI 装入石英安瓿中，抽真空至 $1\times10^{-3}Pa$ 后熔封，通过智能温控仪缓慢升温至 920℃，为确保反应均匀、充分，石英安瓿须在三段式摇摆炉中加热 12h，当温度下降至 800℃ 时，迅速取出放入冷水中淬冷即可得到棒状玻璃。为了获得高纯度的玻璃样品，消除氢、氧杂质，须在石英安瓿前端放置高纯钛棒。采用 QP-301D 型内圆切割机将棒状玻璃切成厚为 2mm 的片状，双面抛光待用。

（二）热处理

玻璃试样的 $\Delta T > 100℃$，稳定性良好；$H' > 0.2$，玻璃形成能力良好。实验测试结果表明 $99.75Ge_{23}Se_{67}Sb_{10}$-$0.25RbI$ 玻璃试样具有良好的热稳定性和玻璃形成能力。保温温度对于玻璃微晶化处理来说是一个重要的参数，一般 $T_g\sim T_g+50℃$ 范围，是玻璃微晶化的最佳成核温度，玻璃内部大量微小的晶核在这个温度区域内开始析出。因此热处理温度选择 280℃、290℃、300℃、310℃和 320℃，保温时间选择为 20h、40h 和 70h。

（三）性能

1. 晶粒变化

在 280℃处理 20h 时，试样内部的晶粒很少，而且尺寸较小，在 310℃保温 20h 后，试样内部出现的晶粒尺寸较大、较明显，说明晶核剂可以使玻璃内部析出细小的晶核，热处理可以促使晶核长大。

2. 光学性能

同一温度下，保温时间越长，试样的红外透过率越低，保温相同时间，温度越高，玻璃试样的红外透过率降低越明显。在较低温度下进行热处理时，近红外区透过率较整体下降明显，这主要是因为样品内部析出的纳米晶主要集中在可见光区和近红外区，引起了光的散射。随着温度的升高，红外透过率整体下降明显，在 300℃热处理 20h，红外透过率达到 53％左右，说明在此热处理条件下产生的晶粒尺寸较大，导致了中红外区域的光散射损失。当试样热处理温度高于 310℃，红外透过率因析晶严重降至 50％以下。

3. 密度

随着热处理温度的升高，试样密度先增大后减小，且在 0～70h 范围内，密度随着热处理时长的增加而增大。随着温度升高，玻璃的黏度下降，质点迁移速度加快，收缩率变大，孔隙率降低，样品表面孔隙收缩变小，内部孔隙得到了填充，晶粒排列更为紧密，使得密度变大。当孔隙数量下降到最少时，玻璃试样密度达到最大值 $4.79g/cm^3$。当热处理温度过高时，玻璃表面气孔率明显增大，气孔相互连通分布于玻璃的表面。晶体数目增多、晶体过分长大，导致玻璃黏度增大，阻碍了玻璃的收缩形变。与此同时，大而多的晶体交错排布构成了网状结构，导致了样品表面气孔率增大，宏观上表现为密度的下降。

4. 力学性能

随着热处理温度的升高，显微硬度先增加后减小。在 280℃处理 70h，显微硬度达到最大值 2.08GPa，随后随着热处理温度的升高又逐渐减小，300℃处理 20h 显微硬度下降至 1.82GPa，仍比基体玻璃（1.76GPa）高。

压痕断裂韧性和脆性之间的变化关系与理论一致，脆性越小，韧性越高，在 280℃低温时，随着保温时间的增加，试样的脆性值和韧性值没有明显变化。当热处理温度升高时，均质玻璃中析出微小晶粒，形成了纳米晶化玻璃，内部晶粒细小均匀，取向杂乱，裂纹从一个晶粒发展到下一个晶粒较困难，因此可以使材料的断裂韧性增加。但晶界的数量取决于晶体尺寸和析晶相的种类。基体玻璃经热处理后，内部析出了晶体，晶界可以阻挡裂纹扩展，在晶界处裂纹改变方向比没有晶界时的应力要大 2～4 倍，从而断裂能增加。同时，随着玻璃试样结晶相增多，结晶率增大，晶界也随之增多，使得裂纹扩展所需能量临界值增大，提高了材料的断裂韧性。在 300℃ 处理 20h 后，玻璃试样的断裂韧性值高达 $0.414MPa \cdot m^{1/2}$，同时脆性值达到最小 $4.37\mu m^{-1}$。由于热处理温度过高，试样内部晶粒的生长速度过快，尺寸迅速增大，当晶体尺寸超过最大断裂韧性下临界值时，玻璃样品的断裂韧性值开始逐渐减小，脆性开始增大。

（四）效果

① 热处理温度为 280℃ 时，保温时间对 $99.75Ge_{23}Se_{67}Sb_{10}$-$0.25RbI$ 的性能影响较小，但随着热处理温度的升高，玻璃的红外透过率降低很多，断裂韧性值先增大后减小。

② 在 300℃ 保温 20h 时，$99.75Ge_{23}Se_{67}Sb_{10}$-$0.25RbI$ 综合性能最佳。红外透过率仍保持在 50% 以上，密度和硬度相对于基体试样没有太大变化，而断裂韧性值达到了 $0.414MPa \cdot m^{1/2}$，较未处理前提高了近 26%，提高了其力学性能。

第三节 · 长波与中波硫系红外玻璃

一、长波红外硫系玻璃与制备

（一）硫系玻璃性能及现状

$8～14\mu m$ 波段的红外光能够有效穿过战场烟幕、雾、霾和雪等恶劣环境，因此长波红外热成像技术在红外跟踪、识别、制导、搜索、侦察、导航以及民用领域中具有重要的应用价值。对于长波红外光电系统而言，$8～14\mu m$ 波段的红外窗口材料发展变得非常重要。作为长波红外窗口材料，硫系玻璃已历经 70 余年的发展时间，在国内外已经发展出一些相对成熟的制造商，包括美国 Amorphous Materials 公司（www. amorphousmaterials. com）、德国 Vitron Gmbh 公司（www. vitron. de）、法国 Umicore 公司（http://eom. umicore. com）、美国肖特公司（www. shcott. com）以及国内新华光信息材料有限公司（http://www. hbnhg. com）、中国建筑材料科学研究总院有限公司（www. techglass. cn）等，上述制造商多个牌号的硫系玻璃已经实现商业化，公开报道中硫系玻璃的毛坯质量已达 9kg，相关硫系玻璃产品的性能参数见表 6-17。

表 6-17　国内外部分商用的硫系玻璃性能数据表

性能参数	$Ge_{33}As_{12}Se_{55}$	$Ge_{22}As_{20}Se_{58}$	$Ge_{20}Sb_{15}Se_{65}$	$Ge_{28}Sb_{12}Se_{60}$	$As_{40}Se_{60}$	$Ge_{10}As_{40}Se_{50}$
转变温度/℃	368	292	285	285	185	225
密度/(g/cm³)	4.43	4.40	4.71	4.67	4.63	4.47

性能参数		$Ge_{33}As_{12}Se_{55}$	$Ge_{22}As_{20}Se_{58}$	$Ge_{20}Sb_{15}Se_{65}$	$Ge_{28}Sb_{12}Se_{60}$	$As_{40}Se_{60}$	$Ge_{10}As_{40}Se_{50}$
折射率	$3.0\mu m$	2.5173	2.5199	2.6116	2.6277	2.8014	2.6263
	$4.0\mu m$	2.5129	2.5127	2.6058	2.6226	2.7945	2.6210
	$5.0\mu m$	2.5098	2.5087	2.6022	2.6187	2.7907	2.6183
	$6.0\mu m$	2.5072	2.5058	2.5991	2.6158	2.7880	2.6159
	$7.0\mu m$	2.5048	2.5032	2.5962	2.6132	2.7854	2.6139
	$8.0\mu m$	2.5024	2.5006	2.5929	2.6105	2.7831	2.6121
	$9.0\mu m$	2.4996	2.4979	2.5895	2.6075	2.7803	2.6105
	$10.0\mu m$	2.4967	2.4949	2.5858	2.6038	2.7775	2.6084
	$11.0\mu m$	2.4930	2.4918	2.5816	2.5996	2.7747	2.6059
	$12.0\mu m$	2.4882	2.4882	2.5769	2.5948	2.7720	2.6029
折射率温度系数 $/(10^{-6}K^{-1})$		66	54	—	77	43	44
热膨胀系数 $/(10^{-6}K^{-1})$		12.1	17.0	14.1	14.0	20.7	20.4
光谱范围$/\mu m$		0.8~14	0.8~14	1~13	0.8~17	1~15	0.9~14
努氏硬度/GPa		1.41	—	—	1.13	1.04	1.12
断裂模量/GPa		19	—	—	18	17	18
弹性模量/GPa		21.5	—	19.1	22.1	18.3	20.5
剪切模量/GPa		8.9	—	—	8.9	8.0	8.5

随着长波红外光电技术的发展，拓展红外光学材料选择范围，提升材料耐温度激变、抗沙蚀雨蚀等性能，成为迫切需要解决的难题。玻璃能量图如图 6-4 所示，从图中可以看出，玻璃本身属于非平衡态固体材料，玻璃基质具有晶体析出的潜能，通过一定的技术手段，非平衡态无序的固态玻璃极易转化为结构有序的晶体，形成微晶玻璃，也可称为"玻璃陶瓷"。硫系玻璃具有"组分-性能"可调的特点，可以在较宽范围内选择和

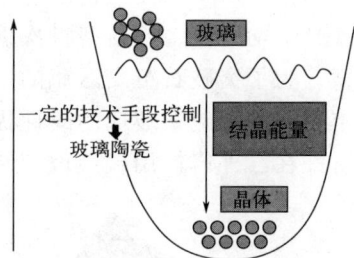

图 6-4　玻璃能量图

调整材料组成，因此玻璃陶瓷具有陶瓷材料固有的耐高温、耐腐蚀、高强高硬等特点，又具有玻璃的光学性质，因此硫系玻璃陶瓷成为解决上述问题的首选材料，是红外窗口材料的重要发展方向之一。2016 年美国海军实验室实现长波红外窗口材料的技术突破，掌握独家技术并形成自主知识产权，获得红外窗口用 $0.8\sim16\mu m$ 全波段透过、高硬度钙-镧-硫玻璃透明陶瓷材料（以下简称"Ca-La-S 玻璃陶瓷"），

其主要性能参数和硫化锌晶体的对照结果见表 6-18，从表中可以看出钙-镧-硫玻璃陶瓷的机械性能优于红外光电系统常用的硫化锌晶体。

表 6-18　钙-镧-硫玻璃陶瓷和硫化锌晶体的性能对比

性能参数	$CaLa_2S_4$ 玻璃陶瓷	ZnS 晶体
弯曲强度/MPa	106	103
弹性模量/GPa	96	75
泊松比	0.26	0.27
努氏硬度/GPa	5.59	2.45
热膨胀系数/($\times 10^{-6} K^{-1}$)	14.7	7.4
热导率(25℃)/[W/(m·K)]	0.004	0.041
透过率/%	$\geqslant 62[d=0.18mm(0.8\sim 16\mu m)]$	$\geqslant 72[d=2mm(2\sim 11\mu m)]$
光谱范围/μm	0.8～20	0.4～16
熔点/℃	1810±25	1830

（二）红外窗口用硫系玻璃制备技术

光学性能和力学性能是红外光学材料最重要的基本性能，硫系玻璃作为一种非氧化物玻璃，制备过程中极易受到环境杂质和水分的污染，使得制备后的硫系玻璃在 $2.9\mu m$、$4.1\mu m$、$4.5\mu m$、$6.3\mu m$ 及 $12.8\mu m$ 等多处出现强烈的杂质吸收峰，甚至造成整体红外透过率下降；此外，碳、氧等杂质在玻璃中易形成异质包裹体，这些异质包裹体的存在会导致玻璃内光学不均匀性加剧，并在一定程度上降低玻璃的力学性能。因此与传统的氧化物玻璃相比，硫系玻璃在制备技术方面具有很强的工艺特殊性，需要在无氧密闭或惰性气氛控制下完成熔制，并尽量避免杂质的引入。

光学均匀性、折射率批次稳定性等性能是影响硫系玻璃工程化落地应用的关键因素。为了突破石英安瓿瓶的空间限制，提升硫系玻璃均匀性、批次稳定性，以及从本质上实现硫系玻璃的改性提升等，多年来学者们在制备技术方面进行了诸多探索，并在红外窗口用硫系玻璃制备技术方面积累了很多新的认识和理解，目前窗口用硫系玻璃的制备主要采用熔融-淬冷制备技术和气氛熔制技术。

1. 熔融-淬冷制备技术

熔融-淬冷制备技术原理见图 6-5。将单质原料混合放入石英安瓿瓶内，真空密封后进行高温摇摆熔融，待反应结束后将摇摆炉静置一段时间，随后取出石英安瓿瓶迅速放入水或空气中以合适的降温速度（1～100K/s）淬冷，冷却过

图 6-5　熔融-淬冷制备技术示意图

程中材料发生玻璃化转变，形成非晶态结构，待玻璃硬化后放入已升至预定温度的退火炉中进行退火。采用熔融-淬冷技术制备硫系玻璃时需要仔细控制真空度、熔制制度，防止在熔制过程中因蒸气压过大造成石英安瓿瓶炸裂，并且出炉冷却过程中要严格控制冷却时间和冷却速度，避免玻璃熔体收缩不均匀发生碎裂。杂质的存在直接影响硫系玻璃性能，在熔融-淬冷制备技术研究中，玻璃纯化处理是学者们改进和提升的重点。

为了减小原料硒中碳杂质对硫系玻璃性能的影响，Texas Instruments 公司（简称"TI公司"）开发出如图 6-6（a）所示的装置，主要原理是基于熔融-淬冷制备技术，并利用蒸馏法去除所有杂质和氧化物，具体操作过程为：①将不易被污染的高纯单质锗放到中心腔室 2，上方通入高纯氢气，氢气分别流过腔室 1 中的硒和腔室 3 中的砷或锑单质，去除单质表面的氧化物完成原料的纯化；②在高温作用下两端腔室中的单质原料蒸馏进入中心腔室 2 中，蒸馏过程中原料中的颗粒杂质被过滤留在腔室间滤网处；③对腔室间的连接处进行熔封，仅留下中心腔室 2 进行高温熔融、淬冷成形操作。图 6-6（b）为样品的光谱分析结果，其中 TI 为 TI 公司自测结果，NRL 为美国海军实验室测试结果，C.U. 为美国天主教大学测试结果，β 代表吸收系数。可以看出，TI 公司的方法显著降低了 $Ge_{28}Sb_{12}Se_{68}$（牌号"TI1173"）和 $Ge_{33}As_{12}Se_{55}$（牌号"TI20"）两种硫系玻璃的杂质吸收，但是在工艺重复性方面，TI 公司这种方法操作难度较大，尤其是用到原料锑时，需要在超过 1000℃ 以上的高温中进行蒸馏，另外氢气的存在对高温系统来说是极大的爆炸隐患，因此该方法的应用受到一定的限制。

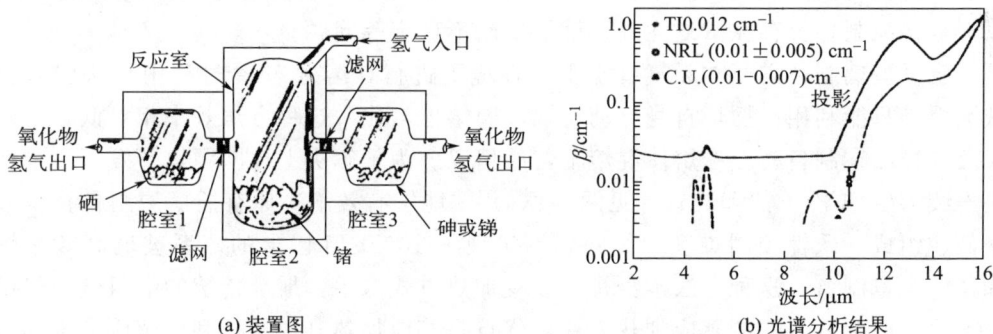

(a) 装置图　　　　(b) 光谱分析结果

图 6-6　装置原理图和样品的光谱分析结果

采用双温区电阻炉和环形石英器皿结合的方式（见图 6-7），首先将蒸馏温度高的锗、锑装入到环形石英安瓿瓶的底部，蒸馏温度低的硒、砷、锑等原料装在石英安瓿的环部，并一同加入除氧剂镁，随后采用阶梯升温蒸馏，硒、砷、锑等原料按顺序蒸馏至石英的底部，接着对石英安瓿瓶底部进行熔封，最后再进行高温熔制。这种方法消除了以往在蒸馏过程中对多孔石英玻璃过滤网的需求，同时将热处理、蒸馏、加除氧剂、熔制等结合为一体，操作相对简单。这种方法对小样研制有一定优势，但不适合工程化制备，这是因为一方面要解决精确控温问题，避免因原料蒸气压过大造成石英管炸裂，另一方面需要解决异形石英管间密封问题。

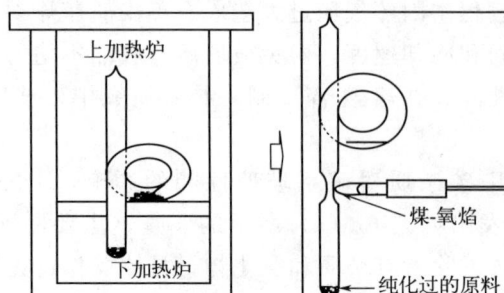

图 6-7 双温区电阻炉和环形石英器皿结合制备硫系玻璃原理图

研制一种集提纯和熔化一体化的制备方法。该制备方法采用的是双炉膛分区温控摇摆炉，利用玻璃基团与杂质的饱和蒸气压力差，在除氧剂的作用下，实现在左、右炉膛大温差情况下玻璃整体快速提纯，改良了传统硫系玻璃制备工艺。一方面，将原料提纯和玻璃熔制集成在一个流程内，工艺简化并且效率得到提高，同时成本降低；另一方面，该技术利用除氧剂进行玻璃整体提纯，进一步提高了硫系玻璃的纯度，在 $10\mu m$ 处玻璃的透过率更高，接近理论值，此外非对称角度变速摇摆工艺充分保证了玻璃熔体的均匀性，且玻璃的折射率均匀性和可重复性更好。这种方法和 1992 年提出的方法原理相同，在小口径、高纯硫系玻璃制备上优势突出，但是本质上属于熔融-淬冷制备技术的改进，并没有改变传统熔融-淬冷技术中存在的缺点，如石英安瓿瓶仅能单次使用以及取样困难等，在大尺寸（尤其是 150mm 以上）样品制备上存在重复性差、批量生产不稳定等问题。

硫系玻璃制备需要在无氧真空密闭环境下进行，熔融-淬冷过程中无法引入机械搅拌，只能利用摇摆炉自身晃动实现玻璃熔体匀化，这种方法效率相对低下，较大尺寸样品在制备时存在熔体混熔不匀的情况。为了解决上述问题，开发了一种感应连续熔融-淬冷方法和装置［见图 6-8(a)］，能够有效解决原有摇摆炉制备技术效率低、组成一致性控制难度大等问题，实现了 100kg/d 以上的硫系玻璃高效熔炼和稳定批量制备。这种方法本身是从改变加热方式入手，摒弃传统的电阻丝加热熔制方式，改为升温快的感应加热方式，优点是感应加热升温快，利用感应产生的涡流扰动可以实现玻璃液的高效均化，原理见图 6-8(b)。

2. 气氛熔制技术

与熔融-淬冷制备技术相比，气氛熔制技术也可称为"开放式熔制技术"，在不受空间限制、大尺寸、低成本熔制方面的优势十分突出。国内外也进行了多种尝试，美国 TI 公司率先把气氛熔制技术引入到硫系玻璃制备上，装置结构如图 6-9 所示，具体原理为：在带有观察窗和外部控制操作装置的设备中充入惰性保护气体，装置顶部引入可上可下的动力搅拌装置，大石英坩埚中盛装熔制用玻璃原料，

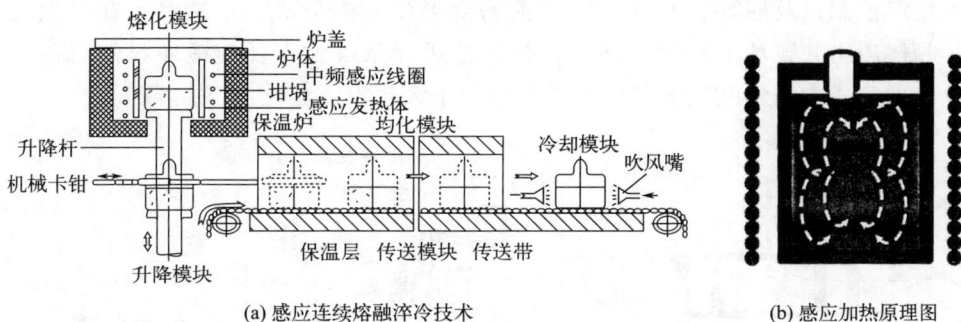

(a) 感应连续熔融淬冷技术   (b) 感应加热原理图

图 6-8   感应连续熔融-淬冷和感应加热原理示意图

利用加热和搅拌装置完成玻璃原料熔制和匀化，同时对模具进行加热和控温，最后进行浇铸［见图 6-9(a)］或底部漏料［见图 6-9(b)］。通过红外成像测试比较两种成形方式制备的玻璃质量发现，底部漏料成形方式在解决浇铸条纹方面的效果更优，最终获得折射率重复精度为 ±0.0002、直径大于 200mm 的均匀硫系玻璃样品。美国 Amorphous 公司利用从底部漏料的浇注型熔炉，从 1978 年到 2007 年生产了超过 35t 的 Amtirl 硫系玻璃，每块硫系玻璃熔制质量达 9kg，样品折射率误差是 ±0.0010；美国发明了一种蒸气压控制熔制硫系玻璃的方法，具体是将气压控制、硫系玻璃熔制、机械搅拌、连续压型等多手段结合，实现硒挥发控制下硫系玻璃的均匀熔制，单炉质量可达 10kg，该技术可以实现从原料到镜头直接成形，实现大规模的批量化生产，并降低总体生产成本。

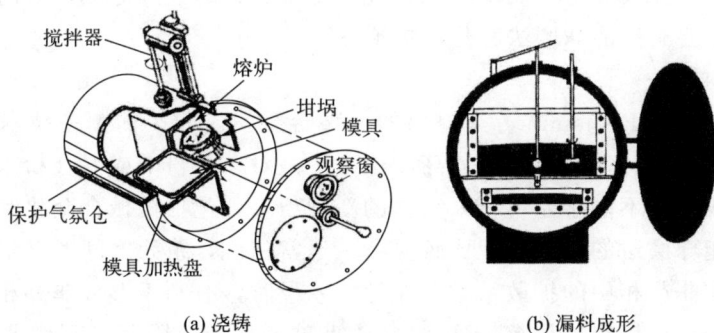

(a) 浇铸   (b) 漏料成形

图 6-9   气氛熔制装置

国内在气氛熔制技术上进行了初步的探索，并在该技术上取得了一定的突破，分别开发出双腔室气氛熔制漏料成形法［见图 6-10(a)］和连续熔制漏料成形方法［见图 6-10(b)］，但是需要指出的是，由于硫系玻璃原料及其形成的玻璃蒸气压较高以及挥发成分容易与周围空气中的物质反应，熔制玻璃的重复性差，熔制过程环境污染问题严重，因此国内硫系玻璃制备多采用熔融淬冷技术。纵观国内外，采用气氛熔制技术制备大尺寸、高均匀的硫系玻璃理论上是可行的，但是由于组分挥发难以稳定控制以及底部玻璃塞在浇注前易受低温影响形成大量微晶，在二次浇注时，晶体流出并毁坏了相当一部分铸板，造成无条纹大直径透镜坯料的成品率很低，考虑到成本问题气氛熔制技术尚未应用于大规模工业化生产。

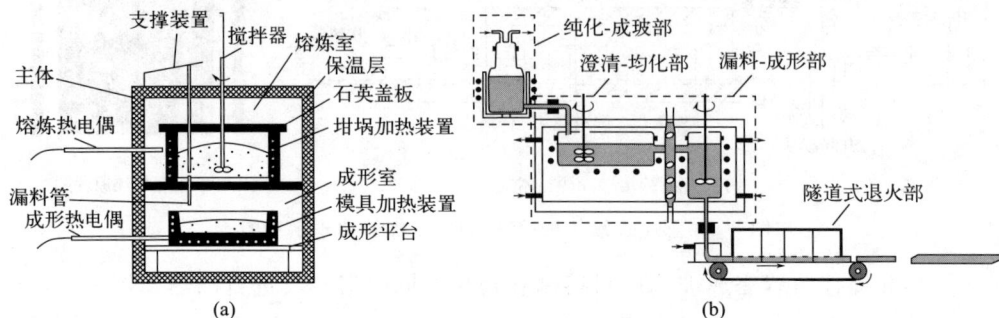

图 6-10　气氛熔制漏料成形法和连续熔制漏料成形方法示意图

（三）硫系玻璃陶瓷制备技术

根据极端环境的应用需求，尤其是高飞行速度下，红外窗口材料必须具有耐高温、抗热冲击、抗雨水侵蚀等性能，否则会受空间液滴或固体粒子冲击侵蚀发生失效。目前长波红外材料解决方案限于单晶或多晶材料和传统的红外玻璃材料，传统的红外玻璃材料无法承受上述极端环境考验。玻璃陶瓷材料结合了玻璃和陶瓷的优点，同时具有致密性高、化学稳定性好、机械强度高、电学性能优异、热学属性适宜、抗热震性良好、使用温度宽等优点，是特殊光电红外系统需求用材料的解决方案。红外玻璃陶瓷极大地扩展了红外系统对光学材料的选择范围，目前硫系玻璃陶瓷制备方法主要有高能球磨法、热压成形法。

1. 高能球磨法

高能球磨法是 Benjamin 等人提出的一种合金粉末非平衡制备技术，目前已成为制备非晶材料的一种重要手段。高能球磨法是对单一粉末或混合粉末进行高能球磨，最终形成具有不同于原料粉末结构的新型粉末，包括机械合金化和机械研磨两种形式。高能球磨法的反应过程比较复杂，通常来说，组元之间的互扩散系数以及各组元元素在非晶相中的扩散系数存在较大差异时，有利于形成非晶相。高能球磨法制备硫系玻璃可以突破传统熔融-淬冷法玻璃的形成区限制，利用非平衡制备技术在更宽的组分范围内制得硫系玻璃。

日本将高能球磨法应用到 $70Li_2S \cdot 30P_2S_5$ 硫系玻璃陶瓷制备上，具体操作步骤是：将高纯 Li_2S（质量分数大于 99.9%）和分析纯 P_2S_5（质量分数为 99%）晶体粉末作为原料，按照摩尔比 7∶3 混合，并与 10 个 10mm 的氧化铝研磨球一同放入 45mL 氧化铝研钵内，利用行星球磨机在旋转速度 370r/min、室温条件下磨制 20h，所有过程是在干燥氮气保护的手套箱中完成，高能球磨玻璃粉末在 240℃ 保温 2h，得到 $70Li_2S \cdot 30P_2S_5$ 硫系玻璃陶瓷，经验证该硫系玻璃离子电导率从

$5.4×10^{-5}S/cm$ 提升到 $3.2×10^{-3}S/cm$，提高近两个数量级。科研小组后续又在高能球磨硫系玻璃方面做了许多创新性工作，制备出的 $70Li_2S·29P_2S_5·1P_2S_3$ 硫系玻璃陶瓷是锂离子电导率较高的固体电解质材料。利用高能球磨法制备 $Li_2S-P_2S_5$ 硫系玻璃陶瓷，也进一步验证了应用高能球磨法制备硫系玻璃陶瓷作为电解质材料时，全固态电池拥有优异电性能。

2011 年法国雷恩大学将高能球磨法与烧结法相结合制备出了 $80GeSe_2-20Ga_2Se_3$ 硫系玻璃陶瓷。首先将高纯单质原料按照配比放入碳化钨研钵中，加入研磨球，控制研磨球与粉末质量比为 8:1，利用行星球磨机在 400r/min 下制备得到非晶粉末；然后通过放电等离子烧结制备硫系玻璃陶瓷。在 380℃ 处理一段时间后，纳米晶聚集形成的纳米颗粒尺寸可以达到 100nm 左右，纳米级晶体的存在使得硫系玻璃力学性能得到显著改善。不足之处在于样品虽然在长波 $8~12μm$ 附近仍有可观的红外透过性能，但是在近红外以及中红外区域却存在较大的杂质吸收。

2. 热压成形法

硫系玻璃陶瓷材料是一类具有迷人特质的复合材料，通过技术突破可以实现可见至远红外全波段透射、高硬度红外窗口材料制备。烧结过程就是通过加热使颗粒黏结，经过物质迁移而使粉体产生强度并导致致密化和再结晶的过程。烧结是生产红外玻璃陶瓷的最后一道工序，是控制和诱导结晶最为关键的步骤，也决定着坯件的最终性能，直接影响陶瓷中晶粒尺寸和分布、气孔尺寸和分布及晶界体积分数等参数，因此选择烧结方法和控制烧结过程非常重要，在长波红外玻璃陶瓷生产过程中常采用常规烧结、热压烧结等方法。目前热压烧结是硫系玻璃陶瓷制备技术的首选方法，使用合适的模具可以同时完成压制和成形，并可以避免在高温反应中失去硫族元素，大大降低了合成工艺成本，这种方法主要应用在 Ca-La-S 体系玻璃陶瓷制备上。

采用热压-热等静压两步法制备 $CaLa_2S_4$ 硫系玻璃陶瓷，工艺制度详见表6-19，硬度结果见图6-11，从图中可以看出制备获得的致密化 $CaLa_2S_4$ 硫系玻璃陶瓷硬度可以达到 $600kg/mm^2$，$CaLa_2S_4$ 硫系玻璃硬度是红外硫化锌晶体材料 2 倍以上，接近其理论硬度。受残余孔隙、晶界第二相、氧化物、电子缺陷等产生的吸收和散射影响，$CaLa_2S_4$ 硫系玻璃陶瓷光学性能对制备工艺条件十分敏感。1986 年制备 $CaLa_2S_4$ 硫系玻璃陶瓷，并系统研究 La/Ca 比例调整对玻璃陶瓷性能的影响，结合玻璃陶瓷抗雨水冲蚀试验结果进一步证明，作为红外窗口材料，$CaLa_2S_4$ 硫系玻璃陶瓷的抗雨水冲蚀性能要远优于硫化锌晶体。

表 6-19　$CaLa_2S_4$ 硫系玻璃陶瓷的制备条件

制剂	热压			热等静压		
	温度 T/℃	压力 P/MPa	时间 t/h	温度 T/℃	压力 P/MPa	时间 t/h
HP-49/HIP-7	1450	20	0.25	1400	24	2.0
HP-54/HIP-7	1450	41	0.25	1400	24	2.0

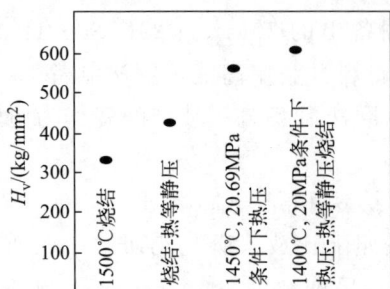

图 6-11　不同烧结方式制备的
CaLa$_2$S$_4$ 硫系玻璃陶瓷的维氏硬度

红外波段透过可达 $14\mu m$ 的 CaLa$_2$S$_4$ 硫系玻璃陶瓷在承受恶劣环境、抗雨水冲蚀方面的性能优势，引起人们对 CaLa$_2$S$_4$ 硫系玻璃陶瓷研究的极大兴趣，近年来针对烧结过程学者们重点开展了前驱体、硫化过程、烧结温度、烧结气氛、原料配比组成等工艺参数对玻璃陶瓷性能影响规律研究，研究发现在 $13\mu m$ 时 CaLa$_2$S$_4$ 硫系玻璃陶瓷实际透过率和理论透过率之间存在差距是烧结过程脱硫严重和氧杂质存在造成的。对采用两种不同烧结方式（场辅助烧结技术和热压烧结技术）获得的 CaLa$_2$S$_4$ 硫系玻璃陶瓷的致密性结果进行比较，表明热压烧结的 CaLa$_2$S$_4$ 玻璃陶瓷更为致密，并且不破碎，透过率更高。采用热压烧结方式，在固定施加压力（120MPa）、保温时间（6h）和加热速率（10℃/min）等条件下，研究不同烧结温度，即 $800\sim1000$℃条件下维氏硬度、密度和形貌变化情况（见表 6-20），结果证明 CaLa$_2$S$_4$ 硫系玻璃陶瓷具有致密性，指出烧结前在硫化气氛中进行粉末处理是必要的，可以消除痕量氧杂质造成的吸收。然而在 1000℃烧结时材料内残留的沉积物影响了理论传输的实现，制备 CaLa$_2$S$_4$ 硫系玻璃陶瓷时，应先在硫化气氛中预烧结以确保在孔隙闭合之前消除残余氧，然后采用热等静压无石墨技术进行后烧结。

表 6-20　热压烧结 CaLa$_2$S$_4$ 硫系玻璃陶瓷样品的烧结参数、相对密度、维氏硬度

	HP1	HP2	HP3	HP4
温度/℃	800	900	1000	1100
压力/MPa	120	120	120	120
停压时间/h	6	6	6	6
加热速度/(℃/min)	10	10	10	10
相对密度/%	88.1	99.5	99.6	99.7
维氏硬度/(kg/mm^2)	83±8	570±14	621±26	582±11

除了采用热压烧结制备块体硫系玻璃陶瓷外，创新性地将单轴压制热压烧结法和温度扩散法结合在一起制备硫系玻璃梯度折射率透镜材料，梯度折射率透镜具有折射率空间非均匀分布的特性，与普通均匀透镜相比可以有效地校正像差和色差，有效减少光学系统组件，这一优势使小型化、集成化和轻量化的镜头成为可能，促进光学系统朝微型化发展。

玻璃化转变温度非常接近（$\Delta T_g < 10$℃）的系列 Ge$_{10}$As$_{22}$Se$_{68-x}$S$_x$（$x\% = $

4%、7%、10%、14%、24%、28%、34%，摩尔分数）硫系玻璃粉末冷压制成形，按照折射率大小叠放在一起，在真空下对上述基础玻璃片热压烧结，并长时间保温来改善折射率在交界面处的突变情况。结果表明，双层扩散长度可达 $290\mu m$ 以上，多层叠加扩散可以获得毫米级以上，所制备的梯度折射率玻璃材料在 2～ $12\mu m$ 波段中保持良好的透过率。

二、$As_{40}Se_{60}$ 硫系玻璃长波红外增透膜

（一）简介

现有以 $As_{40}Se_{60}$ 为基底的膜系及镀制工艺相比 Ge 基底不够成熟，有必要加深研究，提高光学性能，基于所用设备的性能进行工艺研究。$As_{40}Se_{60}$ 具有热膨胀系数大、软化点温度低、膜-基结合性能差、膜层残余应力大、易引起基底变形的缺点，受温度影响较大，在温度较低的情况下可获得稳定性稍好的膜层，但温度较低时膜层的生长质量相对较差。

本部分以 $As_{40}Se_{60}$ 为基底研制增透膜，解决较高镀膜温度下膜层牢固性和膜层残余应力较大的问题，在 8～$12\mu m$ 波段平均透过率达到 97.5%，平均剩余反射率小于 0.75%。

（二）膜系设计

1. 材料选择

基于 $As_{40}Se_{60}$ 基底研制 8～$12\mu m$ 工作波段的增透膜，波段宽度达 $4\mu m$。在膜系设计中，所选膜层材料要在工作波段内透明，在 8～$12\mu m$ 波段常用的膜层材料有 Ge、ZnS、ZnSe、YbF_3 等。其性能以及在 $As_{40}Se_{60}$ 基底上的膜层残余应力类型如表 6-21 所示，膜层应力表现为张应力和压应力，YbF_3 为张应力，其余均为压应力，其示意图如图 6-12（a）所示。

表 6-21 各材料的物理性能参数

材料	透明度范围 /μm	折射率 （$8\mu m$）	热膨胀系数 /($10^{-6}K^{-1}$)	杨氏模量 /GPa	泊松比	应力形式
$As_{40}Se_{60}$	1～14	2.78	20.7	18.5	0.30	—
Ge	0.7～23	4.01	6.1	103.0	0.28	压应力
ZnS	0.4～15	2.21	7.0	77.0	0.29	压应力
ZnSe	0.6～15	2.41	7.8	67.0	0.28	压应力
YbF_3	0.22～14	1.36	16.3	76.0	0.28	张应力

（1）连接层材料的选择

连接层用来连接基底与外部膜层，是膜系的第一层膜。连接层在基底上具备良

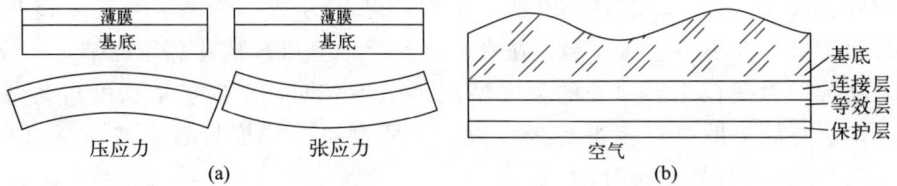

图 6-12　膜层结构示意图

(a) 膜层残余应力；(b) 膜层结构

好的附着力，是整个膜系不脱膜的基础，可选择 Ge 作为连接层，也可选择 ZnSe 作为连接层。YbF$_3$ 膜层因为不够致密，与 As$_{40}$Se$_{60}$ 基底间附着力小，不适宜作为连接材料，而 ZnS 膜层较为致密，力学性能较好，与基底间具有一定的连接性能，故本部分选择 ZnS 作为连接层进行膜系设计与膜层镀制工艺研究。

（2）等效层材料的选择

等效层的作用主要是进一步提高透过率，拓宽透过波段宽度。在表 6-21 中，Ge 的折射率最高，ZnS、ZnSe 的折射率居中，YbF$_3$ 的折射率最低，只有选择有一定折射率差距的材料配合，才能达到更好的增透效果。由于折射率 $n_{ZnS} < n_{ZnSe}$，ZnS 和 Ge 搭配后更易得到所需折射率，且 ZnSe 具有一定的毒性，所以选择 Ge、ZnS、YbF$_3$ 三种材料作为待选材料进行膜系设计。

（3）保护层材料的选择

膜系设计时最外层选择力学性能较好的膜料进行镀膜可以起到一定的保护作用，阻挡环境中的水汽对内层材料的侵蚀，可降低光学元件在搬运、安装过程中表面被损伤的概率。相比之下，ZnS 膜层具有较为致密、有一定的耐摩擦性能、硬度较高的特点，当膜层厚度大于 120nm 时可以有效阻挡水汽，因此选择 ZnS 作为保护层进行膜系设计。

2. 膜系设计

膜系设计选用 Macleod 软件，在所选择的三种材料中，YbF$_3$ 膜层虽然表现为张应力，但在 11μm 波长后会产生吸收。首先选择 Ge、ZnS 两种材料进行膜系设计，将 ZnS、Ge 分别用 M、H 表示，设计初始膜系为 Sub|M H M H M H M H M H M|Air，设计透过率平均值只达到 98.94%，最大值仅有 99.55%，不够理想且 M、H 均为压应力，可加入张应力材料降低膜系残余应力，并通过镀膜工艺控制残余应力提升膜-基结合性能。

为继续提高透过率，加入折射率更低且为张应力的材料 YbF$_3$，虽会产生吸收但可以使膜系透过率更容易达到要求，在控制吸收尽量少的条件下加入一层 YbF$_3$ 进行膜系设计，YbF$_3$ 用 L 表示，新设计的膜系为 Sub|M H M H M H M L M|Air，成功减少了膜系的膜层数量和剩余反射率，然后通过改变膜层的厚度优化膜系结构，达到最优的透过率和反射率。优化后的膜系转换为物理厚度得到的膜系为

Sub|1.766M 3.024H 4.180M 7.652H 5.663M 2.686H 3.339M 8.799L 4.190M|
Air，膜层总厚度为 $4.1299\mu m$，在 $8\sim12\mu m$ 波段平均透过率为 99.80%，最大值可达 99.89%，最小值为 99.68%，设计曲线更接近理想透过率 100%。

（三）增透膜制备

薄膜沉积采用离子源辅助热蒸发真空镀膜技术，镀膜设备采用西沃克 ZZS-1300 真空镀膜机，该设备带有石英晶体膜厚监控仪和热电偶温度探测器，可监控膜层沉积速率、膜层厚度和真空室的温度。

$As_{40}Se_{60}$ 硫系玻璃增透膜镀制最大的难点在于解决膜层脱膜的问题，其中连接层的稳定性对整个膜系的稳定性起决定性的作用，按照设计的膜系结构连接层为 $176.6nm$ 厚的 ZnS。$As_{40}Se_{60}$ 的热膨胀系数大、软化点温度低，膜层质量受沉积温度的影响最大。

分别在 $75℃$、$80℃$ 可获得较稳定的膜层。但温度偏低时，蒸发的膜料生长缺乏能量，膜层致密性不足。硫系玻璃在镀膜温度高于 $100℃$ 时可获得更坚固、更有光泽的膜层。在常用经验工艺参数的基础上对镀膜温度展开连接层镀制工艺的研究，以解决镀膜温度的问题，获得牢固性高的膜层。当温度值为 $110℃$ 时，在给定的真空度、蒸发速率条件下能够得到比较稳定的薄膜，但在重复镀制多次后，进行牢固度实验时发现，边缘膜层偶有脱落，分析认为可能是由于膜层残余应力偏大引起膜层脱落。

（四）光学性能

经过双面抛光的 $\phi25.4mm\times3mm$ 的 $As_{40}Se_{60}$ 基底在 $8\sim12\mu m$ 波段平均透过率为 63.4%，双面镀制增透膜后平均透过率可达 98%，在 $8.08\mu m$ 处达到最大透过率 98.58%，平均反射率小于 0.6%。与设计曲线存在一定差异的原因是膜层实际厚度与设计厚度因为晶控监控误差、公转结构对膜厚所产生的影响而有一定误差，且材料本身存在少量吸收。将已镀膜的实验片在常规环境下放置 6 个月后再次测量，平均透过率下降了 0.09%，光学性能稳定性正常。

（五）效果

该膜系在 $As_{40}Se_{60}$ 基底上使用 ZnS 作为连接层获得了稳定膜系。然后，对连接层和整个膜系的沉积工艺进行了研究，解决了膜系在较高温度下脱膜的问题。该增透膜将 $As_{40}Se_{60}$ 基底在 $8\sim12\mu m$ 的平均透过率由镀膜前的 63.4% 提高到 98%，最大透过率为 98.58%，剩余反射率为 0.6%，通过附着力、高低温、湿热等环境适应性检测可知，耐摩擦性能得到大幅提升，并且可用于批量光学元件生产。该研究为 $As_{40}Se_{60}$ 硫系玻璃在红外光学系统中的运用提供了更多的选择，可以为硫系玻璃的镀膜使用。

三、中红外玻璃

（一）主要品种与特性

1. 氟化物玻璃

氟化物玻璃相对于传统的氧化物玻璃有着很宽的透光范围，可从紫外的 $0.25\mu m$ 到中红外的 $7\sim8\mu m$，此外还有着折射率低、阿贝数大、非线性系数小等优点。氟化物玻璃优良的光学性质主要来自其具有较低的声子能量，低的声子能量同时减小了多声子的发射概率，从而使得稀土离子 J 能级间的发射效率变得更高。因此，作为光学主、被动材料，氟化物玻璃在过去几十年间都受到了极大的重视。然而，氟化物玻璃普遍容易析晶且具有化学稳定性和机械强度较差，以及难以保证高的光学均匀性和苛刻的制备条件等缺点，限制了其广泛应用。氟化物玻璃主要有氟锆酸盐玻璃和氟铝酸盐玻璃。氟锆酸盐玻璃中的 ZBLAN(ZrF_4-BaF_2-LaF_3-AlF_3-NaF) 是有史以来最为稳定的氟化物玻璃组成，能够进行较大尺寸的制备，但由于其化学稳定性较差，实际应用受到极大限制。氟铝酸盐玻璃中的 AMCSBY(AlF_3-MgF_2-CaF_2-SrF_2-BaF_2-YF_3) 也是一种相对稳定的玻璃组成，其化学稳定性比 ZBLAN 高出 3 个数量级，机械强度也更好。但 AMCSBY 在熔体冷却和再加热过程中仍有较高的析晶倾向，在制备大尺寸的玻璃时，容易产生失透。最近的研究表明，在引入少量含氧成分如 $Ba(PO_3)_2$、$Al(PO_3)_2$、TeO_2 后，玻璃的形成能力大大增强。含偏磷酸盐的氟化物玻璃能够制备大尺寸高光学质量的玻璃，但由于 P—O 键的强烈振动，玻璃在 $4\sim5\mu m$ 波长区间的红外透过率明显下降；TeO_2 对玻璃的光学性能没有太大影响，但目前在玻璃的光学均匀性上仍有待提高。

2. 铝钙玻璃

铝钙玻璃的主要组成为 CaO-Al_2O_3，其红外透过性能与白宝石类似，有硅酸盐玻璃相近的力学性能，可以用于制备低损耗光纤，同时也是各种稀土离子掺杂理想的基质材料。然而直到今天，不含传统网络形成体（如 SiO_2、P_2O_5、B_2O_3 等）的大块铝酸盐玻璃并没有获得，其主要原因还是形成区域窄，成玻璃性能较差。在铝钙玻璃中加入少量 SiO_2 能显著提高玻璃的形成能力，从而制备出高质量的光学玻璃，但由于 Si—O 的声子能量高，玻璃的红外截止波长急剧向短波方向移动。GeO_2 作为玻璃形成体，加入铝钙玻璃中后可不影响玻璃的红外性能，同时可提高玻璃的形成能力，但其改善效果不如 SiO_2。此外，铝钙玻尺寸可达 $\phi150mm\times10mm$。国内的建筑材料研究院的红外玻璃也以铝钙玻璃为主，且能够制备较大尺寸的平板玻璃及头罩。

3. 锗酸盐玻璃

以 GeO_2 为主要形成体的锗酸盐玻璃具有宽广的成玻璃范围、良好的光学性能和较好的机械及化学性稳定性，折射率可调，折射损失低，并且容易制备出高光学质量的玻璃，非常适合作为各种红外元件及窗口材料和头罩。早在 20 世纪 90 年代美国康宁公司已有牌号为 Corning 9754 的锗酸盐玻璃商品出售。这种玻璃为氧化物玻璃，容易在制备过程中引入水分，—OH 的吸收影响了 $3\mu m$ 左右的红外透过，因此，必须在真空条件下熔制以消除水分。美国康宁公司的 Corning 9753 和德国肖特公司的 IRG11 均为铝钙玻璃，窗口材料最大尺寸可达 $\phi 200mm \times 20mm$。多年来，美国海军研究所对以 $BaO\text{-}Ga_2O_3\text{-}GeO_2$（BGG）为主要组成的锗酸盐玻璃进行了大量的研究工作，成功制备出高光学质量的 BGG 玻璃。据报道，该玻璃作为红外侦察吊舱的窗口材料已经成功应用于美国的 F14 战斗机上。2003 年，他们报道了最大尺寸为 45.72cm（18 in）的高光学质量的大尺寸锗酸盐玻璃。

国内对锗酸盐玻璃较早开展研究的有湖北襄樊 5108 厂及中国科学院上海光机所，其中，上海光机所研制的 IRG-03 玻璃窗口的最大尺寸可达 $\phi 500 \sim 600mm$，头罩尺寸可达 $\phi 250mm$，玻璃的光学均匀性能稳定的达到光学玻璃 2 级（$\Delta n < 5 \times 10^{-4} \sim 10^{-5}$）以上，—OH 含量可以小于 3×10^{-6}，各项性能指标均处于国际领先水平。针对锗酸盐玻璃仍具有玻璃机械强度不高的特点，研究人员希望通过微晶化来改善其力学性能。目前，美国海军研究所和中国科学院上海光机所均对其锗酸盐玻璃成功实现了微晶化，机械性能相对于基质玻璃有明显改善，但由于析出晶粒尺寸相对较大，均未能实现其微晶玻璃在可见波段的高透过。因此，这方面的研究工作有待深入。

最近美国海军实验室（NRL）联合多家军事研究单位等，利用玻璃高温软化的特点，研制出一种新型宽波段高透、具有抗电磁干扰功能的 BGG 玻璃与晶体复合的红外窗口及整流罩材料，包括尖晶石/BGG、ALON/BGG 等，可用于多模复合制导（近红外/中红外/毫米波）武器系统。这类材料的开发无疑为锗酸盐及其他红外玻璃的应用与发展开创了新的思路。

4. 镓酸盐玻璃

Ga_2O_3 被认为是和 Al_2O_3 类似的玻璃网络中间体，在一定的条件下可以作为玻璃形成体，与适当的玻璃调整体如 K_2O、Cs_2O、CaO、SrO 或 BaO 结合可以形成玻璃，镓酸盐玻璃中的 Ga—O 键的振动比 Ge—O 键更弱，因此比锗酸盐玻璃具有更宽的红外透过范围。过去的镓酸盐玻璃成分中含有大量的碱金属氧化物，成玻璃能力差，易潮解，极难做到较大尺寸，只能作为实验室研究之用。组分不断调整后相对稳定体系有 $PbO\text{-}Bi_2O_3\text{-}Ga_2O_3$ 三元系统玻璃，其成玻璃能力较好，并允许用传统的熔制浇注方法制得大块玻璃，已经制得的铅铋镓酸盐玻璃毛坯直径 22.86cm（9 in），厚度超过 2.54cm（1 in），其中，2mm 厚的玻璃红外透过波长可达约 $8\mu m$。最近，中国科学院上海光机所在多组分碱金属镓酸盐玻璃的基础上通过深入的研究开发了两种性能优异的镓酸盐玻璃 IRG-04 和 IRG-05。这些玻璃的化学稳定性较以往有明显改善，红外性能亦好于锗酸盐玻璃，同样具有高光学质量和低—OH 含量，且能够实现大尺寸及复杂形状的制备，是一种综合性能较优异的新型中红外材料。

（二） 中红外玻璃未来发展方向

红外材料的发展与红外技术及光电子技术的发展密切相关。红外高能激光武器、红外制导技术、红外天文卫星、红外光谱仪、测量仪、热像仪等广泛应用给红外玻璃的发展带来的巨大的机遇与挑战。相比于近年来发展迅猛的晶体类材料，中红外玻璃仍能够以其高光学均匀性、低损耗、性质可调、低成本和易于大尺寸及复杂形状的制备等一系列优点在军用或民用的各种红外领域发挥重要的作用。对于中红外玻璃的未来发展方向，以下是值得重视的：

① 不断研究与开发红外透过更宽、高性能低成本的新型红外玻璃。透过范围更宽的红外玻璃必定具有更宽广的应用范围，而高性能低成本一直是红外材料发展的方向。在保持其他性能基础上，努力降低现有红外玻璃（如锗酸盐玻璃、镓酸盐玻璃）的成本，无疑大大增加中红外玻璃的竞争力。

② 制备出可见透明的红外微晶玻璃。透明的红外微晶玻璃不仅能够显著改善玻璃的力学性能，而且特定微晶的析出能够实现对玻璃的优化改性。例如，如果能在红外玻璃中实现一些介电损耗小的晶粒纳米级别的析出，则能在保持玻璃光学透过的同时，提高玻璃的机械强度，降低其介电损耗，有望作为红外/毫米波等多模复合制导的整流罩材料。

四、硫系玻璃的中波红外光学系统无热化设计

（一） 简介

对于定焦距红外光学系统，目前其无热化技术主要采用光学被动式。光学被动式特点为：结构简单、尺寸较小、质量轻、无需供电和可靠性高。目前主要针对一次成像光学系统；同时为了减少元件数量，大多在系统中采用衍射面和非球面。而在中长波红外遥感光学系统中，由于对背景辐射杂光抑制的要求，需要设计成100%冷光阑效率；同时为了使光学系统口径适当且易加工，同时满足特定的空间布局要求，系统多采用二次成像设计方式。

工程应用中，$3\sim5\mu m$ 中波红外区常用的光学材料中只有硅、锗、硫化锌、硒化锌等，且这几种材料价格昂贵，生产工艺复杂。当用到非球面或衍射面时，红外材料加工还要采用单点金刚石车削技术，制约了生产周期和制造成本，限制了红外系统的应用。近年来，硫系玻璃的使用越来越普遍，该材料具有成本低、折射率温度系数小、可模压成型等优点，可作为优良的消色差和消热差红外材料，是红外光学系统中关键光学元件的理想候选材料。

（二） 光学被动式无热化设计

1. 设计指标

该设计采用的是 320×256 元中波红外斯特林制冷焦平面探测器，探测器像元尺寸为 $30\mu m$。光学技术指标如表6-22所示。

表 6-22　光学技术指标

参数	数值	参数	数值
光谱范围/μm	3.7～4.8	全视场角/(°)	23.2
焦距/mm	30	工作温度/℃	0～100
$F/\#$	2	绝热目标	MTF>0.5(16.7lp/mm)

2. 设计结果

从杂散光抑制能力和减小光学系统元件尺寸等角度考虑，采用二次成像工作方式。二次成像包含两个镜组，成像镜组和中继镜组。成像镜组用于对目标成一次中间像，中继镜组将一次中间像成像到红外焦平面上，并实现100%冷阑匹配。

若将入瞳放置在成像镜组上，由于对角线视场半视场角为11.6°，将使得中继镜组的尺寸过大。光学系统设计为 IG4-IG4-ZnS-IG4。光学系统全部表面采用球面，没有使用非球面或衍射面。镜筒材料选择为最常用的铝合金材料，其线膨胀系数为 $23.6\times10^{-6}℃^{-1}$。在各工作温度下红外成像系统的 MTF 满足要求，成像质量良好。

若对此光学系统进行批量化生产，为了进一步减少成本，可以将全部元件换成硫系玻璃。IG5 硫系玻璃与 ZnS 材料光学性能接近，故将上述光学设计中的 ZnS 元件更换为 IG5。成像镜组元件数仍为 3 片，材料选择分别为 IG4-IG5-IG4。中继镜组仍采用 4 片光学元件，材料选择分别为 IG4-IG4-IG5-IG4。光学系统全部表面采用球面。镜筒材料选择仍为最常用的铝合金材料。

经过设计优化，得到的设计为全部采用硫系玻璃的低成本红外系统。全温度范围内 MTF 变化极小，16.7lp/mm 处的 MTF 值均在 0.65 以上，可以保证系统在全温度范围内良好成像。

（三）效果

硫系玻璃扩充了红外光学系统设计的材料选择范围。该材料具有低价格、较小的折射率温度系数、可模压成型等优点，可以保证系统光学性能的同时实现低成本。本部分讨论了温度变化对光学系统结构参数的影响，利用光学被动式无热化技术，仅采用硫系玻璃，设计了成像质量良好的全球面被动无热化二次成像中波红外光学系统。硫系玻璃可广泛应用于侦察、瞄准等大温度范围下工作的光学系统中，实现高像质、低成本和高可靠性的要求。

第四节 · 硫系红外玻璃的应用

一、简介

硫系红外玻璃具有物理性能优良、生产成本低、容易加工等显著优点，已在诸如非制冷红外热成像系统等领域获得了一定程度的应用。通过调整玻璃的组分和微晶化处理可以提高其软化温度、改善其热学性质和力学性质。

硫系红外玻璃的主要应用领域是探测物体和人在环境温度下所发生的辐射、热成像以及 $8 \sim 12 \mu m$ 透过窗口等。目前，硫系红外玻璃被视为最有可能代替 Ge 单晶材料用于热成像系统或红外窗口的红外材料。

在世界范围内的主要硫系红外玻璃材料制造商也包括美国的无定形材料公司、德国的 Vitron Gmbh 公司和法国的 Umicore 红外玻璃公司。这些公司生产的硫系玻璃主要用于热辐射仪的温度测量，对硫系红外玻璃在商用夜视仪热成像系统中的应用研究则处于初步阶段。法国 Umicore 红外玻璃公司近年来在这方面进行了工业化生产过程尝试开发了 GASIR1（$Ge_{22}As_{20}Se_{58}$）系列的硫系红外玻璃，批量生产的玻璃性能稳定，如折射率（$10 \mu m$）重复性指标优于 1.5×10^{-4}，在测试误差范围内，用其作为光学系统制造的探测器与同类锗单晶探测器性能相当。目前处于试验阶段的还有玻璃态 GeS_2 和 $GeSe_2$、无定形态 Ge-S 玻璃、As_2S_3-As_2Se_3、GeS_2-$GeSe_2$、As_2S_3-GeS_2、As_2S_3-$GeSe_2$、As_2S_3-Sb_2S_3 和 As_2Se_3-Sb_2Se_3 等硫系玻璃。

二、硫系玻璃在现代红外热成像系统中的应用

（一）简介

基于硫系玻璃折射率温度系数小、成本低的优点，将硫系玻璃应用于红外热成像探测系统，并给出一种折射式的中波红外热成像消热差探测系统实例，评价结果表明，该系统在低温 $-40 ℃$、常温 $20 ℃$、高温 $60 ℃$ 都取得了良好的成像质量，适用于像元数为 320（像元）$\times 256$（像元），像元尺寸为 $30 \mu m \times 30 \mu m$ 的中波红外凝视型焦平面阵列探测器。

（二）技术指标要求

红外镜头的主要技术指标如下所示：

① 工作波段：$3.7 \sim 4.8 \mu m$；
② 焦距：$109.7 mm$；
③ F 数：2.0；
④ 视场：$6.4°$；
⑤ 探测器阵列：320×256（像元）；
⑥ 像元大小：$30 \mu m \times 30 \mu m$；
⑦ 工作温度范围：$-40 \sim 60 ℃$。

（三）设计与制备

目前红外热成像探测系统的热设计方法主要有机械主动式、机械被动式、光学被动式 3 种。机械主动式热设计方法和机械被动式热设计方法都需要增加机械设备驱动机械件和光学件来补偿温度变化引起的像面漂移，因此这两种方法结构笨重，

成本较高，使用不方便。

光学被动式热设计方法是通过选择合适的光学材料，合理分配各个光学元件的光焦度，选择合适的反射镜材料和机械镜筒、隔圈材料，使得整个红外探测成像系统的光学像面和红外探测器光敏面的漂移量在系统一倍焦深之内。该方法结构简单、重量轻、无需增加其他机构就可自动保证像面稳定，是目前最经常使用的热设计方法，因此本小节选用光学被动式热设计方法。

光学系统的结构形式主要有 3 种，即折射式、反射式、折反射。反射式结构没有色差，对于宽光谱系统很有优势，该结构视场角较小，且加工、检测、装配难度较大，不利于批量化生产。折反射结构中主镜、次镜的间隔公差较紧，装配公差较严，且为了保证优良的成像质量，主镜多采用高次非球面，主镜检测难度较大，也不利于批量化生产。折射式结构是最为常用的结构形式，其公差宽松，光学元件可批量化生产，因此选用折射式结构。

光学被动式热设计方法的思路是首先根据技术指标、像质要求优化设计出满足要求的常温镜头，而后将系统等效视为一个变焦系统，分别建立低温、常温和高温时光学元件的曲率半径、厚度、通光口径、非球面系数、光学玻璃折射率、光学元件间隔的函数关系，将常温、低温、高温等效看作变焦系统的短焦、中焦、长焦 3 个位置。

编写自定义优化程序，对多重变焦系统进行优化，为了减小温度变化引起光学镜片参数变化导致的像面漂移，系统中应多用折射率温度系数小的硫系玻璃，最终优化得到的光学系统结构如图 6-13 所示。系统由 2 组 6 片透镜组成，采用 4 片硫系玻璃，1 片锗玻璃，1 片硫化锌玻璃，镜筒采用铝合金。前组为 2 片透镜，承担了主要光焦度，后组为 4 片透镜，用于将一次像面的像放大成像在探测器靶面上，同时起到平衡系统剩余像差和保证不同温度时像面齐焦的作用。因系统使用制冷型红外探测器，因此系统光阑须和红外探测器冷光阑匹配，为减小前组口径并满足冷屏匹配，通过在前组和后组之间成一次像，再经后组成像到红外探测器靶面上。为了更好的校正像差，后组必须选取合适的放大倍率，后组放大倍率的选取和前组的光焦度有关。为了平衡轴外像差，系统在锗镜和硫化锌镜上分别采用了 1 个非球面，其余都为球面。

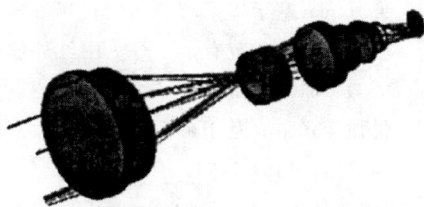

图 6-13 光学系统结构图

（四）效果

本部分根据硫系红外玻璃的组成成分以及和其他传统红外玻璃相比的优势之处，建立了红外热成像探测系统中各个参数和温度之间的数学模型，将硫系红外玻璃应用于红外热成像探测系统，设计了一套折射式的红外消热差探测成像系统，系统拥有 109.7mm 焦距，6.4°视场，100％冷光阑效率的性能指标，评价结果表明，该系统在低温－40℃、常温 20℃、高温 60℃都取得了良好的成像质量，适用于像元数 320×256，像元尺寸为 30μm×30μm 的中波红外凝视型焦平面阵列探测器。

参考文献

[1] 坚增运，曾召，董广志，等．硫系红外玻璃的研究进展[J]．西安工业大学学报，2011，31 (1)：1-8.

[2] 刘兴龙，李宏，郭忠达，等．硫系红外玻璃的抛光工艺研究[J]．西安工业大学学报，2019，39 (4)：394-399.

[3] 刘卓，杨晓京，谢启明，等．硫系玻璃基底红外光学薄膜的研究进展[J]．激光与光电子学进展，2022，59 (21)：30-41.

[4] 赵华，祖成奎，刘永华，等．增材制造硫系玻璃光学元件的前景分析与探讨[J]．材料导报，2017，31 (A01)：113-116，124.

[5] 白瑜，廖志远，李华，等．硫系玻璃在现代红外热成像系统中的应用[J]．中国光学，2014，7 (3)：449-455.

[6] 王静，吴越豪，姜波，等．硫系玻璃在无热化长波红外广角镜头中的应用[J]．光子学报，2018，45 (12)：84-89.

[7] 吴海清．基于硫系玻璃的大视场红外光学系统无热化设计[J]．红外，2021，12 (7)：1-8.

[8] 唐彬，王政，范有余，等．中红外玻璃的研究现状及发展[J]．红外与激光工程，2008，37 (S3)：311-314.

[9] 付强，张新．基于硫系玻璃的中波红外光学系统无热化设计[J]．红外与激光工程，2015，44 (5)：1467-1471.

[10] 廖明佳，李强，贺小兰，等．氧化碲基非线性光学玻璃材料研究进展[J]．材料导报，2014，28 (专辑 24)：80-84.

[11] 叶昇达，陈健濠，黄雄健，等．稀土离子掺杂红外微晶玻璃发光材料的研究进展[J]．硅酸盐学报，2024，52 (8)：2527-2542.

[12] 王子轩，顾少轩．Dy^{3+} 离子掺杂硫卤玻璃中红外光学性能研究[J]．武汉理工大学学报，2016，38 (1)：17-23.

[13] 乔北京，陈飞飞，聂秋华，等．TiO_2 掺杂 Ge-Sn-Se 微晶玻璃的结构与光学特性研究[J]．无机材料学报，2015，30 (11)：1189-1194.

[14] 刘振亭，许军锋，王亚玲，等．Ge_4Se_{96} 红外玻璃的热力学性能[J]．稀有金属材料与工程，2019，48 (3)：810-814.

[15] 刘虹君，李成康，周港杰，等．红外梯度折射率 GeS_2-In_2S_3-CsCl 硫系微晶玻璃制备与性能研究[J]．硅酸盐通报，2023，42 (11)：4131-4182.

[16] 刘卓，张友良，李刚，等．基于 $As_{40}Se_{60}$ 硫系玻璃的长波红外增透膜研制[J]．激光与光电子学进展，2023，60 (5)：408-414.

[17] 李戈，徐铁峰，戴世勋，等．红外 Ga_2S_3-Sb_2S_3 硫系玻璃的热稳定性及光学性能[J]．硅

酸盐通报，2016，44（6）：830-835.

[18]　赵华，张祎祎，祖成奎，等．长波红外硫系玻璃制备技术的研究进展［J］．硅酸盐通报，
　　　　2022，41（11）：3719-3732.

[19]　常芳娥，薛改勤，许军锋，等．RbI 掺杂硫系红外玻璃的纳米晶化工艺研究［J］．西安工
　　　　业大学学报，2016，36（2）：143-148.

第七章

红外光学陶瓷

第一节 · 红外窗口用透明陶瓷

一、简介

红外成像与精确制导具有高精度、强隐蔽、不易受干扰的优点，是未来战争的重点发展方向，已经广泛运用于各种超声速战机、空空导弹和防御拦截系统。红外窗口是红外成像系统的重要部件，具有传输目标信号、保持气动外形、保护内部元器件的作用，这需要窗口材料具有工作波段高透的光学性能以及高强度、高硬度的力学性能。红外玻璃、红外陶瓷、红外单晶都是常用的红外窗口材料。相对于玻璃而言，陶瓷往往具有更高的热导率和强度；而相对于需要生长的单晶而言，通过粉体烧结成型的陶瓷制备周期短、生产成本低，且更容易根据所需形状制备出大尺寸器件。热压氟化镁、镁铝尖晶石、氮氧化铝、氧化钇等红外透明陶瓷材料都已经得到广泛运用。

高超声速飞行器指的是能够达到 5 倍音速以上飞行速度的飞行器，凭借其远距离快速打击和有效突破现有防御体系的优势，正在成为各国博弈的焦点。高超武器的发展对红外光电系统和窗口材料也提出了更高的要求。高马赫飞行所伴随的强烈气动加热会严重影响材料的原有性能和系统成像效果，这主要包括：①高温引起材料的红外截止边蓝移，使得长波段透射性能下降；②高温下材料自身的红外吸收与红外辐射都会增强，导致目标信号下降的同时产生强烈的背底噪声，使得信噪比下降难以分辨甚至完全淹没目标信号；③高温可能会导致材料力学性能下降；④气动热效应所带来的快速升温会产生剧烈的热冲击应力，引起应力畸变甚至直接导致窗口损坏破裂。目前会考虑采取侧窗技术和抛罩技术来缓解红外光窗的气动热问题，但这将会极大地限制导弹飞行末端的制导能力和打击效果。这些问题都是窗口用红外透明陶瓷未来发展所需攻克的重点方向。

传统陶瓷材料本身结构（晶粒的各向异性、晶界的存在）及存在的缺陷（气孔、杂质）所引起的散射和吸收使得其难以透光。为了获得透明陶瓷，通常需要选择高纯度的各向同性的无吸收材料，减少气孔提高致密度，同时防止产生第二相析出物，进一步还需要考虑减少晶界和表面抛光。

透明陶瓷的制备流程中最关键的步骤为粉体制备和烧结，常用的粉体制备方法包括液相沉淀法、溶胶-凝胶法、燃烧法、热分解法等，以获得适当晶粒分布的近球形粉体为最佳，同时需要避免粉体团聚导致烧结活性降低；烧结方法包括常规烧结、真空烧结、热压烧结、热等静压烧结（HIP）、放电等离子体烧结（SPS）、两步烧结等，以排除气孔获得高致密度为目标。对于各向异性材料以及复相陶瓷材料，还需要减小晶粒尺寸以减少散射损耗。

二、镁铝尖晶石红外陶瓷

（一）镁铝尖晶石简介

1. 尖晶石的结构和相图

图 7-1 为尖晶石结构示意图。尖晶石具有立方晶系结构，该结构可以看成岩盐结构和闪锌矿结构的组合，氧离子作面心立方密堆。如图 7-1 所示，这个结构的一个子晶胞有 4 个原子、4 个八面体间隙和 8 个四面体间隙。这使总数为 12 的间隙中填充了三个阳离子，其中 1 个是二价的，2 个是三价的。在每个原胞中都填充了两个八面体间隙和一个四面体间隙。8 个这样的原胞排在一起形成了一个如图 7-1 所示的晶胞，共包含 32 个氧离子、16 个八面体间隙阳离子及 8 个四面体间隙阳离子。尖晶石的通式是 AB_2O_4，这里 A 是二价离子如 Zn、Cd、Mg、Fe、Mn、Ni 或 Co，B 是三价离子如 Al 或 Fe。

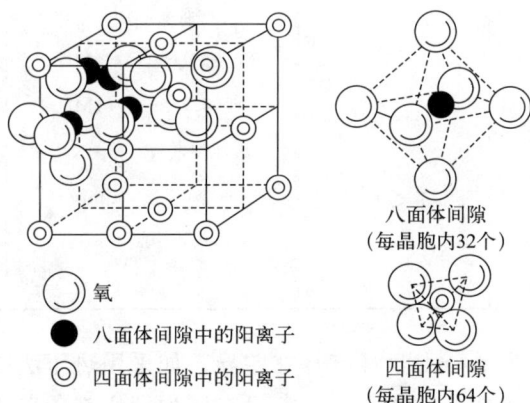

八面体间隙
（每晶胞内32个）

〇 氧
● 八面体间隙中的阳离子
◎ 四面体间隙中的阳离子

四面体间隙
（每晶胞内64个）

图 7-1　尖晶石结构示意图

图 7-2 为 MgO-Al_2O_3 相图，从图中可以看出尖晶石的固溶范围很广，在很大的温度范围内都可以形成不同化学计量比的尖晶石单相，化学式可表示为 $MgO \cdot nAl_2O_3$。当 $n=0.98\sim3.5$ 时，$MgO \cdot nAl_2O_3$ 能制备成透明陶瓷。

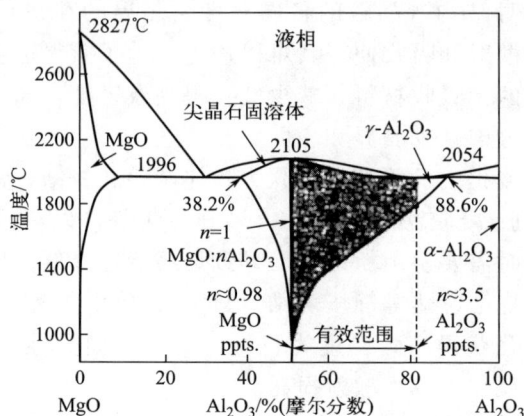

图 7-2　MgO-Al$_2$O$_3$ 相图

2. 尖晶石的光学透过波段

尖晶石的透光波段范围在 $0.19\sim6.50\mu m$，在此范围内透光性能优良且最高理论光透过率可达 87%。与常用的另外两种中波红外窗口材料氮氧化铝（AlON）透明陶瓷和蓝宝石（Al$_2$O$_3$）单晶相比，尖晶石的红外截止波长较长，在 $4.8\mu m$ 处的透过率高于 AlON 和 Al$_2$O$_3$。

主要性能如表 7-1 所示。

表 7-1　透明尖晶石陶瓷的主要性能

性能	数值	性能	数值
密度/(g/cm^3)	3.58	泊松比	0.26
熔点/℃	2135	强度/MPa	500
努氏硬度/(kg/mm^2)	1150	介电常数(20℃)(1MHz)	8.11
弹性模量/GPa	273	损耗切线(20℃)(1MHz)	1.4×10^{-4}
热膨胀系数/℃$^{-1}$		热导率/[W/(m·K)]	16
20～300℃	6.72×10^{-6}	透过率(厚度 4mm)/%	
20～400℃	7.07×10	0.4～0.8μm	80
20～500℃	7.33×10^{-6}	3～5μm	85

不同方法制备的尖晶石力学性能存在差异，如采用热压法或热压结合热等静压法制备的尖晶石具有较低的抗弯强度，而没有添加助烧剂，采用烧结结合热等静压法制备的尖晶石具有较高的抗弯强度（见表 7-2）。

烧结添加剂采用 SPS 方法成功制备了透明的镁铝尖晶石：其以 200℃/min 的加热速率加热至 1600℃ 的实验最佳温度后，于 63MPa 的压力下保持 30min，获得了最大直线透过率为 78%（厚 2.1mm、μ=800nm）且平均晶粒尺寸约为 $50\mu m$ 的

表 7-2 不同方法制备的尖晶石的抗弯强度

样品	弯曲强度/MPa （1500℃ HP）	弯曲强度/MPa （1500℃ HP＋1750℃ HIP）	弯曲强度/MPa （1500℃ 烧结＋1750℃ HIP）
1	116.4	108.2	208.0
2	130.4	105.9	211.9
3	136.5	106.7	191.4
4	116.9	98.4	222.7
5	132.7	107.2	197.4
6	119.1	118.3	179.2
7	138.7	99.2	196.3
8	106.4	90.8	206.0
9	119.1	108.4	213.1
10	126.6	112.1	235.9
平均值	124.3	105.5	206.2

镁铝尖晶石透明陶瓷，而在相同条件下烧结的未掺杂样品虽然呈现出更好的微观结构，但半透明；同时证明 LiF 在消除残余碳污染方面发挥着至关重要的作用。采用自制高纯尖晶石粉添加 0.7％（质量分数）LiF，在 1100℃下 SPS 烧结获得了强度和相对密度分别为 97.8MPa 和 99.98％且在 1100nm 波长下透过率达 86.8％的尖晶石透明陶瓷。以高纯尖晶石粉制备了理论密度为 65％的预烧结体，通过 SPS 方法烧结 75min（加热速率为 15℃/min，压力为 8kN/cm^2），获得了坯体相对密度 99.97％且在 1100nm 波长下的高直线透过率为 86.7％的镁铝尖晶石透明陶瓷。在由高压火花等离子体烧结（HPSPS）制造的粒径小于 30nm 的透明纳米结晶镁氧化硅尖晶陶瓷中观察到反 Hall-Petch 行为，通过高压 SPS 方法制备的粒径小于 30nm 的透明纳米结晶镁氧化硅尖晶陶瓷，样品在 550nm 波长下具有 80％的直线透过率，而样品的硬度值遵循反 Hall-Petch 关系，晶粒尺寸约为 30nm 时，最大硬度达到 20GPa；当晶粒尺寸降至 17nm 时，硬度值从 20GPa 降至 17.6GPa。以高纯尖晶石（$MgAl_2O_4$）纳米粉末为原料，在 1300℃/1350℃/1400℃、73MPa 的压力下进行 SPS 烧结，制备了纳米结构尖晶石。结果表明，在 1300℃下烧结的样品比在 1350℃和 1400℃的烧结时具有更精细的微观结构（平均晶粒大小约 250nm），1300℃时的相对密度约为 99.93％、1350℃为 99.63％、在 1400℃时为 99.58％，原因是在成型的样品中存在一定的孔隙度，在 1300℃下烧结的样品与 1350℃和 1400℃烧结的样品相比，其具有较好的透过率（550nm 为 70％，1100nm 时为 78％）；同时由于其高密度和细粒径，在 1300℃下烧结的样品表现出维氏微硬度 HV＝18GPa，弹性模数 E＝228GPa，大于 1350℃（HV＝15GPa、E＝172GPa）和 1400℃（HV＝12GPa，E＝136GPa）时的硬度和弹性模数。

烧结-锻造是一种在没有横向约束的情况下，在加热的同时对样品施加轴向压力促进样品致密化的烧结工艺。虽然这种工艺在原则上类似于热压烧结（HP），但是由于没有横向约束，样品在受压过程中可以发生较大的塑性变形，因此这种工艺在消除气孔和微观缺陷方面比热压烧结更有效。与此同时，由于在烧结-锻造过程中没有横向约束，样品需要靠自身强度承受来自轴向的压力，因此通过预烧使样品具有一定的强度是十分有必要的。

在烧结-锻造中孔隙的消除可以大致分为三种情况：第一种机制是应变控制的孔隙闭合，主要是由于超塑性行为导致晶界滑动过程中孔隙的消除，然而，这种机制只能消除大于晶粒尺寸的孔隙；第二种机制被称为应力辅助扩散机制；第三种机制被称为曲率驱动扩散机制。后两种主要负责最小孔隙的消除。事实上，烧结锻造不仅能有效地促进致密化，而且还能有效控制晶粒尺寸。

原因很简单：由于烧结-锻造过程中会产生塑性变形，大孔隙在早期就闭合了，只留下小的晶界钉扎孔隙，有效地抑制了晶粒长大。此外，烧结-锻造可以与不同的力场以及温度场相结合，没有固定的烧结设备。例如，利用 SPS 先在 1100℃ 对高纯 $MgAl_2O_4$ 粉体进行预烧结，得到了致密度约 33.3％ 的 $MgAl_2O_4$ 坯体。随后在没有侧向约束的情况下对该坯体进行烧结-锻造，得到了在波长 550nm 处透过率为 44.7％ 的镁铝尖晶石透明陶瓷。此外，将烧结-锻造与微波场相结合采用滑铸将高纯 $MgAl_2O_4$ 原料制成致密度约为 60％ 的 $MgAl_2O_4$ 生坯，然后将该坯体置于常规烧结炉中在 1400℃ 预烧结 12min，使其具备一定的抗压强度，之后再将预烧所得坯体在微波场中进行烧结-锻造得到了在红外波段透过率达到 83％ 的亚微米级 $MgAl_2O_4$ 透明陶瓷。

不同气氛烧结尖晶石陶瓷产生不同的结果，真空烧结尖晶石陶瓷具有比大气烧结、氢气烧结更高的光学透过率。在高的烧结温度及高的热等静压压力条件下，尖晶石具有高的光学透过率。

尖晶石有较好的耐酸碱腐蚀性能，采用稀盐酸、稀磷酸溶液、浓磷酸溶液和稀氢氧化钠溶液分别在常温和加热条件下对尖晶石抛光试样进行腐蚀，再采用熔融氢氧化钠对试样进行腐蚀，测试试样实验前后的红外透过率，观察表面被腐蚀的程度，以考察其耐酸碱腐蚀的性能。在实验条件下，尖晶石试样在稀酸、碱溶液中较长时间腐蚀后，3～5μm 的红外透过率和表面几乎没有发生变化，只有在浓磷酸原液加热后、经熔融氢氧化钠腐蚀 10min 后才发生明显变化。上述结果表明，透明尖晶石陶瓷材料有较好的耐酸碱腐蚀性能，是一种比较理想的耐腐蚀红外窗口材料。

3. 冲蚀磨损、辐照性能、飞秒激光烧蚀、激光加工、黏接和镀膜

（1）冲蚀磨损

固体颗粒冲蚀磨损造成构件的损伤和破坏存在于许多军事和民用技术应用领域，用于窗口/整流罩时，冲蚀磨损影响材料使用寿命。采用高压气体喷射式固体

颗粒冲蚀磨损试验系统，检测对比尖晶石和几种重要的红外光学材料及自支撑金刚石膜的冲蚀磨损性能（冲蚀磨损率、红外透过率），为其在冲蚀磨损环境中工作的红外光学系统中的应用提供必要的试验数据。对 Ge、ZnS、MgF_2、石英玻璃和 $MgAl_2O_4$ 的冲蚀磨损研究表明，它们均表现出脆性材料的冲蚀磨损特征，在相同的冲蚀磨损实验条件下，冲蚀磨损率大小顺序为 Ge＞ZnS＞MgF_2＞石英玻璃＞$MgAl_2O_4$；相同的冲蚀实验参数下，材料的红外透过率损失程度与材料的冲蚀磨损率呈现相同的变化趋势；随冲蚀磨损时间的延长、冲蚀角度的增加及冲击速度的提高，红外透过率的损失量呈现增加的趋势，但是冲击速度增加到一定水平后，对红外透过率的影响程度趋于一致；同种磨料的粒度增大，冲蚀磨损后红外透过率的损失增加；$MgAl_2O_4$ 主要表现为横向裂纹扩展引起的材料流失。

（2）辐照性能

由于透明尖晶石陶瓷常用于军事和航空航天技术，因此从 20 世纪 70 年代开始就开展了对镁铝尖晶石 γ 辐照效应的研究工作。初期对不透明 $MgAl_2O_4$ 陶瓷进行核辐射环境下微结构变化的研究，对镁铝尖晶石单晶辐照效应的研究工作开展较早，但对透明 $MgAl_2O_4$ 陶瓷的抗辐照性能的研究甚少。四川大学通过测量透明镁铝尖晶陶瓷 γ 辐照前、辐照后及进行等时退火处理后的紫外-可见光谱和红外谱，研究尖晶石的辐照特性。尖晶石在辐照前为无色透明，经过 γ 射线、X 射线辐照后，在样品中产生 V 型色心吸收复合带，变为茶色透明，其光学透过率在紫外到可见光区随 γ 辐照剂量增加而减少，但剂量 $D＞2kGy$ 时，透过率不再下降。大剂量辐照时，陶瓷红外透过率上升，具有明显的辐照退火效应。通过掺入 CeO_2 可提高其抗辐照损伤的能力。

（3）飞秒激光烧蚀

有实验研究了飞秒激光脉冲与 $MgAl_2O_4$ 的相互作用，得到其在单脉冲、多脉冲等情况下的损伤阈值变化，以及其损伤面积的改变大小与不同单脉冲能量和作用时间的关系，分析了不同激光能量作用后对透过率的影响，并发现飞秒激光脉冲烧蚀后红外透过率提高的现象：在功率密度接近多脉冲作用损伤阈值时，透过率明显高于改性前，而功率密度较低或者高于损伤阈值后的透过率低于烧蚀前，这是由于当飞秒激光在改性能量阈值附近作用时，因激光诱导折射率的微小增加，在材料表面可能形成微凸透镜，因此在测量红外透过率时，光通过改性点时产生光会聚，减小了光散射损耗，进而提高了透过率。这使 $MgAl_2O_4$ 在微光器件领域有着新的应用前景。

（4）激光加工、黏接

对尖晶石样品进行激光加工，厚度 1mm 的样品打孔、开槽，加工不同形状外形。除了常规的胶黏剂黏接，采用活化 Mo-Mn 法对镁铝尖晶石透明陶瓷进行了金属化封接实验和类似晶体的键合实验，尖晶石金属化机理与目前较成熟的氧化铝陶瓷的金属化机理存在很大不同，初期的金属化封接样品抗弯强度达到 86MPa，采用键合工艺的样品平均抗弯强度可达 127MPa。

（5）镀膜

为满足材料应用对不同波段更高的透过率要求，分别镀制 $3\sim5\mu m$ 增透膜、$600\sim3000nm$ 宽带增透膜及 1064nm 单点增透膜；为提高热导率和表面硬度，镀制了类金刚石膜。

（二）镁铝尖晶石透明陶瓷的粉体合成

1．固相反应法

该方法一般通过一定温度煅烧高纯 MgO、Al_2O_3 或其氢氧化物等固态混合粉末来获得镁铝尖晶石粉体，如图 7-3。其工艺简单且成本低，但能耗过高、生产效率低、原料纯度要求高；同时，成品粉末的粒径大，加工过程中易受污染。

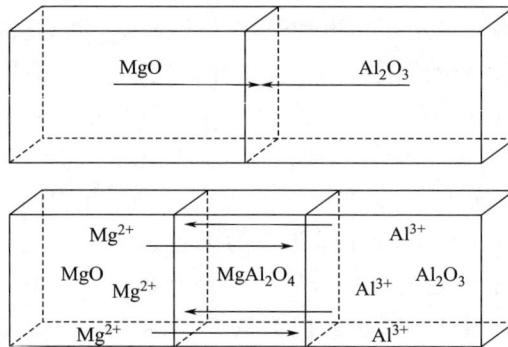

图 7-3　固相反应离子扩散示意图

以自制高纯铝醇盐水解物［主要成分 $Al(OH)_3$］和高纯氧化镁［$Mg(OH)_2$］，在 1400℃ 的焙烧温度下可获得纯度 99.995%、晶粒粒径范围为 $37.6\sim53.1nm$ 的高纯镁铝尖晶石粉体。将 $Al(OH)_3$ 和 $Mg(OH)_2$ 混合研磨后经 850℃ 煅烧获得镁铝尖晶石粉体，紧接着在 1600℃ 的烧结温度下获得相对致密度为 97% 陶瓷。Kong 等人通过煅烧高纯 MgO、Al_2O_3 的高能球磨混合物获得了平均晶粒尺寸为 100nm 的镁铝尖晶石粉末，并在烧结实验中获得了相对致密度 98%、平均晶粒尺寸 $2\sim5\mu m$ 的块体。该方法制得的粉体纯度虽然很高，但是产物颗粒尺寸偏大，烧结性不佳，不适合制备镁铝尖晶石透明陶瓷。

2．沉淀法

沉淀法基于各种沉淀反应，如各种盐溶液与相应离子（OH^-、CO_3^{2-}、SO_4^{2-} 等）反应，将得到的不溶物（氢氧化物、硫酸盐、碳酸盐等）加热分解得到目标化合物。

（1）均匀沉淀法

均匀沉淀法是由溶液自行缓慢生成沉淀剂，进而与溶液中的两种金属离子生成沉淀，不需要引入额外沉淀剂，避免沉淀剂的局部不均匀性。Hokazono 以

$Al(NO_3)_3$-$Mg(NO_3)_2$-$(NH_2)CO$ 和 $MgSO_4$-$Al_2(SO_4)_3$-$(NH_2)_2CO$ 两种水溶液体系进行对比研究,将两种沉淀水洗、分离、碾碎后煅烧得到两种粉末。分析结果表明,硫酸盐体系获得的粉末在可烧结性方面更好,得到的烧结体密度更高且微观结构更均匀。

(2) 共沉淀法

共沉淀法是将沉淀剂引入混合金属盐溶液后,获得组成更均匀的沉淀,经后续洗涤、干燥及煅烧而得到目标化合物。已有的研究所用的沉淀剂有氨水、碳酸铵、碳酸氢铵,其中氨水做沉淀剂的镁铝尖晶石粉末在烧结性上较差,不易实现高致密使用碳酸铵作为沉淀剂沉淀了镁和铝的硝酸盐,形成 $NH_4Al(OH)_2CO_3 \cdot H_2O$,其老化后转化为 $Mg_6Al_2(CO_3)(OH)_{16} \cdot 4H_2O$,两个相的紧密共存导致它们更容易分解成结晶镁铝尖晶石粉末,而且非常适合于制造镁铝尖晶石透明陶瓷。Schreyeck 等人通过将 Mg 和 Al 的硫酸盐混合物在 $1200 \sim 1600$℃加热 $2 \sim 14h$ 来合成镁铝尖晶石粉末,在相似的合成条件下,从硫酸盐获得的样品比从氧化物获得的样品具有更高的结晶度。在另一项研究中,使用 TEAOH〔四乙基氢氧化铵:$(C_2H_5)_4NOH$〕作为沉淀剂,对比使用 8-HQ(C_9H_7NOH)作为络合剂,以铝和镁的无水氯化物为原料合成了单相纳米晶镁铝尖晶石粉末。结果表明,使用 8-HQ 形成的镁铝尖晶石粉末在 600℃下煅烧后呈细小棒状结构,其比表面积为 $182m^2/g$,而使用 TEAOH 形成的粉末在 1000℃下退火后为球形颗粒。

有实验以金属氯化物为原料,选用氨水通过调节 pH 获得凝胶沉淀。实验中,凝胶沉淀煅烧温度 500℃时,其中的 $2Mg(OH) \cdot Al(OH)_3$ 和少量的 $AlOOH$ 发生分解,分别生成尖晶石＋MgO 和 γ-Al_2O_3;800℃时氧化镁与氧化铝几乎全部反应成为尖晶石相。而在另一项研究中,金属硫酸盐溶解于蒸馏水,以氨水做沉淀剂获得凝胶沉淀。煅烧过程中,尖晶石相于 600℃开始生成,900℃时还存在未参与反应的硫酸盐,但整体结晶状况良好,温度升至 1000℃时单相尖晶石与一些未反应的金属氧化物共存,最终成品粉末平均粒度和比表面积分别为 $0.2\mu m$、$8.5m^2/g$,且颇具烧结性。并且通过共沉淀合成了超细 $MgAl_2O_4$ 纳米颗粒,合成的纳米颗粒具有 $(3.8 \pm 0.2)nm$ 的微晶尺寸和 $(274.34 \pm 0.41)m^2/g$ 的比表面积。研究人员通过共沉淀法,使用碳酸铵作为沉淀剂,从镁、铝和硝酸钴的混合溶液中共沉淀出 0.05%(原子百分数)Co:$MgAl_2O_4$ 前体,通过真空预烧结和在 1100℃下热等静压(HIP)烧结 4h,成功获得了 0.05%(原子百分数)Co:$MgAl_2O_4$ 透明陶瓷。有学者用碳酸铝铵和氢氧化物通过碳酸盐沉淀法合成了各种形态的 $MgAl_2O_4$ 尖晶石纳米粉。其借助纳米沉淀物的生长和聚集,同时通过改变铵离子的浓度合成了具有棒状、玉米状和球形形态的粉末,而与其他形状的粉末相比具有球形形态的粉末可以在更低的煅烧温度下形成尖晶石相,这是由于改善了颗粒堆积且具有良好的形态,从而具有更好的烧结性。然而,在已有研究中原料大都是使用金属氯化物、硫酸盐、硝酸盐、碳酸盐等,所以在共沉淀途径中形成的粉末总是含有一些很难除去的残留阴离子杂质，这些阴离子杂质在烧结后留在晶界并引起透射光的散射，影响陶瓷体的整体透明度。

3. 溶胶-凝胶法

溶胶-凝胶法是利用反应前驱体溶液（金属盐、金属醇盐等）中的液相反应来获得溶胶-凝胶化产物，将该产物干燥、煅烧后获得陶瓷粉末。在溶胶-凝胶化的过程中，各组分在胶体层次上实现高度混合，高均匀性且高比表面的溶胶-凝胶化产物保证了陶瓷粉末的高纯度、小颗粒尺寸（1～10nm）、较窄的粒度分布和良好的烧结活性。

有研究人员使用异丙醇铝和硝酸镁作为前体合成了高纯度化学计量比的镁铝尖晶石粉末。而 Yuan 等则以硝酸盐代替醇盐，使用黄原胶和槐豆胶做凝胶形成剂，在 800℃的条件下，制备了平均晶粒尺寸达到 20nm 的镁铝尖晶石粉末。

以异丙醇铝和乙酸镁为起始原料，将溶胶-凝胶化产物在 900℃煅烧后制备了具有化学计量比的全结晶镁铝尖晶石粉末。Shiono 等使用含有非常细的 MgO 粉末的异质醇溶液，通过溶胶-凝胶路线合成了具有化学计量比的高纯度、高反应性的超细镁铝尖晶石粉末；在 350℃的静水压力下压实、1200℃下烧结 1h 后粉末便会形成完全致密的微观结构。

尽管溶胶-凝胶法生产的单/复合氧化物粉末具有受控的组织和表面特性，但是通过这种方法获得粉末的原子均质性却很差；而通过选择替代的醇盐前体材料，可以解决由于溶胶-凝胶法制备原子均质二元氧化物材料（由于不同金属阳离子的水解和缩合速率不同）而产生的问题。一方面，反应性较低的前体可以与水进行预反应，该技术称为"预水解"，是溶胶-凝胶合成中最常用的反应性匹配方案；另一方面，可以通过在称为"化学修饰"的过程中用不同的配体替换其一些烷氧基来减慢高反应性前体的反应速率，最常用的化学改性剂包括乙酸和乙酰丙酮。由于涉及昂贵的醇盐前体，以溶胶-凝胶路线获得的镁铝尖晶石粉末总是很昂贵，且由于粒径小，成品粉体团聚现象明显。

4. 喷雾热解法

喷雾热解法通常将金属盐溶液喷入高温反应环境，在与高温气氛的接触中，溶剂快速蒸发/燃烧并伴随金属盐的热分解，进而获得陶瓷粉体，图 7-4 是其分解装置图。该方法可连续化操作，有很高的生产能力。

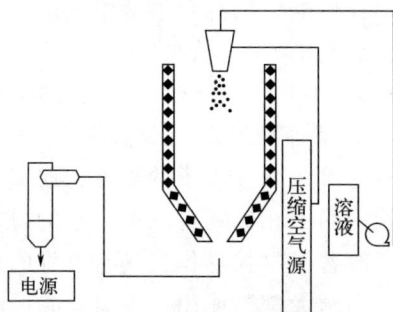

图 7-4　喷雾热分解装置

将 $Mg(NO_3)_2$、$Al(NO_3)_3$ 混合物溶于体积浓度 60% 的乙醇溶液作为前驱物，将该双醇盐尖晶石前驱物进行喷雾热解，可获得均匀球形的超细尖晶石粉体颗粒。以 $Mg(NO_3)_2 \cdot 6H_2O$、$Al(NO_3)_3 \cdot 9H_2O$ 为溶质，质量分数 0.5% 的丙三醇为溶剂，通过喷雾热解可获得无团聚的厚壁中空球形颗粒，该颗粒化学成分十分均匀且粒度分布较窄，但由于粉末的骨架通常是薄壁空心球，这会导致在烧结样品中形成孔，从而导致低的体积密度。

5. 水热合成法

水热合成法在特制密闭反应釜提供的高温、压力条件下，提高溶质溶解度的同时通过水性介质中的单相或多相反应，直接从溶液中获得结晶体。由于没有高温煅烧，且混合、研磨过程被简化或跳过，在整个过程中节省的时间和能源相当可观。另外，从溶液中直接析晶得到的粉末改善了形核、生长、老化的速率和整体均匀性，通过对晶粒尺寸和形态的改善极大缓解了团聚的问题，获得的窄粒度分布的初始粉末使得陶瓷烧结体的性能得到进一步优化；不足之处便是制备周期长、效率较低。

采用水热法可合成镁铝尖晶石粉末，其制备过程是在 400℃ 的硝酸镁水溶液中对 γ-AlO(OH) 进行水热处理，形成了宽度为 100～200nm、厚度为 25nm 的镁铝尖晶石微小薄片。使用 $MgAl_2(OCH_2\text{-}CH_2OR)_8$ 通过水热辅助溶胶-凝胶法可制备镁铝尖晶石粉末，用 R＝CH_3、$CH_2CH_2OCH_3$、$MgAl_2[OCH(CH_3)_2]_8$ 和 $MgAl_2$ $(O\text{-}sBu)_8$ 作为前驱体溶于甲苯，从镁铝醇盐获得的凝胶在溶液中含有六个配位的铝原子，在 700℃ 煅烧时形成纯镁铝尖晶石相，而在类似的水解和煅烧过程中，前体包含四个配位的铝形成尖晶石相伴随着一些 Al_2O_3 和 MgO；此外，选用疏水性溶剂和醇时，形成的粉末颗粒分别为球形和非球形。

6. 超临界法

超临界法利用反应溶液在临界温度与临界压力下表现出的特殊性质，促使溶质分解为固体产物，将得到的固体产物经热处理可获得粉体。

在超临界条件下在乙烯醇中获得 $Mg[Al(OR)_4]$ 分解后的固体颗粒产物，经 1100℃ 高温热处理后，获得了容易解聚且可烧结的镁铝尖晶石粉末。

7. 燃烧合成法

燃烧合成法利用原料之间氧化还原反应释放的能量来进行粉体合成，过程中不需要盐的水解，没有洗涤、过滤、干燥及煅烧步骤，省时节能；与昂贵的溶胶-凝胶法相比，这种固溶燃烧合成路线特别有益于复合氧化物粉末，燃烧合成的复合粉末与常规固态反应路线中形成的类似复合粉末和喷雾热解路线中形成的化学计量镁铝尖晶石粉末相比，具有更好的烧结性能和微观结构，但该方法制备的粉末因比表面积较小且呈现片状，烧结性不佳。

有研究将金属硝酸盐作为氧化剂、尿素作为燃料合成了具有化学计量的纳米级镁铝尖晶石粉末，将获得的粉末通过粉浆浇铸路径进行固结后，在 275MPa 下冷等静压 10min 后，在 1300℃ 下热等静压烧结 4h，获得了硬度为 779kg/mm^2 的致密镁铝尖晶石陶瓷体。另一项研究中，通过燃烧合成路线，使用金属硝酸盐作为氧化剂，尿素、甘氨酸和 β-丙氨酸为燃料合成了镁铝尖晶石粉末，证明了尿素是最适合硝酸铝的燃料，而 β-丙氨酸是适合硝酸镁的燃料；此外还证明仅当使用燃料（尿素和 β-丙氨酸，尿素和甘氨酸）的混合物时才能获得最佳成品粉末，这是因为使用燃料混合物可以直接从燃烧反应中形成纯的纳米镁铝尖晶石晶体，无需任何后续的退火步骤，而单一燃料（尿素、甘氨酸或 β-丙氨酸）形成的粉末是无定形态，需要进一步退火才能获得结晶镁铝尖晶石。有学者还曾使用相同的一组有机燃料（尿素、甘氨酸和 β-丙氨酸）通过溶液燃烧路线合成了镁铝尖晶石粉末，并将有机前体的路线所得粉末的性质与溶胶-凝胶法获得的粉末性质进行了比较。结果表明，燃烧合成法中粉末的微晶尺寸受所用燃料类型的强烈影响：尿素燃烧衍生粉末的平均微晶尺寸为 3.45nm，铝和乙醛酸镁混合物在 700℃煅烧后形成的粉末的平均微晶尺寸为 8.34nm，β-丙氨酸燃烧形成的粉末的平均微晶尺寸为 10.36nm。此外，Li 等人使用了由硝酸镁和硝酸铝水解而形成凝胶的有机单体（5％丙烯酰胺、1％ N′N9-亚甲基双丙烯酰胺）来避免金属离子的偏析，并借助于聚合引发剂（即 60℃ 的过硫酸铵）将含有这些有机单体、金属硝酸盐和尿素的水溶液转化成凝胶，凝胶中形成的三维空间网络将混合的 Mg-Al 氢氧化物保持在微区域中，经 700℃ 的干燥和煅烧时开始产生纳米级镁铝尖晶石细颗粒。

8. 冷冻干燥法

冷冻干燥法是通过低温和降压将被瞬时冷冻的金属盐溶液中的水分升华脱水，冷冻干燥后的固体产物经热分解获得目标粉体。有项研究使用醇盐前体通过冷冻干燥方法，合成了高烧结性镁铝尖晶石粉末，该粉末在 1500℃ 烧结 3.5h，其烧结体相对密度超过 95％，而且烧结得到镁铝尖晶石样品在 Ar 气氛中于 1500℃ 和 200MPa 下保持 2h 后，得到了相当好的透明度。另一项研究中，研究人员将金属硫酸盐用作原料用相同的冷冻干燥方法制备了镁铝尖晶石粉末。

（三）镁铝尖晶石透明陶瓷的烧结方法

烧结，是指固态陶瓷素坯在高温（低于熔点）下变成致密多晶陶瓷的过程，过程中发生物质迁移、晶粒长大和气孔排除。通过烧结而实现陶瓷坯体致密化的基本推动力是系统表面能的降低，原因是坯体中的亚微米甚至是纳米级的粉末颗粒具有很高的表面能。从能量角度来看，任何系统都趋向于低能量的稳定状态，因此表面能的减少作为烧结过程的驱动力，使得素坯中的固气界面（固体颗粒与气孔间的界面）逐渐消除，由新形成的低能量固固界面-晶界所取代；而这个传质和晶粒生长过程需要在高温下才能有效进行，因此烧结也只有在高温下才能得以实现。

在烧结过程中通常会发生以下三种主要变化：

① 晶粒尺寸和坯体密度增大；

② 气孔形状改变；

③ 气孔尺寸和气孔数量降低，整体气孔率减小。一般致密陶瓷材料的相对密度可以达到 98％以上，透明陶瓷的气孔率更是要达到极低的水平。

1. 烧结助剂

目前，利用市售获得的或通过大多数常用合成路线合成的镁铝尖晶石粉末进行的致密化烧结，几乎都需要借助烧结助剂来达到较高的致密化程度。曾被用于制备半透明或透明尖晶石的烧结助剂有 CaO、LiF + NaF、LiF + $CaCO_3$、$AlCl_3$、AlF_3、Na_3AlF_6、B_2O_3、ZrO_2。其中，LiF 是唯一能够重复获得高度透明的尖晶石的烧结助剂，也是近些年研究中使用最多的烧结助剂，大多数商业生产的透明尖晶石都使用了 LiF。LiF 在约 850℃ 的温度下熔化，由于毛细管现象而散布在尖晶石表面上，使尖晶石被润湿，可以通过颗粒重排和液相烧结而促进致密化。当 LiF 接近其熔点并有足够的用量，便会与尖晶石发生反应，并与 MgF_2 形成共晶，而产物会通过溶液再沉淀，再沉淀晶粒具有更高的扩散性，从而增强了致密性。

LiF 的独特之处在于，锂和氟具有很高的反应性，可以分别取代化合价为 +1 的镁和化合价为 -2 的氧。俄歇电子能谱、光吸收、二次离子质谱、透射电子显微镜和烧结实验表明锂和氟都掺入了晶格中。如果氟与杂质阳离子发生反应，则仅锂会残留。反应烧结期间尖晶石形成的速度加快归因于 Al_2O_3 中锂的掺入引起的空位，从而允许更高的阳离子扩散速度。

氟会形成带有许多杂质阳离子的挥发性化合物，它们与 LiF 的挥发温度通常低于尖晶石压块达到封闭孔隙的温度，因此可以将其除去。LiF 可以去除气相中的碳、硫、铁、钙和其他可能的杂质，因此必须根据杂质含量调整 LiF 的添加量，比如富氧化铝的粉末需要更少的 LiF，由于 MgF_2 蒸发，LiF 降低了镁含量。

LiF 在 1000~1400℃ 之间蒸发，并在 1200℃ 以上会使尖晶石微晶变粗，粗化对致密化是有害的，但在压力辅助烧结中可以减轻粗化，特别是当表面扩散或晶界扩散蠕变得到增强时（尤其是在孔隙以与晶界一样快的速度迁移时）。不过，LiF 使晶粒尺寸增大和晶内孔隙降低确实表明表面或气相扩散增强了。

作为烧结助剂，为了实现最佳效果，LiF 要求均匀分布，并且由于它具有不同的折射率，所以在烧结完成后必须去除。如果烧结过程中使用过多且保持时间不足（特别是在较大的压块中），或使用具有高烧结活性的粉末，或施加压力，将致密化条件降低到较低的温度，则 LiF 可能会被捕集，而过量或被截留的 LiF 会在晶界和三叉结处积聚，并导致扩散和晶粒尺寸受到限制，同时铝酸锂的形成和（或）Mg/MgO 的蒸发也可能导致富 MgO 的区域具有较差的透射率。除了粗化和散射外，使用 LiF 的主要缺点是造成晶界脆化和晶间断裂。尽管 LiF 会继续批量应用，但在不需要低成本粉末或用于更严格应用的情况下，会更趋向于减少或不用 LiF。

2. 无压烧结（PS）

无压烧结是无外加压力条件下进行陶瓷致密化的方法，也是最基本的烧结方法。其烧结气氛可以是真空、空气或其他气氛，材料适用体系较广泛，同时设备简单且容易进行工业化生产。例如，使用共沉淀法制备镁铝尖晶石粉末，以少量的 CaO 为外加剂，在 1800~1900℃ 的真空中烧结实现完全的致密化，获得的半透明陶瓷直线透射率＞10％（0.3～6.5μm），可见光区域的总透射率在67％～78％。同样的，通过沉淀法在1000～1200℃的温度范围内煅烧制备的尖晶石粉具有很高的烧结性，无添加剂的情况下于1750℃真空烧结2h致密化后达到半透明。

还有研究人员通过共沉淀法合成了最先进的镁铝粉末。该镁铝尖晶石共沉淀粉末的粒径为5～6nm，没有碳酸盐等明显的硬附聚物。即使使用这种粉末，在1300℃下进行无压烧结20min后，材料的理论密度也只达到98％。这表明通过PS制备完全致密的镁铝尖晶石可能是不可行的，因此，虽然第一块半透明陶瓷是在无压、氢气气氛下制备的，但其是无法直接制备高透明陶瓷的，因为镁铝尖晶石本身固有的性质使得烧结后期无法将气孔全部排出。无压烧结一般只用来制备粉体或结合热等静压来进一步消除陶瓷体残余气孔。

3. 热压烧结（HP）

热压烧结是一种高压辅助的陶瓷烧结工艺，其通过同时施加热量和压力来实现烧结和蠕变过程中的致密化，是目前获得透明陶瓷的重要技术。热压烧结炉是通过机械进行轴向加压，压力加载的同时模腔内的陶瓷粉末或预成型坯体被加热到烧成温度，由于外部施压产生了额外驱动力，因此可以在获得细小均匀晶粒的同时实现较短时间内的致密化。一般高压下的致密化通过颗粒重排和颗粒接触处的塑性流动来实现，但对于难烧结的陶瓷，压力增加的致密化驱动力仍旧不足，需要加入在烧结温度可提供高扩散通道的烧结助剂（用量少于常压烧结），以此促进致密化。热压炉的工作温度根据用途不同最高可达2500℃，工作压力一般在10～75MPa范围内。热压烧结中，能施加的最大压力受模具强度的限制，对于常用的石墨模具一般可达40MPa，使用特种石墨模具或价格更高的高温金属（如尼莫尼克合金）或高温陶瓷（如氧化铝、碳化硅）模具，压力可提高到75MPa。

在HP烧结中，使陶瓷体快速致密化的驱动力是系统表面能和外加压力，相比于无压烧结，HP烧结通过固体颗粒重排、晶界滑移和塑性变形（位错引起）等作用实现致密化过程的加速。

研究人员通过低温（1400℃）和高压（70MPa）制备了小晶粒尺寸（1μm）的半透明尖晶石，从那时起，HP被广泛用于制备透明尖晶石陶瓷。而要获得透光率较高的透明陶瓷，一般需要引入烧结助剂并通过控制温度、压力、气氛制度以及烧结助剂的用量，才能得以实现。

使用LiF作烧结助剂，以HP工艺制备的$MgAl_2O_4$透明陶瓷，其致密化程度接近100％且在紫外区间有较好的透射率。在1600℃的温度下将0.5％（质量分数）的掺LiF的镁铝尖晶石纳米粉热压1h，制得了密度接近理论上可达到的$MgAl_2O_4$光学陶瓷样品。在1500℃下热压12h的样品，获得了在1100nm的波长下80.2％的高透射率。

有一项研究添加1％（质量分数）LiF在30MPa下于1600℃下热压2h，获得了直线透射率在1000nm和1700nm时达到约77％的Co：$MgAl_2O_4$陶瓷，并且基态吸收截面在 1540nm 波长处，Co^{2+} 的能级数为 $2.55 \times 10^{-19} cm^2$，有望用作工作于 $1.5 \mu m$ 的固态脉冲激光器的可饱和吸收剂。而在另一项研究中，以同样 1%（质量分数）的 LiF 添加量，1550℃ 下 HP 加热 3h，获得了平均晶粒尺寸约为 $36 \mu m$、直线透射率在 800nm 波长下超过 60% 的尖晶石陶瓷，并发现添加 LiF 可以有效地去除孔隙并增加 $MgAl_2O_4$ 陶瓷的光学透明性。

有研究在添加 LiF 的基础上，通过优化工艺参数、原料来源等，制备了在 $\lambda = 640nm$ 时可见光范围内的最高透明度为 86%、在 200nm 处的紫外线透射率为 62% 的尖晶石陶瓷（厚度为 4mm）。

由于陶瓷体内残留的少量气孔，热压烧结的透明陶瓷的透过率难以达到预期，一般需要再增加一步热等静压工艺来排除残余气孔。虽然在促进致密化和降低烧结温度方面热压烧结表现略佳，但其独有的加压方式限制了制备样品的范围（适合片/环状），不能胜任复杂形状样品的制备任务，同时，其生产低效、制备成本高和光学均匀性较差，不适合量产。

4. 热等静压烧结（HIP）

热等静压作为一种最有效的工程陶瓷致密化方法，相比于热压烧结，是通过高压气体来对陶瓷粉末或坯体进行加压，在加热过程中试样受力更均衡。而且热等静压烧结无需刚性模具，可以满足更高的压力条件（一般可达到热压的 5～10 倍），同时由于热等静压过程中不存在试样与模具的摩擦，其可以达到比热压更高的致密化效果。热等静压装置主要包括四个部分：

① 压力容器，由压力皿、密封圈、顶盖及底盖等组成；

② 加热炉，由发热体（Mo、Fe-Cr-Al、Ni-Cr、Pt、石墨等）、热电偶及隔热体等组成；

③ 气体增压系统，主要包括压缩机、压力表、过滤器、排气阀、止回阀等；

④ 控制系统，功率、压力及温度控制等。

与 PS 烧结和 HP 烧结相比，HIP 烧结可以降低烧结温度、减少烧结时间、少用或不使用烧结助剂、提高陶瓷体的性能和可靠性、更适合制造复杂形状的产品等。

HIP 烧结工艺分为包套式与无包套式两种类型：

① 包套式 HIP 烧结，即使用不透气的包封材料将粉体或预成型素坯包裹，然后在 HIP 设备中进行致密化；

② 无包套 HIP 烧结，即 HIP 后处理工艺，通常将无压或热压烧结后的无连通气孔、无开口气孔的预烧结体，直接进行热等静压来消除残余气孔，从而实现细晶粒条件下的最大致密化，得到更高力学性能和可靠性的成品陶瓷，具体过程如图 7-5。

两种工艺中，第二种更适用于高致密透明陶瓷的制备，其可以进一步消除预烧体的残余气孔与愈合缺陷，一般要求预烧体相对密度≥95%；目前，大部分镁铝尖

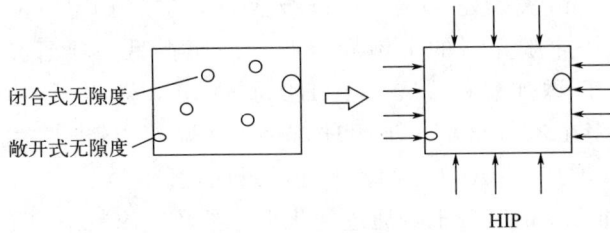

闭合式无隙度

敞开式无隙度

HIP

图 7-5　无包套 HIP 工艺

晶石透明陶瓷都是先通过 HP 烧结或者 PS 烧结制备开气孔趋近于 0 的预烧体，然后 HIP 烧结消除残余气孔，以此获得超高致密度的成品陶瓷。

将冷等静压成型的相对密度为 48％生坯经过 HIP（1650℃、177MPa、5h）后，获得了厚度为 3mm 的透明 $MgAl_2O_4$ 陶瓷，其直线透射率在 1064nm 时为 86.4％、在 400nm 时为 79.8％。相比于生坯直接进行 HIP 烧结，在真空、1500℃下进行无压烧结 2h 后，在 1800℃下进行 10h 热等静压后处理，能获得高度透明（400nm 处的直线透射率为 81％、950～3000nm 处的直线透射率为 86％、2mm 厚）陶瓷。$MgAl_2O_4$ 陶瓷样品在 1525℃下无压预烧结 3h，并在 1600℃下进行 HIP 后处理 3h，可获得在 1100nm 和 600nm 下的直线透射率分别为 86.3％和 82.5％的高质量镁铝尖晶石透明陶瓷。采用无压烧结结合热等静压制备透明的 $MgAl_2O_4$ 尖晶石陶瓷，在 1500℃下预烧结含 0.05％（质量分数）ZrO_2 的 5mm 厚样品，然后在 1550℃进行 HIP 处理，获得的样品在 400nm 和 1100nm 的直线透射率高达 75.5％和 85％。使用自制 $MgAl_2O_4$ 尖晶石浆料获得相对密度最高为 57％的生坯，在 1500℃下进行预烧结并在 1550℃下进行热等静压烧结之后，制造出了具有小晶粒尺寸（0.92μm）和高透射率（600nm 下为 81.7％）的 $MgAl_2O_4$ 透明陶瓷。Guo 等则采用 SPS 预处理坯体，在通过 HIP 进行最终致密化之后，制备了具有高透射率（在 1.0～5.0μm 范围内，直线透射率保持在 83％）和细晶粒尺寸（1.9μm）的 $MgAl_2O_4$ 透明陶瓷。

5. 放电等离子体烧结（SPS）

放电等离子体烧结，即等离子活化烧结，是对坯体直接施加较高的脉冲电流，以此产生热效应或其他场效应来实现致密化的方法。SPS 设备主要由 4 部分组成：

① 脉冲发生器，用来产生等离子体对材料进行活化烧结；

② 炉体，包括烧结腔体、模具、水冷冲头电极、上下压头及轴向压力装置；

③ 气氛控制系统，真空、Ar；

④ 温度传感系统。

HP 和 HIP 烧结作为应用最多的传统烧结方式，其加速致密化的因素无外乎两个：焦耳热、压力下的塑性流动，而 SPS 则在上述作用的基础上产生一个因直流脉冲电压造成的热作用，这种热作用来源于粉体颗粒间的放电，同时伴随 SPS 过程的特殊脉冲放电效应。在这种方法中，同时施加电场、高温和高压会导致在比传统烧结工艺所用的温度低得多的温度下进行快速烧结。与传统的两阶段烧结相比，使用 SPS 进行镁铝尖晶石的致密化可以减少烧结温度和保温时间，但是由于使用了石墨工具，所获得的完全致密的镁铝尖晶石标本会被碳污染，并呈现出灰色至黑色的色调，从而降低了直线透射率。因此，为了获得高质量的陶瓷，必须密切注意限制这种方式的两个变量，即粉末特性（包括粒度和杂质），以及 SPS 环境中的石墨污染。

6. 微波烧结（MS）

微波烧结是利用微波在材料中引起的介电损耗效应，对陶瓷体的内部和表面同时加热，即微波引发材料自身发热而实现整体同时、均匀受热。

传统烧结都是利用外部热源，其加热模式是通过辐射、对流、传导来实现热量由表面到内部的传递，而为了保证温度场的均匀稳定，长时间的保温难以避免，加热过程中效率低同时伴随温度梯度产生的热应力，而 MS 烧结陶瓷的加热方式是微波电磁场与材料介质的相互作用产生介电损耗，而使陶瓷表面和内部同时受热，材料内部热量梯度小，容易避免外部传热引起的热应力和热冲击，相比之下 MS 方法存在下列优点：

① 升温速率快，可以实现陶瓷的快速烧结和晶粒细化；

② 整体均匀加热，内部温度场均匀，明显改善材料的显微结构；

③ 微波加热不存在热惯性，烧结周期短；

④ 通过自身加热，不存在来自外热源的污染；

⑤ 高达 80%～90% 的微波能向热能转化效率，高效节能。

将尖晶石粉压制成密度约为 50% 的圆柱形生坯，然后采用微波辐射辅助，使其能够在 1550℃ 至 1750℃ 的温度范围内进行烧结，手动将射频功率控制在 2～5kW 之间，等温烧结时间为 15～20min，获得了密度 >98% 的半透明陶瓷，HIP后样品变成完全致密透明陶瓷。虽然 MS 试样的红外透射率不如热压试样（大于80%），可见光区域也下降至约 70%，但烧结时间短且成本相对较低；此外还发现传统的热压尖晶石样品表现出沿晶断裂，而微波烧结样品表现出穿晶断裂。而且使用微波烧结工艺，晶粒尺寸相比于传统烧结大约小一个数量级：典型的晶粒尺寸约为 5～20μm，而传统的热压尖晶石陶瓷的晶粒尺寸为 50～200μm。在另一项研究中，使用新型微波压力辅助系统，成功用于制备具有高透射率值和高力学性能的样品，在短热处理（高温阶段停留时间为 8min）中获得了亚微米级透明多晶尖晶石 $MgAl_2O_4$，且烧结气氛为空气，该透明尖晶石样品在红外范围内透射率高达 83%。

7. 闪烧（FS）

闪烧（FS）是一种涉及电焦耳加热的高能效烧结技术，可以使颗粒材料非常快速地致密（<60s），自从 2010 年首次发表关于快速烧结氧化锆（3YSZ）的出版

物以来，它已经得到了广泛的研究，并应用于各种材料。通常生坯在一定温度和临界电场下，几秒的时间即可实现快速致密化。

该方法烧结温度超低、烧结时间超短。对于烧结原理，目前主流的学术观点主要包括焦耳热效应理论、快速升温促进致密化理论、颗粒接触点局部热效应理论和缺陷作用理论等，虽然还没有可以完全合理解释 FS 发生机理的理论，但也不影响它是一种很具潜力的快速烧结方法。

闪烧实验的一种典型工艺过程是：将陶瓷粉体通过注浆成型或者压制成型得到陶瓷坯体，置于炉内加热，同时在坯体上施加电场，当炉温达到一个临界值时，坯体中电流瞬间急剧上升，这时样品发生热能激增、体积收缩和强烈的电致发光现象。闪烧过程一般可以分为 3 个阶段：

① 孕育阶段：当外加电压和加热温度达到闪烧临界值时，电流值逐渐增加；

② 闪烧阶段：该阶段电流发生急剧增加，产生的焦耳热使样品发生烧结，同时电阻率明显降低；

③ 稳态阶段：该阶段电流会达到峰值，而电压、电阻率和能量耗散值基本不变。每个阶段的时间长短取决于材料特性和工艺参数。

在最近的报道中，研究了 MgO 和 Al_2O_3 的反应性闪光烧结成单相尖晶石，其通过添加 8YSZ 增加电导率来诱导快速烧结。实验发现，尖晶石的转变发生在第二阶段并在几秒的时间内完成，同时伴随着尖晶石的致密化，还发现氧化锆的存在促进了闪烧的发生。

（四）镁铝尖晶石透明陶瓷的性能

1. 透明性原理

透明陶瓷要求绝大部分的入射光可以顺利通过该陶瓷体，这样才会有足够高的直线透射率。而入射光通过陶瓷体时一般会有三部分的损失：

① 表面反射损失，光线垂直入射到陶瓷表面时的反射；

② 吸收损失，光线通过陶瓷体时因产生电子跃迁/原子振动而被吸收；

③ 散射损失，光线通过陶瓷体时遇见诸如气孔、杂质及夹杂物等而产生各个方向的散射。

三种光损失中，陶瓷固有的反射和吸收显然不可避免，但对多数透明陶瓷影响非常小；散射和第二相吸收才是影响直线透射率的最重要因素。

2. 主要影响因素

① 气孔率。陶瓷体内的气相与尖晶石相的折射率相差颇多，进而产生强烈的光散射，所以获得高透射率的前提是使气孔率趋近或等于 0。一般制备透明陶瓷需要把残余气孔率和平均孔径分别控制为 $<0.1\%$、$<100nm$。相同的入射光下相对透光率随孔径增大而下降；相同的孔径条件，相对透光率会随波长的增加而降低；为保证中红外范围的相对透光率，气孔直径须减小至 $100nm$。

② 晶界相与析出物。其同样与晶体的性质不同，降低多晶陶瓷的均匀性，影

响直线透射率。单位体积晶界越多、晶界越厚、杂质越多、排布越杂乱，由折射率不同引起的连续反射和折射越强烈，相对直线透过率越低。因此想要有效提高镁铝尖晶石透明陶瓷的光学性质，需要尽可能降低晶界数量与厚度、杂质率与气孔率，同时避免制备中可能产生的其他缺陷。

③ 晶粒尺寸。根据光散射原理，多晶透明陶瓷晶粒尺寸与入射光波长越接近，造成的 Mie 散射越强烈。

最新研究中，分别实现了在 1100nm/86.3％、600nm/82.5％、1064nm/86.4％和 400nm/79.8％的最高透射率。

3. 力学性能

镁铝尖晶石透明陶瓷是红外制导的导弹窗口、高马赫航空器的整流罩、透明装甲和极端环境下的光电设备等的理想候选材料，即可满足耐热蚀、耐冲击及其他极端环境抗侵蚀要求。通常，影响镁铝尖晶石透明陶瓷力学性能的主要是内在因素（晶粒尺寸、晶界及气孔等微观结构）和外在因素（加工条件、受力方式及形状尺寸等），这里只对主要内在因素进行概述：

① 晶粒尺寸与晶界。晶界能够钉扎位错滑移，在发生永久性破坏时效之前，晶界可以容纳所有的位错。降低晶粒尺寸可提高晶界面积，能够容纳更多位错，需要更高的应力才能使其永久性失效。同时在准塑性模型的假定中，陶瓷材料的形变由晶粒剪切和晶界断裂实现，即晶界数量的增加可以允许更多的裂纹偏转，提高硬度与抗弯强度。但是陶瓷体的机械强度不随着晶粒尺寸的减少而无限增加，原因是晶粒尺寸过小破坏陶瓷体长程有序或是大部分晶粒无法维持稳定形态，此时强度会有所下降。

② 析出第二相。其钉扎于晶界处，引发裂纹偏转或穿晶断裂，一定程度上起到强化作用。

③ 气孔率。气孔的存在会减小弹性模量直接影响致密度，同时也是材料内部裂纹的起源，因此气孔率的大小会显著影响陶瓷强度。

最新研究中，在获得较高透光率的基础上，制备的透明陶瓷还具有较高的力学性能，前者获得的样品平均晶粒尺寸为 $23\mu m$、弯曲强度 214MPa、维氏硬度 13.6GPa；后者获得的样品平均晶粒尺寸为 $1.5\mu m$、弯曲强度为（281±16）MPa、维氏硬度为（13.23±0.07）GPa。

（五）应用

1. 红外窗口

透明装甲需要在可视波段中保持透明，但对于许多其他设备而言，在中红外波段的具有透明性的窗口更具有吸引力。在该领域中最苛刻的应用之一是用于保护导弹的红外传感器的飞行器整流罩（半球形或圆锥形）。这些零件必须能承受雨滴和沙粒的影响，而雨滴和沙粒会产生大量腐蚀和严重的热冲击。它们还需要在高温 [以 4 马赫（1 马赫＝340.3m/s）飞行的导弹的端部可达到接近 1000℃的温度] 下具有低发射率；否则，窗户发射的噪声会降低红外传感器的灵敏度。在实际运用中，传感器在中波大气窗口（3～5μm）或长波窗口（8～14μm）内工作。根据工作条件，一个或另一个窗口是有利的可以用于两种类型的窗户的红外透明陶瓷。长波长窗口允许在室温下收集更多的 IR 能量，并且对窗口发射更为宽容；中波窗口在高温下更敏感，作为窗口材料，尖晶石在高达 5μm 的波长下透明性优于蓝宝石和 AlON，而且其在 0.25～5.5μm 范围内具有高光学和中红外透明性。

2. 高效光源用具

在人类社会的生产生活中高质量且节能的照明光源是不可或缺的，也是主要的能源消耗之一，在资源日趋紧俏的今日，提高照明设备的效率和寿命是相当必要的。镁铝尖晶石透明陶瓷的立方晶系比六方晶系的氧化铝更易得高透光产品，兼具高透光和相当高的极端环境适应性，可作为新型气体放电灯具外壳和同步辐射光源的关键组件，可省相当可观的照明能源。

3. 其他应用

镁铝尖晶石透明陶瓷耐腐蚀、强度高且在可见光和中红外波段的具有高透性，耐极端环境的同时又无需采取降温辅助。因此，还可用作各种特种设备的观察和探测窗口，如地面、海上、空中飞行器中的成像、测距和瞄准的多光谱窗口、微型和渐变折射率镜片及激光 Q 开关等。

此外，透明尖晶石陶瓷还可望用作核反应堆壁材料、低压高频电容器、感应线圈骨架、光纤及光纤传感器；光学计算机部件、医用手术刀具，高档手表、精密仪表的壳体以及镜面；各种护目镜片等。

总之镁铝尖晶石作为透明陶瓷的典型材料之一，在多年的研究中，已经建立了微结构特征与性能的定量关系，并发展出从粉体合成、加工，到生坯制备，再到用于完全致密化的烧结工艺。已经开发出的产品应用范围已经从航空航天、尖端光学、天文学到医疗、超市购物和现代战争，而未来的主要任务则是降低成本、提高性能和拓宽应用：

① 降低成本：包括高性价比粉体的制备、节能高效型烧结工艺、提高产品的可靠性、简化后期加工等。

② 提高性能：优化现有制备工艺或探索新型工艺，例如特殊烧结工艺（MS＋HIP、SPS＋HIP 等）、振荡压力烧结等。

③ 拓宽应用：扩大尺寸和形状的可制造范围、研究离子掺杂与性能的对应关系等。

三、AlON 红外透明陶瓷

（一）简介

氮氧化铝（γ-AlON）陶瓷是一种透明多晶陶瓷，是一种全新型多晶红外，具有从可见光到中红外光区高度光学透过的特性。其最大的优点是具有光学各向异性，且在中红外波段具有很好的透光率，厚度在 $1.2\sim6.0\mu m$ 范围内透光率达80%以上，具有良好的物理和化学性质，因此，透明的 AlON 陶瓷是导弹整流罩、红外窗口等的优选材料。

（二）AlON 陶瓷的制备工艺

AlON 陶瓷制备方法可以分为一步法和两步法两种。一步法一般是将原料粉末混合后经成型、烧结得到 AlON 陶瓷。而两步法制备高透光率 AlON 陶瓷需经粉体合成和陶瓷制备两步。首先制备高纯、单相的 AlON 粉末，然后通过成型和烧结得到 AlON 陶瓷。两步法制备透明 AlON 陶瓷，制备工艺相对复杂，成本相对较高，但最大的优点是制备的陶瓷致密度较高，是目前透明 AlON 陶瓷研究和应用的主要制备方法。

1. 粉体合成方法

AlON 粉末及 AlON 陶瓷的合成方法主要有高温固相反应、氧化铝还原氮化两种方法。

（1）高温固相反应法

高温固相反应法一般是将一定配比的 AlN、Al_2O_3 粉混合，在高于 1650℃ 温度及氮气气氛保护下，保温一定时间制备 AlON 粉末或陶瓷，其反应式如式（7-1）所示：

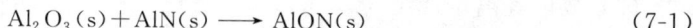

$$Al_2O_3(s)+AlN(s) \longrightarrow AlON(s) \tag{7-1}$$

Siddhartha Bandyopadhyay 等研究了 Al_2O_3-AlN 体系反应参数对合成 γ-AlON 的影响。结果表明，超过 1670℃，γ-AlON 相大量出现，大于 1800℃，完全转变成 γ-AlON。反应过程中先形成富氧的 AlON，随着温度升高，富氧的 AlON 与 AlN 反应，形成富氮的 AlON。

（2）氧化铝还原氮化法

氧化铝还原氮化制备 γ-AlON 粉末及 AlON 陶瓷的还原剂通常有 C、Al、NH_3 和 H_2，而 Al_2O_3 碳热还原氮化法制备 AlON 粉末是一种最常用方法，其化学反应式如式（7-2）所示：

$$Al_2O_3(s)+C(s)+N_2 \longrightarrow AlON(s)+CO \tag{7-2}$$

选用合适的氧化铝与碳的配比，通过两步法升温合成纯相 AlON 粉体。采用不同类型的铝源和同一种炭黑进行碳热还原反应，实验表明其他不同铝源的反应活性均比 α-Al_2O_3 高，原因是这些铝源先转化为反应活性较高的 γ-Al_2O_3。

高温固相反应法的最大优点是原料容易获得，工艺简单易行，适用于规模生产。氧化铝还原氮化法制备 AlON 陶瓷的原料成本低，适合工业化生产，制备工艺较复杂，但制备的陶瓷透光率较好。

2. AlON 陶瓷的制备工艺进展

AlON 陶瓷主要有无压烧结法、热压烧结法、放电等离子烧结法及微波烧结法等。

（1）无压烧结

无压烧结是制备透明陶瓷的传统方法，可以低成本大量生产各种尺寸和形状的产品，是目前 AlON 陶瓷研究最多的制备方法。美国首先在 $1900\sim2140℃$ 无压烧结 $24\sim48h$ 后得到了理论密度为 99%、在 $4\mu m$ 波长处光学透过率达 80%（1.45mm 厚）的透明 AlON 陶瓷。中国科学院上海硅酸盐研究所以氧化铝和尿素甲醛树脂为原料，采用碳热还原工艺和无压烧结，制备了平均透光率大于 80%（1mm）的 AlON 陶瓷。研究人员研究了 Y_2O_3、La_2O_3 共掺对无压烧结制备 AlON 透明陶瓷的影响，制备了透光率 80.3% 的 AlON 透明陶瓷。上海玻璃钢研究院有限公司与上海大学开展合作研究，通过碳热还原法合成 AlON 粉体，经 $1875℃\times24h$ 条件下无压烧结制备了在 $1000\sim5000nm$ 波长范围内的直线透过率在 80% 左右，在 $3.93\mu m$ 波长处光学透过率最高可达 83.7% 的 AlON 陶瓷。

（2）热压烧结

热压烧结是指在烧结过程中施加一定的压力，使材料致密化的烧结工艺，适合制备简单形状的产品。可利用热压烧结工艺，制备了 AlON 陶瓷。有研究人员以碳热还原法制得的氮氧化铝粉体为原料，采用热压烧结法在 $1850\sim1950℃$ 和 $15\sim25MPa$ 下制备了 3mm 厚 AlON 透明陶瓷样品的红外透过率达 81.3%。

（3）放电等离子烧结

放电等离子烧结方法采用脉冲电流加热，可以实现快速升温和陶瓷短时间烧结。有研究以 Al_2O_3 和 AlN 的混合粉为前驱体粉，通过在 $1650℃$ 和 $40MPa$ 下 SPS 烧结 30min 合成了 AlON 陶瓷。武汉理工大学的魏巍采用 Al_2O_3 和 AlN 按一定比例球磨混合，在 $1700℃$ 下保温一定时间，制备了最高透过为 75.2% 的透明 AlON 陶瓷样品。

（4）微波烧结

微波烧结是一种材料烧结工艺的新方法，可以实现材料整体加热来实现陶瓷的烧结。以高纯 Al_2O_3 和 AlN 粉为原料，利用微波烧结在 $1800℃$ 保温 60min 烧结可得到 99.4% 理论密度的 AlON 透明陶瓷，其最高透光率达到 60%（0.6mm 厚）。

综上所述，可以看出，热压烧结制备的陶瓷可获得较高透光性，但是由于工艺特点的限制难以制备复杂形状的样品，而微波烧结和等离子体快速烧结难以制备高透光性的 AlON 陶瓷。无压烧结可实现复杂形状和高透光性陶瓷的制备，是实现 AlON 透明陶瓷应用的重要制备方法。

（三）性能

AlON、蓝宝石和尖晶石（$MgAl_2O_4$）三种常用的中红外材料的性能对比如表 7-3 所示，可以看出，AlON 陶瓷的光学性能与蓝宝石、尖晶石相当（中红外透光率＞80%），而抗弯强度与蓝宝石接近（300MPa），明显高于尖晶石（190MPa）。

由于蓝宝石单晶窗口材料的制备成本非常高，且大尺寸很难制备，而 AlON 陶瓷则可以通过先进陶瓷制备方法实现大尺寸及复杂样品的制备，并具有光学各向同性的优点，因此 AlON 陶瓷已成为高性能双模天线罩和中红外窗口的首选材料。

表 7-3　常用的中红外材料性能对比

材料	密度/(g/cm³)	弯曲强度/MPa	硬度/GPa	光学透过率(3～5μm)/%	介电常数	介电损耗
AlON	3.70	300	185	85	9.3	0.0022
蓝宝石	3.98	400	220	85	9.4	0.0005
尖晶石	3.59	184	152	85	9.2	0.0027

（四）氮氧化铝（AlON）研究

氮氧化铝材料同样具有尖晶石立方结构，在光学上各向同性，在近紫外到中红外波段都具有不错的透过率，并且能达到 380MPa 的抗弯强度和 $1950kg/mm^2$ 的硬度，具有比拟蓝宝石的力学性能。但是目前 AlON 的制备工艺难以解决其因为晶粒间组分不同和应力所导致的散射，这使得材料的实际透过性能难以达到理论值，制备高纯超细的近球形单相粉体是需要关注的重点。

以 Al_2O_3/脲醛树脂为原料，采用两步碳热还原氮化工艺制备粉体并在 MgO、Y_2O_3、La_2O_3 烧结助剂作用下无压烧结可得到近红外 80% 以上透过率的 AlON 陶瓷。同样采用碳热还原氮化法制备 AlON 粉体，并采用加压烧结可得到最高 81.8% 红外透过率的 AlON 陶瓷。研究人员研究了碳热还原氮化法中 AlN 含量占比对 AlON 陶瓷性能的影响，AlN 含量的增加会使得陶瓷密度增大，晶粒尺寸减小，硬度和断裂韧性都得到提升，同时折射率也会有所上升，含量达到 29.7%（摩尔分数）时陶瓷维氏硬度可达 16.2GPa。通过调节 AlON 陶瓷不同成分间化学计量比从而影响材料结构与性能也得到了人们的关注。有实验研究了球磨工艺对 AlON 陶瓷性能的影响，并在氮气气氛下无压烧结制备了 80% 以上透过率的 AlON 陶瓷。有学者采用热等静压烧结，将 600nm 陶瓷透过率提升至 84.8%，2000nm 处达到 86.1%。采用热等静压工艺所制的 Y_2O_3 掺杂 AlON 陶瓷透过率最高达 88.7%。同时学者详细探讨了 HIP 处理对元素分布、孔隙尺寸及分布、相对密度和透明度的影响。有研究人员在 Al_2O_3 和 AlN 混合物种掺杂少量 MgO 和 Y_2O_3，采用无压两步烧结法所制备的 AlON 陶瓷 632nm 处透过率达到 84.7%，抗弯强度和硬度分别达到 437MPa 和 18.23GPa。

在 AlON 陶瓷的掺杂研究中，2019 年首次尝试在 AlON 陶瓷中掺杂 SiO_2，SiO_2 的存在提高了颗粒表面扩散系数，对热等静压烧结的致密化过程具有促进作用，3.5mm 厚样品在 2000nm 处透过率可达 86%，掺杂量在 0.55% 以下时对 AlON 的光学性能无明显影响，但会引起晶格参数减小和硬度下降。2021 年，采用氩气预烧后热等静压制备出了 2000nm 处损耗系数仅 $0.005cm^{-1}$ 的 SiO_2 掺杂

AlON 陶瓷，指出 SiO_2 掺杂的影响可能在于分解产生的 SiO 气体与孔隙中的 N_2 共同形成 Si:AlON 并在晶粒内扩散，避免了退火处理过程中孔隙膨胀引起的光学性能下降。采用商业 Al_2O_3 和 AlN 粉末混合，并添加 $MgAl_2O_4$ 作为烧结助剂合成 $Mg-\gamma-AlON$ 粉末，采用 SPS 烧结制备陶瓷在 450nm 透过率最高达 67.7%，HIP 后处理提高到 80.5%。

研究人员研究了 $\gamma-Al_2O_3$ 粉末掺杂的影响，指出其可能通过填充 AlON 粉末间孔隙增加烧结路径，以及表面反应增加阳离子空位促进晶格扩散两种机理促进烧结，2.5% $\gamma-Al_2O_3$ 掺杂样品 1500nm 处透过率可达 81%。另有实验研究了 $CaCO_3$ 掺杂对 AlON 陶瓷无压烧结致密化过程的影响，指出 $CaCO_3$ 在加热过程中并不促进 AlON 分解而是抑制 $\alpha-Al_2O_3$、AlN 和 AlON 间的转化，避免快速致密化过程前的局部烧结，其中 0.5%~0.8% 掺杂量样品最大透过率均在 85.3% 以上。An 等采用 Si_3N_4 作为烧结助剂，指出 Si_3N_4 会溶解到 AlON 中引起晶格收缩，并具有消除孔隙促进晶粒生长的作用，通过热等静压烧结所制备的 4mm 厚样品 600nm 处透过率达到 83.8%，2000nm 处达到 85.6%，抗弯强度为 404MPa。

不过，AlON 陶瓷材料存在中红外透过光谱截止边较短的缺点，高温条件下红外截止边蓝移将严重影响光电系统探测效果，其本身发射率同样较高，无法应用于高超声速飞行器。

四、红外透明 $MgO-Y_2O_3$ 纳米复相陶瓷

(一) $MgO-Y_2O_3$ 纳米复相陶瓷的设计原理及结构

近年来，越来越多的研究关注 Y_2O_3 和 MgO 等纳米氧化物透明陶瓷。研究发现：Y_2O_3 陶瓷具有低声子能量，紫外-可见-红外宽波段透过，以及低高温红外辐射系数等特点。

相比于 AlON、蓝宝石及尖晶石，Y_2O_3 发射率随波长变化最小，相同温度下具有最低的高温红外辐射系数，有利于降低红外探测器信噪比，提高探测分辨率。此外，由于拥有较低的声子能量，Y_2O_3 具有比其他光学材料（蓝宝石、AlON、尖晶石等）大的截止波长（$9.5\mu m$ 左右），更有散射率低、高温力学性能优良等优点，因此是一种很有前景的红外窗口材料。但是，单相纳米结构的 Y_2O_3 粉体经过传统高温烧结时会发生严重的晶粒生长，因此，一般多晶 Y_2O_3 陶瓷的力学性能、抗热冲击性能较差，限制了其在高马赫数导弹的窗口材料上的应用。MgO 与 Y_2O_3 同样属于立方结构，它相比 Y_2O_3 具有更高的透过率、机械强度、硬度和抗热冲击性能，但在空气中飞行时易受到雨水的腐蚀，不能单独作为红外窗口材料。

研究表明：降低晶粒尺寸是一种在不影响多晶陶瓷透过率的同时，提升力学性能的有效方法。研究发现：第二相的存在可以在烧结过程中抑制邻近相的晶粒生长，特别是两相或多相组成拥有相近的体积比时，晶粒抑制效果最明显。

大多数透明陶瓷的研究集中于单相，很少有关于透明纳米复相陶瓷制备的报道，这是因为即使有微量第二相的存在，也会引起明显的光学散射损耗，从而导致透过率的下降，只有当复相陶瓷两相的折射率非常接近时才可以使材料光学透明。如使用 Y_2O_3（600nm 处，$n=1.962$）和 MgO（600nm 处，$n=1.736$）来制备透明 MgO-Y_2O_3 复相陶瓷则比较困难。特别是当晶粒尺寸接近波长时，散射将会十分严重。但如果晶粒尺寸远小于波长，则散射可以忽略。

常压下，该体系的固溶点为 2110℃，低于这个温度时为稳定的两相混合物。可以看出它们各自对另一相的固溶度都非常低，可以通过粉体合成和（或）烧结对 Y_2O_3 和 MgO 进行复合，制备 MgO-Y_2O_3 纳米复相陶瓷。其中，Y_2O_3 相和 MgO 相的晶界连接，可充分利用两相晶粒的钉扎效应来抑制晶粒的生长。钉扎作用越明显，对晶粒生长抑制的作用就越大。为了获得最大的钉扎效应，需要满足如下条件：①两种纳米相拥有相同或相当的体积分数；②在纳米复合粉体中两相均匀分布。从高温烧结条件下的相域及晶粒大小演变中可以看出：粉体中相域的尺寸越小，分布越均匀，越有利于在烧结过程中抑制晶粒的生长。此外，均匀的纳米级相分布可以提高纳米粉体的烧结性能，将有利于在烧成材料中形成具有连通且连续相的热稳定微观结构。

图 7-6 为 3mm 厚 MgO-Y_2O_3 纳米复相陶瓷中考虑了反射、吸收和米氏散射等因素建立的模型，通过固定基体晶粒直径，改变第二相晶粒直径计算透过率。该模型只考虑单次和独立的散射，可观察到随着晶粒尺寸的减小，纳米复相陶瓷的短波截止波长（透过率为 10%）逐渐左移。可以预见，如果晶粒足够小，MgO-Y_2O_3 可以获得比较理想的红外透过率和较宽的透射波段，因此有利于减小由于窗口温度升高导致红外透过范围减小的影响。

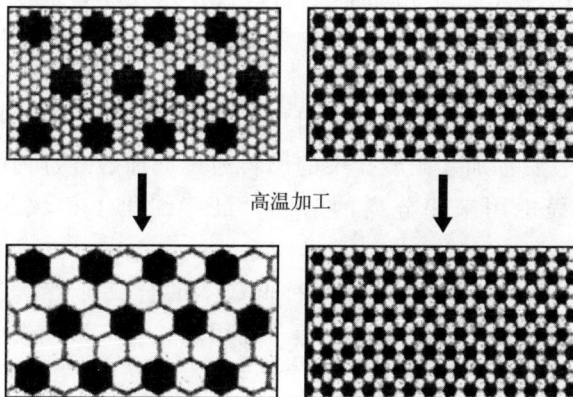

高温加工

图 7-6 高温烧结过程中相域及晶粒尺寸演变示意图

在一定范围内，随着晶粒尺寸的降低，材料的强度会增大。由于 Y_2O_3 相和 MgO 相的晶界连接，钉扎作用抑制了晶粒生长，因此 MgO-Y_2O_3 纳米复相陶瓷强度得到了增强。和多晶 Y_2O_3 相比，MgO-Y_2O_3 纳米复相陶瓷的机械强度、硬度、抗热冲击性能明显提高。

在第 4 次国际窗口整流罩技术和材料大会上，报道了 MgO-Y_2O_3 纳米复相陶瓷，其在 $3\sim7\mu m$ 波段处的透过率可达 80%。此外，MgO-Y_2O_3 纳米复相陶瓷比 MgF_2、$AlON$、尖晶石等中波红外窗口材料拥有更加出色的力学性能及抗热冲击性能。近年来，针对纳米复合粉体不同的制备方法，以及快速烧结技术的应用，MgO-Y_2O_3 纳米复相陶瓷的制备技术得到不断发展。

（二）MgO-Y_2O_3 纳米复相陶瓷的制备工艺

1. MgO-Y_2O_3 纳米复合粉体的制备工艺

为了获得高纯度、晶粒细小且相分布均匀的纳米复合氧化物粉体，研究中采用了固相球磨法、溶胶凝胶法、共沉淀法、水热法和硝酸盐热分解法等多种合成工艺来尝试制备符合微观结构特性的粉体。所合成氧化物复合粉体的性能主要取决于合成路线，但都存在一个重大的挑战，即可控制备具有相组分、粒度分布以及形貌均匀一致的粉体颗粒。下面将介绍 2 种常用且工艺成熟的 MgO-Y_2O_3 纳米复合粉体的制备方法。

（1）溶胶凝胶法

溶胶凝胶法的优点是反应条件比较温和且可以实现对元素比例以及均匀性的高度可控。前驱体溶液作为原料可以保证在合成 MgO-Y_2O_3 纳米复合粉体过程中不同的氧化物以分子尺度均匀混合。

研究人员使用溶胶凝胶热分解工艺，用 4 种不用同的醋酸盐和（或）硝酸盐前驱体混合物制备了 MgO-Y_2O_3（50%～50%）纳米复合粉体，研究了前驱体化学过程对由这些粉体制备出的陶瓷材料中相均匀性的影响。研究发现：对于醋酸钇/硝酸镁和硝酸钇/醋酸镁，在分解过程中醋酸盐作为燃料，而硝酸盐作为氧化剂，并且在该反应中形成的热导致煅烧过程中结晶化速率加快，并使最终复合氧化物中相域更加细小且两相分布更均匀。

研究人员还研究了加入燃料醋酸铵对所制备 MgO-Y_2O_3 纳米复合粉体相均匀程度的影响，结果表明：加入硝酸盐中的燃料通过增加煅烧过程中结晶化速率，从而减少在结晶化过程中用来相分离的时间，最终细化了相域，即减小粉体颗粒尺寸。

酯化溶胶凝胶法（Pechini 法）是一种低成本的合成工艺，它使用金属的硝酸盐等廉价的前驱体，加入柠檬酸和乙二醇，利用酯化反应形成类似溶胶凝胶的空间网状结构的方法制备纳米复合粉体。

研究人员利用柠檬酸和乙二醇之间的酯化反应使用金属硝酸盐制备出了 MgO-Y_2O_3 纳米复合粉体。所合成 Y_2O_3 和 MgO 颗粒的平均粒径分别为 14nm 和 24nm。对合成的粉体进行热压烧结，获得了相对密度 96.6% 的纳米复相陶瓷。研究表明：在反应过程中形成的氮氧化物气体促进了泡沫的产生，将泡沫煅烧产生了有着超细、均一晶粒和相域的纳米复合粉体。

随后，有人开发了蔗糖介质水基溶胶凝胶工艺制备 $MgO-Y_2O_3$ 纳米复合粉体。通过蔗糖溶胶凝胶法，得到了具有均匀成分和比表面积高达 $85m^2/g$、平均粒径小于 20nm 的多孔薄片状氧化物复合粉体颗粒。因此，蔗糖介质溶胶凝胶工艺是一种简单有效的制备纳米级氧化物复合粉体的方法。

（2）喷雾热解法

目前，商业 $MgO-Y_2O_3$ 纳米复合粉体主要由喷雾热解法制得。将镁盐和氧化钇溶解在有机酸中，然后将混合液加入乙醇，并在火焰喷雾热解反应器中反应制备出平均颗粒尺寸约为 30nm 的 $MgO-Y_2O_3$ 纳米复合粉体。

2. $MgO-Y_2O_3$ 纳米复相陶瓷的烧结工艺

对于 $MgO-Y_2O_3$ 纳米复相陶瓷的烧结目前主要有热压烧结、放电等离子体烧结和热等静压烧结以及微波烧结等。

（1）热压烧结

热压烧结（HP）是在高温烧结的同时，对样品施加单轴向压力，使气孔在压力的辅助下排出，加速样品的致密化过程。热压烧结的特点包括：由于加热加压同时进行，粉料处于热塑性状态，有助于颗粒的接触扩散、流动传质过程的进行，因而成型压力仅为冷压的 1/10；还能降低烧结温度、缩短烧结时间，从而抑制晶粒长大，得到晶粒细小、致密度高和力学、电学性能良好的产品；无需添加烧结助剂或成型助剂，可制备超高纯度的陶瓷材料。热压烧结的缺点是过程及设备复杂、生产控制要求严、模具材料要求高、能源消耗大、生产效率较低、生产成本高。

使用溶胶凝胶燃烧法制备 50%：50% 的 $MgO-Y_2O_3$ 纳米复合粉体，复合粉体的平均颗粒尺寸为 13nm，比表面积为 $45.9m^2/g$。随后在 1200℃ 对所合成的 $MgO-Y_2O_3$ 纳米复合粉体进行热压烧结并保温不同时间。结果表明，保温时间为 60min 所制备纳米复相陶瓷拥有最高的透过率，在 $5\mu m$ 波长处的透过率为 75%。$MgO-Y_2O_3$ 的截止波长达到 $9.89\mu m$，优于其他中波红外透明材料。

在之后的工作中，选定保温时间为 1h，进一步改变热压烧结温度，研究烧结温度对样品光学质量的影响。随着烧结温度的提高，样品的红外透过率增大。当烧结温度达到 1350℃ 时，样品的透过率最高，在 $5\mu m$ 处的透过率达到了 76%。

$MgO-Y_2O_3$ 纳米复相陶瓷中，两相分布均匀，其中，白色颗粒为氧化钇晶粒，黑色颗粒为氧化镁晶粒。Y_2O_3 和 MgO 的平均晶粒尺寸分别为 172nm 和 157nm。采用葡萄糖溶胶凝胶法制备出平均颗粒尺寸为 19nm 的纳米复合粉体，比表面积高达 $62m^2/g$，粉体颗粒尺寸小、分布范围窄且粉体分散性能高。使用该粉体采用热压烧结在 1350℃ 制备出中红外透过率达到 83.5%，接近理论透过率的 $MgO-Y_2O_3$ 纳米复相陶瓷。

1350℃通过热压烧结制备出的 $MgO-Y_2O_3$ 纳米复相陶瓷具有均匀的两相分布，同时，获得的平均晶粒尺寸为 125nm，并且其维氏硬度达到 $(10.0 \pm 0.1)GPa$，远高于粗晶单相 Y_2O_3 和 MgO。

（2）放电等离子体烧结

放电等离子体烧结（SPS）是将粉体装入石墨等材质制成的模具内，利用上、下模冲及通电电极将特定烧结电源和压制压力施加于烧结粉体，经放电活化、热塑变形和冷却完成制取高性能材料的一种新的烧结技术。它具有在加压过程中烧结的特点，脉冲电流产生的等离子体及烧结过程中的加压有利于降低粉体的烧结温度。同时低电压、高电流的特征，能使粉末快速烧结致密。

使用商业粉体（火焰热解技术）通过 SPS 技术制备 $MgO-Y_2O_3$ 纳米复相陶瓷。在 100MPa 和 1250℃保温 8min 条件下，获得纳米级晶粒尺寸的全致密样品。由于细小晶粒和均匀微观结构，样品具有出色的红外透过率，且后续的退火可以明显提高样品的红外透过率。

有研究人员研究了氧空位对 $MgO-Y_2O_3$ 纳米复相陶瓷透过率的影响，研究发现：纳米复相陶瓷对在空气或真空中的退火环境十分敏感。通过改变退火环境从真空到空气其光学透过率是高度可逆的。与 XRD 分析结合，可以推断氧空位与复相陶瓷的光学性能有关。

有实验研究了商业粉体团聚程度对 $MgO-Y_2O_3$ 纳米复相陶瓷微观结构及红外透过率的影响。研究表明：超声处理过的粉体烧结成的纳米复相陶瓷与原始粉体的相比表现出更宽的透过率范围以及更高的红外透过率（约为 80%）。

使用商业粉体（火焰热解技术，平均粒径约为 30nm）通过 SPS 制备不同平均晶粒尺寸的全致密 $MgO-Y_2O_3$（50%：50%）纳米复相陶瓷。通过后续烧结热处理获得更粗大晶粒样品作为对照。晶粒更细小的样品表现出更出色的力学性能，包括更高的显微硬度和增强的纳米划痕行为。

采用酯化溶胶凝胶工艺制备平均颗粒尺寸为 13nm 的 $MgO-Y_2O_3$ 纳米复合粉体，并对其进行 SPS 烧结。所制备的中红外透明 $MgO-Y_2O_3$ 纳米复相陶瓷随着烧结温度的升高，晶粒长大十分明显。对于在 1100℃烧结的 $MgO-Y_2O_3$ 纳米复相陶瓷，进行退火后其光学透过率提升显著，这是因为残余应力、剩碳以及氧空位的减少，$MgO-Y_2O_3$ 纳米复相陶瓷的透过率主要受晶粒尺寸、氧空位以及碳化物影响。当晶粒尺寸足够小（接近 100nm）时，氧空位和剩碳的影响远大于晶粒尺寸。

（3）热等静压烧结

热等静压烧结（HIP）是一种用于制备高性能陶瓷的烧结方法。和热压烧结相比，热等静压烧结是在高温下对烧结的材料施加各向均等的压力，弥补了热压烧结过程中单向加压产生的压力传递不均、材料各向异性的缺陷。与传统的无压烧结和热压烧结相比，热等静压烧结的优点包括：降低烧结温度和缩短烧结时间，避免材料在高温和长时间烧结过程中引起的晶粒过度长大、第二相物质的生成；提高材料性能，尤其是高温性能（可以避免过多使用烧结助剂，减少甚至消除晶界玻璃相的生成）；可以有效减少甚至消除残余气孔，特别是闭气孔；制备过程中均衡加压，可以制备形状复杂、大尺寸的样品。

使用溶胶凝胶燃烧工艺合成 50%：50% 的 MgO-Y_2O_3 纳米复合粉体。所合成纳米粉体的 XRD 谱为立方晶体结构的 Y_2O_3 和 MgO，且晶粒大小约为 15nm。制备出的 MgO-Y_2O_3 纳米复相陶瓷拥有均匀微观结构，平均相域尺寸为 310nm，在 $3\sim7\mu m$ 红外波段处表现出出色的红外透过率（62%～80%），同时平均硬度为 10.6GPa。

此外，人们还研究了在 MgO-Y_2O_3 纳米复相体系的基础上加入 ZrO_2 来改善复相陶瓷的力学性能。研究过程中，采用热等静压获得了全致密的 MgO-Y_2O_3-ZrO_2 纳米复相陶瓷，改变加入 ZrO_2 的浓度，研究了 ZrO_2 浓度对氧化钇晶格常数、复相陶瓷硬度以及红外透过率的影响。结果表明：MgO-Y_2O_3-ZrO_2 纳米复相陶瓷由于其增强的力学性能，有望成为红外透明材料。

研究人员在 2014 年利用火焰喷雾热解法制备出平均颗粒尺寸为 30nm 的 MgO-Y_2O_3 纳米复合粉体，随后采用热等静压烧结制备出了在 $4\sim6\mu m$ 波段红外透过率达到 80% 的样品，其抗热冲击性能高于其他中红外材料（除了蓝宝石）的 MgO-Y_2O_3 纳米复相陶瓷。

（4）微波烧结

微波烧结是利用微波具有的特殊波段与材料的基本细微结构耦合而产生热量，材料的介质损耗使其材料整体加热至烧结温度而实现致密化的方法。微波烧结的技术特点包括：①微波与材料直接耦合，导致整体加热，能实现材料中大区域的零梯度均匀加热，使材料内部热应力减少，从而减少开裂、变形倾向，同时能量利用率极高，比常规烧结节能 80% 左右；②微波烧结升温速度快，烧结时间短，短时间烧结晶粒不易长大，易得到均匀的细晶粒显微结构，内部孔隙少，空隙形状与传统烧结相比更接近圆形，因而具有更好的延展性和韧性，同时，烧结温度亦有不同程度的降低；③微波可根据物相来进行选择性加热，由于不同的材料、不同的物相对微波的吸收存在差异，因此，可以通过选择性和加热或选择性化学反应获得新材料和新结构。

采用溶胶凝胶法制备出了 MgO-Y_2O_3 纳米复合粉体，并利用微波烧结制备出 MgO-Y_2O_3 纳米复相陶瓷，同时对烧结过程中的动力学进行了研究。所获得复相陶瓷的力学性能优于多晶氧化钇和氧化镁。

（5）等离子体喷镀

MgO-Y_2O_3 纳米复相材料早期也被用于制备涂层材料。在 2009 年采用等离子体喷镀制备出了 MgO-Y_2O_3 纳米复相涂层。等离子喷镀工艺具有快速致密化的特点，避免了粉体制备和烧结的复杂工艺，可以快速制备纳米复相涂层。

（三）MgO-Y_2O_3 纳米复相陶瓷的性能

1. MgO-Y_2O_3 纳米复相陶瓷的理论密度

使用 Archimedes 法对通过热等静压烧结制备的 50％：50％ MgO-Y_2O_3 纳米复相陶瓷进行密度测试，并与理论密度进行比较，结果见表 7-4。由表 7-4 可见：测量的密度与 50％：50％组分预测的密度值一致。

表 7-4　50％：50％ MgO-Y_2O_3 的密度和组成

材料	测量密度/(g/cm³)	理论密度/(g/cm³)	MgO 的摩尔分数/％	MgO 的质量分数/％
MgO	—	3.585	—	—
Y_2O_3	—	5.033	—	—
MgO-Y_2O_3	4.307±0.002	4.309	0.7999	0.416

2. MgO-Y_2O_3 纳米复相陶瓷的光学性能

Y_2O_3 和 MgO 在 4.85μm 的折射率分别是 1.843 和 1.642，研究表明，在 3mm 厚的窗口中晶粒尺寸≤$\lambda/30$～$\lambda/20$ 将会使散射降低到约 2％。

由厚度均在 3mm 左右的单晶 MgO、多晶 Y_2O_3（粒径几百微米）和 MgO-Y_2O_3 纳米复相陶瓷的透射光谱可见厚度为 3mm 的多晶 Y_2O_3 和单晶 MgO 样品在 0.3～6μm 波段有很小的传输损失。50％：50％的 MgO-Y_2O_3 纳米复相陶瓷的透过率在高于 4μm 时与其组分相近，但在短波长处分叉。

表 7-5 为 M：Y 的吸收系数（α）。由表 7-5 可以看出，MgO-Y_2O_3 纳米复相陶瓷的吸收系数比尖晶石小 5 倍并且比 c-plane 蓝宝石小 10 倍。红外窗口材料的辐射系数由吸收系数决定，当温度确定时，通过考察红外窗口材料的高温透过率就可以初步推断该材料的高温辐射系数，因此 MgO-Y_2O_3 具有比一般红外窗口材料显著低的高温红外辐射系数，有利于降低红外探测器信噪比，提高探测分辨率。

表 7-5　在 4.85μm 处 MgO、Y_2O_3 和 50％：50％MgO：Y_2O_3 的光学性能

材料	折射率(n)	菲涅尔透过率	单面反射率	测量的吸收系数(α)/cm⁻¹	预测的无散射透过率	测量透过率
MgO	1.6418	0.889	0.059	0.021	0.883	0.883
Y_2O_3	1.8428	0.838	0.088	0.025	0.832	0.835
50％：50％（MgO：Y_2O_3）	1.7321	0.866	0.072	0.060	0.850	0.835

如果晶粒尺寸更小且其组分之间折射率的差距更小，散射将会减少。计算表明，MgO-Y_2O_3 的折射率近似等于其组分折射率的体积分数加成平均值。

3. MgO-Y_2O_3 纳米复相陶瓷的热学性能

光学窗口的热辐射是气动热辐射的主要因素，因此控制光学窗口的温度上升速

率和幅度，可有效减弱气动热辐射。研究表明：选用低导热系数、高比热容、高密度的光学窗口材料可减弱光学窗口的温度上升速率。

比热容为在恒压条件下 1g 物质温度升高 1K 所需要的能量。MgO-Y_2O_3 纳米复相陶瓷的比热容预测虚曲线与观测值的均方根差为 0.007J/(g·K)。结果表明：MgO-Y_2O_3 纳米复相陶瓷的热膨胀 ($\Delta L/L_0$) 等于其组分膨胀的体积分数加权平均数，其中：ΔL 为所给温度变化 ΔT 下物体长度的改变；L_0 为初始长度。在 294～1200K 范围内的热导率介于 Y_2O_3 和 MgO 之间，且其热导率比 MgO 的高出 1200K。

4．MgO-Y_2O_3 纳米复相陶瓷的力学性能

红外窗口尤其是头罩既要具有透波功能，同时还作为结构件承受一定的机械应力。这就要求红外窗口材料具备出色的机械强度。

以 200g 和 300g 载荷测量的 MgO-Y_2O_3 纳米复相陶瓷的维氏硬度为 (11.40±0.14)GPa，500g 载荷下将导致材料碎裂。通过溶胶凝胶法制备的 M：Y 硬度为 (10.6±0.4)GPa。从 90%：10% 到 10%：90%，MgO-Y_2O_3 纳米复相陶的硬度相差不大，约为 9GPa。

抗热震性追求高强度、高热导率、低热膨胀和低弹性模量。表 7-6 为 3～5μm 红外透明材料的 R'。MgO-Y_2O_3 纳米复相陶瓷抗热震性仅次于 c-plane 蓝宝石。

表 7-6　293K 附近的抗热震品质因子 (R')

材料	σ/MPa	v	K/[W/(m·K)]	CTE/($\times10^{-6}$m/K)	E/GPa	R'/($\times10^{-3}$W/m)
蓝宝石	600	0.27	36	5.3	344	8.6
M：Y	660	0.26	16.5	9.2	230	1.6～3.2
AlON	300～600	0.24	13	5.8	323	1.6～3.2
MgO	100～250	0.18	51	11.8	310	1.1～2.9
尖晶石	100～200	0.27	18	5.6	272	0.9～1.7
Y_2O_3	120～160	0.30	14	6.6	173	1.0～1.4
MgF_2	120～150	0.27	15	10.4	142	0.9～1.1

5．粉体与陶瓷性能

表 7-7 为通过不同制备方法得到的 50%：50% MgO-Y_2O_3 纳米复合粉体及陶瓷的性能。由表 7-7 可以看出，溶胶凝胶法（酯化、燃烧）是一种有效且经济制备相域均匀且细小的 MgO-Y_2O_3 纳米复合粉体的方法。此外，在烧结制备陶瓷过程中，使用 SPS 更容易获得晶粒细小且高致密甚至全致密的 MgO-Y_2O_3 纳米复相陶瓷样品，但从未来生产应用方面分析，真空预烧配合 HIP 更易实现大尺寸、近净尺寸产品的生产。

表 7-7 不同制备方法得到的 50％：50％ MgO-Y₂O₃ 纳米复合粉体及陶瓷的性能

表 7-7 不同制备方法得到的 50％：50％ $MgO\text{-}Y_2O_3$ 纳米复合粉体及陶瓷的性能

复合材料	纳米粉体制备	平均粒径/nm MgO	平均粒径/nm Y₂O₃	BET 法计算的比表面积/(m²/g)	烧结方法	平均晶粒尺寸/nm	相对密度/%	透过率	硬度/GPa
M：Y	溶胶凝胶热分解法	8	8	—		—	—	—	—
M：Y	溶胶凝胶热分解法	20	10	—		—	—	—	—
M：Y	溶胶凝胶法	—	—	85		—	—	—	—
M：Y	溶胶凝胶酯化法	24	14	—	HP	500	96.60	—	—
M：Y	溶胶凝胶热燃烧法	13	13	45.9	HP	108.4	97.30	75％ (5μm)	—
M：Y	溶胶凝胶热燃烧法	13	13	45.9	HP	MgO：157 Y₂O₃：172	—	76％ (5μm)	—
M：Y	溶胶凝胶热燃烧法	19	19	62.1	HP	125	99.3	83％ (3～5μm)	10±0.1
M：Y	溶胶凝胶热燃烧法	13	13	45.9	SPS	100	—	57％ (3.7μm)	—
M：Y	火焰热解法	30	30	47.5	SPS	90	99.10	＞80％ (4μm)	—
M：Y	溶胶凝胶法	25	25	—	SPS	＜100	100	80％	—
M：Y	等离子体	100	100	—	SPS	180	—	80％	—
M：Y	火焰热解法	30	30	—	SPS	125～223	100	—	12.5
M：Y	溶胶凝胶热燃烧法	15	15	35.2	HIP	310	99.50	62％～80％ (3～7μm)	10.6±0.4
M：Y：Z	溶胶凝胶热燃烧法	—	—	—	HIP	300	100	53％～70％ (3～7μm)	13.5
M：Y	火焰热解法	30	30	—	HIP	150	100	—	—
M：Y	溶胶凝胶热燃烧法	50	50	—	微波	300	99.4	—	11.2±0.3
M：Y涂层	溶胶凝胶法	10～20	10～20	—	等离子体喷涂	100～300	95	—	7.5±0.6

注：M：Y 为 50％：50％ MgO-Y₂O₃ 纳米陶瓷；M：Y：Z 为 MgO-Y₂O₃-ZrO₂ 纳米陶瓷。

（四）效果

鉴于未来高马赫数导弹追求更快攻击速度和更高打击精度的发展趋势，作为高马赫数导弹功能结构一体化的一个重要部件，红外窗口材料在满足红外传播及低信噪比等光学性能的同时也应兼顾其力学性能。现有红外窗口材料（如蓝宝石、尖晶石、MgF₂ 等）在高温下具有强烈的红外自发辐射并且力学性能下降明显，很难满足未来超高马赫数导弹对红外窗口/整流罩的要求。

Y_2O_3 陶瓷具有紫外-可见-红外的宽波段透过性能，高温下适中的力学性能以及抗热震性，特别是 Y_2O_3 具备极低的高温辐射系数，但传统制备过程中高温烧结会导致晶粒异常长大，影响其高温力学性能以及抗热震性，限制了 Y_2O_3 在高马赫数导弹红外窗口/整流罩上的应用。MgO 相比 Y_2O_3 具有更高的透过率、机械强度、硬度和抗热冲击性能，但在空气中飞行时易受到雨水的腐蚀，不适合单独作为红外窗口材料。

在 $MgO\text{-}Y_2O_3$ 体系中，常压且低于 2110℃ 时为稳定的两相混合物，因此在烧结过程中 $MgO\text{-}Y_2O_3$ 纳米复相陶瓷中 Y_2O_3 相和 MgO 相的晶界相连，充分利用两相晶粒的钉扎效应来抑制晶粒的生长，减少了因两相折射率不同而产生的散射，从而获得出色的中波红外透过率及透过范围。此外，$MgO\text{-}Y_2O_3$ 纳米复相陶瓷拥有极低的高温辐射系数、高温下优良的力学性能、适中的热学性能以及仅次于蓝宝石的抗热震性。

$MgO\text{-}Y_2O_3$ 纳米复相陶瓷的制备工艺日臻完善，通过溶胶凝胶法和喷雾热解法可以获得相分布均匀、颗粒细小的 $MgO\text{-}Y_2O_3$ 纳米复合粉体。通过喷雾热解法已经实现复相粉体的商业化生产。通过热压烧结、放电等离子体烧结、热等静压烧结以及微波烧结等工艺可以获得致密且晶粒细小 $MgO\text{-}Y_2O_3$ 纳米复相陶瓷，真空烧结配合热等静压烧结的工艺路线有望实现大尺寸、近净尺寸成型制备。$MgO\text{-}Y_2O_3$ 纳米复相陶瓷是未来高马赫数导弹头罩最有潜力的候选材料。

目前，$MgO\text{-}Y_2O_3$ 纳米复相陶瓷的研究主要集中在纳米复相粉体的制备以及陶瓷的烧结，对于复相陶瓷性能，包括其光学及热力学性能的表征数据比较有限，仍然需要进一步研究来获得对该材料更全面的评估。此外，$MgO\text{-}Y_2O_3$ 纳米复合粉体的制备及陶瓷的烧结工艺需要进一步优化。因此，未来对于 $MgO\text{-}Y_2O_3$ 纳米复相陶瓷的制备与性能研究应集中于：①在获得致密样品的同时有效抑制其晶粒生长，如果晶粒尺寸足够小，有望实现 $MgO\text{-}Y_2O_3$ 纳米复相陶瓷在可见光波段的应用，其力学性能也将进一步增强；②$MgO\text{-}Y_2O_3$ 纳米复相陶瓷的热学、力学及抗侵蚀等性能的研究，如高温力学性能、头罩风洞实验、雨水风沙侵蚀测试等。

五、$Lu_2O_3\text{-}MgO$ 纳米复相红外陶瓷

（一）简介

细化陶瓷微观结构至纳米级，可以减少光的散射损失，为开发新型光学陶瓷提供了一种有效的方法。采用溶胶凝胶法合成粉体，结合热压烧结工艺制备出光学性能优异的新型 $Lu_2O_3\text{-}MgO$ 纳米复合陶瓷，研究粉体合成条件及热压烧结工艺对样品微观结构的影响，并对计算的理论透过率与样品的实际透过率进行比较。研究结果表明：采用优化后工艺制备的 $Lu_2O_3\text{-}MgO$ 陶瓷具有均匀的相域分布，晶粒尺寸约为 123nm，$3\sim5\mu m$ 波段的透过率高达 84.5%～86.0%，接近理论透过率；维氏

硬度为 12.2GPa，断裂韧性为 2.89MPa/m$^{1/2}$，抗弯强度达到（221±12）MPa，是一种潜在的红外透明窗口材料。

（二）制备方法

1. 制备粉体

以国药集团化学试剂有限公司制造的 Lu_2O_3（≥99.999%）、MgO（≥98%）和一水合柠檬酸（优级纯）为原料，分别配制 0.5mol/L 的 $Lu(NO_3)_3$ 溶液、1mol/L 的 $Mg(NO_3)_2$ 溶液和 1mol/L 的柠檬酸溶液。根据最终产物 Lu_2O_3 与 MgO 体积比为 50∶50，分别称取一定量的 $Lu(NO_3)_3$ 和 $Mg(NO_3)_2$ 溶液置于烧杯中，按照金属阳离子与柠檬酸摩尔比为 1∶1.5，将适量柠檬酸溶液加入至上述混合溶液中，并在常温下搅拌一定时间后加入适量乙二醇，然后将该混合溶液在 80℃ 下搅拌 5h，得到无色透明溶胶。将制备好的溶胶放入干燥箱中烘干 2h 得到前驱体粉末，再将前驱体放入马弗炉中在 600℃ 下煅烧 10h 获得纳米复合粉体。最后将获得的粉末在无水乙醇中球磨 24h，对球磨后的浆料进行烘干过筛处理。

2. 制备纳米复合陶瓷

采用钢膜双向压制方式将得到的 Lu_2O_3-MgO 粉体压制成两种不同形状的陶瓷生坯，第一种为 ϕ25mm×5mm 的圆形生坯；第二种为 50mm×20mm×7mm 的长方体生坯。将圆形生坯放入石墨模具中，在不同的烧结温度（1200～1400℃）及升温速率（15～30℃/min）下进行热压烧结，施加压力 50MPa，保温时间 0.5h，烧结后的样品在不同温度（1100～1200℃）下进行退火，对退火后的样品进行磨抛处理。将长方体生坯放入石墨模具中，以优化后的热压及退火条件对其进行热压烧结及退火处理，将得到的样品切割成 3mm×4mm×36mm，最后对其进行磨抛处理。

（三）性能与效果

① 前驱体煅烧温度影响粉体的团聚。当煅烧温度为 600℃ 时，粉体团聚程度最小。

② 热压烧结及退火工艺影响样品的微观结构。当煅烧温度为 1300℃，升温速率为 20℃/min，压力为 50MPa，保温时间为 0.5h，退火温度为 1150℃ 时，样品具有均匀的相域分布及细小的晶粒尺寸（123nm）。

③ 采用优化后工艺制备出的 Lu_2O_3-MgO 陶瓷具有优异的红外透过性能，3～5μm 波长范围内，最高透过率可达 86%，接近理论透过率，维氏硬度为 12.2GPa、断裂韧性及抗弯强度分别为 2.89MPa/m$^{1/2}$ 和（221±12）MPa。

六、其他窗口用红外透明材料

（一）氧化铝

蓝宝石，即 α-氧化铝单晶，并不属于陶瓷材料，但由于其优异的性能和广泛的应用对其进行简单介绍。蓝宝石具有从紫外到中红外宽谱高透的光学性能和极高的强度、硬度，同时还具有高热导率和高抗热冲击品质因子，足以胜任绝大多数工作环境，是目前最理想的红外窗口材料之一。蓝宝石的制备技术不同于多晶陶瓷的烧结，而是立足于晶体生长技术，可以分为大温梯度法（包括提拉法、导模法等）和小温梯度法（包括泡生法、热交换法、导向温梯法等）两大类，主要关注点在于大尺寸和低缺陷（包括位错、杂质、气泡、裂纹等）晶体的生长制备。蓝宝石大尺寸生长本身对设备要求极高，制备周期较长，其高硬度使得生长完成后的复杂加工成本较高，材料利用率较低，能生长出高质量晶体的近尺寸成型技术是将来研究的重点方向。蓝宝石单晶属于六方晶系，各向异性的存在使得蓝宝石加工时需要以 c 轴垂直于红外窗口，以避免双折射对成像系统的干扰，然而这也注定了其无法应用于大曲率、大视角光学成像系统。此外，沿 c 轴方向生长的蓝宝石晶格变形程度较大，制备高质量晶体难度较高。

蓝宝石的一个重要短板是其难以应用于高超声速飞行器。蓝宝石具有较高的声子能量，导致其透射光谱在高温下会发生严重的截止边蓝移，影响窗口 $5\mu m$ 处的透射性能，同时其自发辐射会急剧增高导致信噪比降低甚至直接淹没目标信号，使得红外探测能力急速下降。此外，高温下沿蓝宝石 c 轴方向的压应力会引起晶面孪生并交叉形成裂纹导致力学性能下降，$400℃$ 以上抗压强度便开始快速下降，$600℃$ 时只能保留 5% 的抗压强度，这使得蓝宝石难以应用于高温场景，而 $20km$ 高空 5 马赫飞行速度的驻点温度就能达到 $1000℃$ 以上。

氧化铝多晶陶瓷宏观上不存在双折射现象，微观上双折射和大量晶界的存在会使得其光学性能有所下降，但是仍然具有优异的力学性能。Li 等以镁铝硅酸盐玻璃为烧结助剂，通过热压烧结制备了相对密度 98.9% 的氧化铝陶瓷，抗弯强度达到了 $442MPa$。研究人员利用 MgO 为烧结助剂，采用 SPS 烧结制备了相对密度 99.8% 的亚微米氧化铝陶瓷，$3\sim5\mu m$ 透过率达到 83%，维氏硬度达到 $20.75GPa$，是优异的窗口材料。此外，通过调节晶粒光轴取向来避免微观双折射损耗的方法也得到了人们的研究，采取强磁场下滑铸成型制备晶粒光轴相互平行的多晶氧化铝，透过性能得到极大提升。不过过高的自发辐射使得氧化铝陶瓷同样无法应用于高超声速飞行器，目前氧化铝在窗口上的应用仍然以蓝宝石为主。

（二）氧化钇

Y_2O_3 材料为立方结构，从紫外到中红外波段都具有较为优异的透过性能，同时 Y_2O_3 声子能量较低，最大声子截止频率约为 $600cm^{-1}$，红外截止边能达到 $8\mu m$ 以上，这能够很好地缓解高温截止边蓝移对 $3\sim5\mu m$ 中红外波段透过性能的影响，并且 Y_2O_3 自发辐射远低于蓝宝石、镁铝尖晶石和 AlON，同时还具有较高的热导率，这意味着 Y_2O_3 在高马赫飞行器上拥有巨大的发展前景。

采用锻压工艺首次制备 Y_2O_3 陶瓷之后，不同的粉体制备工艺、烧结工艺（热压烧结、热等静压烧结、气氛烧结等）、烧结助剂掺杂（LiF、ThO_2、La_2O_3 等）

都得到了人们的关注。

为了提高 Y_2O_3 陶瓷的力学性能，晶粒细化成为研究的重要方向之一。2013年，采用真空炉两步预烧处理，在获得足够致密度的同时抑制晶粒长大，之后再辅以热等静压处理的方法，制备了平均晶粒 $0.37\mu m$ 的 Y_2O_3 陶瓷，$2.5\mu m$ 处透过率达到 73%。研究人员采用柠檬酸、乙二醇为络合剂的 Pechini 法制备了平均粒径 53nm 的粉体，并采用 SPS 烧结实现了 $1.2\mu m$ 处 65% 的透过率。有实验研究了 $La(OH)_3/La_2O_2CO_3$、TiO_2 掺杂烧结对陶瓷性能的影响，$La(OH)_3/La_2O_2CO_3$ 掺杂得到了比于传统 La_2O_3 掺杂更佳的光学性能，TiO_2 的掺杂有利于降低烧结温度但过量后析出会引起光学性能下降。采用硝酸盐热解法和热等静压制备出 Y_2O_3 陶瓷的抗弯强度和维氏硬度分别达到 180MPa 和 8.4GPa，相比于传统 ZrO_2 掺杂烧结具有更高的热导率。尽管 Y_2O_3 具有优异的光学性能，但是抗弯强度低、抗热震性能较差使得 Y_2O_3 同样难以应用于高马赫飞行器。

（三）氧化锆

氧化锆材料在低温下为单斜相，$750\sim1200℃$ 会向四方相转变，$2372℃$ 以上转变为立方相。其中单斜相和四方相的互相转化伴随着较大的体积收缩和膨胀，而氧化锆的烧结温度通常在相变点以上，烧结完成后的降温过程体积增加使得陶瓷易裂，这使得无法使用纯氧化锆粉体烧结制备陶瓷。不过人们发现通过加入足够的稳定剂可以使得氧化锆在降温中仍然保持立方相（全稳定氧化锆，FSZ），常用的稳定剂包括 CaO、MgO、Y_2O_3、Ce_2O_3 等。当稳定剂添加较少时，立方相晶粒边界的大晶粒转会变为单斜相，小晶粒则保持为四方相，称为部分稳定氧化锆（PSZ）。通过调节稳定剂添加量，同时保持晶粒足够小，即可获得亚稳定四方相氧化锆（TZP）。单斜相氧化锆光学性能和力学性能都较差，立方相则是力学性能欠佳，而部分稳定的四方相氧化锆则具有优异的力学性能和较高的红外透过率，可用于制备红外窗口。相变增韧是 ZrO_2 陶瓷材料具有优异力学性能的重要原因之一，在应力作用下，四方相组分会向单斜相转变并伴随着局部体积增加，吸收能量并阻碍裂纹传播扩展。研究人员采用热等静压制备了 $3\sim5\mu m$ 波段 77% 透过率的钇稳定四方氧化锆陶瓷（Y-TZP），然后进一步采用氧气预烧和热等静压法缩小晶粒尺寸，制备了粒径 138nm 的 3% 钇稳定四方氧化锆陶瓷（3Y-TZP），维氏硬度达到 13790MPa，$3\sim5\mu m$ 透过率达到 $76\%\sim78\%$。

有学者指出降低晶粒尺寸可以提高 Y-TZP 的光学性能，但较小的晶粒尺寸会使得马氏体相变难以发生影响相变增韧效果，提出缩小晶粒尺寸的同时适当降低氧化钇含量来同时实现优异的光学和力学性能。研究人员采用 3D 打印制备了 1mm 厚的高曲率半径 3Y-TZP 陶瓷，经过预烧和热等静压后相对密度可达 99.85%，$3\sim5\mu m$ 处透过率可达 70%，维氏硬度达 14.6GPa。立方相陶瓷也得到人们的研究，实验采用 SPS 烧结制备了 1mm 厚度 8% 钇稳定立方氧化锆陶瓷，600nm 透过率达到 50.67%，并分析了其光学性能和弹塑性特征与微观结构之间的关系，指出平均粒径在 500～600nm 间的材料光学性能最佳。

氧化锆陶瓷的高温发射率优于蓝宝石和尖晶石，但是其热导率较差。低热导率可以避免窗口内侧温度过高从而影响光电元器件工作，但这使其将承受更大的热冲击考验。

（四）氟化镁

氟化镁晶体属于四方晶系，拥有较低的折射率，紫外到中红外波段均高透，广泛应用于各种光学系统中，并且声子能量较低，高温引起的红外截止边蓝移和自发辐射并不会对成像性能造成严重影响。考虑晶体宏观双折射的存在和大孔径、大弧度、大视场角的光电系统需求，窗口材料一般不选择单晶而是采用热压氟化镁多晶陶瓷。热压氟化镁采用高纯纳米氟化镁粉体经过热压制备而成，在避免晶粒长大的同时排出气体、烧结致密。因为晶粒尺寸较小，各向异性双折射在中红外波段造成的散射损耗可以忽略，仍然具有优异的透过性能。热压氟化镁在 20 世纪 60 年代取得突破性进展。

采用硝酸镁与氢氟酸反应生成氟化镁粉体，并通过 SPS 烧结制备出 2.5mm 厚致密度 99.8% 的氟化镁陶瓷，透过率最高达 90%。研究人员采用氯化镁和氢氟酸沉淀法合成了 MgF_2 粉体，研究了 pH 值、反应物浓度比、煅烧温度等对粉体粒径、形貌的影响。随着 pH 值升高，粉体形貌逐渐由棒形向球形转变，其中当 pH＝9，HF：$MgCl_2$＝0.03 时得到近球形粉体且粒径小于 30nm，700℃ 热压烧结后样品在 $3～5\mu m$ 透过率可达 90%。2020 年，研究人员采用二阶线性拟合的方法研究了热压工艺中烧结温度、施加压力、保温保压时间对样品性能的影响，这为烧结工艺的改进优化提供了一种新思路。热压氟化镁的一个缺点在与 $2.8\mu m$ 和 $5.0\mu m$ 处容易产生吸收峰影响透过性能，这主要归咎于 MgF_2 纳米粉体与水的反应。热压氟化镁的主要问题在于抗弯强度较差，热膨胀系数偏高，抗热冲击性能也不佳，飞行中还容易受到雨水和砂砾的磨损，同样无法应用于高马赫飞行器。

（五）复相陶瓷材料

理想窗口材料的缺失使得人们在设计高超声速飞行器时不得不做各种妥协，开发一种能够直接应用于高马赫飞行的高温低辐射、高强度、宽带高透先进红外光窗是目前需要着力解决的核心关键难题之一。单相陶瓷的性能不足使得人们逐渐将目光投向了复相陶瓷领域，希望能够利用引入第二相来补充单相陶瓷的性能短板。声子能量和自发辐射系数作为材料的本征属性难以改变，而想要改变作为宏观参数的强度则相对容易些。人们率先将方案聚焦于低辐射率、宽带高透的氧化钇，引入同样长波截止且强度较高的氧化镁，希望在保留优异光学性能的同时，提高其力学性能。

对于复相陶瓷的力学性能，一方面，氧化镁材料的硬度、强度本身较高；另一方面，人们发现在一定范围内细化晶粒是增强多晶材料强度的有效手段，更多的晶界将阻碍位错运动的发生。

通常情况下,不同折射率多相的引入会增强光线传输过程中的散射损耗,影响透过性能,然而学者提出的 Mi 散射算法模型,当晶粒尺寸小于工作波长 1/20 时,散射造成的损耗可以忽略。该观点在对具有双折射的氧化铝多晶陶瓷晶粒尺寸与透射性能的研究中也有提及,并指出残余孔隙对透射性能的影响是非常严重的,这与孔隙的大小、分布以及与材料间折射率差值过大都有关系。综合考虑散射、吸收等因素的影响,建立 Y_2O_3-MgO 复相陶瓷透射模型,3mm 厚样品理论透过率在 $4.85\mu m$ 处最高能够达到 85%。

研究人员结合 Raman-Viswanathan 波延迟理论与有限元数值模拟架构,开发了一种预测折射率变化和光线实际传播关系的仿真方法,并在多晶 Al_2O_3 和 MgF_2 陶瓷上得到验证,这使得对材料的结构与性能可以进行更为准确的设计和预测评估。

复相陶瓷的强度与透过性能提升都指向了减小晶粒尺寸,而利用不互溶两相间的钉扎效应恰好能实现这一点。根据 Y_2O_3 和 MgO 二元相图,当烧结温度低于 2110℃时,两相间的固溶度非常低,在烧结过程中任意一相的存在会限制另一相的晶界迁移从而抑制晶粒长大。为了获得最佳的钉扎效应,需要所制备复相粉体的不同组分在纳米级别均匀分布,且拥有近似的体积比。此外还需要考虑合适的烧结温度和烧结方式,尽可能避免晶粒过度生长的同时提高致密度。

研究人员最早于 2008 年提出了 Y_2O_3-MgO 复相陶瓷的构想,并采用溶胶凝胶法制备了粒径小于 30nm 的复相粉体,之后又通过等放电等离子体烧结得到了晶粒尺寸小于 100nm 的 1mm 厚度钇镁复相陶瓷,实现了 3～$6\mu m$ 间 75%～84% 的透过率,不过碳杂质的存在使得 $7\mu m$ 处透过率下降严重。2013 年,研究人员采用喷雾热解有机酸盐制备粉体,并采用冷等静压、常规预烧、热等静压烧结的方法制备了晶粒尺寸约 150nm 的样品,样品 4～$6\mu m$ 间透过率高于 80%,室温和 600℃高温下抗弯强度分别可达 679MPa 和 485MPa,具有优异的光学和力学性能。

为了获得活性高、粒径小、分散均匀的复相粉体,人们还尝试了醋酸铵燃烧法、甘氨酸燃烧法、酯化溶胶凝胶法等制备方法。然而尽管可以通过调节前驱体组分比例使得有机物尽可能燃烧,但碳酸根始终难以完全去除,这将导致 1400～$1600cm^{-1}$ 波段透过性能下降。为此,人们也尝试了共沉淀法、硝酸盐热解法、水热法等无碳制备工艺,如何提高组分分布的均匀性是这些方法关注的重点。此外,为了实现大规模批量化生产,直接使用商业 Y_2O_3、MgO 纳米粉末为原料,采用球磨工艺进行混合后烧结也得到了人们的研究,讨论了不同材料、尺寸的磨球以及添加分散剂对复合粉末两相分散均匀性、粉体团聚程度、烧结活性的影响。

烧结工艺方面,放电等离子体烧结和热压烧结由于能够在降低烧结温度、防止晶粒长大的同时促进烧结致密,得到了广泛的应用。利用放电等离子体烧结制备出的样品晶粒仅 70nm,$1.6\mu m$ 波段透过率仍然高达 64.5%,且维氏硬度达到了

16.6GPa，远高于一般钇镁复相陶瓷。采用两步热压烧结法，高温短时间烧结后降温，整个烧结过程持续施压，低温保压过程中晶粒生长驱动力不足但气孔仍可以通过晶界扩散消除，在防止晶粒粗化的同时实现了致密化。然而，受到压力均匀性以及实验设备的限制，SPS和热压烧结难以胜任大尺寸、大弧度、较厚陶瓷球罩的制备，并且在烧结过程中容易引入碳污染。尝试引入LiF消除碳污染，然而这导致晶粒长大严重，陶瓷性能下降。而采用空气或真空中预烧与热等静压烧结相结合的方法则更容易制备大尺寸、复杂结构样品，且不易引入杂质，得到了人们的关注。

为了进一步提升钇镁复相陶瓷的力学性能，研究人员研究了钇镁比例对复相陶瓷性能的影响，指出适量增加MgO相体积分数，有助于增强陶瓷硬度和断裂韧性。美国学者指出可以在粉末前驱体中添加铝，在晶界处生成难溶于其他两相的第三相，从而抑制晶粒生长。利用掺杂13.2%ZrO_2可将复相陶瓷硬度由10.6GPa提升至13.5GPa。在提升透过率方面，掺杂ZnO与MgO形成固溶体，调节钇镁两相的折射率差以减少散射损耗，同时ZnO作为烧结助剂也使得烧结温度降低近300℃，样品2~6μm透过率达到了75%~85%，具有优异的光学性能。

复相陶瓷利用钉扎效应缩小晶粒尺寸，从而提升强度和中红外透过率的方法也可以应用在钇镁以外的其他不互溶材料上。利用共沉淀法和热压工艺制备CaF_2-MgF_2复相陶瓷，3~5μm波段透过率达到了90%，但力学性能仍然欠佳。2018年，研究人员利用溶胶凝胶法制备了立方Gd_2O_3-MgO纳米粉体，并采用热压工艺于1350℃制备了复相陶瓷，高温下Gd_2O_3转变为单斜相体积收缩并与MgO相烧结致密，而降温过程中Gd_2O_3又有体积膨胀重新变回立方相的趋势，所产生的压应力可以有效避免裂纹的蔓延，从而提高陶瓷的力学性能。

（六）红外窗口材料性能比较

光学性能方面，蓝宝石、镁铝尖晶石、AlON、Y_2O_3等材料从紫外到中红外都具有较高透过率。MgF_2陶瓷由于微观双折射的存在，短波段散射增加，在近红外和中红外具有较高透过率。钇镁复相陶瓷由于两相间折射率差异引起的散射使得其一般在2μm以下波段透射性能不佳，不过可以通过缩小晶粒尺寸以及掺杂改性缩小多相间折射率差值进行优化。材料的红外截止边通常由其晶格振动特性和多声子吸收决定，吸收系数与声子能量和温度相关，并且随着温度升高吸收增强，发生截止边蓝移现象。

蓝宝石、镁铝尖晶石、AlON声子能量较高，红外截止边都位于5~6μm附近。而氧化钇、氟化镁声子能量较低，在6~7μm间仍具有不错的透射性能。钇镁复相陶瓷同样具有较低的声子能量，红外截止边可以达到8μm以上。现代红外探测器主要选择3~5μm作为工作波段，上述材料基本都能符合使用要求。然而随着飞行器往高超声速方向发展，剧烈的气动加热使得红外窗口温度急速上升，截止边蓝移使得蓝宝石、镁铝尖晶石和AlON透射性能在5μm处下降严重，而氧化钇、氧化镁、氟化镁、钇镁复相陶瓷等由于红外截止边较远，蓝移对 $5\mu m$ 处透射性能影响并不严重。

光学性能上的另一个重要影响为高温自发辐射对目标信号的干扰。当飞行器在稠密大气中高速飞行时，气动加热使得头罩温度极高。红外窗口通常非常靠近光电探测器，高温使得窗口本身的红外热辐射增强，这将严重降低光电探测器所接收信号的分辨率，甚至直接淹没信号，引起探测器饱和，产生热障问题，这也是目前高超声速飞行器所要面对的最关键问题。当吸收系数较小时，辐射系数与吸收系数近似成正比，以此可以计算出常见中波红外材料的辐射系数。

测试并比较蓝宝石单晶、钇铝石榴石单晶、氟化镁陶瓷、氧化钇陶瓷等材料的高温透过率和辐射性能。蓝宝石、镁铝尖晶石和 AlON 较高的发射率使得其同样难以应用于高超声速飞行器，MgF_2 和 Y_2O_3 则是优秀的低发射率窗口材料。钇镁复相陶瓷在 $3\sim5\mu m$ 处高透且辐射系数较低，是符合高超声速飞行器红外窗口需求的理想材料。

常见红外窗口材料常温下强度、硬度如表 7-8 所示。高速飞行过程中剧烈的气动加热使得红外窗口外表面急速升温，窗口外表面不同位置以及内外表面温差极大，这使得材料不得不面对巨大的热冲击应力。蓝宝石和 AlON 强度较高，抗热冲击性能优异。钇镁复相陶瓷强度受制备工艺和掺杂影响较大，在晶粒尺寸较小的情况下也可达到 500MPa 以上，也具有优异的抗热冲击性能。Y_2O_3 和 MgF_2 强度偏低，可应用于 $2\sim3$ 马赫以下飞行器，不适用于高马赫飞行器。镁铝尖晶石强度不高，且热导率较低，抗热冲击能力同样不佳。ZrO_2 材料强度极高，但热导率极低（2W/mK），这使得其所要面对的热冲击远高于其他材料。

表 7-8 常见红外窗口材料的基本性能

材料	强度/MPa	硬度/GPa	透过带/μm	透过率/%
蓝宝石	$300\sim600$	17.0	$0.14\sim6.00$	88
镁铝尖晶石	$100\sim200$	16.5	$0.20\sim6.00$	88
AlON	$300\sim500$	18.0	$0.20\sim5.50$	85
MgF_2	$100\sim150$	5.7	$0.70\sim9.00$	91
Y_2O_3	$100\sim160$	7.2	$0.23\sim8.00$	82
ZrO_2	1700	13.8	$0.90\sim7.20$	76
Y_2O_3-MgO	$300\sim550$	$10.0\sim13.0$	$2.00\sim8.00$	85

在模拟实际飞行中还需要根据飞行环境和窗口外形，选择合适的气流模型，计算窗口热分布，得到热应力的大小和分布情况并判断红外窗口整体的抗热冲击性能。高速飞行将使得窗口材料维持在一个较高的温度，高温下的力学性能变化也是窗口材料的重要衡量标准，如蓝宝石在 600℃ 以上抗压强度仅 20MPa，而陶瓷材料

相对而言并没有表现出明显的强度下降。目前红外材料的性能表征仍多集中在常温环境下，高温下的光学和力学性能需要更多的研究支撑。

（七）效果

未来高马赫飞行器的发展对高温下低辐射、高强度、宽带高透的红外窗口提出了迫切的需求。目前常用的红外窗口材料包括蓝宝石、镁铝尖晶石、AlON、MgF_2、Y_2O_3、Y_2O_3-MgO 复相陶瓷等。强度和抗热震性能的限制使得 MgF_2、Y_2O_3 仅可适用于低马赫数飞行器，而 Al—O 键的存在使得蓝宝石、AlON 等在高温下自发辐射严重，同样无法应用于高马赫飞行器。Y_2O_3-MgO 复相陶瓷利用钉扎效应获得极小的晶粒尺寸，从而兼具较为优异的透过性能和力学性能，同时具有极低的高温辐射系数，是适用于高超声速飞行器极具潜力的候选材料。目前，钇镁复相陶瓷材料的研究主要集中于粉体制备工艺与烧结工艺，对材料的掺杂改性方面的研究相对较少，如何在获得高致密度的同时防止晶粒长大是一个重要的研究方向。更高的飞行速度所带来的剧烈热冲击更加考验材料的力学性能，不仅仅需要考虑材料强度，如何全面结合泊松比、膨胀系数等其他特性，进一步提升材料的抗热冲击性能是一个巨大挑战。氧化镁的引入使得钇镁复相陶瓷具有一定的吸湿性，表面镀膜或改性处理以提升窗口材料的抗侵蚀性能也是需要解决的问题。此外，复相陶瓷机理在其他材料上的应用值得进一步探索。

更快的飞行速度和更高的机动性也要求红外光电探测系统能满足超视距的工作距离和大角度的侦查范围，对红外窗口则需要更好的透过性能和光学均匀性、更大的尺寸以及窗口形状的设计、制备和加工上。蓝宝石的双折射限制它的使用，大尺寸晶体的制备也有很大难度且价格昂贵。相比之下陶瓷材料更具优势。在陶瓷烧结工艺中，热压烧结和 SPS 烧结需要面对材料均匀性问题，难以制备大尺寸、球罩形状样品；真空或气氛环境下直接烧结可以避免上述问题，不过通常烧结温度较高，晶粒尺寸较大。热等静压烧结能在较低温度下促进陶瓷致密化，且适用于大尺寸复杂结构材料，是理想的烧结方式，不过气体成本比较昂贵。红外和雷达复合制导也是未来飞行器的发展需求，以对抗红外干扰技术，避免雨雾天气对红外信号的影响，提高制导精度。开发高强度、雷达波段较低的介电常数的窗口材料也是一个重要方向。

现阶段尚不存在完全满足尖端系统需求的窗口材料，在光学系统设计时不得不面临各种妥协，新型红外材料陶瓷的开发迫在眉睫。

第二节 • 红外激光陶瓷

一、中红外激光陶瓷

（一）简介

用于中红外固体激光增益介质的稀土激活离子主要为 Tm^{3+}、Ho^{3+}、Er^{3+}、

Pr^{3+} 和 Dy^{3+}，而中红外激光陶瓷主要集中在 Tm^{3+}、Ho^{3+}、Er^{3+} 掺杂的石榴石与倍半氧化物材料。其中 Tm^{3+} 和 Ho^{3+} 掺杂的材料激光发射波段为 $2\mu m$ 附近，而 Er^{3+} 掺杂的则在 $3\mu m$ 附近。通过掺杂实现中红外激光的过渡金属离子主要为 Cr^{2+}、Fe^{2+}、Ni^{2+}、Co^{2+}，其中对陶瓷增益介质的研究也主要集中在 Cr^{2+}、Fe^{2+} 掺杂的 Ⅱ-Ⅵ族化合物（ZnS/ZnSe）材料。Cr^{2+} 掺杂的 Ⅱ-Ⅵ 激光器的输出波长为 $2\sim3\mu m$，Fe^{2+} 掺杂的 Ⅱ-Ⅵ 激光器的输出波长为 $3\sim5\mu m$。

本部分主要介绍用于中红外固体激光器的稀土离子或者过渡金属离子掺杂的增益介质。最初用于激光运转的增益介质主要为单晶或玻璃，但近年来随着陶瓷制备技术的飞速发展，激光陶瓷由于生产周期短、掺杂浓度高、易于实现大尺寸和复合结构制备等优势而受到广泛关注。

（二）稀土离子掺杂的中红外激光陶瓷的制备

以高纯商业氧化物粉体为原料，采用固相反应结合真空烧结法制备了不同掺杂浓度、高光学质量的 Er：YAG 透明陶瓷、Tm：YAG、Ho：YAG。图 7-7 是固相反应烧结制备 Er：YAG 透明陶瓷的流程图。

原材料：Y_2O_3，α-Al_2O_3 与 Er_2O_3 粉末+烧结酸(TEOS+MgO)+乙醇(溶剂纯度为99.99%) ⟶ 球磨(混合与球磨10h) ⟶ 在70℃下干燥过筛(筛网200目) ⟶ 干燥模压料 ⟶ 均衡冷压 ⟶ 真空烧结(800℃下烧结20h) ⟶ 光学抛光(平面：λ/10，平行抛光<10s，Rc: 0.2nm) ⟶ Er：YAG透明瓷体

图 7-7　流程图

经过真空烧结（1800℃×30h）所得的 1.0%（原子百分数）Er：YAG 透明陶瓷的显微结构均匀致密，平均晶粒尺寸约为 $25\mu m$。样品在激光工作波长 1645nm 处的直线透过率为 83%，在 1532nm 处的吸收系数为 $1.5cm^{-1}$。

采用固相反应烧结所得的 6%（原子百分数）Tm：YAG 透明陶瓷的平均晶粒尺寸为 $10\mu m$，在 2015nm 直线透过率为 84.0% 的 Tm：YAG 透明陶瓷在国际上首次实现激光输出；1.0%（原子百分数）Ho：YAG 透明陶瓷（厚度 5mm）在近红外波段的直线透过率大于 82%，并在国际上首次实现高效 2091nm 激光输出，最大输出功率 1.95W，斜率效率为 44.2%。

LuAG 和 YAG 同属石榴石族化合物（立方晶系），空间群为 O_h^{10}－I_a3d，两者的力学性能相当，不同之处在于 Lu^{3+} 替代 Y^{3+}，占据了十二面体格位。但是和 Y^{3+} 相比，Lu^{3+} 的有效半径和其他稀土离子更加接近，使得在制备稀土离子掺杂 LuAG 陶瓷时的晶格畸变较小。中国科学院上海硅酸盐研究所同样以高纯商业氧化物粉体为原料，采用固相反应和真空烧结技术制备了高质量 Ho：LuAG 和 Tm：LuAG 透明陶瓷。其中在 1830℃ 真空烧结所得 0.8%（原子百分数）Ho：LuAG 透明陶瓷的平均晶粒尺寸为 $14\mu m$，在 2250nm 处的直线透过率为 82%，在 1906nm 和 2094nm 处的吸收和发射截面分别为 $0.88\times10^{-20}cm^2$ 和 $1.26\times10^{-20}cm^2$。4.0%（原子百分数）Tm：LuAG 透明陶瓷的平均晶粒尺寸约为

$21\mu m$，在 1000nm 处的直线透过率为 82.6％（接近理论值），在 1949nm 处的最大受激发射截面为 $2.37\times10^{-21}cm^2$。江苏师范大学也采用固相反应烧结法制备了高光学质量的 Ho：LuAG 透明陶瓷，并实现了激光输出。

由于倍半氧化物基质具有相对低的最大声子能量、更大的热导率（比 YAG 高至 50％），稀土离子掺杂的倍半氧化物引起了大家的极大关注。采用固相反应法和真空烧结技术制备出稀土离子掺杂的 Sc_2O_3 透明陶瓷。研究人员采用液相法制备倍半氧化物前驱体，经过煅烧、球磨后获得的纳米粉体为原料，经过真空烧结获得了高光学质量稀土离子掺杂倍半氧化物透明陶瓷，并对其显微结构、光谱和激光性能等进行了研究。近 10 余年来，国内也展开了对中红外激光离子掺杂倍半氧化物透明陶瓷的研究工作。研究人员采用固相反应法研究了不同烧结助剂、分散剂和黏结剂等对 Tm：Y_2O_3 陶瓷微观结构及光学特性的影响。江苏师范大学以共沉淀法制备的纳米粉体为原料，采用真空烧结结合热等静压烧结技术制备了亚微米晶粒尺寸的 7％（原子百分数）Er：Y_2O_3 透明陶瓷，其在 2000nm 处的光学透过率达 81.6％，并在室温下实现了 $2.7\mu m$ 处的连续激光输出。

稀土掺杂的氟化物陶瓷材料也可用于固体激光器。2012 年捷克布拉格技术大学利用热压法制备的 Er：CaF_2 陶瓷首次实现了 $2.7\mu m$ 处的激光输出。2013 年，Er：CaF_2 陶瓷又实现了更好的激光性能，斜率效率为 3％，最大输出能量为 0.48mJ，调谐范围为 2687～2805nm。有研究人员采用热压法制备了 Tm：CaF_2 透明陶瓷，并实现了在 1898nm 处的连续激光输出。有研究以共沉淀法合成的纳米粉体为原料，采用热压烧结法制备出了 Yb，Er：CaF_2 透明陶瓷，并研究了 Yb^{3+} 掺杂浓度对该陶瓷光学质量等性能的影响。

有研究人员制备了在 1200nm 处直线透过率达 87％的 Er：CaF_2 透明陶瓷，并研究了粉体煅烧温度、烧结助剂、Er^{3+} 浓度、Er^{3+}/Y^{3+} 共掺等对 CaF_2 陶瓷的显微结构、光学透过率和光谱特性的影响，探究了高浓度掺杂 Er：CaF_2 透明陶瓷在中红外波段的发射光谱和 $^4I_{13/2}$ 能级的寿命。结果表明高浓度 Er^{3+} 有利于实现 $2.7\mu m$ 激光输出，这也证明高浓度 Er：CaF_2 透明陶瓷是一种很有前途的中红外激光材料。此外，该团队在不添加任何烧结助剂和黏结剂的情况下，采用多步干压成型结合热压烧结技术制备了 Er：CaF_2 透明陶瓷。还有学者采用湿化学合成粉体并结合热压烧结技术制备出了较高光学质量的 Er：SrF_2 陶瓷，其在 2000nm 处直线透过率达 92％。

（三）稀土离子掺杂透明陶瓷的激光性能

1. Tm^{3+} 掺杂透明陶瓷的激光性能

$2\mu m$ 波段激光在激光测距、激光遥感、激光成像、光电对抗、医学诊断和治疗、科学仪器、材料处理、光学信号处理、数据处理等领域已显示出越来越广泛的应用前景。作为 $2\mu m$ 固体激光器中最主要的工作物质之一，Tm：YAG 主要有以下三方面优势：①Tm：YAG 激光器效率较高；②Q 开关输出时储能时间长，脉冲输出能量高；③Tm：YAG 激光器对温度的敏感性小，可使用温度范围大。二极管泵浦 Tm：YAG 激光器可在连续、调 Q、锁模状态下工作，并可以实现波长连续可调谐输出。

2．Ho³⁺ 掺杂透明陶瓷的激光性能

同为 $2\mu m$ 附近激光，Ho³⁺ 激光（$2.1\mu m$）相对于 Tm³⁺ 激光（$1.9\mu m$）有很多优势（如吸收和发射截面大、荧光寿命长等），因此其在 $2\mu m$ 激光器特别是医用激光器上的应用比 Tm³⁺ 激光更为广泛。

有研究人员采用固相反应烧结法制备了高质量的 Ho：YAG 陶瓷，采用 Tm：YLF 激光端面泵浦 1%（原子百分数）Ho：YAG 陶瓷，实现了最大输出功率为 1.95W、斜率效率为 44.19% 的 2091nm 连续激光输出。以研制的 Ho：YAG 透明陶瓷为增益介质，以 GaSb 为半导体可饱和吸收体，实现了 $2.1\mu m$ 的 ps 锁模激光输出，最短脉冲宽度为 7.2ps，最大平均输出功率为 258mW，并在不同的工作条件下，研究了带内泵浦 Ho：YAG 陶瓷激光器，在短至 2.1ps 的脉冲持续时间内获得了 Ho：YAG 陶瓷激光的被动锁模。在 2059～2121nm 波长范围内实现了可调谐超短脉冲激光输出。随后，哈尔滨工业大学同样采用 Ho：YAG 透明陶瓷进行了连续和锁模激光性能测试。Ho：YAG 陶瓷在 82.15MHz 重复频率下获得 241.5ps 的短脉冲激光输出（光束质量因子 M^2 为 1.2）以及输出功率高达 40.4W 的连续激光输出。此外，哈尔滨工业大学采用研制的三明治结构 YAG/Ho：YAG/YAG 透明陶瓷实现了可调谐单纵模激光输出，获得 530mW 的最大单纵模输出功率，斜率效率为 12.7%，Ho：YAG 透明陶瓷为增益介质，实现了最大单频输出能量为 55.64mJ 的 MOPA 激光输出。

由于 Ho³⁺ 中基态能级 $^5I_8$ 的能级劈裂较强，且较低激光能级的热占用较低，Ho：LuAG 更像是一个四能级系统。优异的力学性能和热性能使 LuAG 透明陶瓷成为 $2\mu m$ 激光器的另一种理想材料。2015 年，德国马克斯玻恩非线性光学及短脉冲光谱研究所首次报道了以 Cr²⁺：ZnS 陶瓷为可饱和吸收体的新型 Ho：LuAG 陶瓷（由中国科学院上海硅酸盐研究所提供）调 Q 激光器。被动调 Q 激光最大输出功率为 3.88W，斜率效率为 26.4%，激光光束的质量因子 M^2 为 1.1。同样采用该团队研制的 Ho：LuAG 透明陶瓷实现了最大平均输出功率为 5.4W，斜率效率为 44.2% 的连续激光输出。利用窄发射线宽的 Tm³⁺ 光纤激光器在 1907nm 处泵浦 Ho：LuAG 透明陶瓷，实现了最高输出功率为 0.5W 的连续激光输出。

3．Er³⁺ 掺杂的透明陶瓷激光性能

位于中红外波段的 $2.94\mu m$ 激光正好处于水的最强吸收峰（$3\mu m$）附近，能够被水分子强烈吸收，而生物细胞组织中水分的含量通常在 70% 以上，因此，要使激光的能量尽可能被细胞吸收，$2.94\mu m$ Er³⁺ 激光无疑是最佳选择。同时，使用这一波段的激光能够避免破坏细胞中的其他分子键，与 CO_2 激光相比热损伤较小。

另外，2.94μm Er^{3+}激光在生物细胞组织中的穿透深度很浅（仅 1μm 左右），这使得亚微米级的精密组织切除得以实现，因此广泛应用于外科、牙科和美容等医学领域。

0.5％和 2％ Er：Y$_2$O$_3$ 透明陶瓷实现了室温下 2.7μm 的激光输出，斜率效率为 15％，最大输出功率为 0.38W，低温下 2.7μm 的准连续激光输出，输出功率和斜率效率分别为 1.6W 和 27.5％。研究人员采用新型光纤耦合 SE-DFB 激光泵浦 Er：Y$_2$O$_3$ 陶瓷，实现了低温下（77K）功率为 1.4W、光-光转换效率为 26％ 的连续激光输出。当泵浦吸收功率为 9.5W 时，产生平均功率为 0.88W、脉冲能量为 17.4μJ、脉冲持续时间为 63ns、脉冲峰值功率为 0.27kW 的激光输出；采用可调制饱和吸收体，实现了 29ns 的脉冲，这是在 3μm 附近采用连续泵浦实现小于 100ns 的被动调 Q 激光脉冲。接下来，利用具有高亮度的 976nm 光纤激光源和半导体可饱和吸收体研究了 Er：Y$_2$O$_3$ 陶瓷在 2.7μm 处的同步调 Q 锁模激光输出。有研究人员采用稳定的锁模脉冲，产生了平均功率为 92mW 的调 Q 脉冲激光输出，重复频率范围为 5.1kHz 到 29kHz，脉冲宽度范围为 2.7μs 到 1.2μs。

二、过渡金属离子掺杂多晶 ZnSe/ZnS 透明陶瓷

（一）制备方法

过渡金属离子掺杂Ⅱ-Ⅵ族多晶透明陶瓷的制备方法目前主要有热扩散法和热压烧结法。其中热扩散法根据 TM^{2+} 引入形式的不同，可分为镀膜热扩散和气相扩散两种。热扩散法同时适用于单晶或多晶基质，具有制备成本低、工艺简单的特点，是目前最常用的 TM^2：Ⅱ-Ⅵ材料制备方法。镀膜热扩散首先使用脉冲激光沉积、气相沉积或磁控溅射等方法在Ⅱ-Ⅵ基质表面沉淀一层 TM 金属薄膜，随后将镀膜后的基质封装在真空（约 1.33×10^{-3}Pa）的密封管中并在 900～1100℃下扩散数天到数十天以获得掺杂离子均匀分布的材料。气相扩散的差别之处在于 TM^{2+} 通过与基质分开放置的 TM 金属或化合物（CrS、CrSe、FeSe 等）引入，这种方法可以避免掺杂剂与基质在高温下的共熔。

国外基于热扩散的后处理工艺来制备 TM^{2+}：Ⅱ-Ⅵ族材料逐渐发展成熟，并已成功实现商业化。国内采用典型的热扩散法，制备了高光学质量的 Cr：ZnS/ZnSe 多晶材料。以热扩散法制备的 Cr：ZnSe 多晶材料作为增益介质，成功实现了室温下最高功率为 418mW、斜率效率为 12.8％的连续激光输出，并利用 CaF$_2$ 棱镜实现了在 2211～2702nm 波段范围内的调谐激光输出。但是热扩散法还存在问题：TM^{2+} 在Ⅱ-Ⅵ族化合物基质中的扩散速率低（譬如 Cr：ZnSe D_0 约为 26×10^{-3}cm^2/s，E_{ad} 约为 2.31eV），因此制备周期很长，获得掺杂较均匀的多晶材料往往需要数天到数十天的时间。为提高扩散系数以缩短制备周期，可以采用一些改进方案：①热扩散时采用 ^{60}Co 的伽马射线辐照，利用基质内产生的缺陷来促进 TM^{2+} 的扩散，研究表明辐照下 Fe^{2+} 在 ZnS 和 ZnSe 中的扩散速率可分别提高

50％和 25％；②在 Zn 蒸汽中进行扩散，利用间隙 Zn 原子的辅助作用促进 TM^{2+} 扩散，研究表明扩散速率可以提高约 4.7 倍；③在高压环境下进行扩散，研究表明 Cr^{2+} 在 1050℃、30000psi（1psi＝6.895kPa）（约 207MPa）下的扩散速率为 $5.48×10^{-8}cm^2/s$，比常规扩散速率高出两个数量级；④在高温高压下扩散，研究表明利用高压环境对基质升华及相变的抑制作用，扩散温度可提高到 1300℃，Fe^{2+} 在 ZnS 和 ZnSe 中的扩散速率分别提高到常规扩散的 13 倍和 14 倍。

（二）性能

将在 1900～3400nm 中红外光谱范围内工作的 Cr^{2+}：ZnS/Se 激光器的功率放大，对工业材料加工、国防安全、激光外科和科学领域的众多应用帮助很大。在 2.94μm 附近实现几十瓦和几百瓦的输出功率是医疗行业的一大热点，而在 2.2～2.4μm 附近的高功率 Cr：ZnS/Se 固体激光对工业材料加工至关重要。IPG 光电公司采用环形增益技术实现了多晶 Cr：ZnS 陶瓷分别在 2400～2500nm 波段和 2940～2950nm 波长范围的约 140W 和约 32W 连续激光输出。

TM^{2+}：II-VI多晶材料具有超宽的发射带宽及高的增益系数，因此是产生超快脉冲激光的理想途径。基于 Cr：ZnS/Se 多晶材料的 KLM 激光器可显著提高超快中红外激光的输出性能，包括平均功率（最高 2W）、峰值功率和脉冲能量（0.5mW，24nJ）、脉宽（不高于 29fs）等。此外，Cr：ZnS/Se 多晶材料具有高的非线性系数，有望在超快激光和放大器中直接实现非线性频率转换。

由于 Fe^{2+}：ZnSe/S 多晶材料在低温下存在的荧光温度猝灭特征以及 2.6～3.1μm 可选泵浦源种类少，激光输出仅能在连续波、自由运转及增益转换模式下实现。美国空军研究实验室（AFRL）使用 2.94μm 的微片激光器泵浦 Fe：ZnSe 多晶陶瓷（掺杂浓度 $9×10^{18}cm^{-3}$），在 77K 温度下可获得 840W 的高功率连续激光输出，斜率效率为 47％。Fe：ZnSe 多晶陶瓷激光的中心发射峰位于 4140nm（发射线宽 80nm），光束质量 $M^2 \leqslant 1.2$。

典型的 Er^{3+} 自由运转激光器的脉宽为 200～300μs，显著长于 Fe^{2+} 的激发态能级寿命（约 300ns），因此高效率的自由运转 Fe：ZnSe/S 激光器通常需要低温冷却。通过热压烧结法制备 TM^{2+}：II-VI透明陶瓷可以实现掺杂离子的均匀分布甚至浓度梯度设计，并且易于实现结构设计进行更好的热管理。同时，热压 TM^{2+}：II-VI陶瓷的晶粒尺寸较小，具有良好的光学质量、更优异的力学性能和抗热震性。

采用热压法制备出 Cr：ZnSe 透明陶瓷，并实现连续和增益转换激光输出。使用的原料为粒径小于 10μm 的 ZnSe 和 ZnSe-CrSe 混合粉体，热压烧结温度为 1400～1500K，烧结压力为 350MPa，保温时间为 10～15min。所制备的 Cr：ZnSe 透明陶瓷在增益转换模式下实现最大能量为 2mJ 的激光输出，斜率效率为 5％；连续激光输出的最大功率为 0.25W，斜率效率为 20％。

三、过渡金属离子掺杂Ⅱ-Ⅵ族中红外激光陶瓷

（一）简介

$2\sim5\mu m$ 中红外激光在民用和军事领域的应用十分广泛。直接泵浦中红外激光增益介质材料是产生中红外激光的主要方式之一，二价过渡金属离子 Cr^{2+} 或 Fe^{2+} 掺杂的 ZnS 或 ZnSe（TM^{2+}：Ⅱ-Ⅵ）材料以其独特的光谱特性成为目前最具发展前景的中红外激光增益材料之一。本部分归纳了 TM^{2+}：Ⅱ-Ⅵ 材料的主要制备技术路线，然后重点介绍了采用激光陶瓷技术制备 TM^{2+}：Ⅱ-Ⅵ 材料的研究进展，最后对 TM^{2+}：Ⅱ-Ⅵ 陶瓷的原料制备与烧结技术的优化进行了展望。希望以此促进 TM^{2+}：Ⅱ-Ⅵ 激光陶瓷材料的发展，为获得高性能的 TM^{2+}：Ⅱ-Ⅵ 中红外激光器奠定关键材料基础。

（二）TM^{2+}：Ⅱ-Ⅵ材料制备方法

TM^{2+}：Ⅱ-Ⅵ 材料的制备方法主要有三种。第一种是晶体生长法，它主要包括熔融生长法、物理气相传输法（PVT）、化学气相传输法（CVT）和化学气相沉积法（CVD），其中熔融生长法和 CVD 法是最常用的方法。以 ZnSe 为例，在大气压下 ZnSe 升华温度在约 400℃，远低于熔点。所以在使用熔融生长法时，在 1515℃ 高温下必须同时施加 0.75MPa 高压。由于这种方法对材料的生长设备要求比较高，没有被广泛应用，而且此方法生长 TM^{2+}：Ⅱ-Ⅵ 材料时容易使晶体受到杂质污染。对于有气相的生长方法，TM^{2+} 的饱和蒸气压远低于Ⅱ-Ⅵ族化合物的饱和蒸气压，TM^{2+} 很难形成气相扩散，所以在气相中难以获得掺杂离子均匀分布的 TM^{2+}：Ⅱ-Ⅵ 晶体材料。晶体生长法制备 TM^{2+}：Ⅱ-Ⅵ 激光材料缺点明显，因而没有被广泛采用。

另外两种制备方法分别是热扩散法和热压法（HP），其中热扩散法是利用热激活的 TM^{2+} 扩散到Ⅱ-Ⅵ材料中。首先利用脉冲激光沉积、气相沉积或磁控溅射系统，将 TM 薄膜沉积在单晶或 CVD 法生长的 ZnSe、ZnS 多晶表面，随后将其密封在真空石英管中并置于 $900\sim1100$℃ 高温下扩散 $7\sim20d$。相比晶体生长法，热扩散法对工艺流程控制和设备的要求不高，已得到相当广泛的应用。最近，研究人员提出了热等静压（HIP）和热扩散相结合的方法，在高压作用下可以提高扩散温度 $100\sim200$℃，增加扩散速度和深度。将固态扩散的 Fe^{2+}：ZnSe 经过 HIP 可制备具有两个 Fe^{2+} 掺杂内层的 Fe^{2+}：ZnSe。因此，热扩散法是当前制备 TM^{2+}：Ⅱ-Ⅵ 激光材料最成功也是应用最广的方法，但是热扩散法制备的 TM^{2+}：Ⅱ-Ⅵ 激光材料也存在明显的缺陷：TM^{2+} 掺杂浓度不可控、TM^{2+} 分布不均匀（TM^{2+} 富集在材料表面）、扩散时间较长。由于 ZnSe 的升华，材料的光学性能下降，而且若 ZnSe 基体是多晶，存在晶粒异常生长，将导致力学性能变差。

制备具有均匀 TM^{2+} 分布的大尺寸 TM^{2+}：Ⅱ-Ⅵ 材料需要更加先进的技术。

20 世纪 60 年代，研究人员研制了光学性能与单晶相似的透明陶瓷材料。Dy^{2+}：CaF_2 成为第一个用作激光增益介质的陶瓷材料。在 Nd：YAG 激光陶瓷取得的研究成果，激发了科研人员对激光陶瓷材料的研究兴趣。然而，对 TM^{2+}：II-VI 激光陶瓷的研究还处于起步阶段，对应的制备技术还需要不断地改进创新。

（三）Cr^{2+}/Fe^{2+}：ZnSe 激光陶瓷的制备及光学性能

1. ZnSe 透明陶瓷

ZnSe 是 II-VI 族直接宽带隙半导体发光材料（2.7eV），常温下 ZnSe 为闪锌矿结构，属于立方晶系空间群。由于独特的空间构型，ZnSe 在中、长波红外区域具有高的透过率，因此常被用于传感器、LED 以及其他光电设备。在 20 世纪 60 年代首先开始运用 HP 技术制备 ZnSe 陶瓷材料用于红外窗口。粉体制备是陶瓷制备过程中关键的一步，粉体的质量对透明陶瓷的性能有着极大的影响。目前，制备 ZnSe 粉体的方法主要有水热法、溶剂热法、声化学法、机械化学法和球磨法等。利用水热法合成的 ZnSe 粉体再经高能球磨，获得颗粒尺寸均匀的粉体，但在烧结过程中，ZnSe 陶瓷烧结温度过高易导致陶瓷晶粒内部出现微气孔。随着烧结温度的升高，晶粒生长越快，晶粒之间的气孔会向晶界移动，进而逐渐排出样品；但是当烧结温度过高时，由于晶粒会异常长大以及样品升华严重，形成很多微气孔，陶瓷的相对密度会随着温度升高先增大后减小。气孔是影响透明陶瓷透过率极其重要的因素，它会对光产生反射、折射或散射从而使样品表现为不透明状态。放电等离子体烧结（SPS）的特点是加热速度快、烧结时间短，相比于 HP 烧结能够在更短时间内获得完全致密的陶瓷，现已成为制备 TM^{2+}：II-VI 激光陶瓷的重要烧结方式。ZnSe 粉体在 1100℃/70MPa 的条件下，通过 SPS 烧结 5min，获得的 ZnSe 陶瓷表现出较高的致密度（99.3%）和硬度（163kg/mm^2）。但是，样品中存在的杂质、残留空隙和非均匀的微观结构导致无法获得更高的透过率。将在无水乙醇中球磨后的 ZnSe 粉体，通过 SPS 烧结 5min（900℃/80MPa）可实现陶瓷的致密化，但由于烧结过程中出现严重的渗碳污染导致 ZnSe 陶瓷的光学性能较差，采用石墨模具或石墨烧结炉，材料被渗碳污染是导致陶瓷光学质量变差的一个重要原因。将商业 ZnSe 粉体在干燥的环境中球磨 4h 后通过 SPS 烧结（950℃/100MPa/30min），制备的 ZnSe 陶瓷相对密度达 99.8% 并在 2~20μm 波段内的最大透过率约为 63%。$ZnSe_xS_{1-x}$ 多晶陶瓷具有 ZnS 较高的机械强度和 ZnSe 良好的光学性能，因此 $ZnSe_xS_{1-x}$ 常被用于制作红外防护窗。

将 90% 的 ZnSe 和 10%（摩尔分数）的 ZnS 商业粉体混合球磨后首先经过 HP 预处理，然后在氩气氛围中 HIP 烧结 6h。$ZnSe_{0.9}S_{0.1}$ 多晶陶瓷在 14μm 的透过率达 62.3%。

2. Cr^{2+}：ZnSe 激光陶瓷

虽然 Cr^{2+}：ZnSe 中红外固体激光器的功率水平在不断提升，但是在出光效率和光束质量等关键指标上没有新的突破进展。而 HP 法用于制备 TM^{2+}：Ⅱ-Ⅵ 陶瓷材料可以弥补热扩散法存在的 TM^{2+} 分布不均匀、掺杂浓度不可控等缺陷，且所制备的陶瓷具有良好的光学质量和更优的力学性能。

使用玛瑙研钵把高纯度的 ZnSe 和 ZnSe-CrSe 混合粉体研磨成小于 $10\mu m$ 的细颗粒，然后在 $1126\sim1226℃$ 和 $30\sim35MPa$ 条件下进行 HP 烧结，制备出不同掺杂量的 Cr^{2+}：ZnSe 激光陶瓷。热扩散和 HP 制备的 Cr^{2+}：ZnSe 多晶陶瓷都具有以 $1.78\mu m$ 为中心的宽吸收带。采用一个 Nd：YAG Q 开关激光器作为泵浦源（$1.91\mu m$）测量它们的荧光发射寿命，证实了热扩散法和 HP 法制备的 Cr^{2+}：ZnSe 多晶陶瓷具有相同的光学性质。所制备的 Cr^{2+}：ZnSe 陶瓷实现了 2mJ 的激光输出，光-光转换效率为 5%。这一实验展示了在中红外波段工作的热压 Cr^{2+}：ZnSe 陶瓷激光器，同时也证明了 TM^{2+}：Ⅱ-Ⅵ 激光陶瓷具有发展前景。

3. Fe^{2+}：ZnSe 激光陶瓷

与 Cr^{2+}：ZnSe 相比，Fe^{2+}：ZnSe 的带隙比较小，容易产生温度过高导致的多声子猝灭，因而 Fe^{2+}：ZnSe 激光器通常需要低温冷却。Fe^{2+} 的荧光寿命也是影响其激光器性能的一个重要因素，由于存在温度猝灭效应，Fe^{2+} 的荧光寿命随温度升高而急剧下降，在室温下只有脉冲激光输出，低温下可以产生连续的激光输出。尽管目前 Fe^{2+}：ZnSe 激光器存在较多问题，但可用于 $2.6\sim3.1\mu m$ 波段的泵浦激光源种类少，它仍旧是中红外 $3\sim5\mu m$ 激光的一个重要发展方向。研究人员在室温下利用 $2.94\mu m$ 的 Er：YAG 激光器泵浦 Fe^{2+}：ZnSe 多晶材料，实现了 $3.60\sim5.15\mu m$ 的调谐宽度，并产生最大 5mJ 的输出能量，并证明调 Q 开关模式可以有效用于 Fe^{2+}：ZnSe 激光器，但需要制备大尺寸的 Fe^{2+}：ZnSe 多晶陶瓷材料。

2019 年，研究人员通过液相共沉淀法合成 $Fe_xZn_{1-x}Se$（$0.00\leqslant x\leqslant0.06$）粉体。其中合成 Fe^{2+}：ZnSe 粉体的主要困难在于共沉淀过程中的 Se^{2-} 前驱体在市场上难以获得，且 Se^{2-}、Fe^{2+} 溶液在空气中极易氧化。因此，他们先将 NaH_4B 溶于去离子水中，然后将该溶液加入到 Ar-冲洗瓶中与 Se 单质产生氧化还原反应，产生的 NaH_4Se 溶液作为 Se^{2-} 源。合成的 Fe^{2+}：ZnSe 粉体粒径为纳米级，且分布均匀。当 Fe^{2+} 的掺杂量为最高（6%原子百分数）时，也没有出现 Fe^{2+} 的富集，说明所引入的 Fe^{2+} 替代了 Zn^{2+} 而完全掺入到材料的晶格中，但在煅烧温度过高时有 ZnO 杂质相产生。将 $Fe_{0.01}Zn_{0.99}Se$ 粉体通过 SPS 烧结（950℃/60MPa/30min），制得 1mm 厚的 Fe^{2+}：ZnSe 陶瓷在 $12\mu m$ 处有 57% 的峰值透过率。2020 年，有研究人员进一步探索 SPS 烧结参数对陶瓷微结构的影响，获得了光学性能更优的 Fe^{2+}：ZnSe 陶瓷。在 900℃/90MPa/120min 条件下制备的 Fe^{2+}：ZnSe 陶瓷在 $1.4\mu m$ 处呈现出约 60% 的透过率，$7.5\mu m$ 处的透过率约为 68%。Fe^{2+} 从 $^5E\rightarrow{}^5T_2$ 跃迁产生 $3\mu m$ 附近的强吸收带。

适当延长烧结时间可以有效提升 Fe^{2+}：ZnSe 激光陶瓷的光学质量。研究人员采用了一个泵浦光源为 $2.94\mu m$ 的 Q 开关 Er：YAG 激光器测量了 Fe^{2+}：ZnSe 陶瓷的荧光发射寿命和发射光谱，透明陶瓷和热扩散样品均呈现 220ns 时间常数的单指数衰减，且 Fe^{2+}：ZnSe 激光陶瓷的发光谱覆盖了 3500～5500nm 的光谱范围。实现最大输出能量 41mJ，脉冲持续时间 120ns，光-光转换效率达 25%，表明 Fe^{2+}：ZnSe 激光陶瓷的制备技术有了显著提升。

（四）Cr^{2+}/Fe^{2+}：ZnS 激光陶瓷的制备及光学性能

1. ZnS 透明陶瓷

ZnS 的性质与 ZnSe 相似，属 Ⅱ-Ⅵ 族直接宽带隙半导体（3.7eV）。它具有 $0.4～14\mu m$ 的高透射率，较高的热稳定性和良好的力学性能，被用于红外窗口、整流罩和红外光学元件等。ZnS 有闪锌矿和纤锌矿两种类型，闪锌矿也称作 β-ZnS，晶体结构为立方晶系；另一种结构纤锌矿也称 α-ZnS，属六方晶系。ZnS 陶瓷在室温下一般以立方结构存在，但当烧结温度高于 1020℃时会发生由立方相向六方相的转变，而六方相的双折射会降低陶瓷透光率。因此，研究人员通过降低烧结温度的方法来避免六方相的产生。烧结助剂可以降低烧结温度和抑制晶粒异常生长。在 HP 烧结液相合成的 ZnS 粉体时添加 0.5% Na_2S 作为烧结助剂，实验结果表明，添加适当的烧结助剂能够提高 ZnS 陶瓷的致密度并能有效抑制六方相的产生。使用机械化学法将单质 Zn 和 S 合成 ZnS 粉体，随后研究烧结助剂 CaF_2 和 LiF 对烧结体的影响。研究表明，CaF_2 和 LiF 都能增加 ZnS 粉体的烧结活性，但 LiF 的效果更佳，而 CaF_2 能更好体现相变抑制剂的作用。比较研究粉体形貌、烧结技术和烧结参数对 ZnS 陶瓷的致密度和光学性能的影响。利用湿化学沉淀法合成 ZnS 粉体，且通过 HP 烧结（950℃/50MPa/2h）制备的 ZnS 透明陶瓷在 2～ $12\mu m$ 波段的透过率达到 70%。

加热速率是烧结过程中重要的工艺参数，适当的加热速率能提高陶瓷的相对密度和光学性能。科研人员系统研究了加热速率对 ZnS 透明陶瓷的相对密度、相转变和光学性能的影响。实验结果表明，对于 SPS 烧结技术，随着加热速率的减小，ZnS 透明陶瓷的六方相含量随之减少，相对密度明显增大，红外透过率也显著提高，采用凝胶法合成 ZnS 纳米粉体，通过 HP 烧结的 ZnS 陶瓷在红外 $6.74\mu m$ 和 $9.29\mu m$ 处有 77.3% 的透过率。有研究人员发现由于在烧结过程中形成的锌空位和硫缺陷，导致未掺杂的 ZnS 透明陶瓷分别在 450nm 和 530nm 具有发射带。运用凝胶注模工艺成型、冷等静压和无压烧结的技术路线制备 ZnS 陶瓷，为 ZnS 透明陶瓷的制备提供了新思路。

由颗粒尺寸较小的 ZnS 粉体制备的陶瓷在较低温度就出现由立方相向六方相转变的现象，而在 HP 过程中施加的压力促进了六方相向立方相的转变，有助于提高 ZnS 陶瓷的透光率和机械硬度。2018 年，为避免 ZnS 粉体太细而导致在煅烧和烧结过程中低温时产生六方相，采用溶剂热法合成 ZnS 纳米粉体，从而制备了高光学质量的 ZnS 透明陶瓷。

科研人员研究了通过水热法合成 ZnS 粉体的煅烧温度，经 550℃ 煅烧 2h 的粉体制备的陶瓷在 $3\sim8\mu m$ 波段具有最高的透过率（71.6%）以及最高的致密度（99.9%）。有学者也采用水热法在 220℃ 下合成 ZnS 纳米粉体，并研究了粉体煅烧最优温度和陶瓷烧结温度，通过 750℃ 煅烧的 ZnS 粉体在 1020℃/20MPa 条件下 HP 烧结，ZnS 陶瓷具有致密的微观结构，并且在 $7.0\sim12.0\mu m$ 波段内透过率高于 68%。还有研究人员先通过水热法合成 S:Zn 不同的 ZnS 粉体，然后探究了烧结温度和时间对 ZnS 陶瓷微观结构和光学性能的影响。其中 S:Zn 为 1.5 的 ZnS 粉体在 1000℃/15MPa/16h 条件下 HP 烧结的陶瓷具有较好的光学质量。

采用沉淀法制备 ZnS 粉体，经过 HP 烧结的 ZnS 透明陶瓷在 $4\sim12\mu m$ 波段内，能达到理论水平的光学透过率（75%），具体参数如表 7-9 所示。

表 7-9　ZnS 热压陶瓷的烧结参数

样品	2h-HP	4h-HP	6h-HP
温度/℃	950	950	950
负荷/MPa	120	120	120
驻留时间/h	2	4	6
致密度/%	99.4	99.9	99.9

2. Cr^{2+}：ZnS 激光陶瓷

与 Cr^{2+}：ZnSe 陶瓷相比，Cr^{2+}：ZnS 陶瓷的研究稍微滞后。Cr^{2+}：ZnS 陶瓷具有更高的抗损伤阈值、更好的力学性能和导热性能，因此，C^{2+}：ZnS 陶瓷更适合用作大功率激光器的增益介质。

以 Cr^{2+}：ZnS 和 Cr^{2+}：ZnSe 作为增益介质的可调谐连续激光系统输出，其中心波长为 $2.5\mu m$，功率达 140W。科研人员先采用湿化学法合成 ZnS 粉体，然后再与 Cr_2S_3 粉体混合研磨，并通过 HP 烧结（1000℃/50MPa/2h）成功制备 Cr^{2+}：ZnS 透明陶瓷。厚度为 0.7mm 的样品在 $11.6\mu m$ 处的最高透过率为 67%，并且在近红外 1690nm 处的宽带是 Cr^{2+} 分裂基态 ^5D 的 $^5T_2 \rightarrow ^5E$ 吸收带。这说明有 Cr^{3+} 被还原为 Cr^{2+} 且以四面体配位的方式掺入到 ZnS 基质晶格中。与 Cr^{2+}：ZnSe 陶瓷相比，Cr^{2+}：ZnS 的吸收峰出现一定的蓝移。

科研人员掌握了用水热法大规模合成 Cr^{2+}：ZnS 纳米粉体的技术，采用硫代乙酰胺（TAA）作为 S^{2-} 源和还原剂，避免了 Cr^{2+} 的氧化，这为制备 Cr^{2+}：ZnS 透明陶瓷奠定了基础。

3. Fe²⁺ ： ZnS 激光陶瓷

20 世纪末，研究人员就开始对 Fe^{2+} ：ZnS 的激光性能进行研究。在同样温度下，Fe^{2+} ：ZnS 的荧光寿命明显小于 Fe^{2+} ：ZnSe，且常温下的光学、抗热和力学性能较差，因此大部分 Fe^{2+} ：ZnS 激光器的研究成果是在低温下获得的。Fe^{2+} ：ZnS 激光器可实现最大能量为 3.25J 的激光输出，光-光转换效率达 27%，并在 $3.44\sim4.19\mu m$ 波段内宽可调谐。科研人员制备了 Fe^{2+} ：ZnS 透明陶瓷，先通过湿化学共沉淀法合成 Fe^{2+} ：ZnS 纳米粉体（5nm），然后经过 800℃煅烧 3h，50MPa 干压成型，HP 烧结（900℃/250MPa/2h）和热等静压后处理（950℃/150MPa/5h）得到 Fe^{2+} ：ZnS 透明陶瓷。所制备的 Fe^{2+} ：ZnS 透明陶瓷在 $2.0\mu m$ 和 $4.5\mu m$ 处的直线透过率分别约为 45% 和 65%。

四、中波红外导弹用高强纳米红外陶瓷整流罩

（一）简介

红外导弹是精确制导武器的重要分支，根据工作波段的不同，它主要可以分为短波导弹（主要为激光导弹或炸弹）、中波（$3\sim5\mu m$）导弹和长波（$8\sim12\mu m$）导弹，而其中的中波导弹是目前应用最为广泛和发展最为深入的制导形式。红外整流罩位于导弹的最前端，是红外导弹的主要部件之一。在导弹高速飞行过程中，红外整流罩不但要承受高的气动加热温度和大的气动压力，还要防止雨点、沙粒等对导弹前端的侵蚀破坏；同时，它作为光学系统的一个组成部分，还要参与光学系统成像。因此，要求红外整流罩具备以下性能：①高透过率；②高强度；③高抗热冲击性能；④低发射率；⑤在高温环境中，物理化学性能稳定。

目前常用的红外整流罩材料主要有氟化镁、蓝宝石、尖晶石、AlON 和纳米复相陶瓷等。氟化镁是较早用作红外整流罩的材料之一，也是当前应用得最为成熟的红外整流罩材料。蓝宝石凭借其优异的力学性能和光学性能，成为目前高马赫导弹整流罩材料的一种比较理想的选择。尖晶石和 AlON 这两种材料是在红外整流罩低成本需求和异形整流罩的需求下应运而生的，与氟化镁相比，它们具有更好的强度、硬度和抗热冲击性能，但其略低于蓝宝石，可以认为是性能介于蓝宝石和氟化镁之间的红外整流罩材料。

（二）高强纳米红外透明陶瓷的制备

高强纳米红外透明陶瓷是以高纯 Y_2O_3 纳米粉为掺杂材料，以商业氧化锆粉体为基体，经球磨混合、造粒、成形、烧结制备而成的。该红外透明陶瓷材料既具有良好的力学性能，又具有极低的发射率和优异的中波红外透过性能，是一种可以用于红外整流罩的新型材料。

1. 力学性能的提升

材料的断裂源于外力作用下产生的微裂纹的扩展。陶瓷材料中的初始微裂纹尺

寸与晶粒尺寸相当，晶粒越细，初始裂纹尺寸就越小，材料断裂的临界应力就越大，断裂强度也就越高。此外，由于晶界强度比晶粒内部弱，因此陶瓷的断裂多沿晶界发生。晶粒越细，沿晶界破坏时裂纹扩展所走的路程就越长，断裂强度就越高。另一方面，晶粒细化能使陶瓷的微观结构更均匀，从而可以提高陶瓷的断裂强度。

气孔也是影响陶瓷断裂强度的一个因素。陶瓷中的气孔不仅会减小负荷面积，而且会使气孔附近区域产生应力集中，大幅降低材料的断裂强度。

因此，本部分通过细化晶粒和排除微气孔这两个方面提升材料的力学性能。

2. 高温热辐射的控制

由基尔霍夫定律可知，材料的发射率与其吸收率相关，吸收越强，辐射也越强。原料配比中的 ZrO_2 和 Y_2O_3 两种材料具有极低的声子能量，因此，在 $3\sim5\mu m$ 波段均具有非常小的吸收率，是获得低辐射率中波红外材料的内在因素。

此外，还有影响红外整流罩材料高温辐射的外在因素，如在 $3\sim5\mu m$ 波段内具有较强吸收的杂质、残余的羟基以及各种引起吸收的缺陷。因此，在控制材料的高温辐射系数方面采用了以下措施：①采用高纯原料，消除引入红外辐射的杂质；②烧结后段采用热等静压烧结，以最大限度地消除材料中的显微缺陷（第二相和气孔）；③消除晶格缺陷。

通过以上方法制备的高强纳米红外陶瓷材料不仅具有较高的机械强度，还具有较低的热辐射系数。

（三）高强纳米红外陶瓷的特性

1. 光谱透过特性

高强纳米红外陶瓷的折射率大于 2，在中波（$3\sim5\mu m$）范围内的理论透过率为 75%。对未镀膜材料进行测试，其透过率在 78% 左右。为了进一步提高红外陶瓷的透过率采用单面镀膜的方式对其进行处理，然后测试其透过率。

2. 光谱折射特性

红外整流罩也是光学系统的一部分，它的光谱折射特性也尤为重要，因此，对它的折射率也进行了测试。测试采用的是美国 J. A. Woollam 公司的椭偏仪，材料在中波（$3\sim5\mu m$）范围内的折射率分布情况为透过率略大于 2，高于蓝宝石的折射率（1.7 左右）。同时，其折射率随波长的增加而减小，符合光学材料的基本特性。

3. 硬度

硬度是红外整流罩的一个重要的力学性能参数。在恶劣的环境（如高速飞行中遇到的雨水、沙粒等的冲击腐蚀环境）中，材料的硬度具有很重要的作用。采用 INSTRON-2100B 维氏硬度计对高强纳米红外陶瓷的硬度进行测试，测试数据如表 7-10 所示。

表 7-10　高强纳米红外陶瓷的维氏硬度数据

编号	维氏硬度/MPa
1	13590
2	13740
3	13740
4	13590
平均值	13670

根据维氏硬度和努氏硬度的转换关系可知蓝宝石的维氏硬度约为 15000MPa，氟化镁的维氏硬度约为 5450MPa。可见，该种材料的硬度已经远高于氟化镁的硬度，并与蓝宝石的硬度接近。

4．弯曲强度

采用三点弯曲法对高强纳米红外陶瓷的弯曲强度进行测试，测试数据如表 7-11 所示。

表 7-11　高强纳米红外陶瓷的弯曲强度数据

编号	弯曲强度/MPa
1	1889
2	1799
3	1796
4	1819
平均值	1826

高强纳米红外陶瓷材料的弯曲强度已高于蓝宝石等材料的弯曲强度。

5．高温红外辐射特性

红外整流罩的高温红外辐射会使红外成像系统的图像背景亮度增加，甚至造成红外探测器饱和，淹没目标信号。因此，红外整流罩的高温红外辐射特性尤为重要。600℃时，高强纳米红外陶瓷材料在 $3\sim5\mu m$ 波段范围内有很低的发射率，在 $5.5\mu m$ 之后发射率急剧升高（但这部分不在中波红外导弹的工作范围之内，对系统无影响）。

（四）高强纳米红外陶瓷整流罩的应用特性

红外导弹在高速飞行过程中会出现气动加热现象，导致红外整流罩温度升高。根据弹道和速度的不同，红外整流罩温度可能达到 300℃以上，甚至是 600℃以上。

为了增加高强纳米红外陶瓷整流罩的透过率，在整流罩内表面镀制了增透膜。在镀膜时选用了稳定性较好的蓝宝石膜；同时，优化膜系结构，控制蒸镀条件，以提升膜层和基底的亲合性，从而提高膜层的牢固度。为了验证膜层在高温环境下的牢固度，还展开了高温冲击试验研究：将整流罩放入预设温度为 $600℃$ 的马弗炉中，静置 2min 后将其从炉中取出，在常温环境下静置 15min；然后再将整流罩重新放入预设温度为 $600℃$ 的马弗炉中，如此循环 10 次，分析膜层的变化情况。

参考文献

[1] 支瑞，李远亮，张鑫，等 . 红外陶瓷研究进展及应用[J]. 山东陶瓷，2020，43（1）：8-11.

[2] 李恺，范金太，姜本学，等 . 窗口用红外透明陶瓷概述[J]. 硅酸盐学报，2024，52（3）：993-1005.

[3] 雷牧云，李桢，张微，等 . 镁铝尖晶石透明陶瓷的研究进展[J]. 人工晶体学报，2023，52（12）：2108-2120.

[4] 王康，田洪翼，杨威，等 . 镁铝尖晶石透明陶瓷的研究进展[J]. 现代技术陶瓷，2023，44（2）：77-116.

[5] 王保松 . 红外光学材料钙铝酸盐玻璃陶瓷及表面硬膜研究[J]. 中国建材科技，2022，31（4）：42-45.

[6] 罗永治，余盛全，阴明，等 . 过渡金属离子掺杂 Ⅱ-Ⅵ族中红外激光陶瓷研究进展[J]. 人工晶体学报，2021，50（5）：947-958.

[7] 林辉，周圣明，滕浩，等 . Pr^{3+}，Yb^{3+} 共掺 Y_2O_3 透明陶瓷中的下转换近红外发光研究[J]. 光学学报，2010，30（12）：3547-3551.

[8] 满鑫，吴南，张牧，等 . Lu_2O_3-MgO 纳米粉体合成及其复相红外透明陶瓷制备[J]. 无机材料学报，2021，36（2）：1263-1269.

[9] 刘孟寅，张高峰，王跃忠，等 . Y_2O_2-MgO 纳米复相红外透明陶瓷制备及其性能研究[J]. 稀有金属材料与工程，2020，49（2）：718-722.

[10] 李江，姜楠，徐圣泉，等 . 红外透明 MgO-Y_2O_3 纳米复相陶瓷研究进展[J]. 硅酸盐学报，2016，44（9）：1302-1314.

[11] 李江，田丰，刘子玉 . 中红外激光陶瓷的研究进展与展望[J]. 人工晶体学报，2020，49（8）：1467-1487.

[12] 李燕，赵倩倩，靖正阳，等 . 准等静压制备 $ANbTeO_6$（A＝K，Rb）透明陶瓷的结构与光学性能[J]. 硅酸盐学报，2024，52（3）：836-844.

[13] 石坚波 . AlON 透明陶瓷研究进展[J]. 江苏陶瓷，2015，48（2）：13-15.

[14] 杨华明，邱冠周 . 石英质红外材料的研制[J]. 材料科学与工艺，1998，6（3）：21-23.

[15] 李福巍，赵虹霞，潘国庆，等 . 中波红外导弹用高强纳米红外陶瓷整流罩特性研究[J]. 光学学报，2021，41（7）：102-107.

第八章

红外光学塑料

第一节 · 常用红外光学塑料

一、简介

多少年以来，光学零件都是用玻璃制造的。但是，情况正在发生变化。随着光学塑料和精密加工技术的发展，用光学塑料制造的光学零件开始得到应用。

塑料光学零件可以采用压铸成型和铸型成型等方法制造。压铸成型工艺用于生产大型零件（直径约在 100 毫米以上）；铸型成型工艺用注模的方法制造热固塑料零件，便于大量生产。

塑料很轻，这也成为机构设计上的优点。充分地发挥了塑料的这种特长、需求量不断增大的塑料透镜不仅成本低，而且应用的重点近年来已经转向以非球面为中心的高精度光学系统。特别是可以大批量生产的 CD 和 VD 用唱机、摄像机、电影摄影机、投射式电视机等民用光学机器，由于引进了塑料非球面镜，既能保证光学性能，又可以减小透镜块数。现在，已经陆续开发出一些小型轻量、价廉的新产品。在发展这些中高精度塑料透镜的过程中，由于光学设计、成形、模压等技术的进步，还需要开发新的塑料材料。

塑料透镜、反射镜和各种镜组体轻，耐划性好，光洁度高，铸成之后一般不需要抛光就可以使用。塑料透镜有时可以铸成列阵式镜组，不像玻璃透镜那样组成列阵时要一一加以调整。光学塑料可以制作便宜的消像差透镜和反射镜。塑料透镜的表面精度和玻璃相仿，可达 300lp/mm 的分辨率。曾有人用干涉仪和氦氖激光器去检验和比较用两个模子铸出的透镜，有一组透镜的波前误差为 1/4 波长，而另一组透镜的波前误差为 1/2 波长，一致性这样好，所以装校的工作量就可以大大减少了。

塑料光学零件的光洁度决定于模子的光洁度。搞一个很光洁的模子虽然很费事，但一旦加工出来，就可以不断使用。而玻璃透镜则需要一个一个地抛光。

塑料光学零件还存在一些问题。例如热固塑料在冷却时会发生收缩，目前还没有办法完全补偿这种收缩。因此还不能用它制造受衍射限制的零件。为缩小其 $0.1\%\sim0.6\%$ 的收缩率，要求每一零件从边沿到中心的厚度尽可能保持均匀。它在耐高温和耐磨损方面还不如玻璃。此外，模子的费用也比较高。

二、光学塑料及特点

在市售的塑料中那些无色透明的塑料都可以作为光学塑料使用。但是，由于这些塑料原来并不是专为光学应用而设计的分子聚合物，所以，作为透镜材料使用时各有优缺点。表 8-1 为典型的光学用塑料材料的特性。

表 8-1 典型光学用塑料材料的特性

特性	单位	丙烯系列				苯乙烯系列
		PMMA	PCHMA	OZ-1000[2]	OZ-1100[2]	PS
折射率 n_d		1.492	1.496	1.500	1.502	1.592
阿贝数 v_d		58	57	57	56	31
总光线透过率/%	%	94	93	94	94	91
光弹性系数/$(\times10^{-8}\,cm^2/N)$	注[1]	-6		-0.8	-0.3	—
成形品双折射[1]	注[2]	1	1	0.8	0.4	20
饱和吸湿率/%	%	2.0	1.2	1.0	1.0	0.1
热变形温度/℃	℃	100	91	105	110	90
成形收缩率/%	%	0.3~0.5	0.3~0.5	0.3~0.5	0.3~0.5	0.2~0.4
比重		1.19	1.17	1.16	1.17	1.06

① PMMA 为 1 时的相对评价值。

② OZ-1000，OZ-1100 是日立化成工业公司生产的脂环式丙烯树脂的名称。

（一）丙烯系树脂

聚甲基丙烯酸甲酯树脂（PMMA）在塑料材料中的地位是不言而喻的，既使与光学玻璃相比较，也具有同等以上的极好透明性。这种材料分散小、硬度高，对于因紫外线暴露所引起的透明性劣化也有着超群的耐久性。另外，由于这种材料的非晶性好、光弹性灵敏度小，所以，因喷射成形所引起的光学畸变（应力双折射等）也最小。为此，素有"塑料女王"之称，许多精密成形透镜都采用这种材料制作，这种树脂可以利用分子量调节和丙烯酸甲基等的共聚（百分之几）法改变成形流动性。一般都备有几种利用这种性质改变了流动性的品种。但用于透镜时，通常使用最多的是耐热性高（热变形温度 100℃）、流动性低的品种。聚甲基丙烯酸甲酯树脂（PMMA）的缺点是吸湿性大，湿度环境对形状、折射率的影响大，这已成为影响高精度用途应用的最大障碍（参见图 8-1）。另外，其耐热性也不理想。

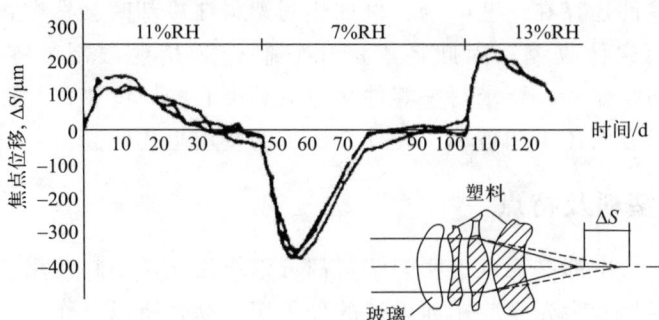

图 8-1　伴随湿度变化的塑料光学

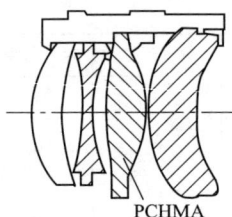

图 8-2　EXTRAMAX
（柯达）26mm

最近 PMMA（聚甲基丙烯酸甲酯树脂）在制作低双折射性偏振光光学系统方面的用途增多。

聚环乙丙烯酸甲酯系树脂（PCHMA）具有与聚甲基丙烯酸甲酯树脂（PMMA）一样的优良光学特性。而且吸湿性小；可以充分地利用其低吸湿特性，现已用于摄像机摄影系统透镜（参见图 8-2）。这种树脂为单独聚合体时很脆，故很难喷射成形，一般采用与甲基丙烯酸甲酯（MMA）的共聚树脂。因为 PCHMA 的实际耐热湿度比 PMMA 低，所以，现在已用脂环式丙烯树脂代替它，并已实用化。

目前还在开发一种把无水马来酸、甲基丙烯酸、α-甲基苯乙烯、N-苯基马来酰亚胺等共聚的，或者进行亚胺化变性以大幅度提高耐热性的超耐热丙烯系树脂。这种成形材料主要用于汽车车灯等。因为在透明性、双折射性、吸湿性等特性方面容易出毛病，故不太适合用于中高精度透镜。可是，由于采用了耐热性单体与后述的脂环式丙烯共聚的方法，即使在高耐热区域也具有透明性、低双折性和低吸湿性，目前正在开发能提高耐热性的脂环丙烯系树脂的新品种。

（二）苯乙烯系树脂

聚苯乙烯系树脂（PS）的折射率高，可以制作薄透镜。其缺点是：①成形时由于苯分子取向所引起的双折射很大；②由于紫外线暴露，苯环发生反应，容易使着色劣化；③实用耐热温度低。所以，精密光学领域不太采用这种材料。

苯乙烯、丙烯腈共聚树脂（SAN）的折射率、分散等光学特性与聚苯乙烯系树脂相类似，紫外线劣化以及成形时的双折射比聚苯乙烯系树脂好，耐热性也比聚苯乙烯系树脂高。

因此，现在有人利用这些材料的高分散性，把色像差修正用的火石玻璃材料与低分散上等厚玻璃材料（丙烯系）树脂配合在一起使用（参见表 8-2）。

表 8-2　光学塑料的性能比较

特性	苯乙烯系	聚碳酸酯	聚烯烃系			
	SAN	PC	TPX	APO	ZEONEX	ARTON
折射率 n_d	1.567	1.584	1.466	1.540	1.530	1.510
阿贝数 v_d	35	31	61	54	56	57
总光线透过率/%	90	92	90	91	91	92
光弹性系数/$(\times 10^{-8}\,cm^2/N)$	—	90	—	8	6	4
成形品双折射	15	8	—	—	—	1
饱和吸湿率/%	0.7	0.4	0.1	<0.1	<0.1	0.5
热变形温度/℃	93	130	90	155	123	160
成形收缩率/%	0.3～0.5	0.4～0.6	1.5～3	—	—	0.6～0.8
比重	1.07	1.20	0.87	1.05	1.01	1.08

注：TRX（三井石油化学公司）、APO（三井石油化学公司）、ZEONEX（日本瑞翁株式会社）、ARTON（日本合成橡胶公司）都是商品名称。

（三）聚碳酸酯树脂

聚碳酸酯树脂（PC）的透明性、折射率、分散性等光学特性与聚苯乙烯树脂（PS）相类似，紫外线劣化及成形时的双折射与苯乙烯系（SAN）相类似。此外，还具有良好的耐热性和耐冲击性，吸湿性也小。用于制造透镜时则需要牺牲若干耐热性和耐冲击性，可以采用改进了成形流动性和透明性的光学品种。光学用聚碳酸酯树脂（PC）可用于 CD 等的光盘基板。但是，由于其光弹性灵敏度大，所以，用聚碳酸酯树脂制成的透镜的低双折射性能不如丙烯树脂透镜。这种树脂材料可用于双折射性能没有问题的透镜。主要是利用其高分散性，作为色像差修正用时，大多数都与低分散性丙烯系树脂配合在一起使用（参见图 8-3）。

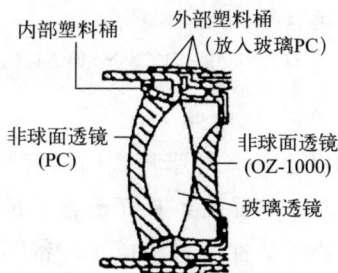

图 8-3　塑料可变焦距透镜
（日立）

（四）聚烯烃系树脂

一般，聚烯烃系树脂是单晶性聚合物，是折射率、密度等不同的单晶相和非晶相的混合形态构成的高次结构。其缺点是：①存在着由光散射而引起的白浊点；②光学各向异性和成形收缩率大等。可用于光学方面的树脂基本没有。但是，由于聚甲基苯树脂（TPX）单晶相与非单晶相的折射率相近，所以在某种程度上具有透明性。其性质与聚烯烃一样，优点是比重小、吸湿性低、耐化学品性好，另外，在紫外区域的光透射波长范围最广，可用作血液检查用元件等生化分析用透明材料。但由于成形收缩率非常大，故很难进行精密成形。涂膜的密接性也很差，中高精度透镜基本不采用这种材料。

（五）脂环式丙烯树脂

聚三环基丙烯酸甲酯系树脂 OZ-1000 是专门为光学用具而研制的，是为从本质上改进聚甲基丙烯酸甲酯树脂（PMMA）的不足而设计的新脂环式丙烯树脂。这种树脂具有疏水性，极性小，立体地将刚直的脂环基引进聚合物侧链，所以其低双折射性、低吸湿性、耐热性都比聚甲基丙烯酸甲酯树脂好。另外，由于采用独创的制作方法，故具有与聚甲基丙烯酸甲酯树脂同样好的透明性、成形性，而且不会滋生出异物。现已用于 CD、VD 唱机和 CD-ROM 启动用激光录像器透镜、摄像机和电影用各种透镜等（参见图 8-4）。

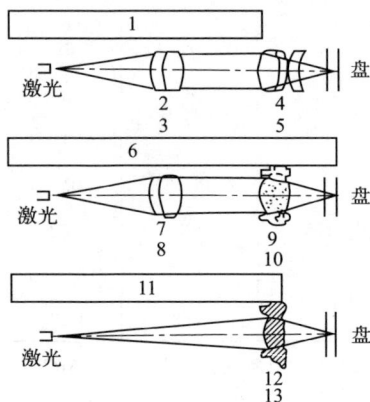

图 8-4　CD重现用录像器
光学系统的演变

1—五元玻璃透镜系统；2,7—准直仪；3,5,8—透镜；4,9—物镜；6—三元玻璃丙烯酸透镜系统；10—非球面透镜；11—OZ-1000 透镜系统；12—准直和物镜；13—非球面透镜

此外，脂环式丙烯结构中还共聚了耐热性单体，以保持透明性、低吸湿性，进一步减小光弹性灵敏度，获得超低双折射。一种提高了耐热性的脂环式丙烯树脂（OZ-1100），现已用于传真用成像透镜和小口径高精度激光录像器透镜。

（六）脂环式聚烯烃树脂

这是一种非晶质聚烯烃树脂（APO、ZEONEX、ARTON），与脂环式丙烯树脂一样，由于立体地将刚直的脂环基引入聚合物主键，控制了单晶化，从而改善了透明性。这种树脂的透明性、低双折射性、精密成形性以及经济性（材料成本）都不及丙烯系树脂，但具有非常好的低吸湿和高耐热性。因此，特别适合用于对温度环境要求苛刻的特殊用透镜等。

（七）其他

① 聚甲基戊烷　对此材料的研究不多，适用于红外系统。从可见到远红外的透过率为 90%，在这两段的折射率分别为 1.43 和 1.465，比较接近，因此就有可能将远红外系统和可见光系统混合使用。其耐化学性能好，但不能直接受阳光照射，因为阳光中的紫外线会使其特性很快变坏。它的热稳定性较好，可作耐一定功率的聚光镜。

② 苯乙烯丙烯腈　其热膨胀系数低，可在较宽的温度范围内作折射镜组使用。

③ 聚苯撑氧化物　其可用于制造折射镜组；耐化学腐蚀性能好；其上可镀反射膜；高温下强度好。

三、光学塑料的物理、光学特性

1.透明性

一般用于光学透镜的透明塑料在可见光区域都显示出与玻璃相同的透过率。但是，近红外区域（波长 $0.9\sim1.6\mu m$）则不能避开 C—H 链等分子结构的吸收。由于用 C—F 和 C—D 链代替了 C—H 链，故近红外区域也具有光透射性。在近紫外区域（波长 $270\sim400nm$），越是不含有多次结合结构的树脂（例如 TPX），越是在宽波长范围内显示出光透射性（参见图8-5）。

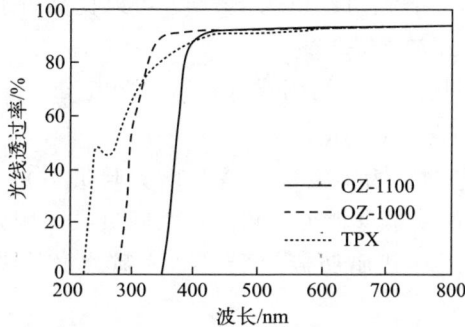

图 8-5　光透过率光谱（试料：平板，厚度 3mm）

从实际应用来看，不但要考虑透过率的初始值，而且还应该考虑对环境的耐久保持性（可靠性）。特别是含有苯环的树脂（聚碳酸酯、苯乙烯系）和聚烯烃系树脂，因为紫外线暴露容易使光透过率和色相降低，所以，必须根据不同用途在设计上实施保护对策。而 PMMA、OZ-1000、Z-1100 等丙烯系树脂在这些方面则具有非常出色的耐久保持性（参见图8-6）。

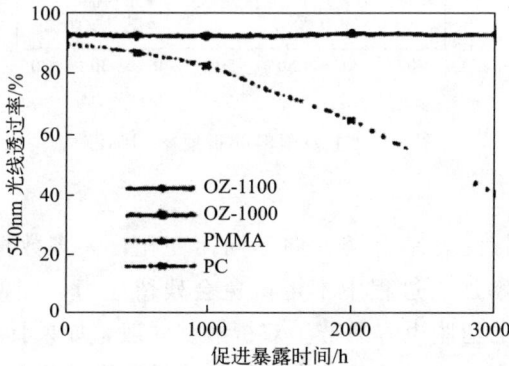

图 8-6　由于紫外线暴露而引起的光透过率变化

2.折射率、弥散特性

光学玻璃的选择面比较宽，可以选择任意折射率、阿贝数的材料。而塑料的选择面则比较窄（参见图 8-7）。特别是相当于低色散玻璃（阿贝数＞55）的材料，只能选择丙烯系和烯烃系材料。

根据 Lorents-Lorenz 方程式（8-1），认为折射率 n_d 与分子结构有关。

$$n_d^2 - 1/n_d^2 + 2 = R/V \tag{8-1}$$

式中，R 为分子折射；V 为分子量。

因而，为了实现高折射变化，最好采用分子折射大、分子量小的分子结构。碳氢化合物（由 C 和 H 组成的分子）的结构，其折射率高低按以下顺序排列：芳香族（苯环等）＞环状脂肪族（三环基等）＞直链状脂肪族＞分支状脂肪族。另外，引入除去氟的卤族元素（Cl、Br、I）和硫（S）也可以提高折射率。采用这些方法可以使折射率的极限达到 1.70 左右。

表示色散特性的阿贝数 v_d 可利用式（8-2）求出。

$$v_d = (R/\Delta R)[6n_d/(n_d^2 + 2)(n_d + 1)] \tag{8-2}$$

式中，ΔR 为分子色散。为了减小色散（增大阿贝数），最好采用分子色散比分子折射小的结构。折射率本身越小，越能增大阿贝数。例如，虽然色散低，但为了提高折射率，最好采用环状脂肪族（脂环式）碳水化合物和硫（S）等的分子结构。

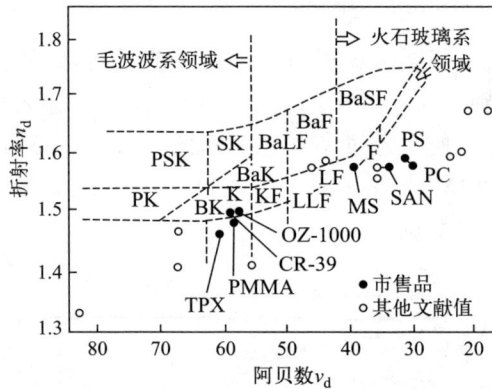

图 8-7　主要塑料的折射率和弥散

3. 双折射

塑料分子的极化性随着结合链方向不同而变化，大多数情况下都会产生双折射。在喷射成形等溶解加工过程中不可避免会残留应力，即使是非晶质、各向同性、光弹性灵敏度大的树脂也容易产生双折射。一般，如果具有类似苯环那样的分子排列结构、极化率大、光弹性系数大的结构或类似聚烯烃单晶相那样序列的结构的话，那么，成形品中所产生的双折射就容易增大。通常，成形品的双折射大小按以下顺序排列：脂环式丙烯＜丙烯＜耐热丙烯≈非晶质聚烯烃＜聚碳酸酯＜苯乙烯系。

虽然可以认为双折射是喷射成形透镜的宿命，但在理论上也可当作是零。例如OZ-1000，虽然可以显示出正负不同光弹性系数的共聚单位，但相互抵消后显示出比 PMMA 小一个数量级的光弹性系数。因此，喷射成形品的双折射也可以比 PMMA 小。同样道理，OZ-1100 的双折射也可以比 OZ-1000 小（参见图 8-8）。

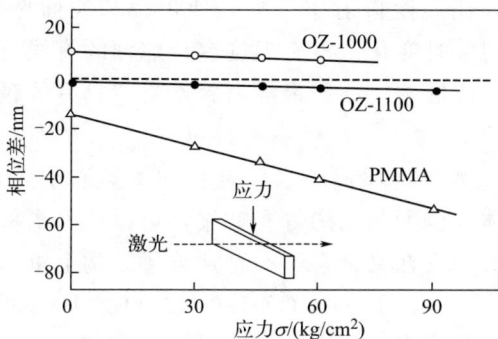

图 8-8　双折射随应力的变化（椭圆仪，He-Ne）

4．温度特性

影响其成为光学材料的主要原因是使用温度上限（实用耐热）和使用温度范围内的膨胀、收缩及折射率变化。

可以认为实用耐热是受树脂玻璃转移温度和成形品的残留应力支配的。将刚直的分子结构引入树脂骨架，控制高分子链的热运动，可以提高玻璃转移温度。但是，大家都知道，不要说材料的玻璃转移温度，就是实际精密成形透镜的实用耐热温度（用干涉条纹表示的永久变形开始温度）都处于比热变形温度还要低的区域（参见图 8-9），其差随着树脂的种类不同而有所差异。

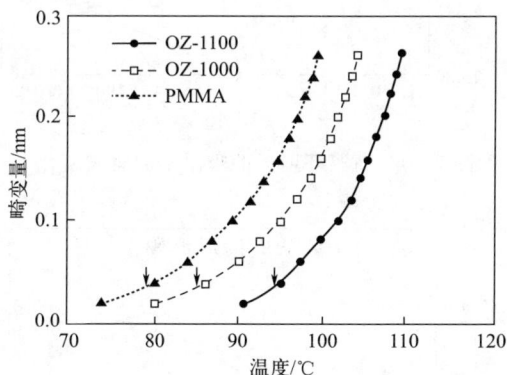

图 8-9　热变形特性（ASTM D648，负载 18.6kg）

↓ 符号附近为实用内热温度，失真量 0.26nm 的温度为热变形温度

折射率的温度变化在实用耐热温度以下的温度区域是可逆的且呈直线状。其变化率比玻璃大将近两个数量级。折射率的温度变化与热膨胀系数有关，非晶性透明

树脂之间没有很大差异。但聚烯烃系则显示出较大的变化。

5．湿度特性

一般来说，塑料或多或少都具有吸湿性，特别是作为透镜材料代名词的聚甲基丙烯酸甲酯树脂（PMMA）具有比较高的吸湿性。这种吸脱湿现象不仅会使塑料的形状膨胀收缩，而且还会使折射率下降，使焦距和波面像差等透镜性能发生变化。这种变化是平缓的经时变化，没有温度变化那样的直线可逆性。因此，即使能得到非常高精度的精密成形透镜，但最终材料本身所具有的吸脱温变化也会使精度下降。

把疏水性大的基（例如脂环式碳水化合物和氟等）引入聚合物侧链的酯置换基，或者与疏水性单体（例如苯乙烯等）共聚，可以使丙烯树脂实现低吸湿化。但对其性能的影响也很大。现在又开发了一种从分子结构上重新评价丙烯树脂的脂环式丙烯树脂（OZ-1000、OZ-1100）。OZ-1000 和 OZ-1100 的吸湿性是 PMMA 的 1/2，此时体积的膨胀率大约是 PMMA 的 40％（参见图 8-10，图 8-11）。从研究结果来看，因吸脱湿而引起的折射率变化与含有吸湿水分的塑料外表的密度变化有关（参见图 8-12）。

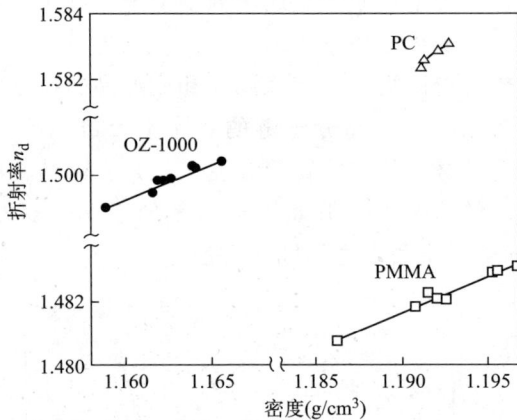

图 8-10　高湿环境下的吸湿率的时间变化

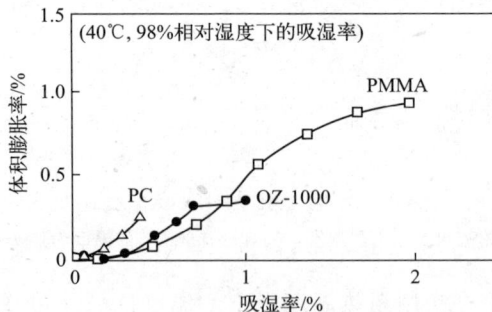

图 8-11　伴随吸湿的塑料的体积变化

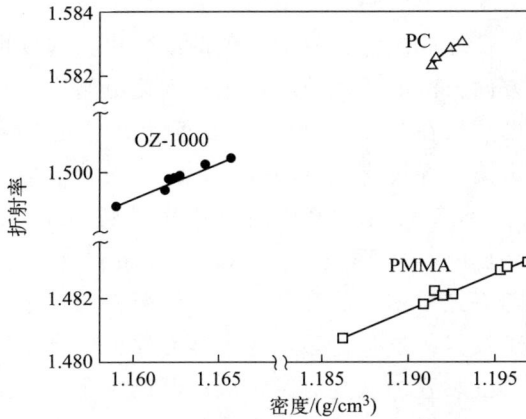

图 8-12　由吸湿引起的外表密度与折射率变化的关系

6. 成形性等

塑料融熔成形时，其状态变化会引起体积收缩。在实际模具内，模槽的形状和厚度差、冷却过程的温度变化等都随着成形部位不同而有所差异。因此，容易产生由于部位不同而引起的收缩差（缩孔）。如何防止这个问题的产生是精密成形研究中的主要课题，最好采用成形收缩率小的材料。一般，其排列顺序是丙烯系≈苯乙烯系＜聚碳酸酯＜聚烯烃系。特别是聚烯烃系由于收缩率大，很难精密成形。

另外，光学材料成形时应该注意异物问题，它会影响制品的成品率和生产率。异物大致可分为以下两种：①一开始就混入材料的先天性异物；②在加工过程中，由材料所产生的后天性异物。前一种异物与材料生产厂家的生产设备状况和工序有关，一般可利用其他生产设备生产，最好全过程都采用光学专用设备生产。现在，有的生产厂（日立化成公司等）已经实现了。后一种异物是材料生产厂的挤压工序和透镜生产厂的成形工序中的问题而造成的，此外，树脂本身的滞留劣化物也是形成异物的一个原因。应该注意的是，由于大批量生产规模，当长时间实施成形时，大多数情况下这种异物开始就明显地存在着。这一切都与树脂的热稳定性和材料生产厂的制造方法、改质技术有很大关系。在这一点上，已经在 OZ-1000、OZ-1100中实用化的有孔玻璃球制造法中得以证实，因为不需要挤压小球过程，所以，基本上不会产生异物。这种制作光学材料的新方法已引起了关注。

光学塑料上可用真空蒸发的方法镀增透膜或反射膜。例如在丙烯酸类聚合物上镀 1/4 波长厚的氟化镁，可使透过率从 92％增加到 97％。多镀几层透过率还可提高。但由于镀膜时必须使用低温，所以附着力不如玻璃上镀的膜。光学塑料上镀反射膜可用于照明。有些材料由于加有增塑剂而在高真空中放气，在表面上留下小孔，这样就需要先打底层再镀膜。

光学塑料上可镀耐磨损的保护膜。在聚碳酸酯上已镀成了，在其他材料上则还在研究。目前，在丙烯酸类聚合物上镀膜有问题，因为它的固化温度高。

分光镜上要镀多层膜，膜层附着力要高，因此仍用玻璃为好。在光学塑料中加着色剂可以得到吸收的带通滤波器，改变着色剂或变化其浓度可在某些波段上提高或降低透过率，在这方面长波的比短波的透过率变化更明显。

在应用上，美国已开始在其 2.75 英寸和 5 英寸的激光引导导弹上使用注模成型的消球差聚碳酸酯透镜。经过飞行试验证明，由于聚碳酸酯弹性好，飞行时碰上的粒子能被它弹开，而不会划出一道伤痕。从光学塑料的透过率看，它可用于 $1.06\mu m$ 的激光器件；在 $1\sim3\mu m$、$3\sim5\mu m$ 和 $8\sim14\mu m$ 这三个红外器件常用的窗口内还不能应用，但随着光学塑料研究的发展，情况将会发生变化。

总之，由于光电子技术的进步，透镜等光学元件也成为家用电器、办公室自动化、信息通信领域的关键装置。这些应用领域都可以应用新开发出来的这些光学用塑料材料，因而，可以说发展光学塑料也是时代发展的要求。

四、光学塑料性能的均衡

普通光学塑料的主要性能包括折射率、色散、双折射、透光率、冲击强度、表面硬度、密度、耐热性、吸湿性等，这些性能全面优良的光学塑料迄今为止还没有一种，也不可能有，因为上述的许多性能之间是矛盾的，如折射率和阿贝数或密度、冲击强度和表面硬度或耐热性等，即使现在人们认为性能非常优良的 OZ-1000 光学树脂，也至少存在折光指数较低的缺点。因此在材料的分子设计过程中，首先必须考虑材料的使用范围和场合，针对具体的应用对象来设计材料的结构，以使应用对象要求的某些主要性能达到最好。这样，在材料的设计和制备时就应考虑到性能的均衡。

1. 折射率与其他性能的均衡

折射率是光学材料最重要的性能，高折射率光学材料也是当今人们日益追求的目标。为使制件在超薄及减轻质量的同时而不影响其折射能力，提高光学材料的折射率是最根本的途径。为提高折射率，就必须引进极化率较大的基团，或者增加密度。介质的极化率增大，则色散必然变大，影响元件的成像质量。折射率与色散之间的矛盾是材料本身存在的性质，不同材料的差异只是程度的大小差异，而不能从根本上消除这个矛盾。

然而这并不等于失去了希望。在这个矛盾体的内部总是可以找到极值点，使得到的树脂在具有高折射率的同时，具有相对最小的色散，人们经过大量的实验发现含有脂环、S、Br 等基团的树脂即具有这种特性。如式（8-3）所示的两种单体聚合得到的含脂环聚硫代氨基甲酸酯型光学树脂，其折射率 n_d 为 1.62，色散 M 为 42，热变形温度 120℃，无色透明，且耐候性良好。

$$\text{OCNCH}_2 - \langle\ \rangle - \text{CH}_2\text{NCO}$$
$$\text{C(CH}_2\text{SCH}_2\text{CH}_2\text{SH})_4$$

$$(8-3)$$

大量的色散相对较小的高折射率光学塑料，几乎在所有的单体中，都离不开上述3种官能团，其中又以含S树脂最多，可以说，含S光学塑料已成为当今高折射率、低色散型树脂的代表。

对于光学元件，人们总是希望在性能相同的情况下有较轻的质量，这就要求制备元件的树脂有较小的密度，即轻质材料。然而高折射率光学塑料，因为引进了大量的杂原子，密度的增加是不可避免的，这就与人们的期望多少有些相背。好在光学塑料相比光学玻璃，优点之一就是具有较小的密度，即使折射率很高的树脂其密度也比玻璃小1倍以上，况且折射率增加可使元件的厚度变薄，总体来说元件的质量一般还是减轻，因而折射率与密度之间的矛盾比较容易解决。

由光在介质表面的Fresnel反射定律可知，树脂的折射率越高，被表面反射掉的光线也越多，因而透过的光线必然下降，这也是树脂本身固有的性质。当然这个问题已经可以通过表面增透处理比较圆满地解决，所以现在高折射率光学元件表面一般都有增透膜。

2. 强度与其他性能的均衡

可以说，树脂的强度是决定其是否有用的先决条件，不管这种树脂的其他性能多么优良，如果没有一定的强度，则这种树脂也是无法应用的。由前述讨论可知，树脂中含有比较容易旋转的柔性基团（如醚键、酯键）时，树脂的冲击强度较好，然而这些基团却会使树脂的耐热性和硬度下降；交联树脂的耐热性和硬度明显提高，同时也因为交联限制了链段的自由旋转，使链的柔顺性降低，其结果则是树脂的强度下降。

上述矛盾的解决还是要通过设计合理的分子结构，相互均衡这些性能，从而使树脂的强度和耐热性都达到使用标准的要求。经验表明，对于热塑性树脂，应尽量避免主链上含有较大的侧基，同时对称的分子结构比不对称的好，这样的树脂既可以有较好的冲击强度，耐热性也可让人满意；对于交联型树脂，应控制好交联度，给交联点间的链段留有足够的长度以利于基团的旋转，这样，既可以保证树脂有足够的耐热性及表面硬度，又可以保证树脂的耐冲击、强度达到使用要求。

对于交联型树脂，在强度、耐热性以及吸水性都可达到令人满意的情况下，仍然存在着一个较大的缺点，即加工成型工艺较为繁琐。因为是热固性树脂，只能采用一次性模塑加工，不利于大规模工业化生产，制品也不能二次加工，同时需要大量的模具，如CR-39树脂。这一缺点是热固性树脂本身固有的性质，改进的方法除设计高性能热塑性树脂外，开发新型成型工艺也许是解决问题的根本途径。

总之，折射率、阿贝数、冲击强度、耐热性是所有光学塑料的最重要性质，因而在设计新型树脂时，这几个因素是首要考虑的性能。

总之，光学塑料发展至今，除了高折射率是永恒的追求目标外，也逐渐向具有特殊性能及多功能性方向发展，品种和性能的多样化以满足不同领域的应用要求仍是光学塑料未来一段时间内的发展方向。鉴于国外的基础研究及应用开发工作较为深入，日本和美国已在我国申请了较多的专利，因而应引起我国科技工作者的足够重视。为此，研究工作不能停留在研究初期仅是对材料的简单合成或改性上，而应该进行更深层次的分子设计合成，这样才能取得具有新颖性、实用性和竞争性的研究成果。

第二节 · 新型光学塑料

一、光学塑料发展方向

（一）高折射率光学塑料

当前光学玻璃有 240 余种，其折射率 $n_d = 1.437 \sim 1.9352$，色散 $M = 90.70 \sim 90.36$，密度 $\rho = 2.27 \sim 6.26 \mathrm{g/cm}^3$；$n_d = 1.80$ 的重镧火石超薄型镜片已实现商品化。相比之下，光学塑料无论是品种、数量还是性能（$n_d = 1.33 \sim 1.80$），都远远赶不上光学玻璃。因而增加塑料品种，尤其是高折射率型树脂，是目前光学塑料研究中的最主要方向。芳香族聚酰胺折射率可达 2.05，而聚噻吩则可达 2.12，是聚合物中折射率较高的材料，然而却难以用作光学塑料。

光的本质是一种电磁波，因而在介质中的传播可用经典电磁理论来描述。根据 Lorentz-Lorenz 方程，介质的折射率 n 和介质的摩尔体积 V 及摩尔折射度 R_{LL} 有如下关系：

$$n = \frac{1 + 2R_{LL}/V}{1 - R_{LL}/V} \tag{8-4}$$

可见折射率和分子体积成反比，和摩尔折射度成正比；而摩尔折射度又和介质极化率成正比，故可以说折射率和单位体积内的极化率成正比。据此，人们对各类官能团进行了归纳总结，并认为如下基团对提高折射率有明显作用：卤族元素（除氟）、重金属离子、苯环和稠环、硫、磷原子。

卤族元素中 Cl 对提高折射率作用较小，I 的引入较为困难，成本也高，因而最常用到的是 Br。1990 年日本推出的 TS 系列交联型光学树脂，主要单体是含卤素的化合物。尽管在一段时间内聚甲基丙烯酸五溴苯酯是折射率最高的树脂（$n_d = 1.72$），但这种含卤素树脂的其他性能往往较差，如易着色和变色、质脆、密度较大，且真正具有实用价值的树脂（一般是共聚）的折射率较难做得很高，因而在当今高折射率树脂的研究中意义不大。

虽然含重金属元素（如 Pb、La）的火石系列玻璃是光学玻璃中折光指数最高的品种，但将这些元素引入有机聚合物中以期同样制得高折射率的光学塑料却较难实现。与以金属氧化物的形式引入光学玻璃中不同，重金属离子基本以金属有机化合物或有机不饱和酸盐的形式引入到单体中。尽管金属离子的摩尔折射度较高，但与之配位的有机基团的摩尔折射度较低，所以单体总的摩尔折射度难以提高。此外，这些单体大多不能均聚制备光学塑料，而要采取和其他摩尔折射度较低的现有单体（如 St）进行共聚。这样所得树脂的折光指数不可能很高，而且密度较大。文献报道中性能较好的树脂是由 35% 的甲基丙烯酸镧 [La(MA)$_3$] 和 65% 的氯代苯乙烯 (CH$_2$=CHPhCl) 共聚得到的，n_d 可达到 1.653；若再加入 10% 的肉桂酸烯丙酯 (p-PhCH=CHCOOCH$_2$CH=CH$_2$)，则 n_d 降低，为 1.633。

含苯环的光学塑料一般具有相对较高的折射率，如 PS 和 PC，制备上也比较容易。与含卤素和重金属元素的光学塑料不同，苯环对折射率的提高主要是其易极化性（而前者在很大程度上是因为密度大、摩尔体积小。这是因为对已知结构化合物，$V=M/\rho$，M 为摩尔质量），这样，含苯环树脂的色散必然变大。此外，苯环对折射率的提高有限，必须和其他基团结合才能得到更高折射率的树脂。

（二）特低折射率光学塑料

在追求高折射率的同时，人们也一直在寻求折射率较低的光学材料，如光纤鞘部的涂层。低折射率材料无一例外地使用氟代化合物，全氟代聚合物有着最低的折射率，同时具有优良的热稳定性和耐腐蚀性。聚四氟乙烯 n_d=1.35，聚丙烯酸十五氟代辛酯 n_d=1.339，聚四氟乙烯-六氟丙烯共聚物是文献中报道的折光指数较低的塑料，n_d=1.338。最近的一篇文献中报道了 n_d=1.33 的光学塑料，是由全氟代 2,2-二甲基-1,3-二唑与全氟代丁烯基乙烯基醚聚合得到的，其浇铸膜在 250～700nm 时具有很好的透光性，透光率为 95%。

氟代聚合物只有在很薄时才是透明的，一般不能用来制作独立的光学元件。

（三）高耐热性光学塑料

光学塑料的一个最大缺点就是耐热性较差，高温时易变形，因而其应用在很多领域中受到了限制。玻璃化转变温度 (T_g) 可直接反映出聚合物耐热性的高低。对于已知链结构的聚合物，Van Krevelen 利用一个简单的摩尔玻璃化转变方程很容易地得到 T_g：

$$T_g=\frac{Y_g}{M} \tag{8-5}$$

计算各种官能团在不同键接方式下的 Y_g（表征官能团刚性大小的一种参数）值，并列成表，就可根据重复单元的结构来预测聚合物的 T_g。

（四）高表面硬度光学塑料

光学塑料的另外一个较大缺点是表面硬度较低，耐擦伤性能较差，表面磨损后影响元件的精度和透光率。因而高表面硬度光学树脂近年来也得到了发展，其结构多含有氨基甲酸酯官能团，且是高度交联的。式（8-5）和式（8-6）所示的两种单体聚合后，树脂的硬度为 5H（硬度等级，H 为 hardness 的首字母），与一般的耐擦伤膜相当。式（8-7）和式（8-8）所示的两种单体分别与式（8-6）单体共聚后，树脂的表面硬度为 9H，这个数值已大得有些令人怀疑。

$$(CH_2=CHCOOCH_2)_3CCH_2OH$$

$$\begin{array}{c} H_2C=\overset{Me}{\underset{}{C}}-\!\!\!\langle\!\!\langle\,\rangle\!\!\rangle\!-CMe_2NHOCO \\ CH_2 \\ CH-CH_2O_2CCH=CH_2 \end{array} \tag{8-6}$$

$$H_2C=\overset{Me}{\underset{}{C}}-\!\!\!\langle\!\!\langle\,\rangle\!\!\rangle\!-CMe_2NHCO \tag{}$$

$$H_2C=\overset{Me}{\underset{}{C}}-\!\!\!\langle\!\!\langle\,\rangle\!\!\rangle\!-CMe_2NHCO-\!\langle\!\!\langle\,\rangle\!\!\rangle\!-\overset{Me}{\underset{}{C}}=H_2C \tag{8-7}$$

$$H_2C=\overset{Me}{\underset{}{C}}-\!\!\!\langle\!\!\langle\,\rangle\!\!\rangle\!-\overset{Me}{\underset{}{C}}=CH_2 \tag{8-8}$$

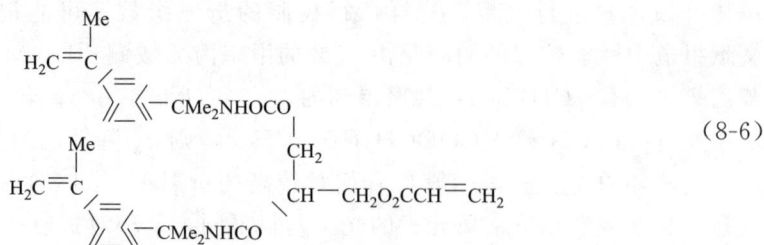

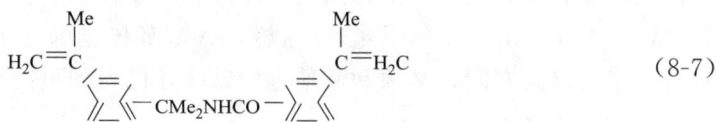

在上述的例子中，除了交联型含氨基甲酸酯树脂外，不对称的分子结构及甲基的位阻作用使得链段和基团难以旋转，分子链呈现刚性。从性能的均衡角度看，上述树脂的其他性能不会很好，因而片面追求高硬度也不见得合适。

（五）高吸水性光学塑料

这类树脂的最大用途是接触透镜，因而要求材料具有高度的吸水性。MMA、HEMA（甲基丙烯酸羟乙酯）、乙烯基吡咯烷酮，以及含 Si、F 的化合物是常用到的共聚单体。吸水率可达 87% 的塑料是由 N-乙烯基吡咯烷酮-MMA-醋酸乙烯酯-甲基丙烯酸乙二醇双酯（54：26：20：0.3）共聚制备的，其力学性能也很好。

（六）低双折射光学塑料

一般的光学元件都要求具有低的双折射，尤其作为光盘的基盘。双折射产生的本质是基团或链段的取向，因而其大小和应力存在一定关系：$\Delta_n=C\sigma$。其中，Δ_n 是折射率在平行和垂直于取向方向间的差异，σ 为应力，C 为应力光学系数。

Askadaskii 等人发现对玻璃态无定型聚合物，C 和分子结构间有如下关系：

$$C_\sigma = \frac{\sum\limits_i C_i}{V_w} + \bullet \tag{8-9}$$

式中，V_w 为结构单元的范德瓦耳斯体积；● 为通用参数（＝0.354）；C_i 表示原子或键（分子间作用力的各种类型）对应力光学系数的贡献，此值有表可查。采用式（8-9）对 PC 的计算结果与实测值基本一致。

研究表明，易极化的基团一般也易于取向，如苯环、含苯环的 PS 和 PC 具有较大的双折射；而脂族聚合物的双折射则较小，如 PMMA 和 OZ-1000 ［一种具有特殊脂环基的树脂，单体结构为 $CH_2=C(CH_3)COOR$，R 为特殊脂环基]。从结构的观点看，一方面可以通过单体设计来尽量减小固有双折射，如式（8-10）所示单体聚合后双折射仅为 2nm，非常适于做盘基材料。另一方面也可以通过共混、共聚不同取向材料的方法来消除表观双折射，如 PMMA/PVC 为 82/18 时共混物双折射为 0。PhMA-MA-MMA-TBPMA（甲基丙烯酸三溴苯酯）四元共聚物不仅具有双折射，同时具有很好的透光率（92%）和较高的耐热性（维卡软化点 118℃）。此外，改善热塑性材料加工时的流动性，或成型后采取适当的工艺退火，也可在较大程度上减少双折射。

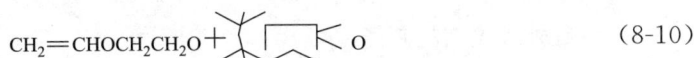

$$CH_2=CHOCH_2CH_2O + \text{（结构式）} O \qquad (8-10)$$

（七）防射线光学塑料

这种光学塑料主要用于吸收对人体有害的各种射线，如紫外线、红外线、X 射线、γ 射线、激光等。一般采用在树脂中引入相应吸收剂的方法，吸收剂将射线吸收后再以热等形式将能量释放出来。

波长在 $280\sim350nm$ 的紫外光及 $400\sim500nm$ 的蓝光都对人的眼睛有较大损害。通常在树脂中添加紫外吸收剂来消除这种危害。

防 X 射线和 γ 射线树脂在军事和日常生活中都有重要用途，如坦克的防辐射潜望镜、X 光机、电视机、计算机的视保屏等。将 Pb、Ba、Cd、Ga 等金属的不饱和有机酸盐聚合在树脂中是最常采用的方法。制备这类树脂的关键是怎样在提高金属离子含量的同时，树脂的透光、强度等性能仍可满足使用要求。合成烷基金属化合物型单体或许是一种有效的途径。

红外线的能量较低，一般不会对人体构成危害，但在长期辐照下，会引起眼部的红外内障。树脂中添加红外吸收剂则可消除这种危害，但因红外吸收剂易分解，因而目前文献报道的较少。

激光具有高能量特性，可在短时间内使人或仪器致盲。防护的方法主要是在树脂中掺入可吸收激光的离子或染料。因为当今激光的波长变化较多，开发一种具有全波段防护能力的材料是不可能的。对于最常见的 $1.06\mu m$ 的激光，参考无机玻璃，树脂中引入 Er^{3+}、Cu^{2+}、Fe^{2+}、Ce^{2+} 离子是比较有效的方法。

（八）光致变色光学塑料

玻璃变色镜片是以卤化银的光分解与还原而实现的，这种方法直接用于光学塑料至今未见有成功的报道。变色光学塑料的研究重点目前在于合成有机的光致变色剂，主要是螺吡喃（Spiral Pyran）和螺嗪（Spiral Oxazine）系化合物，多采取聚合过程中混入的方法。

此外，具有颜色滤光、荧光、磁性等特殊功能性的光学塑料也是十分值得开发的新型研究领域。

二、近红外滤光塑料

(一) 简介

本部分采用六氯化钨与磷酸三丁酯反应，合成了一种新型近红外吸收剂，将其掺入到甲基丙烯酸甲酯中，制备出一种新型近红外滤光塑料，测试了其光学性能和物性，进行了自然老化、人工加速老化、耐热老化试验。结果表明：该近红外滤光塑料可见光透过率高，近红外吸收强，对光、热等具有良好的稳定性。

(二) 制备方法

1. 近红外吸收剂的制备

将一定量六氯化钨置于过量的中性磷酸三丁酯中，在水浴温度下不断搅拌，至六氯化钨完全溶解后过滤。将滤液进行提纯除去过量的中性磷酸三丁酯和生成的氯化氢等副产物，得到一种蓝色黏稠液体，即为所要制的近红外吸收剂。

2. 近红外滤光塑料的制备

把甲基丙烯酸甲酯、α-甲基丙烯酸、偶氮二异丁腈、邻苯二甲酸二丁酯按一定比例混合溶解，进行预聚，至料浆黏度适中，向其中加入一定量的近红外吸收剂，搅拌混合均匀后注入光学玻璃模具中进行聚合反应，条件为：在 60℃ 温度下恒温 12h，而后缓慢升温至 120℃，在此温度下恒温 2h，最后断电自然冷却至室温，得到颜色为淡蓝色的近红外滤光透明塑料。

(三) 性能

1. 近红外滤光塑料的光吸收性

近红外滤光塑料在 780～1250nm 的近红外波段具有强烈的吸收，呈现优越的红外吸收性能，而在 400～780nm 的可见光波段，可见光透过率峰值达 80%，呈现良好的透可见光性能，有较高的透明度。该近红外滤光塑料的光谱特性同阳光直射光线的直达日射相对值标准光谱相比，日射透过率约为 46%。实验过程中发现，近红外吸收剂的加入量对近红外滤光塑料的光吸收特性和性能有很大的影响，随着加入量的增加，近红外吸收性能增强，可见光透过率下降，当近红外吸收剂的加入量超过甲基丙烯酸甲酯质量 10% 时，近红外吸收性能变化变缓，聚合时间增长，得到的近红外滤光塑料性能下降，出现弹态。其原因为近红外吸收剂在组成上是以 W^{6+} 为中心离子，磷酸酯为配位体的有机金属螯合物，在塑料基质中，其配位体起增塑剂的作用，削弱了高分子链间相互作用力，改变了高分子链的柔性，使其玻璃化温度降低，随着近红外吸收剂加入量的增加，高分子链的柔性增强，玻璃化温度降低至室温，出现了弹态。经实验确定，近红外吸收剂的加入量为甲基丙烯酸甲酯质量的 0.05%～5% 为宜。

2. 近红外滤光塑料的稳定性

为验证制备的近红外滤光塑料在高温、光照下是否褪色和近红外吸收性能是否稳定，对近红外滤光塑料进行室外曝晒、昼光老化、氙试验机加速曝晒及80℃的加热试验。试验后，样品外观无裂纹、不褪色，说明近红外滤光塑料具有良好的稳定性。

3. 近红外滤光塑料的物性

对近红外滤光塑料物性按有关国标方法进行测试，并与有机玻璃（PMMA）进行比较，结果见表8-3所示。从表8-3可见，该近红外滤光塑料除光学性能外，其他性能基本与有机玻璃一致。

表 8-3　近红外塑料滤光器和 PMMA 的性能

项目	近红外塑料过滤器	PMMA
密度/(g/cm^3)	1.21	1.19
承载热变形温度/℃	105	100
吸水性/%	0.35	0.38
Charpy 冲击强度/(kJ/cm^2)	15.3	15.6
弯曲强度/(kJ/cm^2)	1258	1200
弯曲弹性模量/(kgf/cm^2)	3.1×10^4	3.3×10^4
拉伸强度/(kgf/cm^2)	735	788
拉伸弹性模量/(kgf/cm^2)	3.49×10^4	3.36×10^4

注：1kgf/cm^2＝0.098MPa。

（四）效果

通过对近红外滤光塑料的光学性能、稳定性能、物性的试验测试可以得出：以甲基丙烯酸甲酯作为塑料基质，掺杂有机钨金属螯合物近红外吸收剂，制得的近红外滤光塑料，具有优越的近红外吸收性和良好的透可见光性，同时性能稳定，是一种有实用价值的新型红外材料。

三、EVOH 树脂红外薄膜

（一）简介

EVOH 是乙烯与乙烯醇共聚物，既具有聚乙烯醇优异的阻隔性能，也具有聚乙烯良好的耐湿性和可加工性，各组分含量不同，其性能也会相应变化。而且，EVOH 和其他树脂的共混及不同处理加工方式常与一般热塑性树脂具有不同的表征，无机纳米粒子、辐射等都会对其共混物结构和制品性能产生一定的影响。用平挤上吹成膜工艺的 EVOH 树脂制备成薄膜。

（二）制备方法

1#EVOH 薄膜，加工温度 170～230℃，吹胀比 2～2.5，外冷风环冷却，收卷速度 2～5m/min；2# PE（聚乙烯）薄膜，加工温度 165～200℃，吹胀比 2～2.5，外冷风环冷却，收卷速度 2～7m/min；3[#]EVA（乙烯-乙酸乙烯酯共聚物）薄膜，加工温度 160～200℃，吹胀比 2～2.5，外冷风环冷却，收卷速度 2～6m/min。

（三）性能

1. 薄膜的光学性能

表 8-4 列出了三种不同树脂薄膜的光学性能，从透光率来看，EVA 和 EVOH 薄膜透光率均在 90％以上，而 PE 薄膜的透光率略低，这是因为 EVOH 和 EVA 树脂结构具有相当的极性，分子间力的影响较强，因此结晶度低于 PE，同时晶体尺寸较细。对于半结晶物质，晶粒对光会产生折射和反射，而可见光的光程远长于无定形材料，因此结晶率低、晶粒小的 EVOH 和 EVA 薄膜透光率好，雾度较低。

表 8-4　薄膜光学性能比较

光学性能	透光率/%	雾度/%
1[#]EVOH	90.6	6.94
2[#]PE	88.6	17.06
3[#]EVA	90.1	11.81

2. 红外阻隔性能

三种薄膜在波长 2.5～25μm 和 7～14μm 范围内的红外透过率，见表 8-5。

表 8-5　薄膜的红外透过率比较

波长	2.5～25μm/%	7～14μm/%
1[#]EVOH	36.06	9.03
2[#]PE	73.26	73.54
3[#]EVA	54.87	36.54

在 2.5～25μm 波长范围内，EVOH 的红外光透过率最低，为 36.06％，远小于 PE 的 73.26％和 EVA 的 54.87％，尤其是在热辐射能量集中的 7～14μm 波长范围内，EVOH 的透过率仅为 9.03％，远远小于 PE 的 73.54％和 EVA 的 36.54％。这是因为 EVOH 由乙烯基链段（E）和乙烯醇基链段（VA）构成，可视为乙烯-乙烯醇共聚体，分子结构中具有大量的羟基和分子间氢键，可产生较强的红外吸收。所以，EVOH 树脂薄膜的红外阻隔性能远远好于 PE 和 EVA 膜，红外透过率比 PE 薄膜低 61％、比 EVA 薄膜低 27％以上，可以很好地阻隔温室内地表和作物辐射热的损失，提高夜间温室的保温效果。

四、近红外波段激光防护塑料

（一）简介

目前，近红外波段的激光防护材料多为无机玻璃类，制备工艺较为复杂，成本高，抗冲击性差，塑料类防护材料与之相比，因成本低廉、耐冲击、重量轻、成型加工容易等优点引起了人们极大关注，使塑料红外光学材料的研究与开发更具有意义。本部分以甲基丙烯酸甲酯为基质，掺杂自行合成的红外波段激光吸收剂，制备出可见光透过率高、近红外波段吸收强的激光防护塑料，对其防激光性能、透明度、稳定性、物性等作了研究。

（二）近红外波段激光防护塑料的制备

将 α-甲基丙烯酸、甲基丙烯酸甲酯、偶氮二异丁腈、磷酸三丁酯按一定比例混合，在水浴温度下进行预聚，至黏度适中，向其预聚体中加入一定量的自行设计合成的金属有机近红外窄带激光吸收剂，使其充分混合，然后将此料浆灌入涂有脱膜剂的硅玻璃模具中进行聚合，聚合条件为：50℃下反应 12h，升温至 110℃硬化1h，再于 85℃下退火 12h，最后将温度降至室温，经脱膜制得淡青色透明的激光防护塑料。

（三）性能

1. 光学密度

光学密度是激光防护材料最主要的一个质量指标，表示的是激光防护材料防护某一波长激光的能力，用日立 UV-340 型分光光度计进行测试，结果见表 8-6。从表 8-6 可知研制的激光防护塑料对 780～1500nm 波段的近红外光，其光学密度均在 5 以上，达到激光防护的安全标准。

表 8-6　近红外激光防护塑料的防护激光波段光学密度（样品厚 2mm）

激光种类		适用防护波长范围/nm	光学密度(D_λ)
种类	波长/nm		
半导体	780,830		
YAG	1060	780～1500	>5
Tm	1110		

2. 可见光透过率

可见光透过率是激光防护材料能见度的标志，对激光防护材料而言，在能够有效防护激光的同时，应具有尽可能高的可见光透过率，以便不影响正常的观察、探测等。材料在 780～1500nm 波段均有较强的吸收，呈截止状态，而在400～780nm 可见光波段具有较高的透过率，最高达 82%，透过波段较宽，有较高的透明度。

3. 激光光密度

选用 5 块防护塑料样品，以 Nd:YAG 调 Q 激光垂直照射样品，输出能量及透射能量由 LPE-Ⅰ型激光功率能量计测量，同时用碳斗能量计配以检流计进行监测对照，结果见表 8-7。

表 8-7　激光防护塑料的激光透过率测试数据（样品厚：2mm）

编号	波长/nm	入射能量/mJ	透射能量/μJ	激光透过率/($\times 10^{-6}$)	激光光密度(D_λ)
1[#]	1060	202	0.91	4.50	5.35
2[#]	1060	202	0.92	4.55	5.34
3[#]	1060	202	0.89	4.41	5.36
4[#]	1060	202	0.89	4.41	5.36
5[#]	1060	202	0.91	4.50	5.35

由表 8-7 可知：研制的近红外激光防护塑料光密度均在 5 以上，对于激光光密度大于 5 的防护材料，根据激光安全标准，对脉宽 1ns～0.1ms、最大输出能量 10^{-2}J、最大光束辐照量 2×10^{-2}J/cm^2 的 Q 开关激光器，对脉宽 0.4～10ms、最大输出能量 10^{-1}J、最大光束辐照量 2×10^{-1}J/cm^2 的非 Q 开关激光器，对脉宽 0.25～10s、最大输出功率 100W、最大光束辐照度 200W/cm^2 及连续工作时间＞3h、最大输出功率 10^{-1}W、最大光束辐照度 2×10^{-1}W/cm^2 量级的连续激光器，直接观察其输出的 200～1400nm 内有关波长激光均可达到安全使用效果。

4．抗激光损伤及稳定性

将 Nd：YAG 调 Q 激光器输出的脉冲宽 15ns，1060nm 激光聚焦，把样品置于焦面处，光斑直径 $\phi = 2$mm，能量在 310mJ 时，按 1 次/s 的速度连续打 50 次无损伤，外观无变化，光学密度也不变，此时平均能量密度为 9.87J/cm^2。把激光光斑直径聚焦到 $\phi = 1.5$mm，此时激光功率密度变大，改变入射能量，把样品置焦面处，在使用状态下，对吸收激光防护塑料进行破坏实验，当入射能量为 203mJ 时，激光防护塑料表面出现小损伤斑。

5．物理性能

按有关国标方法对近红外激光防护塑料物理性能进行测试，结果见表 8-8 所示。

表 8-8　激光防护塑料的物理性能

项目	试验方法	单位	数值
密度	GB 1033—70	g/cm^3	1.22
热变形温度	GB/T 1634.1—2019	℃	113
吸水率	GB/T 1034—2008	%	≤0.36
简支梁冲击强度	GB/T 18743.1—2022	kJ/cm^2	15.3
弯曲强度	GB/T 1041—2008	kgf/cm^2	1258
弯曲模量	GB/T 1041—2008	kgf/cm^2	3.1×10^4
抗拉强度	GB/T 1040.1—2018	kgf/cm^2	735
拉伸模量	GB/T 1040.1—2018	kgf/cm^2	3.49×10^4

注：1kgf/cm^2＝0.098MPa。

（四）效果

通过对激光防护塑料的光学性能、生物效应实验、抗激光损伤及稳定性、物理性能测试结果可以得出：以甲基丙烯酸甲酯作为塑料基质，掺杂激光吸收剂，制得的淡青色吸收型激光防护塑料，对近红外波段激光具有安全防护效果，透明度高，抗激光破坏能力强，稳定性好。

第三节 · 光学塑料的应用

一、主要应用的部件

（一）简介

光学塑料的主要优点是质轻、价廉、容易注模成型实现批量生产、耐冲击、可以常规研磨和抛光。缺点是折射率温度系数 dn/dT 大，热膨胀系数比无机玻璃的大 10 倍，吸湿性严重，折射率和色散的选择受到限制。其折射率仅在 1.46～1.59 范围内，所以真正实用的光学塑料仅有 6～7 种。针对光学塑料的这些缺点，人们进行了多方面的改性和性能提高的研究工作。例如，日本东亚化学公司正在生产塑料眼镜片，主要是通过提高材料的折射率来减少眼镜片的厚度，使用的原料为聚氨酯。其折射率从 1.60～1.66。有人通过引入卤化物来改变光学塑料的折射率，如引入氟化物可以使光学塑料的折射率降至 1.3～1.4，引入溴化物可以使折射率提高至 1.6～1.7。但这种方法往往以损害材料的光学性能和力学性能为代价，控制含量是很关键的因素。通过对聚合物的共混、共聚达到改性的目的，也是当前的研究重点。例如，高密度聚乙烯（HDPE）结晶性能较好，熔点较高，制品刚性较强。为了减少其脆性，与低密度的聚乙烯（LDPE）共混，可使各组分的特殊功能得到充分发挥，获得最佳功能。又如甲基丙烯酸羟乙酯（HEMA）与 PMMA 共聚，可以改善 PMMA 对激光染料的溶解度。激光染料掺杂的 PMMA 可以成为廉价的无源 Q 开关或有源的染料激光器材料。通过控制聚合物的分子量和添加剂，来改善光学塑料的复制衍射微结构能力，可以满足特殊的光学应用。

总之，光学功能塑料的应用愈来愈广泛，例如工业和仪器用的塑料透镜、眼镜、接触眼镜、棱镜、菲涅耳透镜、光盘、光通讯中的塑料光纤等。下面仅就衍射光学功能塑料、红外功能塑料、塑料光纤等领域的近期发展及应用做以介绍。

（二）塑料衍射光学元件

传统的光学元件用其形状使光束弯曲，即从一个光学介质到另一个的界面反射或折射光。但衍射光学元件不依靠形状使光束弯曲，它们把振幅或位相的多次相干散射的光加起来，产生转换波前。衍射元件可以分成两类：一类是由表面调制构成的，像光栅那样的元件；另一类是厚层的体调制，像 Bragg 条件器件。这些衍射相关的器件有如下优点：

    ① 不要求精密的表面成型就可以制作，降低价格，增加装配的灵活性；

    ② 可以埋在薄膜中制成很轻量的器件；

    ③ 由于器件利用光的位相，可以实现窄波带工作（基本上从不可见到其他波长）；

    ④ 可以用廉价的激光光刻法复制；

    ⑤ 几个不同的元件可以共享同样的空间而互不干扰；

    ⑥ 可以发生反射或折射不可能产生的光学功能。

    我们看到的最普通的表面元件是嵌在信用卡或软件和 CD 包装上的全息图，以达到防伪的作用；超级市场中的激光扫描器，是用全息透镜埋在表面的转盘代替了转镜体阵列；CD 唱机中是把激光聚焦到 CD 盘上等等。体全息元件则包含全息汽车停车灯，及难以复制的体秘密全息图。许多战斗机的平视显示器上也用全息组合镜。用于高功能体全息衍射元件的传统材料是二色凝胶，高的可调制折射率提供了较大的角度和波长带宽，它的清晰度超过了其他较新的材料。二色凝胶的缺点是复杂的湿处理法，难以达到材料有机动物源的复现性，对潮湿仍较敏感。最近研制的更加可操作的材料称之为光致聚合物，用于体衍射光学元件。目前有两家公司——Dupont 和 Polaroid 提供光致聚合物记录材料，Dupont 公司制造的光致聚合物制作简单，不需要后置曝光处理；从红色到蓝色均较敏感，用三源色激光曝光可以做假全色器件；最大的折射率变化（Δn）约为 0.065，膜厚至少可以到 $40\mu m$，对潮湿也不敏感。而 Polaroid 公司研制的光致聚合物，最大折射率差可以达到 0.12。由于这两种光致聚合物制作简单，而很受客户欢迎。用光致聚合物取代高功能的二色凝胶，可能产生一种新的衍射光学产品，但在现有基础上必须做很多改进。例如，材料要增加角度和波长的敏感性、较高的调制折射率、较好的环境稳定性、宽的记录波长范围和记录敏感度、较好的均匀性和复现性等等，目前法国、俄罗斯、日本等国正在积极从事这方面的研究。

    用表面浮雕结构产生衍射效应，是当前光学功能塑料应用基础研究的活跃领域，例如用于二元光学的塑料衍射光学元件。过去，为了提供颜色和热的校正，将光学玻璃和光学塑料混合用于光学系统中。随着塑料光学的出现，在相同元件中能够设计和注模成型折射和衍射表面的透镜，就不要玻璃元件了。这在大幅度降低价格、减少重量方面是改革性的突破，对器件（或仪器）的小型化、轻量化无疑是非常有意义的。光学塑料材料的阿贝数全是正的（34～57），二元结构的有效阿贝数是负的，约为 -3.451。把二元衍射结构置于塑料材料之上，意义很明显，可以用透镜表面很有限的二元结构，对透镜材料本身的色散提供很强的补偿。这意味着对 6 或 8 个透镜的常规成像系统提供不同类型的校正，可以减少到几个塑料透镜。

    美国物理研究所用二阶非线性光学聚合物制作了相对大幅度的全息表面浮雕光栅。在 488nm 波长下用 Ar^+ 激光曝光，在聚合物薄膜上产生表面浮雕光栅，没有其他复杂的步骤。表面浮雕的深度可达 120nm，相当于原始膜厚的 20%。在反射膜中，衍射效率为 2％～5％；在透射膜中，在 514nm 波长下，衍射效率为 15％；金涂层表面浮雕光栅的衍射效率可以达到 30％。德国的 Alexander Rohrbach 等人用紫外线引发光聚合的方法在 PMMA（含甲基丙烯酸）材料上产生几个微米高的表面浮雕结构，用结构的 PMMA 制造了折射型微小光学元件。

（三）塑料红外光学元件

常规的有代表性的红外材料有玻璃、晶体和半导体，但这些材料制造复杂、价格昂贵，因此，制作简单、价格便宜的红外光学塑料具有十分重要的实用价值。下面将介绍透过和吸收两种功能的红外光学塑料。

大多数光学塑料受环境的影响比较大，温度和湿度的影响引起表面形状和折射率的变化。但聚烯烃类材料的温度、湿度的敏感性很小。例如聚甲基戊烯（PMP，商品名为 TPX），不仅具有这样的优良品质，而且是很有用的红外光学塑料。它可以很好地透过可见光，同时在 $0～800cm^{-1}$ 波段，除 $450cm^{-1}$ 以外都有很好的透过。这意味着该材料可以在可见光准直和安装，在红外跟踪。TPX 是很轻的光学塑料，密度仅是水的 83％，折射率接近 1.43。同时它还是一种结晶材料，由于结晶相和非晶无定形相的密度及折射率相同，因此不散射光，是光学透明的，但其缩水率比较大，不适合于作精密成型元件。三氟氯乙烯与偏氟乙烯的共聚物也是良好的透红外线的光学塑料。其优点是特别耐腐蚀及耐有机溶剂的侵蚀，工作温度较高，在 170～180℃左右。聚乙烯（PE）是透镜和窗口的良好材料，但在可见波段半透明或不透明，而且机械强度很差，严重地影响了其使用范围。

最近日本吴羽化学公司开发出一种命名为"UCF"的新型近红外截止滤光塑料。是将 Cu^{2+} 的有机络合体与基质树脂进行化学结合，使有聚合官能基的配位子与 Cu^{2+} 配位，并与基质树脂单体共聚合。由于使用碳酸酯或磷酸酯而具有游离基聚合性的官能基（丙烯基、丙烯酸磷酸酯基），因此可以成为高度三维桥架结构的热固性丙烯系树脂。制作玻璃滤光片要经过切割、研磨和抛光才能获得光学表面。而该类塑料滤光片则是将液体聚合物精密注模成型，经加热固化，直接得到高精度的光学表面。这是玻璃所难以达到的。该材料具有相当好的耐湿性，在 60℃温度、90％的湿度下，经过 1000h 也没发现失透和劣化。UCF 是吸收热线的好材料，可作为汽车及建筑物的窗用材料，用作视频相机和电影中受光元件的前置能见度滤光片、光盘用记录材料、红外耦合器材料以及近红外感光材料等。

总之，光学功能塑料作为光学功能材料中的新家族，已经在许多领域中向无机光学功能材料发起了挑战，并且一经突破迅速走向市场，充分体现出其结构及性能多样化、制造成本低的优势。

二、高精度红外透镜

（一）简介

将自制接枝 HDPE、PP（聚丙烯）和 POE（聚烯烃弹性体）按一定配比混合，在加工温度为 160～210℃、混合时间为 4～5min 的条件下，用双螺杆挤出机制备出一种制作高精度红外仪器透镜用的光学树脂 LY-1。应用结果表明，用该树脂制备的 Fresnel 透镜可以透过 8～14μm 的红外光波，透光率可达 90%，其他各项指标均满足使用要求，可替代进口树脂。

（二）制备方法

接枝 HDPE：将过氧化二异丙苯、马来酸酐和 HDPE 按一定配比混合，加工温度 150～190℃，反应时间 5～7min，用双螺杆挤出机制备。

透光树脂：将接枝 HDPE、PP、POE 等按一定配比混合均匀，加工温度 160～210℃，混合时间 4～5min，用双螺杆挤出机制备，所制产品定名为 LY-1。

（三）性能

1. LY-1 透光性能

8～14μm 间的红外光谱属于红外谱图的指纹区，大多数有机物官能团的振动谱带出现在这一区域，各种振动模式以及相互作用复杂，其中包括同系物或结构相近的化合物。红外光通过这一区域，由于官能团复杂的振动模式使得这一区域的透光率较低。解决这一问题的关键是尽量减少这一区域不同化合物官能团，以及相同官能团的不同结构差异。

LY-1 就是基于上述原理制备的。它是用接枝 HDPE、PP 和 POE 组成的混合树脂，各组分属于同系化合物，而且所含各种官能团的结构相似，其中接枝 HDPE 由于受接枝单体极性的影响，产生诱导效应使得电子云密度发生变化，引起分子键角的转动，分子键振动谱带移动，使得体系对光的吸收能力发生变化，对 8～14μm 间的红外波吸收减小，增强了 LY-1 在 8～14μm 间的红外波段的透光率；另外，POE、异丙基的引入使聚乙烯的电子云密度发生变化，也提高了混合树脂在 8～14μm 间的红外波段的透光率。

2. LY-1 和 Poly IR® 的透光性能比较

2 种 Fresnel 透镜均可透过 8～14μm 的红外光波，其中用 LY-1 制备的 Fresnel 透镜透光率为 88.5%，用 Poly IR® 制备的透光率则接近 90%。需要说明的是，Poly IR® 透镜厚度为 0.38mm 的标准厚度，但由于实验条件的限制，用 LY-1 制备的透镜厚度为 0.5mm。因为样品越厚透光率相对越低，故在样品厚度相同时，二者的透光率应相近。

3. LY-1 和 Poly IR® 的综合性能比较

将 LY-1 与 Poly IR® 系列有机材料的性能进行比较，结果见表 8-9。

由表 8-9 可见，LY-1 的力学性能优于 Poly IR® 系列有机材料，二者的物理溶解性能则相似。

表 8-9　LY-1 与 Poly IR® 系列有机材料性能比较

项目	Poly IR®1	Poly IR®2	Poly IR®4	Poly IR®7	LY-1
抗张模量/MPa	0.79~2.15	3.40~10.19	3.40~10.19	3.40~10.19	74.07~88.42
绕曲模量/MPa	0.45~3.4	5.67~14.73	5.67~14.73	5.67~14.73	18.81~22.22
膨胀系数/($\times10^5$)	10~20	11~13	11~13	11~13	11~16
软化温度/℃	65	100	100	100	105
耐弱酸溶解性	少量溶解	微量溶解	微量溶解	微量溶解	微量溶解
耐强酸溶解性	氧化破坏	氧化缓慢	氧化缓慢	氧化缓慢	氧化缓慢
耐弱碱溶解性	少量溶解	微量溶解	微量溶解	微量溶解	微量溶解
耐强碱溶解性	少量溶解	微量溶解	微量溶解	微量溶解	微量溶解
耐化学溶解性	少量溶解	60℃下少量溶解	60℃下少量溶解	60℃下少量溶解	60℃下少量溶解

4. LY-1 的应用

将用 LY-1 树脂制备的 Fresnel 透镜应用于各种型号的红外测温仪，结果见表 8-10。

表 8-10　LY-1 应用结果

项目	IRT-400G	IRT-1200D	IRT-2060D
测温范围/℃	−20~400	−20~1200	−20~600
工作波段/μm	8~14	8~14	8~14
分辨率/℃	1	1	1
响应时间/s	0.5	0.25	0.25

应用结果表明，其技术指标完全满足测温仪的使用要求。

（四）效果

① 使用聚烯烃类材料，开发一种高精度红外仪器透镜光学树脂 LY-1，再经注塑成型后加工成单片环带 Fresnel 透镜，该透镜对 8.0~14μm 范围的红外光波有良好的透射性，透光率可达 90%。

② LY-1 制备的 Fresnel 透镜适用于各种型号的红外测温仪，技术指标完全满足使用要求。

三、近红外吸收滤光片

（一）简介

本部分采用溶剂混合法将近红外吸收染料分散在丙烯酸树脂中制成近红外吸收涂料，再将涂料与 PET（聚对苯二甲酸乙二酯）薄膜复合制备了一种应用于夜视兼容照明的柔性近红外吸收滤光片；研究了两种近红外吸收染料 ND736 和 ND865

的光谱吸收特性，确定了两种近红外吸收染料的配比，并对滤光片的色度进行了调整。结果显示，滤光片在 665～930nm 波段的光线平均透过率为 0.14％，在 400～625nm 波段的光线平均透过率为 22.35％，白光 LED 光经滤光片滤光后的色度为（$u'=0.165$，$v'=0.508$）。经环境实验后，滤光片的光学性能未发生明显变化，具有良好的实际应用性能。

（二）制备方法

1. 原料

实验原料有邻苯二胺镍染料［ND736，见图 8-13（a）］、硫代双烯镍染料［ND865，见图 8-13（b）］、丙烯酸树脂（东亚树脂 DY8236 型）、树脂固化剂、流平剂、PET 薄膜（厚度 0.1mm），其他药品均为分析纯。

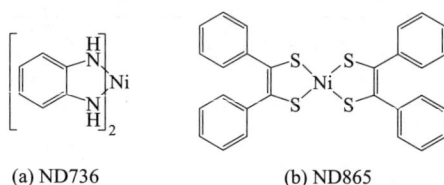

(a) ND736　　　　　　　(b) ND865

图 8-13　ND736 和 ND865 的化学结构式

2. 近红外吸收滤光片的制备

室温条件下，首先将近红外吸收染料加入二氯甲烷溶剂中，磁力搅拌至深绿色均一溶液。然后将丙烯酸树脂、树脂固化剂以及流平剂按质量比（5∶1∶0.1）加入上述溶液中，继续磁力搅拌 20min，各组分分散均匀后静置得到黏度约为 10mPa·s 的近红外吸收涂料。使用自制的方形模具将表面经过丙酮清洁的 PET 薄膜固定在水平实验台上，将上述的近红外吸收涂料缓慢加入模具中，然后将制得的薄膜涂层在干燥无尘环境中水平放置 3～4h，待溶剂充分挥发后，将模具移至 70℃恒温干燥箱中热固化 5h，固化后得到厚度为 0.2mm、大小为 16.5cm×16.5cm 的方形近红外吸收滤光片。

（三）性能

近红外吸收染料在不同溶剂中的溶解性能见表 8-11。

表 8-11　近红外吸收染料在不同溶剂中的溶解性能

染料	乙醇	甲苯	丙酮	二氯甲烷	DMF	DMSO
ND736	不溶	溶解	溶解	溶解	溶解	微溶
ND865	不溶	溶解	不溶	溶解	微溶	不溶

注：DMF 为二甲基甲酰胺，DMSO 为二甲基亚砜。

由表 8-11 可知，ND736 与 ND865 能够较好地溶解于甲苯和二氯甲烷中，与甲苯相比，二氯甲烷的沸点低、挥发性强，更适合用作溶剂。丙烯酸树脂的溶度参数与二氯甲烷相近，具有较高的可见光透过率，且对染料的吸光特性基本没有影响，是一种理想的树脂基体。因此实验选用二氯甲烷作为溶剂，丙烯酸树脂作为树脂基体，采用溶剂混合法制备近红外吸收涂料。

当 ND736 的添加量为 0.4％（质量分数）、ND865 的添加量为 0.4％（质量分数）时，样品在 665～780nm 的透过率偏高，而在 780～930nm 的透过率偏低，导致可见光透过率的损失，因此有必要对 ND736 和 ND865 的配比进行调整。采用 ND736 添加量分别为 0.40％、0.43％和 0.46％（质量分数），ND865 添加量分别为 0.40％、0.37％和 0.34％（质量分数）。最终确定染料的配比为 ND736 添加量 0.43％（质量分数）、ND865 添加量 0.40％（质量分数）。

当溶剂红-49 的添加量达到 0.04％（质量分数）时，样品在 400～625nm 的透过率偏低，当溶剂红-49 的添加量为 0.03％（质量分数）时，光线的色度为（$u' = 0.165$，$v' = 0.508$），处于夜视白色误差圆范围之内（表 8-12）。

表 8-12　溶剂红-49 对色度和可见光透过的影响

溶剂红-49(质量分数)/％	色坐标(u', v')	距标准坐标距离/r	(400～625nm)T/％
0.01	0.162,0.515	0.038	23.77
0.02	0.163,0.513	0.035	22.59
0.03	0.165,0.508	0.031	22.35
0.04	0.169,0.499	0.023	19.28

滤光片在实际应用环境中会受到机舱内气温变化以及光源热辐射作用的影响，这就要求滤光片在极限工作温度下保持较为稳定的光学性能。表 8-13 为高温实验、低温实验以及光老化实验后的透过率对比。

表 8-13　环境实验结果

实验条件	(400～625nm)T/％	(665～930nm)T/％
原始条件	22.35	0.14
高温老化	21.18	0.13
低温老化	21.24	0.11
红外光老化	20.73	0.13

从表 8-13 可以看出滤光片在 400～625nm 的透过率略有下降，但在 665～930nm 依然保持了较好的近红外吸收性能，表明所制备的滤光片具有良好的耐高低温老化性能和耐光老化性能。

（四）效果

本部分根据近红外吸收染料 ND736 和 ND865 的光谱吸收特性，采用溶剂混合法将两者搭配使用制备了一种吸收带可覆盖 665～930nm 干扰光区的近红外吸收滤光片。按 ND736 添加量 0.43％（质量分数）、ND865 添加量 0.40％（质量分数）、溶剂红-49 添加量 0.03％（质量分数）制备的近红外吸收滤光片在可见光 400～625nm 波段的平均透过率为 22.35％，在近红外 665～930nm 波段的平均透过率为 0.13％，能够有效滤除干扰夜视系统工作的近红外光并保证了一定的可见光透过率。白光 LED 光经滤光后色度为（$u' = 0.165$，$v' = 0.508$），符合夜视白色要求。另外，经高温实验、低温实验和光老化实验表明所制备的滤光片光学性能稳定，具有良好的实际应用性能。

四、荧光探针

（一）简介

本部分以 1,8-萘二甲酸酐、二乙烯三胺（DETA）、N-甲基哌嗪及丙烯基氯为原料，通过酰胺化、季胺化、S_N2 亲核取代以及丙烯酰胺共聚合等反应，合成了水溶性 1,8-萘酰亚胺高分子荧光探针。用紫外光谱、荧光光谱等手段研究它们在水、四氢呋喃（THF）和乙醇溶液中光物理化学性质，同时考察浓度、溶剂极性及取代基对荧光性能影响和对金属离子的识别作用。结果表明，此高分子荧光探针的光稳定性及荧光量子产率明显提高，随着溶剂极性增大，荧光量子产率增大，波长红移；当浓度超过 8×10^{-4} g/mL 时出现荧光浓度自猝灭；该探针在水中能对 Cu^{2+} 在 392nm 处进行高选择性识别。

（二）制备方法

1. 原料

1,8-萘二甲酸酐（工业纯）、二乙烯三胺、N-甲基哌嗪、丙烯基氯、丙烯酰胺均为分析纯。

2. 1,8-萘酰亚胺高分子荧光探针的合成

称取 4-溴-1,8-萘二甲酸酐装于盛有无水乙醇的三颈瓶中，N_2 保护，搅拌下缓慢滴加二乙烯三胺，回流 5h，颜色由乳白色逐渐变成淡黄色，TLC 薄层色谱法跟踪反应进程。反应结束后，将反应液倒入去离子水中，减压抽滤用水多次洗涤，40℃真空干燥，研磨后得到深黄色粉末化合物（Ⅰ）。

IR(KBr)，σ/cm^{-1}：1346、1234 处为 N—H 伸缩振动（缔合），751、770 处为萘环—C—H；3420 处为—v—NH—；2987 处为 v—CH_2—；1600～1700（—酰亚胺基）。而 3300 处无伯胺 N-H 两个伸缩振动峰，说明二乙烯三胺的两个伯胺都被 4-溴-1,8-萘二甲酸酐取代了。

在化合物（Ⅰ）的乙二醇甲醚中，缓慢滴加 N-甲基哌嗪，回流 5～8h，反应完后减压蒸去溶剂，加无水乙醇，抽滤，真空干燥，得到黄色化合物（Ⅱ）。IR

（KBr），σ/cm^{-1}：1475.89、1398.28 处为 N-甲基呱嗪上—CH_3，C—Br 伸缩振动消失，说明—Br 已被取代。

在化合物（Ⅱ）的丙酮中，搅拌时缓慢滴加丙烯基氯，加热回流 8～10h。减压蒸去溶剂，丙酮重结晶，得到化合物（Ⅲ）。IR(KBr)，σ/cm^{-1}：1651、982.8 处为—C=C，说明丙烯基双键已接上。

在装有搅拌器、温度计、回流冷凝管及氮气导管的四颈瓶中进行以下操作：通氮气下，在 75～80℃采用完全滴加的方式将一定质量比化合物（Ⅲ）、丙烯酰胺加入反应体系，BPO 过氧化二苯甲酰为引发剂，反应 8h。冷却到室温，产物在甲苯和乙醇中经多次重沉淀，40℃真空干燥，得目标产物（PFP）。

完整的合成流程见图 8-14。

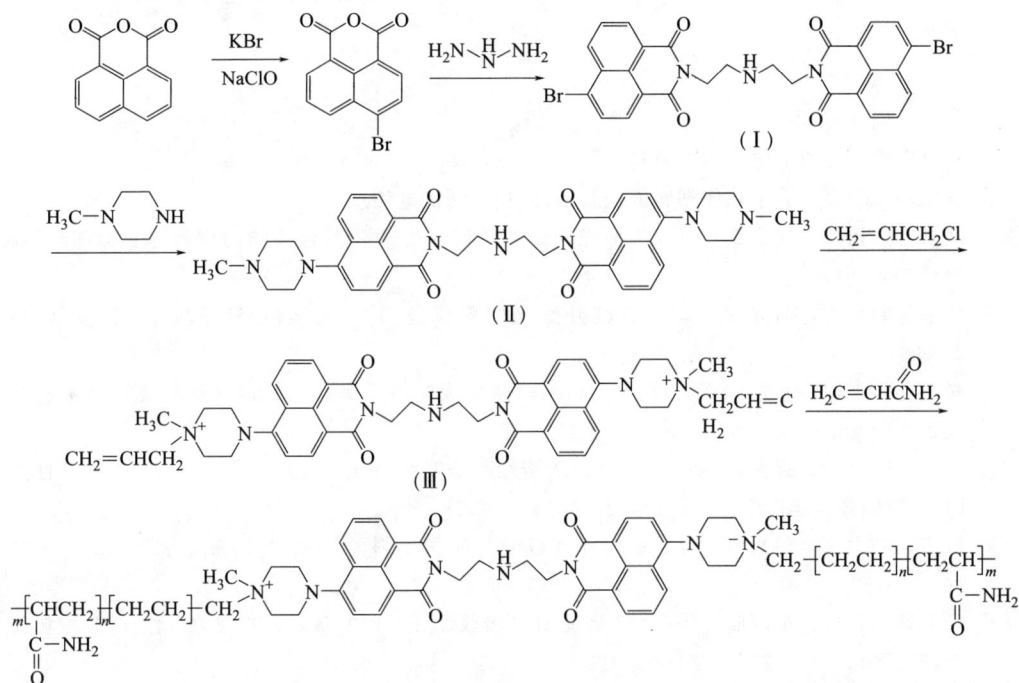

图 8-14　水溶性高分子荧光探针的合成

（三）性能

从表 8-14 可知，吸收光谱与发射光谱呈较好的镜像对称关系，这表明分子从基态到激发态，其构型变化不大，振动能级的间隔相同，发出相应波长的强烈蓝色荧光。PFP 在水中的荧光发射强度是最高的，而在 THF 中的荧光强度是最弱的。随着溶剂极性的增加，荧光发射波长发生红移。在极性大溶剂水和乙醇中荧光量子产率和能量产率较高。表明合成的高分子荧光探针在水和乙醇中的荧光性能强。

表 8-14　PFP 在水、乙醇和 THF 中的荧光性能

溶剂	发射		荧光积分面积	$\Delta v/\mathrm{cm}^{-1}$	Φ_F	E_F
	λ_F/nm	I_F	$\mathrm{cd/m}^2$			
水	392	545	19267	3475.3	0.611	0.538
乙醇	385	383	12960	3699.6	0.791	0.692
THF	381	143	8703	3339.1	0.224	0.198

（四）效果

本部分通过酰胺化、季胺化、S_N2 亲核取代以及丙烯酰胺共聚合等反应，合成了水溶性 1,8-萘酰亚胺高分子荧光探针。结果表明，其在水溶液中具有很高的荧光量子产率，能够对 Cu^{2+} 专一性响应，是一种荧光增强型的高分子荧光探针。

参考文献

[1] 河合宏政，江涛．光学用塑料材料[J]．红外，1997（9）：24-31.

[2] 席淑珍，李磊．光学功能塑料的最新进展[J]．光机电信息，1997，14（9）：1-4.

[3] 高长有，杨柏，沈家骢，等．当前光学塑料的研究方向及综合性能的均衡[J]．高分子通报，1998（1）：59-65.

[4] 段潜，刘大军，何兴权．新型近红外滤光塑料研究[J]．光学精密工程，2001，9（3）：294-297.

[5] 崔海龙，王朝晖，焦红文，等．EVOH 树脂薄膜制备及其保温性能的红外光谱研究[J]．光谱学与光谱分析，2011，31（6）：1518-1520.

[6] 刘静，李晨晨，袁伟，等．Cu^{2+} 敏感水溶性萘酰亚胺高分子荧光探针的合成及其光学性能[J]．咸阳师范学院学报，2014，29（6）：26-29.

[7] 段潜，刘大军，何兴权，等．近红外波段激光防护塑料的研究[J]．激光杂志，2001，22（6）：57-59.

[8] 杨凯元，张乐，王丽熙，等．PET 基近红外吸收滤光片的制备及其夜视兼容性能[J]．功能材料，2014，45（22）：22118-22122.

[9] 曾琛．高精度红外仪器透镜用光学树脂的开发[J]．石化技术与应用，2004，22（5）：342-343.